矩 阵 论

樊赵兵 邱 威 吴红梅 王淑娟 编著

科 学 出 版 社

北 京

内 容 简 介

本书是作者在长期教学实践的基础上，参考国内外大量相关教材、文献，为工科硕士研究生编写的一本矩阵论教材. 书中内容包括线性空间、线性映射与线性变换、方阵的相似标准形、矩阵分解、矩阵函数以及矩阵微积分等.

本书既可作为工科高年级本科生、研究生教材，也可作为教师和科技工作者从事科学研究、工程应用的参考书.

图书在版编目(CIP)数据

矩阵论/樊赵兵等编著. —北京：科学出版社，2022.8

ISBN 978-7-03-071704-7

Ⅰ. ①矩…　Ⅱ. ①樊…　Ⅲ. ①矩阵论　Ⅳ. ①O151.21

中国版本图书馆 CIP 数据核字（2022）第 032949 号

责任编辑：李　欣　李香叶／责任校对：樊雅琼

责任印制：吴兆东／封面设计：无极书装

科学出版社出版

北京东黄城根北街 16 号

邮政编码：100717

http://www.sciencep.com

北京中石油彩色印刷有限责任公司 印刷

科学出版社发行　各地新华书店经销

*

2022 年 8 月第 一 版　开本：B5(720 × 1000)

2022 年10月第二次印刷　印张：15 1/4

字数：307 000

定价：88.00 元

（如有印装质量问题，我社负责调换）

前　　言

矩阵理论不仅在数学的研究中占有一席之地, 而且在工程技术中有广泛应用, 现已成为自然科学、工程技术和经济管理等科学中一门重要的数学语言. 本书是作者在长期教学实践的基础上, 参考国内外大量相关教材、文献, 为工科硕士研究生编写的一本矩阵论教材.

全书可分为三个部分.

第一部分为线性空间理论, 包括第 1 章、第 2 章两章. 其中第 1 章介绍线性空间的基本理论, 内积空间作为一类特殊的线性空间, 其相关理论也包含在这一章; 第 2 章介绍了线性映射与线性变换的基本理论.

第二部分为矩阵的分解, 包括第 3 章、第 4 章两章. 其中第 3 章介绍了方阵的相似标准形, 包括单纯矩阵理论和 Jordan 标准形理论; 第 4 章介绍了常见的矩阵分解, 包括矩阵的三角分解、满秩分解、UR 分解、奇异值分解和谱分解.

第三部分为矩阵微积分, 包括第 5 章、第 6 章两章. 其中第 5 章介绍了向量和矩阵的范数、矩阵序列和幂级数、矩阵多项式、矩阵函数; 第 6 章介绍了矩阵的 Kronecker 积、矩阵的微积分和矩阵微分方程的求解.

本书的编写秉承逻辑清晰、易学易用的原则, 在内容上做了以下尝试:

(1) 将向量、矩阵的范数理论和矩阵序列、级数放在同一章, 以便于初学者更好地理解矩阵范数内涵.

(2) 内积空间理论作为线性空间的一个特例, 没有独立成章, 这样便于读者更好把握矩阵论这门课程的框架.

全书共 6 章, 第 1 章、第 2 章由邱威编写, 第 3 章、第 4 章由吴红梅编写, 第 5 章、第 6 章由王淑娟编写, 全书的统稿工作由樊赵兵负责.

本书编写过程中得到了哈尔滨工程大学数学科学学院广大数学教师的支持, 得到了哈尔滨工程大学相关部门的支持, 也得到了科学出版社的大力支持, 在此我们表示衷心感谢!

由于编者水平有限, 书中难免有不妥之处, 敬请广大读者批评指正.

编　者
2021 年 12 月 14 日

目　　录

第 1 章　线性空间

线性空间是矩阵论最基本的概念之一, 它是研究客观世界中线性问题的重要工具. 本章将从线性空间的基本概念入手, 给出线性空间的相关理论.

1.1　预备知识

1.1.1　映射

定义 1　设 X, Y 是两个非空集合, 如果存在一个法则 f, 使得对 X 中每个元素 x, 按对应法则 f, 在 Y 中有唯一确定的元素 y 与之对应, 则称 f 为从 X 到 Y 的**映射**, 记作

$$f: X \to Y \quad 或 \quad f: x \mapsto y = f(x), \quad x \in X,$$

其中 y 称为元素 x (在映射 f 下) 的**像**, 并记作 $f(x)$, 即

$$y = f(x),$$

而元素 x 称为元素 y (在映射 f 下) 的一个**原像**; 集合 X 称为映射 f 的**定义域**, 记作 D_f, 即 $D_f = X$; X 中所有元素的像所组成的集合称为映射 f 的**值域**, 记作 R_f 或 $f(X)$, 即

$$R_f = f(X) = \{ f(x) |\ x \in X \}.$$

映射定义中有两个基本要素: 定义域 $D_f = X$ 和对应法则 f. 定义域表示映射存在的范围; 对应法则是原像与像之间的对应方法, 是映射的具体表现. 因此, 若两个映射 f 与 g 的定义域相同, 对应法则也相同, 则称映射 f 与 g **相等**, 记作 $f = g$. 一般要证明两个映射 f 与 g 相等, 只需证出以下两点即可.

(1) 定义域相同, 即 $D_f = D_g$;

(2) 对应法则相同, 即对 $\forall x \in D_f = D_g$, 有 $f(x) = g(x)$.

例 1　设 A 为某大学某班全体学生构成的集合, 设每位学生的学号均由一个 8 位正整数构成; B 为正整数集合, φ 为将学生对应到自己的学号, 按照定义, φ 就是一个从 A 到 B 的映射.

例 2　设集合 A 由两个红球和一个黑球构成, 即 $A = \{$红 1 球, 红 2 球, 黑球$\}$, 集合 B 由一个红筐和一个黑筐构成, 即 $B = \{$红筐, 黑筐$\}$, f 表示将集合

A 中的球对应到集合 B 中相同颜色的筐中, 按照定义, f 就是一个从 A 到 B 的映射.

从以上两个例题中可以看出, 例 1 中两个不同的学生对应的学号也不同, 即不同的原像对应着不同的像, 例 2 中两个不同的球, 红 1 球和红 2 球对应着 B 中同一个筐, 即有两个不同的原像对应了同一个像. 一般地, 若映射 f 满足 “不同的原像一定对应着不同的像”, 则称 f 为**单射**. 因此, 例 1 中映射 φ 为单射, 而例 2 中的映射 f 不是单射.

例 1 中集合 B 中有的 8 位正整数由映射 φ 能够在集合 A 中对应原像, 还有很多集合 B 中的正整数不能在集合 A 中对应原像. 例 2 中集合 B 中每个元素, 由对应法则 f 都能在集合 A 中找到原像, 或者说值域充满了集合 B, 这样的映射 f 称为满射. 一般地, 若映射 $f: X \to Y$ 满足 $R_f = Y$, 则映射 f 称为**满射**.

既是单射, 又是满射的映射称为**双射** (也称为**一一映射**).

1.1.2　乘积映射

设 X, U, Y 是 3 个非空集合, 有映射 $g: X \to U$ 与 $f: U \to Y$, 由映射 g, 对 $\forall x \in X$, $\exists!\ u = g(x) \in U$ 与 x 对应, 再由映射 f, $\exists!\ y = f(u) \in Y$(其中, “$\exists!$” 表示 “**存在唯一的**”).

综上, 对 $\forall x \in X$, $\exists!\ y = f(u) = f[g(x)] \in Y$ 与 x 对应, 这个对应关系, 构成了一个从 X 到 Y 的新映射, 称这个新映射为 f 与 g 的**乘积映射** (也称为 g 与 f 的**复合映射**), 记作 $f \circ g: X \to Y$, 即

$$(f \circ g)(x) = f[g(x)], \quad x \in X,$$

其中 $u = g(x) \in U$ 称为中间元素.

由乘积映射的定义易见, 对于两个映射 f 与 g, 当且仅当 $R_g \subset D_f$ 时, 才能作乘积映射 $f \circ g$ (g 与 f 才能作复合映射). 当 $f \circ g$ 有意义时, $g \circ f$ 不一定有意义, 反之, 当 $g \circ f$ 有意义时, $f \circ g$ 也不一定有意义; 当它们都有意义时 $f \circ g$ 与 $g \circ f$ 也不一定相等, 即映射的乘法运算不满足交换律.

映射的乘积虽然不满足交换律, 但满足结合律. 若 f, g 与 h 是 3 个映射, 且运算 $f \circ g$ 与 $g \circ h$ 均有意义, 则有 $(f \circ g) \circ h = f \circ (g \circ h)$ 成立.

读者可以将乘积映射 (复合映射) 的概念推广到 3 个或 3 个以上映射相乘 (复合).

1.1.3　逆映射

设 X 是非空集合, 若映射 $f: X \to X$ 将集合 X 中的每个元素映成这个元素本身, 则称映射 f 为集合 X 上的**单位映射** (也称**恒等映射**), 记作 I_X.

设 X,Y 是两个非空集合, 设有映射 $f:X\to Y$, 若存在映射 $g:Y\to X$ 使 $f\circ g=I_Y$ 且 $g\circ f=I_X$ 成立, 则称 f 是**可逆映射**, 且称 g 为 f 的**逆映射**, 记作 $g=f^{-1}$.

由逆映射的定义易见, 若映射 $f:X\to Y$ 将集合 X 中的元素 a 映成集合 Y 中的 b, 则 f^{-1} 必定将集合 Y 中的元素 b 映成集合 X 中的 a.

定理 1 映射 $f:X\to Y$ 可逆的充分必要条件为 f 是一一映射.

证明略.

1.1.4 数域

定义 2 设 $\mathbb{F}$ 是复数集的非空子集, 其中 $0\in\mathbb{F}$, $1\in\mathbb{F}$, 如果 $\mathbb{F}$ 中任意两个数的和、差、积、商 (除数不为 0) 仍是 $\mathbb{F}$ 中的数, 则称 $\mathbb{F}$ 为数域.

若数集 P 中任意两个数作某一运算的结果都仍在 P 中, 我们称数集 P 对这个运算是**封闭的**, 因此数域的定义也可以理解成: 如果数集 P 包含 0 和 1, 且对加法、减法、乘法和除法 (除数不为 0) 均封闭, 那么数集 P 就是一个数域.

我们常用的数域有: 有理数域 $\mathbb{Q}$、实数域 $\mathbb{R}$、复数域 $\mathbb{C}$. 自然数集 $\mathbb{N}$ 和整数集 $\mathbb{Z}$ 对除法运算不封闭, 不能构成数域.

例 3 证明集合 $\mathbb{Q}(\sqrt{2})=\left\{a+b\cdot\sqrt{2}\,\middle|\,\forall a,b\in\mathbb{Q}\right\}$ 构成数域.

证明 显然 $\mathbb{Q}(\sqrt{2})$ 是复数集的非空子集, 其中 $0\in\mathbb{Q}(\sqrt{2})$, $1\in\mathbb{Q}(\sqrt{2})$, 对 $\forall x\in\mathbb{Q}(\sqrt{2})$, $y\in\mathbb{Q}(\sqrt{2})$, $\exists a_1,a_2,b_1,b_2\in\mathbb{Q}$, 使 $x=a_1+b_1\cdot\sqrt{2},y=a_2+b_2\cdot\sqrt{2}$, 因此, $x\pm y=(a_1\pm a_2)+(b_1\pm b_2)\cdot\sqrt{2}\in\mathbb{Q}(\sqrt{2})$ (其中 $a_1\pm a_2\in\mathbb{Q}$, $b_1\pm b_2\in\mathbb{Q}$); $xy=(a_1+b_1\cdot\sqrt{2})(a_2+b_2\cdot\sqrt{2})=(a_1a_2+2b_1b_2)+(a_1b_2+b_1a_2)\cdot\sqrt{2}\in\mathbb{Q}(\sqrt{2})$ (其中 $a_1a_2+2b_1b_2\in\mathbb{Q},a_1b_2+b_1a_2\in\mathbb{Q}$); 当 $y=a_2+b_2\cdot\sqrt{2}\neq 0$ 时, $a_2-b_2\cdot\sqrt{2}\neq 0$, 而

$$
\begin{aligned}
\frac{x}{y}=\frac{a_1+b_1\cdot\sqrt{2}}{a_2+b_2\cdot\sqrt{2}}&=\frac{\left(a_1+b_1\cdot\sqrt{2}\right)\cdot\left(a_2-b_2\cdot\sqrt{2}\right)}{\left(a_2+b_2\cdot\sqrt{2}\right)\cdot\left(a_2-b_2\cdot\sqrt{2}\right)}\\
&=\frac{a_1a_2-2b_1b_2}{a_2^2-2b_2^2}+\frac{b_1a_2-a_1b_2}{a_2^2-2b_2^2}\sqrt{2}\in\mathbb{Q}(\sqrt{2})
\end{aligned}
$$

$\left(\text{其中 }\dfrac{a_1a_2-2b_1b_2}{a_2^2-b_2^2}\in\mathbb{Q},\ \dfrac{b_1a_2-a_1b_2}{a_2^2-b_2^2}\in\mathbb{Q}\right)$; 综上, 集合 $\mathbb{Q}\left(\sqrt{2}\right)=\left\{a+b\cdot\sqrt{2}\,\middle|\,\forall a,b\in\mathbb{Q}\right\}$ 构成数域.

最后指出数域的一个重要性质: 有理数域是任何数域的子集. 事实上, 设 P 是一个数域, 由定义, $1\in P$, 再由 P 对加法封闭, 则 $1+1=2$, $2+1=3$, $\cdots$ 均属于 P, 即 P 包含全体自然数; 又由 $1\in P$, P 对减法封闭, 则 $0-n=-n\in P$,

即 P 包含全体整数; 再由任何一个有理数可以表示成两个整数的商及 P 对除法的封闭性可得, 任何有理数均属于 P, 上述结论正确.

1.1.5　实矩阵和复矩阵

在大学本科阶段的线性代数课程中, 我们学习的矩阵一般是定义在实数域上的矩阵, 本书后面一些章节中讨论的矩阵是定义在复数域上的矩阵, 下面我们来讨论实矩阵和复矩阵的一些相同点和差异.

若 $\boldsymbol{A}=[a_{ij}]_{m\times n}$, a_{ij} 均为实数 (其中 $i=1,2,\cdots,m;j=1,\cdots,n$), 则称 $\boldsymbol{A}$ 为 m 行 n 列的实矩阵.

若 $\boldsymbol{A}=[a_{ij}]_{m\times n}$, a_{ij} 均为复数 (其中 $i=1,2,\cdots,m;\ j=1,2,\cdots,n$), 则称 $\boldsymbol{A}$ 为 m 行 n 列的复矩阵.

矩阵的共轭及 Hermite (埃尔米特) 变换具有如下性质:

(1) $\overline{\boldsymbol{A}+\boldsymbol{B}}=\overline{\boldsymbol{A}}+\overline{\boldsymbol{B}}\ \left(\boldsymbol{A},\boldsymbol{B}\in\mathbb{C}^{m\times n}\right)$;

(2) $\overline{\boldsymbol{AB}}=\overline{\boldsymbol{A}}\,\overline{\boldsymbol{B}}\ \left(\boldsymbol{A}\in\mathbb{C}^{m\times s},\boldsymbol{B}\in\mathbb{C}^{s\times n}\right)$;

(3) $\boldsymbol{A}^{\mathrm{H}}=\overline{\boldsymbol{A}}^{\mathrm{T}}=\overline{\boldsymbol{A}^{\mathrm{T}}}\left(\boldsymbol{A}\in\mathbb{C}^{m\times n}\right)$;

(4) $(\boldsymbol{A}+\boldsymbol{B})^{\mathrm{H}}=\boldsymbol{A}^{\mathrm{H}}+\boldsymbol{B}^{\mathrm{H}}\ \left(\boldsymbol{A},\boldsymbol{B}\in\mathbb{C}^{m\times n}\right)$;

(5) $(k\boldsymbol{A})^{\mathrm{H}}=\bar{k}\boldsymbol{A}^{\mathrm{H}}\left(k\in\mathbb{C}\boldsymbol{A}\in\mathbb{C}^{m\times n}\right)$;

(6) $(\boldsymbol{AB})^{\mathrm{H}}=\boldsymbol{B}^{\mathrm{H}}\boldsymbol{A}^{\mathrm{H}}\ \left(\boldsymbol{A}\in\mathbb{C}^{m\times s},\boldsymbol{B}\in\mathbb{C}^{s\times n}\right)$;

(7) $(\boldsymbol{A}^{\mathrm{H}})^{\mathrm{H}}=\boldsymbol{A}\ \left(\boldsymbol{A}\in\mathbb{C}^{m\times n}\right)$.

只有 1 行的实矩阵, 称为 (实) 行向量, 只有 1 列的实矩阵, 称为 (实) 列向量.

只有 1 行的复矩阵, 称为 (复) 行向量, 只有 1 列的复矩阵, 称为 (复) 列向量.

对列向量 $\boldsymbol{\alpha}=\begin{bmatrix}x_1 & x_2 & \cdots & x_n\end{bmatrix}^{\mathrm{T}}$, 称 $|\boldsymbol{\alpha}|=\sqrt{\boldsymbol{\alpha}^{\mathrm{T}}\boldsymbol{\alpha}}=\sqrt{x_1^2+x_2^2+\cdots+x_n^2}$ 为 $\boldsymbol{\alpha}$ 的**长度或模**.

对列向量 $\boldsymbol{\alpha}=\begin{bmatrix}x_1 & x_2 & \cdots & x_n\end{bmatrix}^{\mathrm{T}}$, 称 $|\boldsymbol{\alpha}|=\sqrt{\boldsymbol{\alpha}^{\mathrm{H}}\boldsymbol{\alpha}}=\sqrt{|x_1|^2+|x_2|^2+\cdots+|x_n|^2}$ 为 $\boldsymbol{\alpha}$ 的**长度或模**.

满足 $\boldsymbol{A}^{\mathrm{T}}=\boldsymbol{A}$ 的方阵 $\boldsymbol{A}$ 称为**对称阵**; 满足 $\boldsymbol{A}^{\mathrm{T}}=-\boldsymbol{A}$ 的方阵 $\boldsymbol{A}$ 称为**反对称阵**.

满足 $\boldsymbol{A}^{\mathrm{H}}=\boldsymbol{A}$ 的方阵 $\boldsymbol{A}$ 称为 **Hermite 阵**; 满足 $\boldsymbol{A}^{\mathrm{H}}=-\boldsymbol{A}$ 的方阵 $\boldsymbol{A}$ 称为**斜 Hermite 阵** (**反 Hermite 阵**).

且满足以下结论:

(1) 若 $\boldsymbol{A}$ 为对称阵, 则 $\boldsymbol{A}^*, \boldsymbol{A}^{\mathrm{T}}, \boldsymbol{A}^n$ 仍为对称阵, 当 $\boldsymbol{A}$ 可逆时, $\boldsymbol{A}^{-1}$ 仍为对称阵.

(1) 若 $\boldsymbol{A}$ 为 Hermite 阵, 则 $\boldsymbol{A}^*, \boldsymbol{A}^{\mathrm{T}}, \boldsymbol{A}^n$ 仍为 Hermite 阵, 当 $\boldsymbol{A}$ 可逆时, $\boldsymbol{A}^{-1}$ 仍为 Hermite 阵.

(2) 若 $\boldsymbol{A}, \boldsymbol{B}$ 均为对称阵, 则 $k_1\boldsymbol{A}+k_2\boldsymbol{B}$ 仍为对称阵. 其中 k_1, k_2 为常数.

(2) 若 $\boldsymbol{A}, \boldsymbol{B}$ 均为 Hermite 阵, 则 $k_1\boldsymbol{A}+k_2\boldsymbol{B}$ 仍为 Hermite 阵, 其中 k_1, k_2 为常数.

(3) 任何一个方阵 $\boldsymbol{A}$ 均可写成一个对称阵 $\boldsymbol{M}$ 和一个反对称阵 $\boldsymbol{N}$ 之和, 其中

$$\boldsymbol{M}=\frac{1}{2}\left(\boldsymbol{A}+\boldsymbol{A}^{\mathrm{T}}\right), \ \boldsymbol{N}=\frac{1}{2}\left(\boldsymbol{A}-\boldsymbol{A}^{\mathrm{T}}\right).$$

(3) 任何一个方阵 $\boldsymbol{A}$ 均可写成一个 Hermite 阵 $\boldsymbol{M}$ 和一个斜 Hermite 阵 $\boldsymbol{N}$ 之和, 其中

$$\boldsymbol{M}=\frac{1}{2}\left(\boldsymbol{A}+\boldsymbol{A}^{\mathrm{H}}\right), \quad \boldsymbol{N}=\frac{1}{2}\left(\boldsymbol{A}-\boldsymbol{A}^{\mathrm{H}}\right).$$

(4) 两个对称阵的乘积, 不一定是对称阵. 若 $\boldsymbol{A}, \boldsymbol{B}$ 均为对称阵, 则 $\boldsymbol{AB}$ 仍对称的充分必要条件为 $\boldsymbol{AB}=\boldsymbol{BA}$.

(4) 两个 Hermite 阵的乘积, 不一定是 Hermite 阵. 若 $\boldsymbol{A}, \boldsymbol{B}$ 均为 Hermite 阵, 则 $\boldsymbol{AB}$ 仍为 Hermite 阵的充分必要条件为 $\boldsymbol{AB}=\boldsymbol{BA}$.

(5) 对称阵的特征值必为实数, 反对称阵的特征值为 0 或纯虚数; 对称阵和反对称阵的不同特征值对应的特征向量是正交的; 对称阵和反对称阵必能正交相似于对角阵.

(5) Hermite 阵的特征值必为实数, 斜 Hermite 阵的特征值为 0 或纯虚数; Hermite 阵和斜 Hermite 阵的不同特征值对应的特征向量是正交的; Hermite 阵和斜 Hermite 阵必能正交相似于对角阵.

若实方阵 $\boldsymbol{A}$ 满足 $\boldsymbol{A}^{\mathrm{T}}\boldsymbol{A}=\boldsymbol{E}$, 则称 $\boldsymbol{A}$ 为**正交矩阵**, 简称**正交阵**.

(1) 正交阵 $\boldsymbol{A}$ 必可逆, 且 $\boldsymbol{A}^{-1}=\boldsymbol{A}^{\mathrm{T}}$;

(2) 正交阵的行列式为 1 或 -1;

(3) 若 $\boldsymbol{A}$ 为正交阵, 则 $\boldsymbol{A}^{-1}, \boldsymbol{A}^*, \boldsymbol{A}^{\mathrm{T}}, \boldsymbol{A}^k$ 仍为正交阵;

(4) 两个正交阵相乘仍为正交阵, 相加未必;

若复方阵 $\boldsymbol{A}$ 满足 $\boldsymbol{A}^{\mathrm{H}}\boldsymbol{A}=\boldsymbol{E}$, 则称 $\boldsymbol{A}$ 为**酉矩阵**, 简称**酉阵**.

(1) 酉阵 $\boldsymbol{A}$ 必可逆, 且 $\boldsymbol{A}^{-1}=A^{\mathrm{H}}$;

(2) 酉阵的行列式是模长为 1 的复数;

(3) 若 $\boldsymbol{A}$ 为酉阵, 则 $\boldsymbol{A}^{-1}, \boldsymbol{A}^*, \boldsymbol{A}^{\mathrm{T}}, \boldsymbol{A}^k$ 仍为酉阵;

(4) 两个酉阵相乘仍为酉阵, 相加未必;

(5) 若 $\boldsymbol{A}$ 为 n 阶正交阵, $\boldsymbol{X},\boldsymbol{Y}$ 为 n 维列向量, 则

$$|\boldsymbol{AX}|=|\boldsymbol{X}|,\quad \langle \boldsymbol{AX},\boldsymbol{AY}\rangle=\langle \boldsymbol{X},\boldsymbol{Y}\rangle,$$

即正交阵乘向量, 不改变向量的长度和夹角;

(6) 正交阵的特征值是模长为 1 的复数;

(7) $\boldsymbol{A}$ 为正交阵 $\Leftrightarrow$ $\boldsymbol{A}$ 列向量标准正交 $\Leftrightarrow$ $\boldsymbol{A}$ 行向量标准正交.

设 $\boldsymbol{A}$, $\boldsymbol{B}$ 为实方阵, 若存在可逆阵 $\boldsymbol{P}$, 使得 $\boldsymbol{B}=\boldsymbol{P}^{\mathrm{T}}\boldsymbol{AP}$ 成立, 则称 $\boldsymbol{A}$ 与 $\boldsymbol{B}$ **合同**, $\boldsymbol{P}$ 称为由 $\boldsymbol{A}$ 到 $\boldsymbol{B}$ 的合同变换矩阵.

设 $\boldsymbol{A}$, $\boldsymbol{B}$ 为实方阵, 若存在可逆阵 $\boldsymbol{P}$, 使得 $\boldsymbol{B}=\boldsymbol{P}^{-1}\boldsymbol{AP}$ 成立, 则称 $\boldsymbol{A}$ 与 $\boldsymbol{B}$ **相似**, $\boldsymbol{P}$ 称为由 $\boldsymbol{A}$ 到 $\boldsymbol{B}$ 的相似变换矩阵.

设 $\boldsymbol{A}$, $\boldsymbol{B}$ 为实方阵, 若存在正交阵 $\boldsymbol{P}$, 使得 $\boldsymbol{B}=\boldsymbol{P}^{-1}\boldsymbol{AP}=\boldsymbol{P}^{\mathrm{T}}\boldsymbol{AP}$ 成立, 则称 $\boldsymbol{A}$ 与 $\boldsymbol{B}$ **正交相似**. 正交相似既是相似变换, 也是合同变换.

(5) 若 $\boldsymbol{A}$ 为 n 阶酉阵, $\boldsymbol{X},\boldsymbol{Y}$ 为 n 维列向量, 则

$$|\boldsymbol{AX}|=|\boldsymbol{X}|,\quad \langle \boldsymbol{AX},\boldsymbol{AY}\rangle=\langle \boldsymbol{X},\boldsymbol{Y}\rangle,$$

即酉阵乘向量, 不改变向量的长度和夹角;

(6) 酉阵的特征值是模长为 1 的复数;

(7) $\boldsymbol{A}$ 为酉阵 $\Leftrightarrow$ $\boldsymbol{A}$ 列向量标准正交 $\Leftrightarrow$ $\boldsymbol{A}$ 行向量标准正交.

设 $\boldsymbol{A}$, $\boldsymbol{B}$ 为复方阵, 若存在可逆阵 $\boldsymbol{P}$, 使得 $\boldsymbol{B}=\boldsymbol{P}^{\mathrm{H}}\boldsymbol{AP}$ 成立, 则称 $\boldsymbol{A}$ 与 $\boldsymbol{B}$ **合同**, $\boldsymbol{P}$ 称为由 $\boldsymbol{A}$ 到 $\boldsymbol{B}$ 的合同变换矩阵.

设 $\boldsymbol{A}$, $\boldsymbol{B}$ 为复方阵, 若存在可逆阵 $\boldsymbol{P}$, 使得 $\boldsymbol{B}=\boldsymbol{P}^{-1}\boldsymbol{AP}$ 成立, 则称 $\boldsymbol{A}$ 与 $\boldsymbol{B}$ **相似**, $\boldsymbol{P}$ 称为由 $\boldsymbol{A}$ 到 $\boldsymbol{B}$ 的相似变换矩阵.

设 $\boldsymbol{A}$, $\boldsymbol{B}$ 为复方阵, 若存在正交阵 $\boldsymbol{P}$, 使得 $\boldsymbol{B}=\boldsymbol{P}^{-1}\boldsymbol{AP}=\boldsymbol{P}^{\mathrm{H}}\boldsymbol{AP}$ 成立, 则称 $\boldsymbol{A}$ 与 $\boldsymbol{B}$ **酉相似**. 酉相似既是相似变换, 也是合同变换.

在本科线性代数课程中, 我们一般只对实矩阵讨论特征值、特征向量、相似对角化等问题. 在本课程中对复方阵也同样讨论以上问题. 设 $\boldsymbol{A}$ 为 n 阶复方阵, $\boldsymbol{X}$ 为复 n 维非零列向量, λ 是复数, 若 $\boldsymbol{AX}=\lambda\boldsymbol{X}$ 成立, 则称 λ 为矩阵 $\boldsymbol{A}$ 的**特征值**, $\boldsymbol{X}$ 为矩阵 $\boldsymbol{A}$ 属于特征值 λ 的**特征向量**. 称 $\lambda\boldsymbol{E}-\boldsymbol{A}$ 为矩阵 $\boldsymbol{A}$ 的**特征矩阵**, $|\lambda\boldsymbol{E}-\boldsymbol{A}|$ 为矩阵 $\boldsymbol{A}$ 的**特征多项式**, 特征多项式的根就是矩阵 $\boldsymbol{A}$ 的特征值. 复矩阵的特征值与特征向量的性质与计算, 与实矩阵相同, 这里就不多赘述了.

若方阵 $\boldsymbol{A}$ 能与对角阵相似, 则称方阵 $\boldsymbol{A}$ **可对角化**, 或称方阵 $\boldsymbol{A}$ 为**单纯矩阵**. 若复方阵 $\boldsymbol{A}$ 满足 $\boldsymbol{AA}^{\mathrm{H}}=\boldsymbol{A}^{\mathrm{H}}A$, 则称 $\boldsymbol{A}$ 为**正规矩阵**. 显然, 实矩阵中的对称阵、

反对称阵和正交矩阵均为正规矩阵; 复矩阵中的 Hermite 矩阵、斜 Hermite 矩阵和酉矩阵均为正规矩阵.

1.2 线性空间

线性空间是矩阵论最基本的概念之一. 这一节我们来介绍它的定义, 并讨论它的一些最简单的性质. 线性空间也是我们碰到的第一个抽象的概念. 为了说明它的来源, 在引入定义之前, 先看几个熟知的例子.

例如, 在解析几何中, 我们讨论过 3 维几何空间中的向量. 向量的基本属性是可以按平行四边形规律相加, 也可以与实数作数量乘法. 我们看到, 不少几何和力学对象的性质是可以通过向量的这两种运算来描述的.

在线性代数课程学习中, 我们对 n 维数组向量, 可以进行加法和数乘运算:

$$[\, x_1 \quad x_2 \quad \cdots \quad x_n \,]+[\, y_1 \quad y_2 \quad \cdots \quad y_n \,]=[\, x_1+y_1 \quad x_2+y_2 \quad \cdots \quad x_n+y_n \,];$$

$$k[\, x_1 \quad x_2 \quad \cdots \quad x_n \,]=[\, kx_1 \quad kx_2 \quad \cdots \quad kx_n \,].$$

又如, 考虑定义在区间 $[a,b]$ 上的全体连续函数, 我们知道, 连续函数的和仍为连续函数, 连续函数与数的乘积仍为连续函数.

以上例子中, 我们研究的对象, 都可以进行加法和数乘两种运算, 运算满足一定的规律.

1.2.1 线性空间的定义

定义 1 设 V 是一个非空集合, $\mathbb{F}$ 是一个数域, 在集合 V 的元素之间定义了一种代数运算, 叫做**加法**, 即给出一个法则, 对 V 中任意两个元素 $\boldsymbol{\alpha}$ 与 $\boldsymbol{\beta}$, 在 V 中都有唯一确定的元素 $\boldsymbol{\gamma}$ 与它们对应, 称为 $\boldsymbol{\alpha}$ 与 $\boldsymbol{\beta}$ 的**和**, 记为 $\boldsymbol{\gamma}=\boldsymbol{\alpha}+\boldsymbol{\beta}$. 在数域 $\mathbb{F}$ 和集合 V 的元素之间定义了一种运算, 叫做**数量乘法** (简称**数乘**), 即对数域 $\mathbb{F}$ 中的任一数 k 与 V 中的任一元素 $\boldsymbol{\alpha}$, 在 V 中都有唯一确定的元素 δ 与它们对应, 称为 k 与 $\boldsymbol{\alpha}$ 的**数量乘积**, 记为 $\delta=k\boldsymbol{\alpha}$. 如果加法与数乘运算满足以下八条运算规则, 则称 V 为数域 $\mathbb{F}$ 上的**线性空间**, 记作 $V(\mathbb{F})$.

(1) $\boldsymbol{\alpha}+\boldsymbol{\beta}=\boldsymbol{\beta}+\boldsymbol{\alpha}$;

(2) $(\boldsymbol{\alpha}+\boldsymbol{\beta})+\boldsymbol{\gamma}=\boldsymbol{\alpha}+(\boldsymbol{\beta}+\boldsymbol{\gamma})$;

(3) 在 V 中存在元素 θ, 对 V 中任意元素 $\boldsymbol{\alpha}$ 都有 $\theta+\boldsymbol{\alpha}=\boldsymbol{\alpha}$;

(4) 对 V 中任意元素 $\boldsymbol{\alpha}$, 都有 V 中元素 $\boldsymbol{\beta}$, 使得 $\boldsymbol{\alpha}+\boldsymbol{\beta}=\boldsymbol{\theta}$;

(5) $1\boldsymbol{\alpha}=\boldsymbol{\alpha}$;

(6) $k\,(l\boldsymbol{\alpha})=(kl)\,\boldsymbol{\alpha}$, 其中 k,l 为 $\mathbb{F}$ 中的数, $\boldsymbol{\alpha}$ 为 V 中的元素;

(7) $(k+l)\,\boldsymbol{\alpha}=k\boldsymbol{\alpha}+l\boldsymbol{\alpha}$, 其中 k,l 为 $\mathbb{F}$ 中的数, $\boldsymbol{\alpha}$ 为 V 中的元素;

(8) $k(\boldsymbol{\alpha}+\boldsymbol{\beta})=k\boldsymbol{\alpha}+k\boldsymbol{\beta}$, 其中 k 为 $\mathbb{F}$ 中的数, $\boldsymbol{\alpha},\boldsymbol{\beta}$ 为 V 中的元素.

以上第 (3) 条规则中, 满足对 V 中任意元素 $\boldsymbol{\alpha}$ 都有 $\theta+\boldsymbol{\alpha}=\boldsymbol{\alpha}$ 的元素 θ 称为空间 V 的**零元素**, 简称**零元**; 第 (4) 条规则中, 满足对 V 中任意元素 $\boldsymbol{\alpha}$, 都有 V 中元素 $\boldsymbol{\beta}$, 使得 $\boldsymbol{\alpha}+\boldsymbol{\beta}=\theta$ 的元素 $\boldsymbol{\beta}$ 称为元素 $\boldsymbol{\alpha}$ 的**负元素**.

例 1　设 $V=\mathbb{R}^+$ 是全体正实数构成的集合, 数域 $\mathbb{F}=\mathbb{R}$ 为实数域, 在 V 中定义"加法"运算: 对任意 V 中元素 x 与 y, 规定 $x\oplus y=xy\in V$; 数域 $\mathbb{F}$ 和集合 V 的元素之间定义"数乘"运算: 对任意 $x\in V,\ \ k\in\mathbb{F}$, 规定 $k\circ x=x^k\in V$, 试证明 $V=\mathbb{R}^+$ 构成实数域上的线性空间.

证明　显然定义的加法和数乘运算是封闭的, 下面来验证定义 1 的八条运算规则, 对任意 V 中元素 x,y 与 z, 对任意实数 k 和 l, 有

(1) $x\oplus y=xy=yx=y\oplus x$;

(2) $(x\oplus y)\oplus z=(xy)z=x(yz)=x\oplus(y\oplus z)$;

(3) 取 $\theta=1\in\mathbb{R}^+=V$ 为零元, 对任意 $x\in V$ 都有 $1\oplus x=1x=x$;

(4) 对任意 $x\in V$, 取 $y=\dfrac{1}{x}\in V$ 为 x 的负元素, 有 $x\oplus y=x\dfrac{1}{x}=1=\theta$;

(5) $1\circ x=x^1=x$;

(6) $k\circ(l\circ x)=\left(x^l\right)^k=x^{lk}=(kl)\circ x$;

(7) $(k+l)\circ x=x^{k+l}=x^kx^l=x^k\oplus x^l=k\circ x\oplus l\circ x$;

(8) $k\circ(x\oplus y)=(xy)^k=x^ky^k=x^k\oplus y^k=k\circ x\oplus k\circ y$.

综上, $V=\mathbb{R}^+$ 构成实数域上的线性空间. □

线性空间 $V(\mathbb{F})$ 也称**向量空间**, 线性空间 $V(\mathbb{F})$ 中的元素也称为**向量**. 需要注意的是, 线性代数课程中所说的向量只是由 n 维数组构成的向量, 而这里所说的向量是一个更广泛的概念. 若由一些矩阵按照加法和数乘运算构成数域上的线性空间, 我们就将空间中的每个矩阵称作一个向量; 若由一些连续函数按照加法和数乘运算构成数域上的线性空间, 我们就将空间中的每个连续函数称作一个向量.

下面来介绍本书中常用的几个线性空间, 以下空间中的运算满足定义 1 的八条运算规则请读者自证.

(1) 数域 $\mathbb{F}$ 上全部 n 维数组向量, 按照数组向量通常的加法和数乘运算, 构成数域 $\mathbb{F}$ 上的线性空间, 记为 $\mathbb{F}^n(\mathbb{F})$, 简记 $\mathbb{F}^n$. 例如, n 维实数向量构成空间为 $\mathbb{R}^n$; n 维复数向量构成空间为 $\mathbb{C}^n$.

(2) 数域 $\mathbb{F}$ 上全体一元多项式, 按照多项式通常的加法和数乘运算, 构成数域 $\mathbb{F}$ 上的线性空间, 记为 $\mathbb{F}[x](\mathbb{F})$, 简记为 $\mathbb{F}[x]$; 如果只考虑其中次数小于 n 的多项式, 再添上零多项式也构成数域 $\mathbb{F}$ 上的一个线性空间, 简记为 $\mathbb{F}[x]_n$.

需要注意的是, 数域 $\mathbb{F}$ 上全体 n 次多项式不能构成线性空间, 因为其对加法运算不封闭. 例如, 在全体 2 次多项式构成的集合中, 两个 2 次多项式的和可能不

是 2 次多项式, 如 $(x^2+x+1)+(-x^2+x+2)=2x+3$.

(3) 数域 $\mathbb{F}$ 上全部 m 行 n 列矩阵, 按照矩阵通常的加法和数乘运算, 构成数域 $\mathbb{F}$ 上的线性空间, 记为 $\mathbb{F}^{m\times n}(\mathbb{F})$, 简记为 $\mathbb{F}^{m\times n}$. 例如, 全体 2 阶实方阵构成空间为 $\mathbb{R}^{2\times 2}$; 全体 2 行 3 列复矩阵构成空间为 $\mathbb{C}^{2\times 3}$.

(4) 定义在区间 $[a,b]$ 上的全体实连续函数, 按照函数通常的加法和数乘运算, 构成实数域 $\mathbb{R}$ 上的线性空间, 记为 $C[a,b]$.

下面我们直接从线性空间的定义来证明一些简单的性质.

定理 1 设 V 为数域 $\mathbb{F}$ 上的线性空间, θ 为空间 V 的零元, 对任意 $x\in V$, $k\in\mathbb{F}$, 有如下性质:

(1) 零元素是唯一的, 任意元素的负元素也是唯一的;

(2) **加法消去律** 对任意 $x,y,z\in V$, 若 $x+y=x+z$, 则必有 $y=z$;

(3) $0x=\theta, k\theta=\theta$, $(-1)x=-x$;

(4) 若 $kx=\theta$, 则必有 $k=0$ 或 $x=\theta$.

证明 (1) 假设 θ_1 和 θ_2 均为空间 V 的零元, 我们来证明 $\theta_1=\theta_2$, 由 θ_1 为零元, 则 $\theta_1+\theta_2=\theta_2$; 由 θ_2 为零元, 则 $\theta_1+\theta_2=\theta_1$.

因此, $\theta_2=\theta_1+\theta_2=\theta_1$, 综上零元素是唯一的.

对 $x\in V$, 设 y,z 均为的 x 负元素, 即 $x+y=\theta=x+z$, 我们来证明 $y=z$,

$$y=y+\theta=y+(x+z)=(y+x)+z=\theta+z=z,$$

综上, 元素 x 的负元素是唯一的.

利用负元素我们来定义**减法**, 对 $x,y\in V$, 规定 $y-x=y+(-x)$.

(2) 若 $x+y=x+z$, 等号两边同时加上 x 的负元素 $-x$ 得

$$(-x)+x+y=(-x)+x+z,$$

因此, $\theta+y=\theta+z$, 即 $y=z$.

(3) 对任意 $x\in V$, 由定义 1 中的八条运算规则得

$$x+0x=1x+0x=(1+0)x=1x=x=x+\theta,$$

再由消去律得 $0x=\theta$;

当 $k=0$ 时, $k\theta=\theta$ 显然成立; 当 $k\neq 0$ 时, 对任意 $x\in V$, 有

$$x+k\theta=1x+k\theta=k\left(\frac{1}{k}x\right)+k\theta=k\left(\frac{1}{k}x+\theta\right)=k\left(\frac{1}{k}x\right)=1x=x=x+\theta,$$

再由消去律得 $k\theta=\theta$;

对任意 $x \in V$, 由定义 1 中的八条运算规则得

$$x + (-1)\,x = 1x + (-1)\,x = [1 + (-1)]\,x = 0x = \theta = x + (-x)\,,$$

再由消去律得 $(-1)x = -x$.

(4) 若 $kx = \theta$, 假设 $k \neq 0$, 则

$$x = 1x = \frac{1}{k}\,(kx) = \frac{1}{k}\theta = \theta,$$

综上, 若 $kx = \theta$, 则必有 $k = 0$ 或 $x = \theta$. □

1.2.2 线性相关、基、维数与坐标

本科线性代数课程中, 我们学习过对于数组向量的线性表示、线性组合、线性相关和线性无关等概念和一些简单性质, 现在我们把这些概念推广到一般的线性空间上.

定义 2 设 V 为数域 $\mathbb{F}$ 上的线性空间, $\boldsymbol{\beta}$, $\boldsymbol{\alpha}_1$, $\boldsymbol{\alpha}_2$, $\cdots$, $\boldsymbol{\alpha}_m$ 为 V 中的向量. 若存在数 k_1, k_2, $\cdots$, $k_m \in \mathbb{F}$ 使得

$$\boldsymbol{\beta} = k_1\boldsymbol{\alpha}_1 + k_2\boldsymbol{\alpha}_2 + \cdots + k_m\boldsymbol{\alpha}_m,$$

则称 $\boldsymbol{\beta}$ 可由 $\boldsymbol{\alpha}_1$, $\boldsymbol{\alpha}_2$, $\cdots$, $\boldsymbol{\alpha}_m$ **线性表示**或称 $\boldsymbol{\beta}$ 是 $\boldsymbol{\alpha}_1$, $\boldsymbol{\alpha}_2$, $\cdots$, $\boldsymbol{\alpha}_m$ 的**线性组合**.

若 $\boldsymbol{\alpha}_1, \boldsymbol{\alpha}_2, \cdots, \boldsymbol{\alpha}_m$ 与 $\boldsymbol{\beta}_1, \boldsymbol{\beta}_2, \cdots, \boldsymbol{\beta}_s$ 均为 V 中的向量, 且每个 $\boldsymbol{\beta}_i$ $(i = 1, 2, \cdots, s)$ 均可由线性 $\boldsymbol{\alpha}_1, \boldsymbol{\alpha}_2, \cdots, \boldsymbol{\alpha}_m$ 表示, 则称向量组 $\boldsymbol{\beta}_1, \boldsymbol{\beta}_2, \cdots, \boldsymbol{\beta}_s$ 可由向量组 $\boldsymbol{\alpha}_1, \boldsymbol{\alpha}_2, \cdots, \boldsymbol{\alpha}_m$ 线性表示; 若两个向量组能够互相线性表示, 则称这两个**向量组等价**.

我们可以将 $k_1\boldsymbol{\alpha}_1 + k_2\boldsymbol{\alpha}_2 + \cdots + k_m\boldsymbol{\alpha}_m$ 写成

$$k_1\boldsymbol{\alpha}_1 + k_2\boldsymbol{\alpha}_2 + \cdots + k_m\boldsymbol{\alpha}_m = [\boldsymbol{\alpha}_1, \boldsymbol{\alpha}_2, \ \cdots, \ \boldsymbol{\alpha}_m] \begin{bmatrix} k_1 \\ k_2 \\ \vdots \\ k_m \end{bmatrix}.$$

将 “向量组 $\boldsymbol{\beta}_1$, $\boldsymbol{\beta}_2$, $\cdots$, $\boldsymbol{\beta}_s$ 可由向量组 $\boldsymbol{\alpha}_1$, $\boldsymbol{\alpha}_2$, $\cdots$, $\boldsymbol{\alpha}_m$ 线性表示” 具体写出来就是, 存在 $k_{ij}(i = 1, 2, \cdots, m; \ \ j = 1, 2, \cdots, s)$ 使

$$\begin{cases} \boldsymbol{\beta}_1 = k_{11}\boldsymbol{\alpha}_1 + k_{21}\boldsymbol{\alpha}_2 + \cdots + k_{m1}\boldsymbol{\alpha}_m, \\ \boldsymbol{\beta}_2 = k_{12}\boldsymbol{\alpha}_1 + k_{22}\boldsymbol{\alpha}_2 + \cdots + k_{m2}\boldsymbol{\alpha}_m, \\ \qquad\qquad \cdots\cdots \\ \boldsymbol{\beta}_s = k_{1s}\boldsymbol{\alpha}_1 + k_{2s}\boldsymbol{\alpha}_2 + \cdots + k_{ms}\boldsymbol{\alpha}_m \end{cases}$$

或

$$[\boldsymbol{\beta}_1, \boldsymbol{\beta}_2, \cdots, \boldsymbol{\beta}_s] = [\boldsymbol{\alpha}_1, \boldsymbol{\alpha}_2, \cdots, \boldsymbol{\alpha}_m] \begin{bmatrix} k_{11} & k_{12} & \cdots & k_{1s} \\ k_{21} & k_{22} & \cdots & k_{2s} \\ \vdots & \vdots & & \vdots \\ k_{m1} & k_{m2} & \cdots & k_{ms} \end{bmatrix},$$

或存在 $\boldsymbol{K} = [k_{ij}]_{m\times s}$ 使 $[\boldsymbol{\beta}_1, \boldsymbol{\beta}_2, \cdots, \boldsymbol{\beta}_s] = [\boldsymbol{\alpha}_1, \boldsymbol{\alpha}_2, \cdots, \boldsymbol{\alpha}_m]\boldsymbol{K}$.

定义 3 设 V 为数域 $\mathbb{F}$ 上的线性空间, $\boldsymbol{\alpha}_1, \boldsymbol{\alpha}_2, \cdots, \boldsymbol{\alpha}_m$ 为 V 中的向量, θ 为 V 的零元. 若存在不全为零的数 $k_1, k_2, \cdots, k_m \in \mathbb{F}$ 使得

$$k_1\boldsymbol{\alpha}_1 + k_2\boldsymbol{\alpha}_2 + \cdots + k_m\boldsymbol{\alpha}_m = \theta,$$

则称 $\boldsymbol{\alpha}_1, \boldsymbol{\alpha}_2, \cdots, \boldsymbol{\alpha}_m$ **线性相关**, 否则称 $\boldsymbol{\alpha}_1, \boldsymbol{\alpha}_2, \cdots, \boldsymbol{\alpha}_m$ **线性无关**.

由定义 3 可以看出, 向量组 $\boldsymbol{\alpha}_1, \boldsymbol{\alpha}_2, \cdots, \boldsymbol{\alpha}_m$ 线性无关的充分必要条件为 "若使 $k_1\boldsymbol{\alpha}_1 + k_2\boldsymbol{\alpha}_2 + \cdots + k_m\boldsymbol{\alpha}_m = \theta$ 成立, 则必有 $k_1 = k_2 = \cdots = k_m = 0$".

例 2 在实连续函数空间 $C(-\infty, +\infty)$ 中, 验证 $y_1(x) = 1, y_2(x) = \sin^2 x$, $y_3(x) = \cos^2 x$ 线性相关; 验证 $\alpha_1(x) = e^x, \alpha_2(x) = e^{2x}$ 线性无关.

解 由 $-1 + \sin^2 x + \cos^2 x = 0$, 即 $-1 \cdot y_1(x) + 1 \cdot y_2(x) + 1 \cdot y_3(x) = 0$, 由线性相关的定义得 $y_1(x) = 1$, $y_2(x) = \sin^2 x, y_3(x) = \cos^2 x$ 线性相关.

若有 $k_1, k_2 \in \mathbb{R}$, 使得 $k_1\alpha_1(x) + k_2\,\alpha_2(x) = 0$, 即 $k_1e^x + k_2e^{2x} = 0$ 成立, 则代入 $x = 0$ 得 $k_1 + k_2 = 0$, 代入 $x = 1$ 得 $k_1e + k_2e^2 = 0$, 联立解得 $k_1 = k_2 = 0$, 由线性无关的定义得 $\alpha_1(x) = e^x$, $\alpha_2(x) = e^{2x}$ 线性无关.

定义 4 设 V 为数域 $\mathbb{F}$ 上的线性空间, $A = \{\boldsymbol{\alpha}_1, \boldsymbol{\alpha}_2, \cdots, \boldsymbol{\alpha}_m\}$ 为 V 中的向量组, 若向量组 A 中存在 r 个线性无关向量, 不存在更多个线性无关的向量, 则称向量组 A 的**秩**为 r, 记为 $\mathrm{rank}A = r$, 且向量组 A 中任意 r 个线性无关向量称为向量组 A 的一个**极大无关组**.

定理 2 关于线性空间中向量组, 具有如下性质:

(1) 含有零向量的向量组必线性相关;

(2) 仅由一个向量构成的向量组线性相关的充分必要条件为该向量为零;

(3) 向量组线性相关的充分必要条件为: 至少有一个向量可以由其余向量线性表示;

(4) 线性无关向量组的任何一个部分组仍线性无关; 若向量组的一个部分组线性相关, 则原向量组必线性相关;

(5) 若向量组 $\boldsymbol{\alpha}_1, \boldsymbol{\alpha}_2, \cdots, \boldsymbol{\alpha}_m$ 线性无关, 且存在 $\boldsymbol{K} = [k_{ij}]_{m\times m}, k_{ij} \in \mathbb{F}$ 使

$$[\boldsymbol{\beta}_1, \boldsymbol{\beta}_2, \cdots, \boldsymbol{\beta}_m] = [\boldsymbol{\alpha}_1, \boldsymbol{\alpha}_2, \cdots, \boldsymbol{\alpha}_m]\boldsymbol{K},$$

则当且仅当行列式 $|\boldsymbol{K}| = 0$ 时, 向量组 $\boldsymbol{\beta}_1, \boldsymbol{\beta}_2, \cdots, \boldsymbol{\beta}_m$ 线性相关.

(6) 若向量组 $\boldsymbol{\alpha}_1, \boldsymbol{\alpha}_2, \cdots, \boldsymbol{\alpha}_m$ 线性无关, $\boldsymbol{\alpha}_1, \boldsymbol{\alpha}_2, \cdots, \boldsymbol{\alpha}_m, \boldsymbol{\beta}$ 线性相关, 则 $\boldsymbol{\beta}$ 可由 $\boldsymbol{\alpha}_1, \boldsymbol{\alpha}_2, \cdots, \boldsymbol{\alpha}_m$ 线性表示, 且表示法唯一.

(7) 若向量组 A 可由向量组 B 线性表示, 则 $\operatorname{rank} A \leqslant \operatorname{rank} B$.

证明略.

定义 5 如果在线性空间 V 中存在 n 个线性无关的向量 $\boldsymbol{\alpha}_1, \boldsymbol{\alpha}_2, \cdots, \boldsymbol{\alpha}_n$, 但不存在更多数目的线性无关向量, 则称 $\boldsymbol{\alpha}_1, \boldsymbol{\alpha}_2, \cdots, \boldsymbol{\alpha}_n$ 为线性空间 V 的一组**基底**(简称**基**); 称线性空间 V 的**维数**为 n, 或 V 是 n 维线性空间, 记为 $\dim V = n$; 若线性空间 V 中存在任意多个线性无关的向量, 则称线性空间 V 是**无限维**的. 规定只由零元这一个元素构成的线性空间为零维的, 零维空间没有基.

一般来说, 有限维线性空间 (零维空间除外) 的基不唯一, 但维数是确定的. 显然我们熟悉的空间 $\mathbb{F}^n, \mathbb{F}^{m\times n}, \mathbb{F}[x]_n$ 都是有限维的, $\mathbb{F}[x], C[a,b]$ 都是无限维的. 需要注意的是, 同一个集合在不同数域上构成的空间是不同的, 它们的维数也可能是不同的. 比如, 将 V 看成复数集合, 则 V 在实数域上构成的空间是 2 维的, 而 V 在复数域上构成的空间是 1 维的. 无限维线性空间的结构比较复杂, 下面我们主要来讨论有限维线性空间.

定理 3 设 V 是有限维线性空间, 若 V 中向量 $\boldsymbol{\alpha}_1, \boldsymbol{\alpha}_2, \cdots, \boldsymbol{\alpha}_r$ 线性无关, 且 V 中任意向量均可由 $\boldsymbol{\alpha}_1, \boldsymbol{\alpha}_2, \cdots, \boldsymbol{\alpha}_r$ 线性表示, 则 $\boldsymbol{\alpha}_1, \boldsymbol{\alpha}_2, \cdots, \boldsymbol{\alpha}_r$ 为空间 V 的基, 且 $\dim V = r$.

证明略.

一般地, 若已知空间 V 的维数为 n, 则空间 V 中任意 n 个线性无关的向量均可以作为空间 V 的基; 若未知空间 V 的维数, 要先说明空间 V 中向量组 $\boldsymbol{\alpha}_1, \boldsymbol{\alpha}_2, \cdots, \boldsymbol{\alpha}_r$ 线性无关, 再说明空间 V 中任意向量均可由 $\boldsymbol{\alpha}_1, \boldsymbol{\alpha}_2, \cdots, \boldsymbol{\alpha}_r$ 线性表示, 即可得 $\boldsymbol{\alpha}_1, \boldsymbol{\alpha}_2, \cdots, \boldsymbol{\alpha}_r$ 为空间 V 的基.

例 3 设 $V = \left\{ \begin{bmatrix} a & b & c & d \end{bmatrix} \middle| a+b+c+d=0, a,b,c,d \in \mathbb{R} \right\}$ 按向量的加法数乘运算构成实数域上的线性空间, 求空间 V 的维数和一组基.

解 方法 1 将 V 改写成 $V = \left\{ \begin{bmatrix} a & b & c & -a-b-c \end{bmatrix} \middle| \forall a,b,c \in \mathbb{R} \right\}$.

令 $a=1, b=c=0$ 得 $\boldsymbol{\alpha}_1 = \begin{bmatrix} 1 & 0 & 0 & -1 \end{bmatrix}$;

令 $b=1, a=c=0$ 得 $\boldsymbol{\alpha}_2 = \begin{bmatrix} 0 & 1 & 0 & -1 \end{bmatrix}$;

令 $c=1, a=b=0$ 得 $\boldsymbol{\alpha}_3 = \begin{bmatrix} 0 & 0 & 1 & -1 \end{bmatrix}$.

容易验证 $\boldsymbol{\alpha}_1, \boldsymbol{\alpha}_2, \boldsymbol{\alpha}_3$ 线性无关, 且对空间 V 中任意向量

$$\boldsymbol{\beta} = \begin{bmatrix} a & b & c & -a-b-c \end{bmatrix},$$

$$\boldsymbol{\beta} = a\boldsymbol{\alpha}_1 + b\boldsymbol{\alpha}_2 + c\boldsymbol{\alpha}_3,$$

综上, $\boldsymbol{\alpha}_1, \boldsymbol{\alpha}_2, \boldsymbol{\alpha}_3$ 为空间 V 的一组基, 且 $\dim V = 3$.

方法 2 将 V 看成线性方程组 $x_1 + x_2 + x_3 + x_4 = 0$ 的解空间, 其基础解系即为空间 V 的基. 解此方程组得基础解系 (将基础解系中列向量转置后得以下行向量)

$$\boldsymbol{\beta}_1 = \begin{bmatrix} -1 & 0 & 0 & 1 \end{bmatrix}, \quad \boldsymbol{\beta}_2 = \begin{bmatrix} 0 & -1 & 0 & 1 \end{bmatrix}, \quad \boldsymbol{\beta}_3 = \begin{bmatrix} 0 & 0 & -1 & 1 \end{bmatrix}$$

为空间 V 的一组基, 且 $\dim V = 3$.

在 $\mathbb{F}^n$, $\mathbb{F}[x]_n$, $\mathbb{F}^{m \times n}$ 等空间中, 对于以下给出的这组基, 容易将空间中向量写成这组基的线性组合, 我们将这组基底称为**自然基底**. 下面来介绍一些空间的自然基底.

(1) 在数组向量空间 $\mathbb{F}^n$ 中, 取单位阵 $\boldsymbol{E}$ 的列向量组

$$\boldsymbol{e}_1 = \begin{bmatrix} 1 & 0 & \cdots & 0 \end{bmatrix}^{\mathrm{T}}, \boldsymbol{e}_2 = \begin{bmatrix} 0 & 1 & \cdots & 0 \end{bmatrix}^{\mathrm{T}}, \cdots, \boldsymbol{e}_n = \begin{bmatrix} 0 & 0 & \cdots & 1 \end{bmatrix}^{\mathrm{T}}$$

为空间 $\mathbb{F}^n$ 的自然基底, 则 $\dim \mathbb{F}^n = n$.

(2) 在多项式 (次数小于 n) 空间 $\mathbb{F}[x]_n$ 中, 取

$$\varepsilon_1 = 1, \varepsilon_2 = x, \cdots, \varepsilon_n = x^{n-1}$$

为空间 $\mathbb{F}[x]_n$ 的自然基底, 则 $\dim \mathbb{F}[x]_n = n$.

(3) 在矩阵空间 $\mathbb{F}^{m \times n}$ 中, 令 E_{ij} 表示第 i 行第 j 列元素为 1, 其余元素均为 0 的矩阵 $(i = 1, 2, \cdots, m, j = 1, 2, \cdots, n)$, 取

$$\varepsilon_1 = E_{11}, \varepsilon_2 = E_{12}, \cdots, \varepsilon_{mn} = E_{mn}$$

为空间 $\mathbb{F}^{m \times n}$ 的自然基底, 则 $\dim \mathbb{F}^{m \times n} = mn$.

例如, $\mathbb{R}^{2 \times 2}$ 的自然基底为

$$\boldsymbol{\varepsilon}_1 = \boldsymbol{E}_{11} = \begin{bmatrix} 1 & 0 \\ 0 & 0 \end{bmatrix}, \quad \boldsymbol{\varepsilon}_2 = \boldsymbol{E}_{12} = \begin{bmatrix} 0 & 1 \\ 0 & 0 \end{bmatrix},$$

$$\boldsymbol{\varepsilon}_3 = \boldsymbol{E}_{21} = \begin{bmatrix} 0 & 0 \\ 1 & 0 \end{bmatrix}, \quad \boldsymbol{\varepsilon}_4 = \boldsymbol{E}_{22} = \begin{bmatrix} 0 & 0 \\ 0 & 1 \end{bmatrix}.$$

定义 6 设 V 为数域 $\mathbb{F}$ 上的有限维线性空间, $\boldsymbol{\alpha}_1,\boldsymbol{\alpha}_2,\cdots,\boldsymbol{\alpha}_n$ 为 V 的一组基, 对空间 V 中的任意向量 $\boldsymbol{\beta}$ 均可由基 $\boldsymbol{\alpha}_1,\boldsymbol{\alpha}_2,\cdots,\boldsymbol{\alpha}_n$ 线性表示, 即存在数域 $\mathbb{F}$ 中的数 $x_1,x_2,\cdots,x_n$ 使 $\boldsymbol{\beta}=x_1\boldsymbol{\alpha}_1+x_2\boldsymbol{\alpha}_2+\cdots+x_n\boldsymbol{\alpha}_n=[\boldsymbol{\alpha}_1,\boldsymbol{\alpha}_2,\cdots,\boldsymbol{\alpha}_n]\begin{bmatrix}x_1\\x_2\\\vdots\\x_n\end{bmatrix}$ 成立, 则称列向量 $\boldsymbol{X}=\begin{bmatrix}x_1\\x_2\\\vdots\\x_n\end{bmatrix}$ 是 $\boldsymbol{\beta}$ 在基 $\boldsymbol{\alpha}_1,\boldsymbol{\alpha}_2,\cdots,\boldsymbol{\alpha}_n$ 下的**坐标**.

在平面解析几何中, 我们用有序数对 (x,y) 作为空间点的坐标, 通过对坐标的运算, 来表达几何中的点、线的一些性质. 这里我们用 n 维数组列向量作为线性空间中向量的坐标, 通过线性代数课程中对数组向量的推导和计算来表达线性空间中向量的线性表示、线性相关等代数关系.

若 $\boldsymbol{\alpha}_1,\boldsymbol{\alpha}_2,\cdots,\boldsymbol{\alpha}_n$ 为线性空间 V 的一组基, V 中向量 $\boldsymbol{\beta}_1,\boldsymbol{\beta}_2,\cdots,\boldsymbol{\beta}_s$ 在基 $\boldsymbol{\alpha}_1,\boldsymbol{\alpha}_2,\cdots,\boldsymbol{\alpha}_n$ 下的坐标分别为 $\boldsymbol{X}_1,\boldsymbol{X}_2,\cdots,\boldsymbol{X}_s$, 容易验证以下结论:

(1) 当且仅当 $\boldsymbol{X}_1,\boldsymbol{X}_2,\cdots,\boldsymbol{X}_s$ 线性相关时, $\boldsymbol{\beta}_1,\boldsymbol{\beta}_2,\cdots,\boldsymbol{\beta}_s$ 线性相关;

(2) $\boldsymbol{\beta}_1,\boldsymbol{\beta}_2,\cdots,\boldsymbol{\beta}_s$ 中向量的线性关系与 $\boldsymbol{X}_1,\boldsymbol{X}_2,\cdots,\boldsymbol{X}_s$ 中向量的线性关系一致;

(3) $\operatorname{rank}[\boldsymbol{\beta}_1,\boldsymbol{\beta}_2,\cdots,\boldsymbol{\beta}_s]=\operatorname{rank}[\boldsymbol{X}_1,\boldsymbol{X}_2,\cdots,\boldsymbol{X}_s]$.

例 4 在多项式空间 $\mathbb{R}[x]_3$ 中, 求证 $f_1(x)=x^2+x+1,f_2(x)=x^2+2x+4,f_3(x)=x^2+3x+9$ 线性无关; 并将 $g(x)=2x^2+5x+15$ 由 $f_1(x),f_2(x),f_3(x)$ 线性表示.

解 $f_1(x),f_2(x),f_3(x),g(x)$ 在自然基底 $\varepsilon_1=1,\varepsilon_2=x,\varepsilon_3=x^2$ 下的坐标分别为

$$\boldsymbol{X}_1=\begin{bmatrix}1&1&1\end{bmatrix}^{\mathrm{T}},\quad \boldsymbol{X}_2=\begin{bmatrix}4&2&1\end{bmatrix}^{\mathrm{T}},$$
$$\boldsymbol{X}_3=\begin{bmatrix}9&3&1\end{bmatrix}^{\mathrm{T}},\quad \boldsymbol{Y}=\begin{bmatrix}15&5&2\end{bmatrix}^{\mathrm{T}}.$$

由 $\left|\begin{matrix}\boldsymbol{X}_1&\boldsymbol{X}_2&\boldsymbol{X}_3\end{matrix}\right|=\begin{vmatrix}1&4&9\\1&2&3\\1&1&1\end{vmatrix}=-2\neq0$, 则 $\boldsymbol{X}_1,\boldsymbol{X}_2,\boldsymbol{X}_3$ 线性无关, 因此, $f_1(x),f_2(x),f_3(x)$ 仍线性无关.

对矩阵 $\begin{bmatrix} \boldsymbol{X}_1 & \boldsymbol{X}_2 & \boldsymbol{X}_3 & \boldsymbol{Y} \end{bmatrix}$ 进行初等行变换得

$$\begin{bmatrix} \boldsymbol{X}_1 & \boldsymbol{X}_2 & \boldsymbol{X}_3 & \boldsymbol{Y} \end{bmatrix} = \begin{bmatrix} 1 & 4 & 9 & 15 \\ 1 & 2 & 3 & 5 \\ 1 & 1 & 1 & 2 \end{bmatrix} \longrightarrow \begin{bmatrix} 1 & 0 & 0 & 1 \\ 0 & 1 & 0 & -1 \\ 0 & 0 & 1 & 2 \end{bmatrix}.$$

因此, $\boldsymbol{Y} = \boldsymbol{X}_1 - \boldsymbol{X}_2 + 2\boldsymbol{X}_3$, 即 $g(x) = f_1(x) - f_2(x) + 2f_3(x)$.

定义 7 设 V 为数域 $\mathbb{F}$ 上的 n 维线性空间, $\boldsymbol{\alpha}_1, \boldsymbol{\alpha}_2, \cdots, \boldsymbol{\alpha}_n$ 为 V 的一组基, $\boldsymbol{\beta}_1, \boldsymbol{\beta}_2, \cdots, \boldsymbol{\beta}_n$ 也是 V 的基, 若存在数域 $\mathbb{F}$ 上的矩阵 $\boldsymbol{K} = [k_{ij}]_{n\times n}$ 使

$$[\boldsymbol{\beta}_1, \boldsymbol{\beta}_2, \cdots, \boldsymbol{\beta}_n] = [\boldsymbol{\alpha}_1, \boldsymbol{\alpha}_2, \cdots, \boldsymbol{\alpha}_n]\boldsymbol{K},$$

即

$$\begin{cases} \boldsymbol{\beta}_1 = k_{11}\boldsymbol{\alpha}_1 + k_{21}\boldsymbol{\alpha}_2 + \cdots + k_{n1}\boldsymbol{\alpha}_n, \\ \boldsymbol{\beta}_2 = k_{12}\boldsymbol{\alpha}_1 + k_{22}\boldsymbol{\alpha}_2 + \cdots + k_{n2}\boldsymbol{\alpha}_n, \\ \qquad\qquad \cdots\cdots \\ \boldsymbol{\beta}_n = k_{1n}\boldsymbol{\alpha}_1 + k_{2n}\boldsymbol{\alpha}_2 + \cdots + k_{nn}\boldsymbol{\alpha}_n \end{cases}$$

成立, 则称矩阵 $\boldsymbol{K}$ 为由基 $\boldsymbol{\alpha}_1, \boldsymbol{\alpha}_2, \cdots, \boldsymbol{\alpha}_n$ 到基 $\boldsymbol{\beta}_1, \boldsymbol{\beta}_2, \cdots, \boldsymbol{\beta}_n$ 的**过渡矩阵**.

定理 4 设 V 为数域 $\mathbb{F}$ 上的 n 维线性空间, 过渡矩阵具有如下性质:

(1) 过渡矩阵一定是可逆阵;

(2) 若基 $\boldsymbol{\alpha}_1, \boldsymbol{\alpha}_2, \cdots, \boldsymbol{\alpha}_n$ 到基 $\boldsymbol{\beta}_1, \boldsymbol{\beta}_2, \cdots, \boldsymbol{\beta}_n$ 的过渡矩阵为 $\boldsymbol{P}$, 则基 $\boldsymbol{\beta}_1, \boldsymbol{\beta}_2, \cdots, \boldsymbol{\beta}_n$ 到基 $\boldsymbol{\alpha}_1, \boldsymbol{\alpha}_2, \cdots, \boldsymbol{\alpha}_n$ 的过渡矩阵一定为 $\boldsymbol{P}^{-1}$;

(3) 若基 $\boldsymbol{\alpha}_1, \boldsymbol{\alpha}_2, \cdots, \boldsymbol{\alpha}_n$ 到基 $\boldsymbol{\beta}_1, \boldsymbol{\beta}_2, \cdots, \boldsymbol{\beta}_n$ 的过渡矩阵为 $\boldsymbol{P}_1$, 基 $\boldsymbol{\beta}_1, \boldsymbol{\beta}_2, \cdots, \boldsymbol{\beta}_n$ 到基 $\gamma_1, \gamma_2, \cdots, \gamma_n$ 的过渡矩阵为 $\boldsymbol{P}_2$, 则基 $\boldsymbol{\alpha}_1, \boldsymbol{\alpha}_2, \cdots, \boldsymbol{\alpha}_n$ 到基 $\gamma_1, \gamma_2, \cdots, \gamma_n$ 的过渡矩阵为 $\boldsymbol{Q} = \boldsymbol{P}_1\boldsymbol{P}_2$;

(4) 若基 $\boldsymbol{\alpha}_1, \boldsymbol{\alpha}_2, \cdots, \boldsymbol{\alpha}_n$ 到基 $\boldsymbol{\beta}_1, \boldsymbol{\beta}_2, \cdots, \boldsymbol{\beta}_n$ 的过渡矩阵为 $\boldsymbol{P}$, γ 是空间 V 中的一个向量; γ 在基 $\boldsymbol{\alpha}_1, \boldsymbol{\alpha}_2, \cdots, \boldsymbol{\alpha}_n$ 下的坐标为 $\boldsymbol{X}$, γ 在基 $\boldsymbol{\beta}_1, \boldsymbol{\beta}_2, \cdots, \boldsymbol{\beta}_n$ 下的坐标为 $\boldsymbol{Y}$, 则有 $\boldsymbol{X} = \boldsymbol{P}\boldsymbol{Y}$ 成立. 这个结论称为**坐标变换公式**.

证明 (1) 若基 $\boldsymbol{\alpha}_1, \boldsymbol{\alpha}_2, \cdots, \boldsymbol{\alpha}_n$ 到基 $\boldsymbol{\beta}_1, \boldsymbol{\beta}_2, \cdots, \boldsymbol{\beta}_n$ 的过渡矩阵为 $\boldsymbol{P}$, 则

$$[\boldsymbol{\beta}_1, \boldsymbol{\beta}_2, \cdots, \boldsymbol{\beta}_n] = [\boldsymbol{\alpha}_1, \boldsymbol{\alpha}_2, \cdots, \boldsymbol{\alpha}_n]\boldsymbol{P}.$$

由 $\boldsymbol{\beta}_1, \boldsymbol{\beta}_2, \cdots, \boldsymbol{\beta}_n$ 为线性空间的基底, 必线性无关, 则 $\operatorname{rank}(\boldsymbol{\beta}_1, \boldsymbol{\beta}_2, \cdots, \boldsymbol{\beta}_n) = n$, 又由 $[\boldsymbol{\beta}_1, \boldsymbol{\beta}_2, \cdots, \boldsymbol{\beta}_n] = [\boldsymbol{\alpha}_1, \boldsymbol{\alpha}_2, \cdots, \boldsymbol{\alpha}_n]\boldsymbol{P}$, 则 $\operatorname{rank}\boldsymbol{P} \geqslant \operatorname{rank}(\boldsymbol{\beta}_1, \boldsymbol{\beta}_2, \cdots, \boldsymbol{\beta}_n) = n$, 因此, 过渡矩阵 $\boldsymbol{P}$ 是可逆的.

(2) 由过渡矩阵定义 $[\boldsymbol{\beta}_1,\boldsymbol{\beta}_2,\cdots,\boldsymbol{\beta}_n]=[\boldsymbol{\alpha}_1,\boldsymbol{\alpha}_2,\cdots,\boldsymbol{\alpha}_n]\boldsymbol{P}$, 等号两边右乘 $\boldsymbol{P}^{-1}$ 得

$$[\boldsymbol{\beta}_1,\boldsymbol{\beta}_2,\cdots,\boldsymbol{\beta}_n]\boldsymbol{P}^{-1}=[\boldsymbol{\alpha}_1,\boldsymbol{\alpha}_2,\cdots,\boldsymbol{\alpha}_n].$$

因此, 基 $\boldsymbol{\beta}_1,\boldsymbol{\beta}_2,\cdots,\boldsymbol{\beta}_n$ 到基 $\boldsymbol{\alpha}_1,\boldsymbol{\alpha}_2,\cdots,\boldsymbol{\alpha}_n$ 的过渡矩阵为 $\boldsymbol{P}^{-1}$.

(3) 由过渡矩阵定义有

$$[\boldsymbol{\beta}_1,\boldsymbol{\beta}_2,\cdots,\boldsymbol{\beta}_n]=[\boldsymbol{\alpha}_1,\boldsymbol{\alpha}_2,\cdots,\boldsymbol{\alpha}_n]\boldsymbol{P}_1,\quad [\gamma_1,\gamma_2,\cdots,\gamma_n]=[\boldsymbol{\beta}_1,\boldsymbol{\beta}_2,\cdots,\boldsymbol{\beta}_n]\boldsymbol{P}_2.$$

因此

$$\begin{aligned}[\gamma_1,\gamma_2,\cdots,\gamma_n]&=[\boldsymbol{\beta}_1,\boldsymbol{\beta}_2,\cdots,\boldsymbol{\beta}_n]\boldsymbol{P}_2=([\boldsymbol{\alpha}_1,\boldsymbol{\alpha}_2,\cdots,\boldsymbol{\alpha}_n]\boldsymbol{P}_1)\,\boldsymbol{P}_2\\&=[\boldsymbol{\alpha}_1,\boldsymbol{\alpha}_2,\cdots,\boldsymbol{\alpha}_n]\,(\boldsymbol{P}_1\boldsymbol{P}_2)\,,\end{aligned}$$

即基 $\boldsymbol{\alpha}_1,\boldsymbol{\alpha}_2,\cdots,\boldsymbol{\alpha}_n$ 到基 $\gamma_1,\gamma_2,\cdots,\gamma_n$ 的过渡矩阵为 $\boldsymbol{Q}=\boldsymbol{P}_1\boldsymbol{P}_2$.

(4) 由过渡矩阵和坐标的定义有

$$\begin{gathered}[\boldsymbol{\beta}_1,\boldsymbol{\beta}_2,\cdots,\boldsymbol{\beta}_n]=[\boldsymbol{\alpha}_1,\boldsymbol{\alpha}_2,\cdots,\boldsymbol{\alpha}_n]\boldsymbol{P},\\ \boldsymbol{\gamma}=[\boldsymbol{\alpha}_1,\boldsymbol{\alpha}_2,\cdots,\boldsymbol{\alpha}_n]\boldsymbol{X},\quad \boldsymbol{\gamma}=[\boldsymbol{\beta}_1,\boldsymbol{\beta}_2,\cdots,\boldsymbol{\beta}_n]\boldsymbol{Y},\end{gathered}$$

因此

$$\boldsymbol{\gamma}=[\boldsymbol{\beta}_1,\boldsymbol{\beta}_2,\cdots,\boldsymbol{\beta}_n]\boldsymbol{Y}=([\boldsymbol{\alpha}_1,\boldsymbol{\alpha}_2,\cdots,\boldsymbol{\alpha}_n]\boldsymbol{P})\,\boldsymbol{Y}=[\boldsymbol{\alpha}_1,\boldsymbol{\alpha}_2,\cdots,\boldsymbol{\alpha}_n]\,(\boldsymbol{P}\boldsymbol{Y})\,,$$

即 $\boldsymbol{X}=\boldsymbol{P}\boldsymbol{Y}$ 成立. □

例 5　设矩阵空间 $\mathbb{R}^{2\times 2}$ 的两组基分别为

$$\boldsymbol{A}_1=\begin{bmatrix}1&-1\\0&0\end{bmatrix},\quad \boldsymbol{A}_2=\begin{bmatrix}1&0\\0&0\end{bmatrix},\quad \boldsymbol{A}_3=\begin{bmatrix}0&0\\2&1\end{bmatrix},\quad \boldsymbol{A}_4=\begin{bmatrix}0&0\\3&2\end{bmatrix}$$

与

$$\boldsymbol{B}_1=\begin{bmatrix}1&1\\2&1\end{bmatrix},\quad \boldsymbol{B}_2=\begin{bmatrix}0&2\\1&2\end{bmatrix},\quad \boldsymbol{B}_3=\begin{bmatrix}0&0\\3&1\end{bmatrix},\quad \boldsymbol{B}_4=\begin{bmatrix}0&0\\0&1\end{bmatrix}.$$

(1) 求由基 $\boldsymbol{A}_1,\boldsymbol{A}_2,\boldsymbol{A}_3,\boldsymbol{A}_4$ 到基 $\boldsymbol{B}_1,\boldsymbol{B}_2,\boldsymbol{B}_3,\boldsymbol{B}_4$ 的过渡矩阵;

(2) 求 $\boldsymbol{C}=\boldsymbol{B}_1+\boldsymbol{B}_2+\boldsymbol{B}_3+\boldsymbol{B}_4$ 在基 $\boldsymbol{A}_1,\boldsymbol{A}_2,\boldsymbol{A}_3,\boldsymbol{A}_4$ 下的坐标.

解　(1) 取 $\mathbb{R}^{2\times 2}$ 的自然基底

$$\boldsymbol{\varepsilon}_1=\begin{bmatrix}1&0\\0&0\end{bmatrix},\quad \boldsymbol{\varepsilon}_2=\begin{bmatrix}0&1\\0&0\end{bmatrix},\quad \boldsymbol{\varepsilon}_3=\begin{bmatrix}0&0\\1&0\end{bmatrix},\quad \boldsymbol{\varepsilon}_4=\begin{bmatrix}0&0\\0&1\end{bmatrix},$$

显然

$$\begin{bmatrix} \boldsymbol{A}_1 & \boldsymbol{A}_2 & \boldsymbol{A}_3 & \boldsymbol{A}_4 \end{bmatrix} = \begin{bmatrix} \varepsilon_1 & \varepsilon_2 & \varepsilon_3 & \varepsilon_4 \end{bmatrix} \begin{bmatrix} 1 & 1 & 0 & 0 \\ -1 & 0 & 0 & 0 \\ 0 & 0 & 2 & 3 \\ 0 & 0 & 1 & 2 \end{bmatrix},$$

即由基 $\varepsilon_1, \varepsilon_2, \varepsilon_3, \varepsilon_4$ 到基 $\boldsymbol{A}_1, \boldsymbol{A}_2, \boldsymbol{A}_3, \boldsymbol{A}_4$ 的过渡矩阵为 $\boldsymbol{P}_1 = \begin{bmatrix} 1 & 1 & 0 & 0 \\ -1 & 0 & 0 & 0 \\ 0 & 0 & 2 & 3 \\ 0 & 0 & 1 & 2 \end{bmatrix}$,

所以, 由基 $\boldsymbol{A}_1, \boldsymbol{A}_2, \boldsymbol{A}_3, \boldsymbol{A}_4$ 到基 $\varepsilon_1, \varepsilon_2, \varepsilon_3, \varepsilon_4$ 的过渡矩阵为 $\boldsymbol{P}_1^{-1}$, 显然

$$\begin{bmatrix} \boldsymbol{B}_1 & \boldsymbol{B}_2 & \boldsymbol{B}_3 & \boldsymbol{B}_4 \end{bmatrix} = \begin{bmatrix} \varepsilon_1 & \varepsilon_2 & \varepsilon_3 & \varepsilon_4 \end{bmatrix} \begin{bmatrix} 1 & 0 & 0 & 0 \\ 1 & 2 & 0 & 0 \\ 2 & 1 & 3 & 0 \\ 1 & 2 & 1 & 1 \end{bmatrix},$$

即由基 $\varepsilon_1, \varepsilon_2, \varepsilon_3, \varepsilon_4$ 到基 $\boldsymbol{B}_1, \boldsymbol{B}_2, \boldsymbol{B}_3, \boldsymbol{B}_4$ 的过渡矩阵为 $\boldsymbol{P}_2 = \begin{bmatrix} 1 & 0 & 0 & 0 \\ 1 & 2 & 0 & 0 \\ 2 & 1 & 3 & 0 \\ 1 & 2 & 1 & 1 \end{bmatrix}$,

因此, 由基 $\boldsymbol{A}_1, \boldsymbol{A}_2, \boldsymbol{A}_3, \boldsymbol{A}_4$ 到基 $\boldsymbol{B}_1, \boldsymbol{B}_2, \boldsymbol{B}_3, \boldsymbol{B}_4$ 的过渡矩阵为

$$\boldsymbol{P} = \boldsymbol{P}_1^{-1}\boldsymbol{P}_2 = \begin{bmatrix} -1 & -2 & 0 & 0 \\ 2 & 2 & 0 & 0 \\ 1 & -4 & 3 & -3 \\ 0 & 3 & -1 & 2 \end{bmatrix}.$$

(2) 显然 $\boldsymbol{C} = \boldsymbol{B}_1 + \boldsymbol{B}_2 + \boldsymbol{B}_3 + \boldsymbol{B}_4$ 在基 $\boldsymbol{B}_1, \boldsymbol{B}_2, \boldsymbol{B}_3, \boldsymbol{B}_4$ 下的坐标为 $\boldsymbol{Y} = \begin{bmatrix} 1 & 1 & 1 & 1 \end{bmatrix}^{\mathrm{T}}$, 若 $\boldsymbol{C}$ 在基 $\boldsymbol{A}_1, \boldsymbol{A}_2, \boldsymbol{A}_3, \boldsymbol{A}_4$ 下的坐标为 $\boldsymbol{X}$, 由坐标变换公式得

$$\boldsymbol{X} = \boldsymbol{P}\boldsymbol{Y} = \begin{bmatrix} -1 & -2 & 0 & 0 \\ 2 & 2 & 0 & 0 \\ 1 & -4 & 3 & -3 \\ 0 & 3 & -1 & 2 \end{bmatrix} \begin{bmatrix} 1 \\ 1 \\ 1 \\ 1 \end{bmatrix} = \begin{bmatrix} -3 \\ 4 \\ -3 \\ 4 \end{bmatrix}.$$

一般地, 空间中的向量在自然基底下的坐标可以不用计算直接观察出来, 从自然基底到其他基底的过渡矩阵也可以直接观察得到. 因此空间中其他两组基的过渡矩阵可以通过将自然基底作为“中介”间接求出.

例 5 中的 (1) 也可以不用自然基底作为“中介”而直接求出. 先找出 $\boldsymbol{A}_1, \boldsymbol{A}_2, \boldsymbol{A}_3, \boldsymbol{A}_4$ 和 $\boldsymbol{B}_1, \boldsymbol{B}_2, \boldsymbol{B}_3, \boldsymbol{B}_4$ 在自然基底下的坐标分别为

$$\boldsymbol{X}_1 = \begin{bmatrix} 1 \\ -1 \\ 0 \\ 0 \end{bmatrix}, \quad \boldsymbol{X}_2 = \begin{bmatrix} 1 \\ 0 \\ 0 \\ 0 \end{bmatrix}, \quad \boldsymbol{X}_3 = \begin{bmatrix} 0 \\ 0 \\ 2 \\ 1 \end{bmatrix}, \quad \boldsymbol{X}_4 = \begin{bmatrix} 0 \\ 0 \\ 3 \\ 2 \end{bmatrix}$$

和

$$\boldsymbol{Y}_1 = \begin{bmatrix} 1 \\ 1 \\ 2 \\ 1 \end{bmatrix}, \quad \boldsymbol{Y}_2 = \begin{bmatrix} 0 \\ 2 \\ 1 \\ 2 \end{bmatrix}, \quad \boldsymbol{Y}_3 = \begin{bmatrix} 0 \\ 0 \\ 3 \\ 1 \end{bmatrix}, \quad \boldsymbol{Y}_4 = \begin{bmatrix} 0 \\ 0 \\ 0 \\ 1 \end{bmatrix}.$$

由线性代数中学过的方法可得, 由 $\boldsymbol{X}_1, \boldsymbol{X}_2, \boldsymbol{X}_3, \boldsymbol{X}_4$ 到 $\boldsymbol{Y}_1, \boldsymbol{Y}_2, \boldsymbol{Y}_3, \boldsymbol{Y}_4$ 的过渡矩阵为

$$\boldsymbol{P} = \begin{bmatrix} 1 & 1 & 0 & 0 \\ -1 & 0 & 0 & 0 \\ 0 & 0 & 2 & 3 \\ 0 & 0 & 1 & 2 \end{bmatrix}^{-1} \begin{bmatrix} 1 & 0 & 0 & 0 \\ 1 & 2 & 0 & 0 \\ 2 & 1 & 3 & 0 \\ 1 & 2 & 1 & 1 \end{bmatrix} = \begin{bmatrix} -1 & -2 & 0 & 0 \\ 2 & 2 & 0 & 0 \\ 1 & -4 & 3 & -3 \\ 0 & 3 & -1 & 2 \end{bmatrix}.$$

因此, 由基 $\boldsymbol{A}_1, \boldsymbol{A}_2, \boldsymbol{A}_3, \boldsymbol{A}_4$ 到基 $\boldsymbol{B}_1, \boldsymbol{B}_2, \boldsymbol{B}_3, \boldsymbol{B}_4$ 的过渡矩阵仍为上述的矩阵 $\boldsymbol{P}$.

1.3 线性子空间

1.3.1 线性子空间的概念

定义 1 设 V 为数域 $\mathbb{F}$ 上的线性空间, W 是 V 的非空子集, 若 W 对 V 上的加法和数乘运算仍构成数域 $\mathbb{F}$ 上的线性空间, 则称 W 是 V 的**线性子空间**, 简称**子空间**.

由线性子空间的定义, 若要验证 V 的非空子集 W 构成 V 的子空间, 要先验证 W 对 V 上的加法和数乘运算封闭, 再验证 W 对 V 上的加法和数乘运算满足线性空间定义中的八条运算法则. 实际上, 当子集 W 对 V 上的加法和数乘运算封闭时, 容易证出加法和数乘运算一定满足空间定义中的八条运算法则 (请读者自证). 因此, 我们得到以下结论.

定理 1 设 V 为数域 $\mathbb{F}$ 上的线性空间, W 是 V 的非空子集, 若 W 对 V 上的加法和数乘运算封闭, 则称 W 是 V 的子空间.

对任意线性空间 V, 由 V 中的单个零元构成的集合 $\{\theta\}$, 一定是 V 的一个子空间; 整个线性空间 V 也是 V 的一个子空间. 我们将这两个子空间称为 V 的**平凡子空间**, V 的其他子空间称为 V 的**非平凡子空间**.

例如, 若将实连续函数构成的空间 $C(-\infty,+\infty)$ 看成空间 V, 则实一元多项式空间 $\mathbb{R}[x]$ 是 V 的一个子空间.

例如, 若 $\boldsymbol{A}\in\mathbb{F}^{m\times n}$, 则方程组 $\boldsymbol{AX}=\mathbf{0}$ 的解空间是 $\mathbb{F}^n$ 的一个子空间, 解空间的基就是方程组 $\boldsymbol{AX}=\mathbf{0}$ 的基础解系, 解空间的维数是 $n-\operatorname{rank}\boldsymbol{A}$.

例如, n 阶对称阵构成的集合 $\left\{\boldsymbol{A}\mid \boldsymbol{A}^{\mathrm{T}}=\boldsymbol{A},\boldsymbol{A}\in\mathbb{R}^{n\times n}\right\}$ 是 $\mathbb{R}^{n\times n}$ 的一个子空间; 实反对称阵集合、上 (下) 三角阵集合均构成 $\mathbb{R}^{n\times n}$ 的一个子空间. n 阶可逆阵集合不能构成 $\mathbb{R}^{n\times n}$ 的一个子空间, 因为其对加法运算不封闭.

设 V 为数域 $\mathbb{F}$ 上的线性空间, $\boldsymbol{\alpha}_1,\boldsymbol{\alpha}_2,\cdots,\boldsymbol{\alpha}_n\in V$, 这些向量的全部线性组合构成的集合 $W=\{k_1\boldsymbol{\alpha}_1+k_2\boldsymbol{\alpha}_2+\cdots+k_n\boldsymbol{\alpha}_n|\forall k_1,k_2,\cdots,k_n\in\mathbb{F}\}$ 一定是 V 的一个子空间, 并把这个子空间称为**由向量 $\boldsymbol{\alpha}_1,\boldsymbol{\alpha}_2,\cdots,\boldsymbol{\alpha}_n$ 张成的子空间**, 记为 $L[\boldsymbol{\alpha}_1,\boldsymbol{\alpha}_2,\cdots,\boldsymbol{\alpha}_n]$, 也记为 $\operatorname{span}[\boldsymbol{\alpha}_1,\boldsymbol{\alpha}_2,\cdots,\boldsymbol{\alpha}_n]$.

由于线性子空间本身也是一个线性空间, 所以线性空间中引入的维数、基、坐标等概念也可以应用到线性子空间中. 由于线性子空间中线性无关向量的个数不能超过整个线性空间中线性无关向量的个数, 因此, 任何一个线性子空间的维数不能超过整个线性空间的维数.

定理 2 设 V 为数域 $\mathbb{F}$ 上的线性空间, $\boldsymbol{\alpha}_1,\boldsymbol{\alpha}_2,\cdots,\boldsymbol{\alpha}_m$ 与 $\boldsymbol{\beta}_1,\boldsymbol{\beta}_2,\cdots,\boldsymbol{\beta}_s$ 是 V 中的两组向量, 则有

(1) 向量组 $\boldsymbol{\alpha}_1,\boldsymbol{\alpha}_2,\cdots,\boldsymbol{\alpha}_n$ 的极大无关组是子空间 $L[\boldsymbol{\alpha}_1,\boldsymbol{\alpha}_2,\cdots,\boldsymbol{\alpha}_n]$ 的基;

(2) $\operatorname{rank}\{\boldsymbol{\alpha}_1,\boldsymbol{\alpha}_2,\cdots,\boldsymbol{\alpha}_n\}=\dim(L[\boldsymbol{\alpha}_1,\boldsymbol{\alpha}_2,\cdots,\boldsymbol{\alpha}_n])$;

(3) $L[\boldsymbol{\alpha}_1,\boldsymbol{\alpha}_2,\cdots,\boldsymbol{\alpha}_n]=L[\boldsymbol{\beta}_1,\boldsymbol{\beta}_2,\cdots,\boldsymbol{\beta}_s]$ 的充分必要条件为向量组 $\boldsymbol{\alpha}_1,\boldsymbol{\alpha}_2,\cdots,\boldsymbol{\alpha}_m$ 与向量组 $\boldsymbol{\beta}_1,\boldsymbol{\beta}_2,\cdots,\boldsymbol{\beta}_s$ 等价.

证明 不妨设向量组 $\boldsymbol{\alpha}_1,\boldsymbol{\alpha}_2,\cdots,\boldsymbol{\alpha}_n$ 的极大无关组为 $\boldsymbol{\alpha}_1,\boldsymbol{\alpha}_2,\cdots,\boldsymbol{\alpha}_r$, 由极大无关组的定义, 显然有

(i) $\boldsymbol{\alpha}_1,\boldsymbol{\alpha}_2,\cdots,\boldsymbol{\alpha}_r\in L[\boldsymbol{\alpha}_1,\boldsymbol{\alpha}_2,\cdots,\boldsymbol{\alpha}_n]$;

(ii) $\boldsymbol{\alpha}_1,\boldsymbol{\alpha}_2,\cdots,\boldsymbol{\alpha}_r$ 线性无关;

(iii) $L[\boldsymbol{\alpha}_1,\boldsymbol{\alpha}_2,\cdots,\boldsymbol{\alpha}_n]$ 中每个向量均可由 $\boldsymbol{\alpha}_1,\boldsymbol{\alpha}_2,\cdots,\boldsymbol{\alpha}_n$ 线性表示, 即可由 $\boldsymbol{\alpha}_1,\boldsymbol{\alpha}_2,\cdots,\boldsymbol{\alpha}_r$ 线性表示.

综上, (1) 和 (2) 均成立.

下面来证明 (3). 必要性: 已知 $L[\boldsymbol{\alpha}_1,\boldsymbol{\alpha}_2,\cdots,\boldsymbol{\alpha}_n]=L[\boldsymbol{\beta}_1,\boldsymbol{\beta}_2,\cdots,\boldsymbol{\beta}_s]$, 对任意 $\boldsymbol{\alpha}_i\,(i=1,2,\cdots,n)$, 有 $\boldsymbol{\alpha}_i\in L[\boldsymbol{\alpha}_1,\boldsymbol{\alpha}_2,\cdots,\boldsymbol{\alpha}_n]=L[\boldsymbol{\beta}_1,\boldsymbol{\beta}_2,\cdots,\boldsymbol{\beta}_s]$, 即 $\boldsymbol{\alpha}_i$ 可

由 $\boldsymbol{\beta}_1,\boldsymbol{\beta}_2,\cdots,\boldsymbol{\beta}_s$ 线性表示; 同理, 对任意 $\boldsymbol{\beta}_j\,(j=1,2,\cdots,s)$ 可由 $\boldsymbol{\alpha}_1,\boldsymbol{\alpha}_2,\cdots,\boldsymbol{\alpha}_n$ 线性表示. 综上, 向量组 $\boldsymbol{\alpha}_1,\boldsymbol{\alpha}_2,\cdots,\boldsymbol{\alpha}_m$ 与向量组 $\boldsymbol{\beta}_1,\boldsymbol{\beta}_2,\cdots,\boldsymbol{\beta}_s$ 等价.

充分性: 已知向量组 $\boldsymbol{\alpha}_1,\boldsymbol{\alpha}_2,\cdots,\boldsymbol{\alpha}_m$ 与向量组 $\boldsymbol{\beta}_1,\boldsymbol{\beta}_2,\cdots,\boldsymbol{\beta}_s$ 等价, 对任意 $\boldsymbol{x}\in L[\boldsymbol{\alpha}_1,\boldsymbol{\alpha}_2,\cdots,\boldsymbol{\alpha}_n]$ 可由 $\boldsymbol{\alpha}_1,\boldsymbol{\alpha}_2,\cdots,\boldsymbol{\alpha}_m$ 线性表示, 而 $\boldsymbol{\alpha}_1,\boldsymbol{\alpha}_2,\cdots,\boldsymbol{\alpha}_m$ 可由 $\boldsymbol{\beta}_1,\boldsymbol{\beta}_2,\cdots,\boldsymbol{\beta}_s$ 线性表示, 即 $\boldsymbol{x}$ 可由 $\boldsymbol{\beta}_1,\boldsymbol{\beta}_2,\cdots,\boldsymbol{\beta}_s$ 线性表示, 从而, $\boldsymbol{x}\in L[\boldsymbol{\beta}_1,\boldsymbol{\beta}_2,\cdots,\boldsymbol{\beta}_s]$, 因此 $L[\boldsymbol{\alpha}_1,\boldsymbol{\alpha}_2,\cdots,\boldsymbol{\alpha}_n]\subseteq L[\boldsymbol{\beta}_1,\boldsymbol{\beta}_2,\cdots,\boldsymbol{\beta}_s]$. 同理可得 $L[\boldsymbol{\beta}_1,\boldsymbol{\beta}_2,\cdots,\boldsymbol{\beta}_s]\subseteq L[\boldsymbol{\alpha}_1,\boldsymbol{\alpha}_2,\cdots,\boldsymbol{\alpha}_n]$, 综上, $L[\boldsymbol{\alpha}_1,\boldsymbol{\alpha}_2,\cdots,\boldsymbol{\alpha}_n]=L[\boldsymbol{\beta}_1,\boldsymbol{\beta}_2,\cdots,\boldsymbol{\beta}_s]$, 即 (3) 成立. □

定理 3 (基的扩充定理) 设 V 为数域 $\mathbb{F}$ 上的 n 维线性空间, $\boldsymbol{\alpha}_1,\boldsymbol{\alpha}_2,\cdots,\boldsymbol{\alpha}_m$ 是空间 V 中的 m 个 $(m\leqslant n)$ 线性无关的向量, 则在空间 V 中必存在 $\boldsymbol{\alpha}_{m+1},\boldsymbol{\alpha}_{m+2},\cdots,\boldsymbol{\alpha}_n$ 使得 $\boldsymbol{\alpha}_1,\boldsymbol{\alpha}_2,\cdots,\boldsymbol{\alpha}_m,\boldsymbol{\alpha}_{m+1},\boldsymbol{\alpha}_{m+2},\cdots,\boldsymbol{\alpha}_n$ 是空间 V 的基.

证明 对 $n-m$ 进行数学归纳, 当 $n-m=0$ 时结论显然成立. 假设 $n-m=k$ 时结论成立,

当 $n-m=k+1$ 时, 由 $m<n=\dim V$, 空间 V 中必有向量不能由 $\boldsymbol{\alpha}_1,\boldsymbol{\alpha}_2,\cdots,\boldsymbol{\alpha}_m$ 线性表示, 设 $\boldsymbol{\alpha}_{m+1}\in V$ 不能由 $\boldsymbol{\alpha}_1,\boldsymbol{\alpha}_2,\cdots,\boldsymbol{\alpha}_m$ 线性表示, 又由 $\boldsymbol{\alpha}_1,\boldsymbol{\alpha}_2,\cdots,\boldsymbol{\alpha}_m$ 线性无关, 则 $\boldsymbol{\alpha}_1,\boldsymbol{\alpha}_2,\cdots,\boldsymbol{\alpha}_m,\boldsymbol{\alpha}_{m+1}$ 仍线性无关. 再由归纳假设得, 在空间 V 中必存在 $\boldsymbol{\alpha}_{m+2},\cdots,\boldsymbol{\alpha}_n$ 使得 $\boldsymbol{\alpha}_1,\boldsymbol{\alpha}_2,\cdots,\boldsymbol{\alpha}_m,\boldsymbol{\alpha}_{m+1},\boldsymbol{\alpha}_{m+2},\cdots,\boldsymbol{\alpha}_n$ 是空间 V 的基.

由数学归纳原理, 结论成立. □

例 1 设 $\boldsymbol{\alpha}_1=\begin{bmatrix}1&1\\2&3\end{bmatrix},\boldsymbol{\alpha}_2=\begin{bmatrix}-1&1\\-4&-5\end{bmatrix},\boldsymbol{\alpha}_3=\begin{bmatrix}1&-3\\6&7\end{bmatrix}$, 求 $L[\boldsymbol{\alpha}_1,\boldsymbol{\alpha}_2,\boldsymbol{\alpha}_3]$ 的维数; 求 $L[\boldsymbol{\alpha}_1,\boldsymbol{\alpha}_2,\boldsymbol{\alpha}_3]$ 的一组基, 并将其扩充成 $\mathbb{R}^{2\times 2}$ 的一组基.

解 取 $\mathbb{R}^{2\times 2}$ 的自然基 $\boldsymbol{\varepsilon}_1,\boldsymbol{\varepsilon}_2,\boldsymbol{\varepsilon}_3,\boldsymbol{\varepsilon}_4$, 由 $\boldsymbol{\alpha}_1,\boldsymbol{\alpha}_2,\boldsymbol{\alpha}_3$ 在自然基下的坐标分别为

$$\boldsymbol{X}_1=[1,1,2,3]^{\mathrm{T}},\quad \boldsymbol{X}_2=[-1,1,-4,-5]^{\mathrm{T}},\quad \boldsymbol{X}_3=[1,-3,6,7]^{\mathrm{T}},$$

对 $[\boldsymbol{X}_1,\boldsymbol{X}_2,\boldsymbol{X}_3]$ 进行初等行变换得

$$[\boldsymbol{X}_1,\boldsymbol{X}_2,\boldsymbol{X}_3]=\begin{bmatrix}1&-1&1\\1&1&-3\\2&-4&6\\3&-5&7\end{bmatrix}\to\begin{bmatrix}1&0&-1\\0&1&-2\\0&0&0\\0&0&0\end{bmatrix}.$$

因此, $\dim(L[\boldsymbol{\alpha}_1,\boldsymbol{\alpha}_2,\boldsymbol{\alpha}_3])=\operatorname{rank}(\boldsymbol{\alpha}_1,\boldsymbol{\alpha}_2,\boldsymbol{\alpha}_3)=\operatorname{rank}(X_1,X_2,X_3)=2$, 且 $\{\boldsymbol{X}_1,\boldsymbol{X}_2,\boldsymbol{X}_3\}$ 的一个极大无关组为 $\boldsymbol{X}_1,\boldsymbol{X}_2$, 即 $\boldsymbol{\alpha}_1,\boldsymbol{\alpha}_2,\boldsymbol{\alpha}_3$ 的极大无关组为 $\boldsymbol{\alpha}_1,\boldsymbol{\alpha}_2$, 所

以, $L[\boldsymbol{\alpha}_1,\boldsymbol{\alpha}_2,\boldsymbol{\alpha}_3]$ 的一组基为 $\boldsymbol{\alpha}_1,\boldsymbol{\alpha}_2$.

$$[\boldsymbol{X}_1,\boldsymbol{X}_2,\boldsymbol{e}_1,\boldsymbol{e}_2,\boldsymbol{e}_3,\boldsymbol{e}_4]=\begin{bmatrix}1&-1&1&0&0&0\\1&1&0&1&0&0\\2&-4&0&0&1&0\\3&-5&0&0&0&1\end{bmatrix}\to\begin{bmatrix}1&-1&1&0&0&0\\0&2&-1&1&0&0\\0&0&-3&1&1&0\\0&0&-4&1&0&1\end{bmatrix}.$$

由此看出 $\boldsymbol{X}_1,\boldsymbol{X}_2,\boldsymbol{e}_3,\boldsymbol{e}_4$ 线性无关 (也可以取 $\boldsymbol{X}_1,\boldsymbol{X}_2,\boldsymbol{e}_1,\boldsymbol{e}_2$ 线性无关), 因此, 取 $\boldsymbol{\alpha}_3=\boldsymbol{\varepsilon}_3=\begin{bmatrix}0&0\\1&0\end{bmatrix},\boldsymbol{\alpha}_4=\boldsymbol{\varepsilon}_4=\begin{bmatrix}0&0\\0&1\end{bmatrix}$ (也可以取 $\boldsymbol{\alpha}_3=\boldsymbol{\varepsilon}_1,\boldsymbol{\alpha}_4=\boldsymbol{\varepsilon}_2$), 使 $\boldsymbol{\alpha}_1,\boldsymbol{\alpha}_2,\boldsymbol{\alpha}_3,\boldsymbol{\alpha}_4$ 构成 $\mathbb{R}^{2\times 2}$ 的一组基.

下面我们来介绍矩阵的值域、核空间和特征子空间.

设 $\boldsymbol{A}\in\mathbb{F}^{m\times n}$, 容易验证 $R(\boldsymbol{A})=\{\boldsymbol{y}\mid\boldsymbol{y}=\boldsymbol{A}\boldsymbol{x},\boldsymbol{x}\in\mathbb{F}^n\}$ 为 $\mathbb{F}^m$ 的子空间; $N(\boldsymbol{A})=\{\boldsymbol{x}\,|\boldsymbol{A}\boldsymbol{x}=\boldsymbol{0},\boldsymbol{x}\in\mathbb{F}^n\}$ 为 $\mathbb{F}^n$ 的子空间; 若 $\boldsymbol{A}$ 为 n 阶方阵, λ 为 $\boldsymbol{A}$ 的特征值, 则 $V_\lambda=\{\boldsymbol{x}\,|\boldsymbol{A}\boldsymbol{x}=\lambda\boldsymbol{x},\boldsymbol{x}\in\mathbb{F}^n\}$ 为 $\mathbb{F}^n$ 的子空间.

定义 2 称 $R(\boldsymbol{A})=\{\boldsymbol{y}\mid\boldsymbol{y}=\boldsymbol{A}\boldsymbol{x},\boldsymbol{x}\in\mathbb{F}^n\}$ 和 $N(\boldsymbol{A})=\{\boldsymbol{x}\,|\boldsymbol{A}\boldsymbol{x}=\boldsymbol{0},\boldsymbol{x}\in\mathbb{F}^n\}$ 分别为矩阵 $\boldsymbol{A}$ 的**值域**与**核空间**. 而称 V_λ 为矩阵 $\boldsymbol{A}$ 的相对于特征值 λ 的**特征子空间**. $R(\boldsymbol{A})$ 又被称为矩阵 $\boldsymbol{A}$ 的**列空间**; $N(\boldsymbol{A})$ 又被称为矩阵 $\boldsymbol{A}$ 的**化零子空间**. 特征子空间 V_λ 就是方阵 $\boldsymbol{A}$ 属于特征值 λ 的全部特征向量加上零向量构成的空间.

定理 4 设 $\boldsymbol{A}\in\mathbb{C}^{m\times n}$, 且 $\boldsymbol{A}=[\boldsymbol{\alpha}_1,\boldsymbol{\alpha}_2,\cdots,\boldsymbol{\alpha}_n]$, 则有如下结论:

(1) $R(\boldsymbol{A})=L[\boldsymbol{\alpha}_1,\boldsymbol{\alpha}_2,\cdots,\boldsymbol{\alpha}_n]$;

(2) $\dim R(\boldsymbol{A})=\operatorname{rank}\boldsymbol{A}$, 且 $\boldsymbol{\alpha}_1,\boldsymbol{\alpha}_2,\cdots,\boldsymbol{\alpha}_n$ 的极大无关组为 $R(\boldsymbol{A})$ 的基;

(3) $\dim R(\boldsymbol{A})+\dim N(\boldsymbol{A})=n$.

证明 (1) $R(\boldsymbol{A})=\{\boldsymbol{y}\,|\boldsymbol{y}=\boldsymbol{A}\boldsymbol{x},\boldsymbol{x}\in\mathbb{C}^n\}$

$$\begin{aligned}&=\{\boldsymbol{y}\,|\boldsymbol{y}=[\boldsymbol{\alpha}_1,\boldsymbol{\alpha}_2,\cdots,\boldsymbol{\alpha}_n]\boldsymbol{x},\boldsymbol{x}\in\mathbb{C}^n\}\\&=\{\boldsymbol{y}|\boldsymbol{y}=x_1\boldsymbol{\alpha}_1+x_2\boldsymbol{\alpha}_2+\cdots+x_n\boldsymbol{\alpha}_n,\\&\qquad\boldsymbol{x}=(x_1,x_2,\cdots,x_n)\in\mathbb{C}^n\},\end{aligned}$$

可见 $R(\boldsymbol{A})$ 中的元素都是 $\boldsymbol{\alpha}_1,\boldsymbol{\alpha}_2,\cdots,\boldsymbol{\alpha}_n$ 的线性组合; 同理 $\boldsymbol{\alpha}_1,\boldsymbol{\alpha}_2,\cdots,\boldsymbol{\alpha}_n$ 的线性组合也都在 $R(\boldsymbol{A})$ 中, 即 $R(\boldsymbol{A})=L[\boldsymbol{\alpha}_1,\boldsymbol{\alpha}_2,\cdots,\boldsymbol{\alpha}_n]$.

(2) 由定理 2 知, 此结论显然成立.

(3) 由于 $N(\boldsymbol{A})$ 是方程组 $\boldsymbol{A}\boldsymbol{x}=\boldsymbol{0}$ 的解空间, 所以, $\dim N(\boldsymbol{A})=n-\operatorname{rank}\boldsymbol{A}$, 再由 $\dim R(\boldsymbol{A})=\operatorname{rank}\boldsymbol{A}$, 则 $\dim R(\boldsymbol{A})+\dim N(\boldsymbol{A})=n$. □

例 2 设 $\boldsymbol{A}=\begin{bmatrix} 2 & 1 & -2 & 3 \\ 3 & 2 & -1 & 2 \\ 1 & 1 & 1 & -1 \end{bmatrix}$, 求 $R(\boldsymbol{A})$ 和 $N(\boldsymbol{A})$ 的维数与一组基.

解 对矩阵 $\boldsymbol{A}$ 施行初等行变换得

$$\boldsymbol{A}=\begin{bmatrix} 2 & 1 & -2 & 3 \\ 3 & 2 & -1 & 2 \\ 1 & 1 & 1 & -1 \end{bmatrix} \to \begin{bmatrix} 1 & 1 & 1 & -1 \\ 0 & -1 & -4 & 5 \\ 0 & 0 & 0 & 0 \end{bmatrix} \to \begin{bmatrix} 1 & 0 & -3 & 4 \\ 0 & 1 & 4 & -5 \\ 0 & 0 & 0 & 0 \end{bmatrix},$$

即 $\dim R(\boldsymbol{A}) = \operatorname{rank}\boldsymbol{A} = 2$, 且 $\boldsymbol{\alpha}_1 = [2,3,1]^{\mathrm{T}}, \boldsymbol{\alpha}_2 = [1,2,1]^{\mathrm{T}}$ 为 $\boldsymbol{A}$ 的列向量组 $\boldsymbol{\alpha}_1, \boldsymbol{\alpha}_2, \boldsymbol{\alpha}_3, \boldsymbol{\alpha}_4$ 的极大无关组亦为 $R(\boldsymbol{A})$ 的基.

解方程组 $\boldsymbol{AX} = \boldsymbol{0}$ 得基础解系 $\boldsymbol{X}_1 = [3,-4,1,0]^{\mathrm{T}}, \boldsymbol{X}_2 = [-4,5,0,1]^{\mathrm{T}}$.

因此 $\dim N(\boldsymbol{A}) = 2$, $N(\boldsymbol{A})$ 的一组基为 $\boldsymbol{X}_1 = [3,-4,1,0]^{\mathrm{T}}, \boldsymbol{X}_2 = [-4,5,0,1]^{\mathrm{T}}$.

1.3.2 子空间的交与和

设 V_1, V_2 是线性空间 V 的两个子空间. 从集合的角度来看, 集合 V_1, V_2 是集合 V 的两个子集. 在集合的运算中, 我们常常讨论交集 $V_1 \cap V_2$ 和并集 $V_1 \cup V_2$ 的运算, 但是在讨论子空间时, 容易验证 $V_1 \cap V_2$ 对 V 中的加法和数乘运算均封闭, $V_1 \cap V_2$ 构成 V 的子空间; 而 $V_1 \cup V_2$ 对 V 中的加法运算不一定封闭, 即 $V_1 \cup V_2$ 不一定能构成 V 的子空间. 例如, 取 V 为 xOy 平面内的全部向量构成的集合, V_1, V_2 分别为 x 轴和 y 轴上的全部向量构成的集合, $\boldsymbol{\varepsilon}_1 = [1,0]^{\mathrm{T}}$ 与 $\boldsymbol{\varepsilon}_2 = [0,1]^{\mathrm{T}}$ 均在 $V_1 \cup V_2$ 中, 但它们的和 $\boldsymbol{\varepsilon}_1 + \boldsymbol{\varepsilon}_2 = [1,1]^{\mathrm{T}} \notin V_1 \cup V_2$, 因此 $V_1 \cup V_2$ 对加法运算不封闭, $V_1 \cup V_2$ 不能构成 V 的子空间.

我们来讨论集合 V 的子集 $\{x+y \mid x \in V_1, y \in V_2\}$, 容易验证这个子集对 V 中的加法和数乘运算均封闭, 可以构成 V 的子空间.

定义 3 设 V_1, V_2 是线性空间 V 的两个子空间, 则子空间 $V_1 \cap V_2$ 与 $V_1 + V_2 = \{x+y \mid x \in V_1, y \in V_2\}$ 分别称为子空间 V_1 和 V_2 的**交空间**与**和空间**.

由定义我们不难得到以下结论:

(1) $(V_1 \cap V_2) \subset V_1$, $(V_1 \cap V_2) \subset V_2$; $V_1 \subset (V_1 + V_2)$, $V_2 \subset (V_1 + V_2)$.

(2) 若 V_1, V_2 和 W 均为线性空间 V 的子空间, 则由 $W \subset V_1, W \subset V_2$ 可推出 $W \subset (V_1 \cap V_2)$; 由 $V_1 \subset W, V_2 \subset W$ 可推出 $(V_1 + V_2) \subset W$.

(3) 当且仅当 $V_1 \subset V_2$ 时, 有 $V_1 \cap V_2 = V_1$; 当且仅当 $V_1 \subset V_2$ 时, 有

$$V_1 + V_2 = V_2.$$

这些结论的证明, 留给读者自证.

例 3 在 3 维几何空间中, 若 V_1 表示一条通过原点的直线, V_2 表示一张通过原点且与 V_1 垂直的平面, 那么 $V_1 \cap V_2 = \{0\}$, $V_1 + V_2$ 为整个 3 维几何空间.

例 4 若 $\boldsymbol{A} \in \mathbb{F}^{m\times n}, \boldsymbol{B} \in \mathbb{F}^{s\times n}, \boldsymbol{C} = \begin{bmatrix} \boldsymbol{A} \\ \boldsymbol{B} \end{bmatrix}$, 记 V_1, V_2, V_3 分别为方程组 $\boldsymbol{AX} = \boldsymbol{0}$, $\boldsymbol{BX} = \boldsymbol{0}$ 和 $\boldsymbol{CX} = \boldsymbol{0}$ 的解空间, 则有 $V_1 \cap V_2 = V_3$.

定理 5 设 V 是数域 $\mathbb{F}$ 上的线性空间, $\boldsymbol{\alpha}_1, \boldsymbol{\alpha}_2, \cdots, \boldsymbol{\alpha}_m$ 和 $\boldsymbol{\beta}_1, \boldsymbol{\beta}_2, \cdots, \boldsymbol{\beta}_s$ 均为 V 中向量, V_1, V_2, V_3 是 V 的子空间, 则有

(1) (交换律) $V_1 \cap V_2 = V_2 \cap V_1$, $V_1 + V_2 = V_2 + V_1$;

(2) (结合律) $(V_1 \cap V_2) \cap V_3 = V_1 \cap (V_2 \cap V_3)$, $(V_1 + V_2) + V_3 = V_1 + (V_2 + V_3)$;

(3) $L[\boldsymbol{\alpha}_1, \boldsymbol{\alpha}_2, \cdots, \boldsymbol{\alpha}_m] + L[\boldsymbol{\beta}_1, \boldsymbol{\beta}_2, \cdots, \boldsymbol{\beta}_s]$
$= L[\boldsymbol{\alpha}_1, \boldsymbol{\alpha}_2, \cdots, \boldsymbol{\alpha}_m, \boldsymbol{\beta}_1, \boldsymbol{\beta}_2, \cdots, \boldsymbol{\beta}_s]$.

这个定理的证明留给读者自证.

子空间的交与和的概念都可以推广到有限个, 即若 $V_1, V_2, \cdots, V_s$ 为线性空间 V 的子空间, 则

$$\bigcap_{i=1}^{s} V_i = V_1 \cap V_2 \cap \cdots \cap V_s = \{\boldsymbol{\alpha} | \boldsymbol{\alpha} \in V_i, i = 1, 2, 3, \cdots, s\},$$

$$\sum_{i=1}^{s} V_i = V_1 + V_2 + \cdots + V_s = \{\boldsymbol{\alpha}_1 + \boldsymbol{\alpha}_2 + \cdots + \boldsymbol{\alpha}_s | \boldsymbol{\alpha}_i \in V_i, i = 1, 2, 3, \cdots, s\}$$

也为线性空间 V 的子空间.

例 5 设 $W_1 = L[\boldsymbol{\alpha}_1, \boldsymbol{\alpha}_2]$, $W_2 = L[\boldsymbol{\beta}_1, \boldsymbol{\beta}_2]$, 其中 $\boldsymbol{\alpha}_1 = [1, 2, 1, 0]^{\mathrm{T}}, \boldsymbol{\alpha}_2 = [-1, 1, 1, 1]^{\mathrm{T}}$, $\boldsymbol{\beta}_1 = [2, -1, 0, 1]^{\mathrm{T}}$, $\boldsymbol{\beta}_2 = [1, -1, 3, 7]^{\mathrm{T}}$, 求 $W_1 + W_2$ 与 $W_1 \cap W_2$ 的维数和一组基.

解 由 $W_1 + W_2 = L[\boldsymbol{\alpha}_1, \boldsymbol{\alpha}_2] + L[\boldsymbol{\beta}_1, \boldsymbol{\beta}_2] = L[\boldsymbol{\alpha}_1, \boldsymbol{\alpha}_2, \boldsymbol{\beta}_1, \boldsymbol{\beta}_2]$, 对矩阵 $[\boldsymbol{\alpha}_1, \boldsymbol{\alpha}_2, \boldsymbol{\beta}_1, \boldsymbol{\beta}_2]$ 施行初等行变换, 得

$$[\boldsymbol{\alpha}_1, \boldsymbol{\alpha}_2, \boldsymbol{\beta}_1, \boldsymbol{\beta}_2] = \begin{bmatrix} 1 & -1 & 2 & 1 \\ 2 & 1 & -1 & -1 \\ 1 & 1 & 0 & 3 \\ 0 & 1 & 1 & 7 \end{bmatrix} \to \begin{bmatrix} 1 & -1 & 2 & 1 \\ 0 & 3 & -5 & -3 \\ 0 & 2 & -2 & 2 \\ 0 & 1 & 1 & 7 \end{bmatrix}$$

$$\to \begin{bmatrix} 1 & -1 & 2 & 1 \\ 0 & 1 & 1 & 7 \\ 0 & 0 & 1 & 3 \\ 0 & 0 & 0 & 0 \end{bmatrix},$$

因此, $\dim(W_1+W_2)=\dim\{\boldsymbol{\alpha}_1,\boldsymbol{\alpha}_2,\boldsymbol{\beta}_1,\boldsymbol{\beta}_2\}=3$, 且 $\boldsymbol{\alpha}_1,\boldsymbol{\alpha}_2,\boldsymbol{\beta}_1$ 为向量组 $\boldsymbol{\alpha}_1,\boldsymbol{\alpha}_2,\boldsymbol{\beta}_1,\boldsymbol{\beta}_2$ 的极大线性无关组, 亦为 W_1+W_2 的一组基. 下面来求 $W_1\cap W_2$ 的维数和一组基, 任取

$$\boldsymbol{\alpha}\in W_1\cap W_2,\quad \boldsymbol{\alpha}=x_1\boldsymbol{\alpha}_1+x_2\boldsymbol{\alpha}_2=x_3\boldsymbol{\beta}_1+x_4\boldsymbol{\beta}_2,$$

即

$$x_1\boldsymbol{\alpha}_1+x_2\boldsymbol{\alpha}_2-x_3\boldsymbol{\beta}_1-x_4\boldsymbol{\beta}_2=\boldsymbol{0},$$

解此方程组, 得基础解系为 $[-1,4,-3,1]^{\mathrm{T}}$, 即通解中 $x_1=-k, x_2=4k$ (k 任意) 代入 $\boldsymbol{\alpha}=x_1\boldsymbol{\alpha}_1+x_2\boldsymbol{\alpha}_2$ 中, 则满足 $\boldsymbol{\alpha}\in W_1\cap W_2$ 的 $\boldsymbol{\alpha}$ 为

$$\boldsymbol{\alpha}=-k\boldsymbol{\alpha}_1+4k\boldsymbol{\alpha}_2=k[-5,2,3,4]^{\mathrm{T}}.$$

因此, $W_1\cap W_2$ 的一组基为 $[-5,2,3,4]^{\mathrm{T}}$, $\dim(W_1\cap W_2)=1$.

例 6 设 $\mathbb{R}^{2\times 2}$ 的两个子空间为

$$V_1=\left\{\boldsymbol{A}=\begin{bmatrix}x_1 & x_2\\ x_3 & x_4\end{bmatrix}\middle|\, x_1-x_2+x_3-x_4=0\right\},\quad V_2=L\left[\boldsymbol{B}_1,\boldsymbol{B}_2\right],$$

其中 $\boldsymbol{B}_1=\begin{bmatrix}1 & 0\\ 2 & 3\end{bmatrix}, \boldsymbol{B}_2=\begin{bmatrix}1 & -1\\ 0 & 1\end{bmatrix}$.

(1) 求 V_1+V_2 的维数和一组基;

(2) 求 $V_1\cap V_2$ 的维数和一组基.

解 (1) 解方程组 $x_1-x_2+x_3-x_4=0$, 得到基础解系为 $\boldsymbol{\alpha}_1=[1,1,0,0]^{\mathrm{T}}$, $\boldsymbol{\alpha}_2=[0,1,1,0]^{\mathrm{T}}$, $\boldsymbol{\alpha}_3=[0,0,1,1]^{\mathrm{T}}$.

所以, V_1 的一组基为 $\boldsymbol{A}_1=\begin{bmatrix}1 & 1\\ 0 & 0\end{bmatrix}$, $\boldsymbol{A}_2=\begin{bmatrix}0 & 1\\ 1 & 0\end{bmatrix}$, $\boldsymbol{A}_3=\begin{bmatrix}0 & 0\\ 1 & 1\end{bmatrix}$. 于是, $V_1=L\left[\boldsymbol{A}_1,\boldsymbol{A}_2,\boldsymbol{A}_3\right]$, 从而有 $V_1+V_2=L\left[\boldsymbol{A}_1,\boldsymbol{A}_2,\boldsymbol{A}_3,\boldsymbol{B}_1,\boldsymbol{B}_2\right]$.

向量组 $\boldsymbol{A}_1,\boldsymbol{A}_2,\boldsymbol{A}_3,\boldsymbol{B}_1,\boldsymbol{B}_2$ 在 $\mathbb{R}^{2\times 2}$ 的自然基底 $\boldsymbol{E}_{11}$, $\boldsymbol{E}_{12}$, $\boldsymbol{E}_{21}$, $\boldsymbol{E}_{22}$ 下的坐标依次为

$$\boldsymbol{\alpha}_1=\begin{bmatrix}1\\1\\0\\0\end{bmatrix},\quad \boldsymbol{\alpha}_2=\begin{bmatrix}0\\1\\1\\0\end{bmatrix},\quad \boldsymbol{\alpha}_3=\begin{bmatrix}0\\0\\1\\1\end{bmatrix},\quad \boldsymbol{\beta}_1=\begin{bmatrix}1\\0\\2\\3\end{bmatrix},\quad \boldsymbol{\beta}_2=\begin{bmatrix}1\\-1\\0\\1\end{bmatrix}.$$

用线性代数中的方法, 解出向量组 $\boldsymbol{\alpha}_1$, $\boldsymbol{\alpha}_2$, $\boldsymbol{\alpha}_3$, $\boldsymbol{\beta}_1$, $\boldsymbol{\beta}_2$ 的一个极大无关组为 $\boldsymbol{\alpha}_1$, $\boldsymbol{\alpha}_2$, $\boldsymbol{\alpha}_3$, $\boldsymbol{\beta}_1$.

因此, V_1+V_2 的一组基为 $\boldsymbol{\alpha}_1$, $\boldsymbol{\alpha}_2$, $\boldsymbol{\alpha}_3$, $\boldsymbol{\beta}_1$, 且 $\dim(V_1+V_2)=4$.

(2) 任取 $\boldsymbol{A}\in V_1\cap V_2$, $\boldsymbol{A}=x_1\boldsymbol{A}_1+x_2\boldsymbol{A}_2+x_3\boldsymbol{A}_3=x_4\boldsymbol{B}_1+x_5\boldsymbol{B}_2$, 即

$$x_1\boldsymbol{A}_1+x_2\boldsymbol{A}_2+x_3\boldsymbol{A}_3-x_4\boldsymbol{B}_1-x_5\boldsymbol{B}_2=\boldsymbol{O},$$

比较矩阵等式中的元素, 可得方程组 $\begin{cases}x_1 \qquad\qquad\quad -x_4-x_5=0,\\ x_1+x_2 \qquad\qquad\quad +x_5=0,\\ \qquad x_2+x_3-2x_4 \qquad =0,\\ \qquad\qquad x_3-3x_4-x_5=0\end{cases}$ 解得方程组的通解为 $[x_1,x_2,x_3,x_4,x_5]^{\mathrm{T}}=k\,[1,-1,3,1,0]^{\mathrm{T}}\ (k\in\mathbb{R})$. 于是, 满足 $\boldsymbol{A}\in V_1\cap V_2$ 的矩阵 $\boldsymbol{A}=x_4\boldsymbol{B}_1+x_5\boldsymbol{B}_2=k\boldsymbol{B}_1=k\begin{bmatrix}1&0\\2&3\end{bmatrix}(k\in\mathbb{R})$, 即 $V_1\cap V_2$ 的一组基为 $\begin{bmatrix}1&0\\2&3\end{bmatrix}$, 且 $\dim(V_1\cap V_2)=1$.

定理 6 (维数公式) 设 V 是数域 $\mathbb{F}$ 上的线性空间, V_1, V_2 是 V 的子空间, 则

$$\dim(V_1+V_2)+\dim(V_1\cap V_2)=\dim V_1+\dim V_2.$$

证明 设 $\dim V_1=n_1,\dim V_2=n_2,\dim(V_1\cap V_2)=m$, 只需证

$$\dim(V_1+V_2)=n_1+n_2-m.$$

设 $\boldsymbol{x}_1,\boldsymbol{x}_2,\cdots,\boldsymbol{x}_m$ 是 $V_1\cap V_2$ 的一个基, 根据基的扩充定理存在 $\boldsymbol{y}_1,\boldsymbol{y}_2,\cdots,\boldsymbol{y}_{n_1-m}\in V_1$, 使得 $\boldsymbol{x}_1,\boldsymbol{x}_2,\cdots,\boldsymbol{x}_m,\boldsymbol{y}_1,\boldsymbol{y}_2,\cdots,\boldsymbol{y}_{n_1-m}$ 成为 V_1 的一个基; 存在 $\boldsymbol{z}_1,\boldsymbol{z}_2,\cdots,\boldsymbol{z}_{n_2-m}\in V_2$, 使得 $\boldsymbol{x}_1,\boldsymbol{x}_2,\cdots,\boldsymbol{x}_m,\boldsymbol{z}_1,\boldsymbol{z}_2,\cdots,\boldsymbol{z}_{n_2-m}$ 成为 V_2 的一个基, 即有

$$V_1=L[\boldsymbol{x}_1,\boldsymbol{x}_2,\cdots,\boldsymbol{x}_m,\boldsymbol{y}_1,\boldsymbol{y}_2,\cdots,\boldsymbol{y}_{n_1-m}],$$

$$V_2=L[\boldsymbol{x}_1,\boldsymbol{x}_2,\cdots,\boldsymbol{x}_m,\boldsymbol{z}_1,\boldsymbol{z}_2,\cdots,\boldsymbol{z}_{n_2-m}],$$

则

$$V_1+V_2=L[\boldsymbol{x}_1,\boldsymbol{x}_2,\cdots,\boldsymbol{x}_m,\boldsymbol{y}_1,\boldsymbol{y}_2,\cdots,\boldsymbol{y}_{n_1-m},\boldsymbol{z}_1,\boldsymbol{z}_2,\cdots,\boldsymbol{z}_{n_2-m}].$$

下证 $\boldsymbol{x}_1,\boldsymbol{x}_2,\cdots,\boldsymbol{x}_m,\boldsymbol{y}_1,\boldsymbol{y}_2,\cdots,\boldsymbol{y}_{n_1-m},\boldsymbol{z}_1,\boldsymbol{z}_2,\cdots,\boldsymbol{z}_{n_2-m}$ 线性无关, 若有 $k_1\boldsymbol{x}_1+\cdots+k_m\boldsymbol{x}_m+p_1\boldsymbol{y}_1+\cdots+p_{n_1-m}\boldsymbol{y}_{n_1-m}+\boldsymbol{z}_1\gamma_1+\cdots+\boldsymbol{z}_{n_2-m}\gamma_{n_2-m}=\boldsymbol{0}$ 成立, 令

$$\boldsymbol{\alpha}=k_1\boldsymbol{x}_1+\cdots+k_m\boldsymbol{x}_m+p_1\boldsymbol{y}_1+\cdots+p_{n_1-m}\boldsymbol{y}_{n_1-m}=-(\boldsymbol{z}_1\gamma_1+\cdots+\boldsymbol{z}_{n_2-m}\gamma_{n_2-m}).\tag{1-1}$$

则有 $\boldsymbol{\alpha} \in V_1$ 和 V_2, 于是 $\boldsymbol{\alpha} \in V_1 \cap V_2$, 即 $\boldsymbol{\alpha}$ 可由 $\boldsymbol{x}_1, \boldsymbol{x}_2, \cdots, \boldsymbol{x}_m$ 线性表示, 再令 $\boldsymbol{\alpha} = l_1\boldsymbol{x}_1 + \cdots + l_m\boldsymbol{x}_m$, 则 $l_1\boldsymbol{x}_1 + \cdots + l_m\boldsymbol{x}_m = -(\boldsymbol{z}_1\gamma_1 + \cdots + \boldsymbol{z}_{n_2-m}\gamma_{n_2-m})$, 即 $l_1\boldsymbol{x}_1 + \cdots + l_m\boldsymbol{x}_m + \gamma_1\boldsymbol{z}_1 + \cdots + \gamma_{n_2-m}\boldsymbol{z}_{n_2-m} = \mathbf{0}$. 由于 $\boldsymbol{x}_1, \boldsymbol{x}_2, \cdots, \boldsymbol{x}_m, \boldsymbol{z}_1, \boldsymbol{z}_2, \cdots, \boldsymbol{z}_{n_2-m}$ 线性无关, 所以有 $l_1 = \cdots = l_m = \gamma_1 = \cdots = \gamma_{n_2-m} = 0$; 因而, $\boldsymbol{\alpha} = \mathbf{0}$. 由 (1-1) 式得到

$$k_1\boldsymbol{x}_1 + \cdots + k_m\boldsymbol{x}_m + p_1\boldsymbol{y}_1 + \cdots + p_{n_1-m}\boldsymbol{y}_{n_1-m} = \mathbf{0},$$

由 $\boldsymbol{x}_1, \boldsymbol{x}_2, \cdots, \boldsymbol{x}_m, \boldsymbol{y}_1, \boldsymbol{y}_2, \cdots, \boldsymbol{y}_{n_1-m}$ 线性无关, 得到 $k_1 = \cdots = k_m = p_1 = \cdots = p_{n_1-m} = 0$, 由此证明了 $\boldsymbol{x}_1, \boldsymbol{x}_2, \cdots, \boldsymbol{x}_m, \boldsymbol{y}_1, \boldsymbol{y}_2, \cdots, \boldsymbol{y}_{n_1-m}, \boldsymbol{z}_1, \boldsymbol{z}_2, \cdots, \boldsymbol{z}_{n_2-m}$ 线性无关, 并为 $V_1 + V_2$ 的一个基, 即

$$\dim(V_1 + V_2) = m + (n_1 - m) + (n_2 - m) = n_1 + n_2 - m,$$

于是, $\dim(V_1 + V_2) + \dim(V_1 \cap V_2) = \dim V_1 + \dim V_2$. □

推论　设 V 是数域 $\mathbb{F}$ 上的 n 维线性空间, V_1, V_2 是 V 的子空间, 若 $\dim V_1 + \dim V_2 > n$, 则 $V_1 \cap V_2$ 中必含非零元素.

子空间的直和是子空间和的一种重要特殊情况, 我们通过下面的例子来讨论子空间直和的概念. 在 3 维几何向量构成的空间 $\mathbb{R}^3$ 中, 取 V_1 表示 xOy 平面; 取 V_2 表示 yOz 平面; 取 V_3 表示 z 轴. 显然, $V_1 + V_2 = \mathbb{R}^3, V_1 + V_3 = \mathbb{R}^3$. 在 $V_1 + V_2 = \mathbb{R}^3$ 中, 和空间 $\mathbb{R}^3$ 的每个元素均可以分解成一个 V_1 中元素加一个 V_2 中元素的形式, 且分解式不唯一, 如 $[\boldsymbol{x}, \boldsymbol{y}, \boldsymbol{z}] = [\boldsymbol{x}, \boldsymbol{y} + 1, \mathbf{0}] + [0, -1, \boldsymbol{z}] = [\boldsymbol{x}, \boldsymbol{y} - 2, \mathbf{0}] + [0, 2, \boldsymbol{z}]$. 在 $V_1 + V_3 = \mathbb{R}^3$ 中, 和空间 $\mathbb{R}^3$ 的每个元素也可以分解成一个 V_1 中元素加一个 V_2 中元素的形式, 且只有 $[\boldsymbol{x}, \boldsymbol{y}, \boldsymbol{z}] = [\boldsymbol{x}, \boldsymbol{y}, 0] + [\mathbf{0}, \mathbf{0}, \boldsymbol{z}]$ 这唯一的一个分解方式.

定义 4　设 V_1, V_2 是线性空间 V 的子空间, 若 $V_1 + V_2$ 中每个向量 $\boldsymbol{\alpha}$ 的分解式

$$\boldsymbol{\alpha} = \boldsymbol{\alpha}_1 + \boldsymbol{\alpha}_2, \quad \boldsymbol{\alpha}_1 \in V_1, \quad \boldsymbol{\alpha}_2 \in V_2$$

是唯一的, 就称 $V_1 + V_2$ 的和为**直和**, 记为 $V_1 \oplus V_2$.

定理 7　若 V_1, V_2 是线性空间 V 的子空间, 则以下 4 个命题是等价的:

(1) $V_1 + V_2$ 是直和;

(2) $V_1 + V_2$ 中零向量只有 $\boldsymbol{\theta} = \boldsymbol{\theta}_1 + \boldsymbol{\theta}_2, \boldsymbol{\theta}_1 \in V_1, \boldsymbol{\theta}_2 \in V_2$ 这唯一的一种分解方式;

(3) $V_1 \cap V_2$ 中只含有零元素;

(4) $\dim(V_1 + V_2) = \dim V_1 + \dim V_2$.

证明略.

例 7 设 V_1 与 V_2 分别是齐次线性方程组 $x_1+x_2+\cdots+x_n=0$ 和 $x_1=x_2=\cdots=x_n$ 的解空间, 求证: $\mathbb{R}^n=V_1\oplus V_2$.

证明 由 $V_1\cap V_2$ 是方程组 $\begin{cases} x_1+x_2+\cdots+x_n=0, \\ x_1=x_2=\cdots=x_n \end{cases}$ 的解空间, 显然只含有零元素. 因此 V_1+V_2 是直和.

从而, $\dim(V_1+V_2)=\dim V_1+\dim V_2=(n-1)+1=n$, 又由 $V_1+V_2\subset\mathbb{R}^n$, $\dim(V_1+V_2)=\dim\mathbb{R}^n=n$, 则 $V_1+V_2=\mathbb{R}^n$, 综上, 有 $\mathbb{R}^n=V_1\oplus V_2$ 成立.

子空间的直和也可以推广到多个子空间相加的情况, 若 $\sum\limits_{i=1}^{s}V_i=V_1+V_2+\cdots+V_s$ 中的每个向量 $\boldsymbol{\alpha}$ 的分解式

$$\boldsymbol{\alpha}=\boldsymbol{\alpha}_1+\boldsymbol{\alpha}_2+\cdots+\boldsymbol{\alpha}_s\quad(\boldsymbol{\alpha}_i\in V_i,i=1,2,\cdots,s)$$

是唯一的, 这个和就称为直和, 记为 $V_1\oplus V_2\oplus\cdots\oplus V_s$, 多个子空间的直和也有与定理 7 类似的结论, 需要注意的是, 在多个子空间相加时, 定理 7 中的 (3) 要改成 $V_i\cap\sum\limits_{j=1}^{i-1}V_j\ (i=2,3,\cdots,s)$ 只含有零元素.

1.3.3 线性空间的同构

设 $V_n(\mathbb{F})$ 是数域 $\mathbb{F}$ 上的 n 维线性空间, $\boldsymbol{\varepsilon}_1,\boldsymbol{\varepsilon}_2,\cdots,\boldsymbol{\varepsilon}_n$ 是 $V_n(\mathbb{F})$ 的一组基, 在这组基下, $V_n(\mathbb{F})$ 中每个向量都有确定的坐标, 即 $\forall\boldsymbol{\alpha}\in V$, $\boldsymbol{\alpha}$ 在 $\boldsymbol{\varepsilon}_1,\boldsymbol{\varepsilon}_2,\cdots,\boldsymbol{\varepsilon}_n$ 下的坐标可以看成向量空间 $\mathbb{F}^n$ 中的元素, 因此, 可以说向量 $\boldsymbol{\alpha}$ 与它在基底下的坐标之间实质上就是有一个 V 到 $\mathbb{F}^n$ 的对应关系, 即映射, 显然这个映射是单射与满射, 换言之, 线性空间 $V_n(\mathbb{F})$ 中的向量在给定一组基下的坐标给出了线性空间 $V_n(\mathbb{F})$ 与 $\mathbb{F}^n$ 的一个双射, 这个对应的重要性表现在它与运算的关系上, 设 $\boldsymbol{\alpha},\boldsymbol{\beta}\in V_n(\mathbb{F})$, 在基 $\boldsymbol{\varepsilon}_1,\boldsymbol{\varepsilon}_2,\cdots,\boldsymbol{\varepsilon}_n$ 下:

$$\boldsymbol{\alpha}=[\boldsymbol{\varepsilon}_1,\boldsymbol{\varepsilon}_2,\cdots,\boldsymbol{\varepsilon}_n]\begin{bmatrix}a_1\\a_2\\\vdots\\a_n\end{bmatrix}=a_1\boldsymbol{\varepsilon}_1+a_2\boldsymbol{\varepsilon}_2+\cdots+a_n\boldsymbol{\varepsilon}_n,$$

$$\boldsymbol{\beta}=[\boldsymbol{\varepsilon}_1,\boldsymbol{\varepsilon}_2,\cdots,\boldsymbol{\varepsilon}_n]\begin{bmatrix}b_1\\b_2\\\vdots\\b_n\end{bmatrix}=b_1\boldsymbol{\varepsilon}_1+b_2\boldsymbol{\varepsilon}_2+\cdots+b_n\boldsymbol{\varepsilon}_n.$$

向量 $\boldsymbol{\alpha},\boldsymbol{\beta}$ 的坐标分别是 $(a_1,a_2,\cdots,a_n)^{\mathrm{T}}$, $(b_1,b_2,\cdots,b_n)^{\mathrm{T}}$, 则

$$\boldsymbol{\alpha}+\boldsymbol{\beta}=(a_1+b_1)\boldsymbol{\varepsilon}_1+(a_2+b_2)\boldsymbol{\varepsilon}_2+\cdots+(a_n+b_n)\boldsymbol{\varepsilon}_n;$$

$$k\boldsymbol{\alpha}=ka_1\boldsymbol{\varepsilon}_1+ka_2\boldsymbol{\varepsilon}_2+\cdots+ka_n\boldsymbol{\varepsilon}_n \quad (k\in\mathbb{F}).$$

于是向量 $k\boldsymbol{\alpha}$, $\boldsymbol{\alpha}+\boldsymbol{\beta}$ 的坐标分别是 $(ka_1,ka_2,\cdots,ka_n)^{\mathrm{T}}=k(a_1,a_2,\cdots,a_n)^{\mathrm{T}}$ 和

$$(a_1+b_1,a_2+b_2,\cdots,a_n+b_n)^{\mathrm{T}}=(a_1,a_2,\cdots,a_n)^{\mathrm{T}}+(b_1,b_2,\cdots,b_n)^{\mathrm{T}}.$$

以上的式子说明对于有限维线性空间, 在同一基底下, 将向量用坐标表示之后, 它们之间的运算可以归结为它们的坐标运算; 下面给出同构的概念, 用来说明任何有限维线性空间 $V_n(\mathbb{F})$ 与同维数的向量空间 $\mathbb{F}^n$ 之间的一种关系.

定义 5　设 V 与 V' 为数域 $\mathbb{F}$ 上的两个有限维线性空间, 若存在一个双射 $\phi: V\to V'$, 对 $\forall\boldsymbol{\alpha},\boldsymbol{\beta}\in V$ 和 $\forall k\in\mathbb{F}$, 有

(1) $\phi(\boldsymbol{\alpha}+\boldsymbol{\beta})=\phi(\boldsymbol{\alpha})+\phi(\boldsymbol{\beta})$;

(2) $\phi(k\boldsymbol{\alpha})=k\phi(\boldsymbol{\alpha})$,

则称线性空间 V 与 V' 为**同构**的, ϕ 称为**同构映射**.

由此可见, 在 n 维线性空间 V_n 中, 取定一组基后, 向量与它的坐标之间的对应就是 V_n 到 $\mathbb{F}^n$ 的一个同构映射. 因而, 我们有如下结论, 证明留给读者.

定理 8　数域 $\mathbb{F}$ 上任一个 n 维线性空间 V_n 与 $\mathbb{F}^n$ 同构.

定理 9　设 V 与 V' 为数域 $\mathbb{F}$ 上的两个有限维线性空间, $\phi: V\to V'$ 是同构映射, 则有

(1) $\phi(\mathbf{0})=\mathbf{0},\phi(-\boldsymbol{\alpha})=-\phi(\boldsymbol{\alpha})$;

(2) $\phi(k_1\boldsymbol{\alpha}_1+k_2\boldsymbol{\alpha}_2+\cdots+k_r\boldsymbol{\alpha}_r)=k_1\phi(\boldsymbol{\alpha}_1)+k_2\phi(\boldsymbol{\alpha}_2)+\cdots+k_r\phi(\boldsymbol{\alpha}_r)$;

(3) 线性空间 V 中向量组 $\boldsymbol{\alpha}_1,\boldsymbol{\alpha}_2,\cdots,\boldsymbol{\alpha}_r$ 线性相关的充要条件为它们在同构映射下的像 $\phi(\boldsymbol{\alpha}_1),\phi(\boldsymbol{\alpha}_2),\cdots,\phi(\boldsymbol{\alpha}_r)$ 线性相关.

定理 10　同构映射的逆映射以及两个同构映射的乘积仍是同构映射.

同构作为线性空间之间的一种关系, 具有反身性、对称性与传递性. 既然数域 $\mathbb{F}$ 上任意一个 n 维线性空间 V_n 都与 $\mathbb{F}^n$ 同构, 数域 $\mathbb{F}$ 上任意两个 n 维线性空间都同构.

定理 11　两个有限维线性空间同构的充要条件是它们有相同的维数.

1.4　内 积 空 间

在以前学习的线性代数中, 我们知道 $\mathbb{R}^n$ 中向量的长度、夹角和正交等性质是用内积刻画的, 现在将把内积的概念推广到一般的线性空间, 从而讨论一般线性空间中向量的度量性质.

由于内积在实数域和复数域上的线性空间中使用得比较多, 我们在这里约定本节中所提到的数域 $\mathbb{F}$ 仅表示实数域或复数域. 因此术语 $\mathbb{F}$ 上有共轭变换, 记 $\bar{c}$ 为 c 的共轭.

1.4.1 内积空间的基本概念与性质

定义 1 设 V 是数域 $\mathbb{F}$ 上的线性空间, 如果 V 中每对向量 $\boldsymbol{x},\boldsymbol{y}$ 按某一对应法则都有唯一确定的数 $(\boldsymbol{x},\boldsymbol{y})\in\mathbb{F}$ 与之对应, 且满足

(1) $(\boldsymbol{x},\boldsymbol{y})=\overline{(\boldsymbol{y},\boldsymbol{x})}$;

(2) $(\lambda\boldsymbol{x},\boldsymbol{y})=\bar{\lambda}(\boldsymbol{x},\boldsymbol{y}),\forall\lambda\in\mathbb{F}$;

(3) $(\boldsymbol{x}+\boldsymbol{y},\boldsymbol{z})=(\boldsymbol{x},\boldsymbol{z})+(\boldsymbol{y},\boldsymbol{z}),\forall\boldsymbol{x},\boldsymbol{y},\boldsymbol{z}\in V$;

(4) $(\boldsymbol{x},\boldsymbol{x})\geqslant 0$, 等号成立当且仅当 $\boldsymbol{x}=\theta$,

则称 $(\boldsymbol{x},\boldsymbol{y})$ 为 $\boldsymbol{x}$ 与 $\boldsymbol{y}$ 的内积. 定义了内积运算的线性空间 $V(\mathbb{F})$ 称为**内积空间**.

特别地, 若数域 $\mathbb{F}$ 取复数域 $\mathbb{C}$, 则称 $V(\mathbb{C})$ 为**酉空间**. 若数域 $\mathbb{F}$ 取实数域 $\mathbb{R}$, 则称 $V(\mathbb{R})$ 为欧几里得空间, 简称为**欧氏空间**. 欧氏空间和酉空间都是常用的内积空间.

例 1 在 $\mathbb{R}^n$ 中定义 $(\boldsymbol{x},\boldsymbol{y})=\boldsymbol{x}^{\mathrm{T}}\boldsymbol{y}$, 显然 $(\boldsymbol{x},\boldsymbol{y})$ 满足定义 1 中的四条, 因此是一种内积运算, 所以 $\mathbb{R}^n$ 是 n 维欧氏空间.

例 2 在 $\mathbb{C}^n$ 中定义 $(\boldsymbol{x},\boldsymbol{y})=\boldsymbol{x}^{\mathrm{H}}\boldsymbol{y}$, 不难证明 $\mathbb{C}^n$ 是酉空间.

例 3 在 $\mathbb{C}^{m\times n}$ 中对任意 $\boldsymbol{A},\boldsymbol{B}\in\mathbb{C}^{m\times n}$ 定义 $(\boldsymbol{A},\boldsymbol{B})=\mathrm{tr}(\boldsymbol{A}^{\mathrm{H}}\mathbf{B})$, 则 $\mathbb{C}^{m\times n}$ 为酉空间.

证明 对任意 $\boldsymbol{A},\boldsymbol{B},\boldsymbol{C}\in\mathbb{C}^{n\times n}$,$\lambda\in\mathbb{R}$, 有

(1) $(\boldsymbol{A},\boldsymbol{B})=\mathrm{tr}(\boldsymbol{A}^{\mathrm{H}}\boldsymbol{B})=\overline{\mathrm{tr}(\boldsymbol{A}^{\mathrm{H}}\boldsymbol{B})^{\mathrm{H}}}=\overline{\mathrm{tr}(\boldsymbol{B}^{\mathrm{H}}\boldsymbol{A})}=\overline{(\boldsymbol{B},\boldsymbol{A})}$;

(2) $(\lambda\boldsymbol{A},\boldsymbol{B})=\mathrm{tr}(\bar{\lambda}\boldsymbol{A}^{\mathrm{H}}\boldsymbol{B})=\bar{\lambda}\mathrm{tr}(\boldsymbol{A}^{\mathrm{H}}\boldsymbol{B})=\bar{\lambda}(\boldsymbol{A},\boldsymbol{B})$;

(3) $(\boldsymbol{A}+\boldsymbol{B},\boldsymbol{C})=\mathrm{tr}[(\boldsymbol{A}+\boldsymbol{B})^{\mathrm{H}}\boldsymbol{C}]=\mathrm{tr}(\boldsymbol{A}^{\mathrm{H}}\boldsymbol{C})+\mathrm{tr}(\boldsymbol{B}^{\mathrm{H}}\boldsymbol{C})=(\boldsymbol{A},\boldsymbol{C})+(\boldsymbol{B},\boldsymbol{C})$;

(4) $(\boldsymbol{A},\boldsymbol{A})=\mathrm{tr}(\boldsymbol{A}^{\mathrm{H}}\boldsymbol{A})=\sum\limits_{j=1}^{n}\sum\limits_{i=1}^{n}|a_{ij}|^2\geqslant 0$, 当且仅当 $\boldsymbol{A}=\theta$ 时等号成立, 所以 $\mathbb{C}^{m\times n}$ 为酉空间.

例 4 对任意 $\boldsymbol{A},\boldsymbol{B}\in\mathbb{R}^{n\times n}$ 定义 $(\boldsymbol{A},\boldsymbol{B})=\mathrm{tr}(\boldsymbol{A}\boldsymbol{B}^{\mathrm{T}})$, 则 $\mathbb{R}^{n\times n}$ 为欧氏空间.

例 5 若 $V(\mathbb{R})$ 是 (a,b) 上一切连续函数的集合 $C(a,b)$, 定义内积

$$(f,g)=\int_a^b f(x)g(x)\mathrm{d}x,\quad \forall f,g\in V,$$

则 $C(a,b)$ 构成一个欧氏空间.

例 6 设 $\boldsymbol{A}$ 为 n 阶正定阵. 对任意 $\boldsymbol{x},\boldsymbol{y}\in\mathbb{R}^n$ 定义 $(\boldsymbol{x},\boldsymbol{y})=\boldsymbol{x}^{\mathrm{T}}\boldsymbol{A}\boldsymbol{y}$, 则 $\mathbb{R}^n$ 是 n 维欧氏空间.

证明 对任意 $\boldsymbol{x},\boldsymbol{y},\boldsymbol{z}\in\mathbb{R}^n$,$\lambda\in\mathbb{R}$, 有

(1) $(\boldsymbol{x},\boldsymbol{y})=\boldsymbol{x}^{\mathrm{T}}\boldsymbol{A}\boldsymbol{y}=[\boldsymbol{x}^{\mathrm{T}}\boldsymbol{A}\boldsymbol{y}]^{\mathrm{T}}=\boldsymbol{y}^{\mathrm{T}}\boldsymbol{A}^{\mathrm{T}}\boldsymbol{x}=\boldsymbol{y}^{\mathrm{T}}\boldsymbol{A}\boldsymbol{x}=(\boldsymbol{y},\boldsymbol{x})$;

(2) $(\lambda\boldsymbol{x},\boldsymbol{y})=\lambda\boldsymbol{x}^{\mathrm{T}}\boldsymbol{A}\boldsymbol{y}=\lambda(\boldsymbol{x},\boldsymbol{y})$;

(3) $(\boldsymbol{x}+\boldsymbol{y},\boldsymbol{z})=(\boldsymbol{x}+\boldsymbol{y})^{\mathrm{T}}\boldsymbol{A}\boldsymbol{z}=\boldsymbol{x}^{\mathrm{T}}\boldsymbol{A}\boldsymbol{z}+\boldsymbol{y}^{\mathrm{T}}\boldsymbol{A}\boldsymbol{z}=(\boldsymbol{x},\boldsymbol{z})+(\boldsymbol{y},\boldsymbol{z})$;

(4) 因为 $\boldsymbol{A}$ 是正定阵, 所以 $(\boldsymbol{x},\boldsymbol{x})=\boldsymbol{x}^{\mathrm{T}}\boldsymbol{A}\boldsymbol{x}\geqslant 0$, 当且仅当 $\boldsymbol{x}=\theta$ 时等号成立, 所以 $\mathbb{R}^n$ 为欧氏空间.

在例 6 中, 如果取不同的正定矩阵, 那么定义的内积是不同的, 也就是说, 在同一个线性空间里可以定义不同的内积, 而且其得到的欧氏空间我们视为不同的内积空间.

一般地, 我们将例 1 与例 2 中定义的内积称为标准内积. 以后若无特殊说明, $\mathbb{C}^n$ (或 $\mathbb{R}^n$) 及其子空间的内积均采用标准内积.

由内积的定义, 我们不难得到内积的如下性质.

定理 1 设 $(\boldsymbol{x},\boldsymbol{y})$ 是酉空间 V 的内积, 则

(1) $(\boldsymbol{x},\lambda\boldsymbol{y})=\lambda(\boldsymbol{x},\boldsymbol{y}),\boldsymbol{x},\boldsymbol{y}\in V,\lambda\in\mathbb{C}$;

(2) $(\boldsymbol{x},\boldsymbol{y}+\boldsymbol{z})=(\boldsymbol{x},\boldsymbol{y})+(\boldsymbol{x},\boldsymbol{z}),\boldsymbol{x},\boldsymbol{y},\boldsymbol{z}\in V$;

(3) $\left(\sum\limits_{i=1}^{m}\lambda_i\boldsymbol{x}_i,\sum\limits_{j=1}^{n}\mu_j\boldsymbol{y}_j\right)=\sum\limits_{i=1}^{m}\sum\limits_{j=1}^{n}\overline{\lambda_i}\mu_j(\boldsymbol{x}_i,\boldsymbol{y}_j)$, 其中 $\lambda_i,\mu_j\in\mathbb{C},x_i,y_j\in V$, $i=1,2,\cdots,m,j=1,2,\cdots,n$.

证明 (1) $(\boldsymbol{x},\lambda\boldsymbol{y})=\overline{(\lambda\boldsymbol{y},\boldsymbol{x})}=\overline{\bar{\lambda}(\boldsymbol{y},\boldsymbol{x})}=\lambda(\boldsymbol{x},\boldsymbol{y})$;

(2) $(\boldsymbol{x},\boldsymbol{y}+\boldsymbol{z})=\overline{(\boldsymbol{y}+\boldsymbol{z},\boldsymbol{x})}=\overline{(\boldsymbol{y},\boldsymbol{x})}+\overline{(\boldsymbol{z},\boldsymbol{x})}=(\boldsymbol{x},\boldsymbol{y})+(\boldsymbol{x},\boldsymbol{z})$;

(3) 由性质 (2) 显然成立. □

1.4.2 内积在基下的矩阵

一般地, 在 n 维内积空间中, 若已知基向量之间内积, 那么任意两个向量的内积就都可以得到了. 这是因为, 若设 $\varepsilon_1,\varepsilon_2,\cdots,\varepsilon_n$ 是酉空间 V 的基, 且 $\boldsymbol{x}=x_1\varepsilon_1+x_2\varepsilon_2+\cdots+x_n\varepsilon_n$ 与 $\boldsymbol{y}=y_1\varepsilon_1+y_2\varepsilon_2+\cdots+y_n\varepsilon_n$ 是 V 中两个向量, 那么 $\boldsymbol{x}$ 与 $\boldsymbol{y}$ 的内积为

$$
\begin{aligned}
(\boldsymbol{x},\boldsymbol{y})&=(x_1\varepsilon_1+x_2\varepsilon_2+\cdots+x_n\varepsilon_n,y_1\varepsilon_1+y_2\varepsilon_2+\cdots+y_n\varepsilon_n)\\
&=\bar{x}_1y_1(\varepsilon_1,\varepsilon_1)+\bar{x}_1y_2(\varepsilon_1,\varepsilon_2)+\cdots+\bar{x}_ny_n(\varepsilon_n,\varepsilon_n)\\
&=[\bar{x}_1,\bar{x}_2,\cdots,\bar{x}_n]\begin{bmatrix}(\varepsilon_1,\varepsilon_1)&\cdots&(\varepsilon_1,\varepsilon_n)\\ \vdots&&\vdots\\ (\varepsilon_n,\varepsilon_1)&\cdots&(\varepsilon_n,\varepsilon_n)\end{bmatrix}\begin{bmatrix}y_1\\ y_2\\ \vdots\\ y_n\end{bmatrix}=\tilde{\boldsymbol{x}}^{\mathrm{H}}\boldsymbol{A}\tilde{\boldsymbol{y}},
\end{aligned}
$$

其中 $\tilde{\boldsymbol{x}}=[x_1,x_2,\cdots,x_n]^{\mathrm{T}}$，$\tilde{\boldsymbol{y}}=[y_1,y_2,\cdots,y_n]^{\mathrm{T}}$,

$$\boldsymbol{A}=\begin{bmatrix}(\varepsilon_1,\varepsilon_1) & \cdots & (\varepsilon_1,\varepsilon_n)\\ \vdots & & \vdots\\ (\varepsilon_n,\varepsilon_1) & \cdots & (\varepsilon_n,\varepsilon_n)\end{bmatrix}.$$

显然若 V 是欧氏空间, 则 $(\boldsymbol{x},\boldsymbol{y})=\tilde{\boldsymbol{x}}^{\mathrm{T}}\boldsymbol{A}\tilde{\boldsymbol{y}}$.

定义 2 设 $\varepsilon_1,\varepsilon_2,\cdots,\varepsilon_n$ 是酉 (欧氏) 空间 V 的基, 称 $\boldsymbol{A}=(a_{ij})_{n\times n}$ 为内积在基下的矩阵, 也称**度量矩阵**, 其中 $a_{ij}=(\varepsilon_i,\varepsilon_j), i=1,2,\cdots,n, j=1,2,\cdots,n$.

由前面的讨论不难得到下面的定理.

定理 2 欧氏空间中内积在基下的矩阵是正定的实对称阵.

例 7 在 $\mathbb{F}[x]_n$ 中定义内积 $(f(x),g(x))=\displaystyle\int_{-1}^{1}f(x)g(x)\mathrm{d}x$, 则 $\mathbb{F}[x]_n$ 是欧氏空间, 求: (1) 内积在基 $1,x,x^2$ 下的矩阵;

(2) 求 $f(x)=-15x^2-3x+6$ 与 $g(x)=x^2+2x-1$ 的内积.

解 (1)
$$a_{11}=\int_{-1}^{1}\mathrm{d}x=2,\quad a_{12}=a_{21}=\int_{-1}^{1}x\mathrm{d}x=0,$$

$$a_{13}=a_{31}=\int_{-1}^{1}x^2\mathrm{d}x=\frac{2}{3},\quad a_{22}=\int_{-1}^{1}x^2\mathrm{d}x=\frac{2}{3},$$

$$a_{23}=a_{32}=\int_{-1}^{1}x^3\mathrm{d}x=0,\quad a_{33}=\int_{-1}^{1}x^4\mathrm{d}x=\frac{2}{5},$$

所以内积在基 $1,x,x^2$ 下的矩阵为 $\boldsymbol{A}=\begin{bmatrix}2 & 0 & \frac{2}{3}\\ 0 & \frac{2}{3} & 0\\ \frac{2}{3} & 0 & \frac{2}{5}\end{bmatrix}$.

(2) **方法 1** $(f(x),g(x))=\displaystyle\int_{-1}^{1}f(x)g(x)\mathrm{d}x=\int_{-1}^{1}(-15x^4+15x^2-6)\mathrm{d}x=-8.$

方法 2 因为 $f(x),g(x)$ 在基 $1,x,x^2$ 下的坐标分别为 $\tilde{\boldsymbol{f}}=[6,-3,-15]^{\mathrm{T}}$, $\tilde{\boldsymbol{g}}=[-1,2,1]^{\mathrm{T}}$, 从而 $(\boldsymbol{f},\boldsymbol{g})=\tilde{\boldsymbol{f}}^{\mathrm{T}}\boldsymbol{A}\tilde{\boldsymbol{g}}=[6,-3,-15]\begin{bmatrix}2 & 0 & \frac{2}{3}\\ 0 & \frac{2}{3} & 0\\ \frac{2}{3} & 0 & \frac{2}{5}\end{bmatrix}\begin{bmatrix}-1\\ 2\\ 1\end{bmatrix}=-8.$

可以看到计算向量间的内积既可以利用内积的定义方式直接计算, 也可以利用内积在基下的度量矩阵计算, 结果是一样的.

对于同一个内积空间, 若取的基不同, 则对应的度量矩阵一般来说也是不同的, 下面我们给出它们的关系.

定理 3　内积在不同基下的度量矩阵是合同的.

证明　设酉 (欧氏) 空间 V 的内积 $(\boldsymbol{x},\boldsymbol{y})$ 在两组基 $\boldsymbol{\varepsilon}_1,\boldsymbol{\varepsilon}_2,\cdots,\boldsymbol{\varepsilon}_n$ 和 $\boldsymbol{\varepsilon}_1',\boldsymbol{\varepsilon}_2',\cdots,\boldsymbol{\varepsilon}_n'$ 下的矩阵分别为 $\boldsymbol{A},\boldsymbol{B}$, 即 $\boldsymbol{A}=(a_{ij})_{n\times n}$, $a_{ij}=(\boldsymbol{\varepsilon}_i,\boldsymbol{\varepsilon}_j)$, $\boldsymbol{B}=(b_{ij})_{n\times n}$, $b_{ij}=(\boldsymbol{\varepsilon}_i',\boldsymbol{\varepsilon}_j')$, 且 $[\boldsymbol{\varepsilon}_1',\boldsymbol{\varepsilon}_2',\cdots,\boldsymbol{\varepsilon}_n']=[\boldsymbol{\varepsilon}_1,\boldsymbol{\varepsilon}_2,\cdots,\boldsymbol{\varepsilon}_n]\boldsymbol{P}$.

又设 $\boldsymbol{x}$ 与 $\boldsymbol{y}$ 是 V 中任意两个向量, 它们在基 $\boldsymbol{\varepsilon}_1',\boldsymbol{\varepsilon}_2',\cdots,\boldsymbol{\varepsilon}_n'$ 下的坐标为 $\tilde{\boldsymbol{x}}=[x_1,x_2,\cdots,x_n]^{\mathrm{T}}$ 与 $\tilde{\boldsymbol{y}}=[y_1,y_2,\cdots,y_n]^{\mathrm{T}}$, 那么有

$$\boldsymbol{x}=[\boldsymbol{\varepsilon}_1',\boldsymbol{\varepsilon}_2',\cdots,\boldsymbol{\varepsilon}_n']\begin{bmatrix}x_1\\x_2\\\vdots\\x_n\end{bmatrix}=[\boldsymbol{\varepsilon}_1,\boldsymbol{\varepsilon}_2,\cdots,\boldsymbol{\varepsilon}_n]\boldsymbol{P}\begin{bmatrix}x_1\\x_2\\\vdots\\x_n\end{bmatrix},$$

$$\boldsymbol{y}=[\boldsymbol{\varepsilon}_1',\boldsymbol{\varepsilon}_2',\cdots,\boldsymbol{\varepsilon}_n']\begin{bmatrix}y_1\\y_2\\\vdots\\y_n\end{bmatrix}=[\boldsymbol{\varepsilon}_1,\boldsymbol{\varepsilon}_2,\cdots,\boldsymbol{\varepsilon}_n]\boldsymbol{P}\begin{bmatrix}y_1\\y_2\\\vdots\\y_n\end{bmatrix},$$

其中 $\boldsymbol{P}\tilde{\boldsymbol{x}}$ 与 $\boldsymbol{P}\tilde{\boldsymbol{y}}$ 分别是 $\boldsymbol{x}$ 与 $\boldsymbol{y}$ 在 $\boldsymbol{\varepsilon}_1,\boldsymbol{\varepsilon}_2,\cdots,\boldsymbol{\varepsilon}_n$ 下的坐标, 从而

$$(\boldsymbol{x},\boldsymbol{y})=\tilde{\boldsymbol{x}}^{\mathrm{H}}\boldsymbol{B}\tilde{\boldsymbol{y}}=(\boldsymbol{P}\tilde{\boldsymbol{x}})^{\mathrm{H}}\boldsymbol{A}(\boldsymbol{P}\tilde{\boldsymbol{y}})=\tilde{\boldsymbol{x}}^{\mathrm{H}}\boldsymbol{P}^{\mathrm{H}}\boldsymbol{A}\boldsymbol{P}\tilde{\boldsymbol{y}}.$$

由 $\boldsymbol{x}$ 与 $\boldsymbol{y}$ 的任意性, 得 $\boldsymbol{B}=\boldsymbol{P}^{\mathrm{H}}\boldsymbol{A}\boldsymbol{P}$, 即 $\boldsymbol{A},\boldsymbol{B}$ 是合同矩阵. □

1.5　标准正交基与向量的正交化

由于向量与其自身的内积满足 $(\boldsymbol{x},\boldsymbol{x})\geqslant 0$, 故可以利用它定义向量的模 (或范数), 并将向量间的夹角、正交等概念推广到一般的内积空间.

1.5.1　向量的度量性质

定义 1　设 V 是酉 (欧氏) 空间, $\boldsymbol{x}\in V$, 称 $\|\boldsymbol{x}\|=\sqrt{(\boldsymbol{x},\boldsymbol{x})}$ 为向量 $\boldsymbol{x}$ 的**模** (**或范数**). 如果 $\|\boldsymbol{x}\|=1$, 则称 $\boldsymbol{x}$ 为单位向量.

上面定义的向量的模与线性代数中 $\mathbb{R}^n$ 空间的向量的模是一致的, 性质也是相同的.

定理 1 设 $(\boldsymbol{x},\boldsymbol{y})$ 是酉 (欧氏) 空间 V 的内积, 则

(1) $\|k\boldsymbol{x}\|=|k|\,\|\boldsymbol{x}\|\,,k\in\mathbb{C}\ (k\in\mathbb{R})$;

(2) $|(\boldsymbol{x},\boldsymbol{y})|\leqslant\|\boldsymbol{x}\|\cdot\|\boldsymbol{y}\|$;

(3) $\|\boldsymbol{x}+\boldsymbol{y}\|\leqslant\|\boldsymbol{x}\|+\|\boldsymbol{y}\|$.

证明 不妨设 V 是酉空间.

(1) $\|k\boldsymbol{x}\|=\sqrt{(k\boldsymbol{x},k\boldsymbol{x})}=\sqrt{\bar{k}k(\boldsymbol{x},\boldsymbol{x})}=|k|\,\|\boldsymbol{x}\|$;

(2) $\boldsymbol{y}=\theta$ 时显然成立, 不妨设 $\boldsymbol{y}\neq\theta$, $\forall\lambda\in\mathbb{C}$, 有

$$\|\boldsymbol{x}-\lambda\boldsymbol{y}\|^2=(\boldsymbol{x}-\lambda\boldsymbol{y},\boldsymbol{x}-\lambda\boldsymbol{y})=(\boldsymbol{x},\boldsymbol{x})-\lambda(\boldsymbol{x},\boldsymbol{y})-\bar{\lambda}(\boldsymbol{y},\boldsymbol{x})+|\lambda|^2(\boldsymbol{y},\boldsymbol{y})\geqslant 0,$$

若取 $\lambda=\dfrac{(\boldsymbol{y},\boldsymbol{x})}{(\boldsymbol{y},\boldsymbol{y})}$, 可得 $\|\boldsymbol{x}\|^2-\dfrac{|(\boldsymbol{x},\boldsymbol{y})|^2}{\|\boldsymbol{y}\|^2}-\dfrac{|(\boldsymbol{x},\boldsymbol{y})|^2}{\|\boldsymbol{y}\|^2}+\dfrac{|(\boldsymbol{y},\boldsymbol{x})|^2}{\|\boldsymbol{y}\|^2}=\|\boldsymbol{x}\|^2-\dfrac{|(\boldsymbol{x},\boldsymbol{y})|^2}{\|\boldsymbol{y}\|^2}\geqslant 0$, 即 $|(\boldsymbol{x},\boldsymbol{y})|\leqslant\|\boldsymbol{x}\|\cdot\|\boldsymbol{y}\|$.

(3) 因为

$$\begin{aligned}\|\boldsymbol{x}+\boldsymbol{y}\|^2&=(\boldsymbol{x}+\boldsymbol{y},\boldsymbol{x}+\boldsymbol{y})=\|\boldsymbol{x}\|^2+(\boldsymbol{x},\boldsymbol{y})+(\boldsymbol{y},\boldsymbol{x})+\|\boldsymbol{y}\|^2\\&=\|\boldsymbol{x}\|^2+2\mathrm{Re}(\boldsymbol{x},\boldsymbol{y})+\|\boldsymbol{y}\|^2\leqslant\|\boldsymbol{x}\|^2+2|(\boldsymbol{x},\boldsymbol{y})|+\|\boldsymbol{y}\|^2,\end{aligned}$$

那么由本定理结论 (2), 可得 $\|\boldsymbol{x}+\boldsymbol{y}\|^2\leqslant\|\boldsymbol{x}\|^2+2\,\|\boldsymbol{x}\|\cdot\|\boldsymbol{y}\|+\|\boldsymbol{y}\|^2=(\|\boldsymbol{x}\|+\|\boldsymbol{y}\|)^2$, 故 $\|\boldsymbol{x}+\boldsymbol{y}\|\leqslant\|\boldsymbol{x}\|+\|\boldsymbol{y}\|$. □

通常称定理 1 中的结论 (2) 为**柯西-施瓦茨** (Cauchy-Schwarz) **不等式**.

利用向量范数还可以定义向量间的距离和夹角. 通常称

$$\mathrm{d}(\boldsymbol{x},\boldsymbol{y})=\|\boldsymbol{x}-\boldsymbol{y}\|$$

为 $\boldsymbol{x}$ 与 $\boldsymbol{y}$ 的距离. 在欧氏空间中两个非零向量 $\boldsymbol{x}$ 与 $\boldsymbol{y}$ 的夹角 ϕ 规定为

$$\phi=\arccos\frac{(\boldsymbol{x},\boldsymbol{y})}{\|\boldsymbol{x}\|\,\|\boldsymbol{y}\|}\qquad(0\leqslant\phi\leqslant\pi).$$

由于酉空间中的内积一般是复数, 所以向量间不易定义夹角, 但仍可以引入正交概念.

定义 2 设 V 是酉 (欧氏) 空间, $\boldsymbol{x},\boldsymbol{y}\in V$, 如果 $(\boldsymbol{x},\boldsymbol{y})=0$, 则称向量 $\boldsymbol{x}$ 与 $\boldsymbol{y}$ 正交, 记为 $\boldsymbol{x}\perp\boldsymbol{y}$.

例 1 已知 $\boldsymbol{x}=[1,1]^{\mathrm{T}}$ 与 $\boldsymbol{y}=[1,-1]^{\mathrm{T}}$ 是 $\mathbb{R}^2$ 中的两个向量, 若规定内积 $(\boldsymbol{x},\boldsymbol{y})=\boldsymbol{x}^{\mathrm{T}}\boldsymbol{y}$, 则 $(\boldsymbol{x},\boldsymbol{y})=0$, 即 $\boldsymbol{x}$ 与 $\boldsymbol{y}$ 正交; 若规定内积 $(\boldsymbol{x},\boldsymbol{y})=\boldsymbol{x}^{\mathrm{T}}\boldsymbol{A}\boldsymbol{y}$, 其中 $\boldsymbol{A}=\begin{bmatrix}1&0\\0&3\end{bmatrix}$, 则 $(\boldsymbol{x},\boldsymbol{y})=-2$, 也就是 $\boldsymbol{x}$ 与 $\boldsymbol{y}$ 不正交.

上例中, 可以看到在一个线性空间中, 如果定义了两个不同的内积, 则得到两个不同的内积空间, 向量在这两个内积空间的正交性不一定相同.

定义 3 设 V 是酉 (欧氏) 空间, $\boldsymbol{\alpha}_1,\boldsymbol{\alpha}_2,\cdots,\boldsymbol{\alpha}_n$ 是 V 中非零向量组, 如果 $\boldsymbol{\alpha}_1,\boldsymbol{\alpha}_2,\cdots,\boldsymbol{\alpha}_n$ 两两正交, 则称 $\boldsymbol{\alpha}_1,\boldsymbol{\alpha}_2,\cdots,\boldsymbol{\alpha}_n$ 是**正交向量组**. 若 $\boldsymbol{\alpha}_1,\boldsymbol{\alpha}_2,\cdots,\boldsymbol{\alpha}_n$ 是正交向量组, 且它们都是单位向量, 则称其为**标准正交向量组**.

定理 2 正交向量组必是线性无关向量组.

证明 设 $\boldsymbol{\alpha}_1,\boldsymbol{\alpha}_2,\cdots,\boldsymbol{\alpha}_n$ 是正交向量组. 令 $k_1\boldsymbol{\alpha}_1+k_2\boldsymbol{\alpha}_2+\cdots+k_n\boldsymbol{\alpha}_n=\mathbf{0}$, 则由 $(\boldsymbol{\alpha}_i,\boldsymbol{\alpha}_j)=0, i\neq j$ 得 $(k_1\boldsymbol{\alpha}_1+k_2\boldsymbol{\alpha}_2+\cdots+k_n\boldsymbol{\alpha}_n,\boldsymbol{\alpha}_i)=\sum\limits_{j=1}^{n}\bar{k}_j(\boldsymbol{\alpha}_j,\boldsymbol{\alpha}_i)=\bar{k}_i(\boldsymbol{\alpha}_i,\boldsymbol{\alpha}_i)=0$. 因为 $\boldsymbol{\alpha}_i\neq\mathbf{0}$, $(\boldsymbol{\alpha}_i,\boldsymbol{\alpha}_i)>0$, 所以必有 $k_i=0, i=1,2,\cdots,n$, 因此 $\boldsymbol{\alpha}_1,\boldsymbol{\alpha}_2,\cdots,\boldsymbol{\alpha}_n$ 是线性无关向量组. □

1.5.2 标准正交基

定义 4 设 $\varepsilon_1,\varepsilon_2,\cdots,\varepsilon_n$ 是酉 (欧氏) 空间的一组基, 且是标准正交向量组, 则称 $\varepsilon_1,\varepsilon_2,\cdots,\varepsilon_n$ 为酉 (欧氏) 空间的**标准正交基**.

定理 3 设 V 是酉 (欧氏) 空间, $\varepsilon_1,\varepsilon_2,\cdots,\varepsilon_n$ 为酉 (欧氏) 空间的标准正交基, 那么

(1) 内积在标准正交基下的矩阵为单位阵;

(2) 从标准正交基 $\varepsilon_1,\varepsilon_2,\cdots,\varepsilon_n$ 到另一组标准正交基 $\varepsilon_1',\varepsilon_2',\cdots,\varepsilon_n'$ 的过渡矩阵是酉矩阵 (正交阵).

证明 (1) 设内积在标准正交基 $\varepsilon_1,\varepsilon_2,\cdots,\varepsilon_n$ 下的矩阵为 $\boldsymbol{A}=(a_{ij})_{n\times n}$. 因为

$$a_{ij}=(\varepsilon_i,\varepsilon_j)=\begin{cases}1, & i=j,\\ 0, & i\neq j,\end{cases}$$

所以 $\boldsymbol{A}=\boldsymbol{E}$.

(2) 由本定理结论 (1), 内积在标准正交基 $\varepsilon_1,\varepsilon_2,\cdots,\varepsilon_n$ 与 $\varepsilon_1',\varepsilon_2',\cdots,\varepsilon_n'$ 下的矩阵都是单位阵 $\boldsymbol{E}_n$. 再由内积在不同基下的度量矩阵是合同的, 当 V 是酉空间时, $\boldsymbol{P}^{\mathrm{H}}\boldsymbol{E}_n\boldsymbol{P}=\boldsymbol{E}_n$, 即 $\boldsymbol{P}^{\mathrm{H}}\boldsymbol{P}=\boldsymbol{E}_n$; 若 V 是欧氏空间, 则有 $\boldsymbol{P}^{\mathrm{T}}\boldsymbol{P}=\boldsymbol{E}_n$ 成立. □

根据定理 3 结论 (1), 当 $\boldsymbol{x}=[\varepsilon_1,\varepsilon_2,\cdots,\varepsilon_n]\tilde{\boldsymbol{x}}, \boldsymbol{y}=[\varepsilon_1,\varepsilon_2,\cdots,\varepsilon_n]\tilde{\boldsymbol{y}}$ 时, 显然有 $(\boldsymbol{x},\boldsymbol{y})=\tilde{\boldsymbol{x}}^{\mathrm{H}}\boldsymbol{E}\tilde{\boldsymbol{y}}=\tilde{\boldsymbol{x}}^{\mathrm{H}}\tilde{\boldsymbol{y}}$.

1.5.3 向量的正交化

前面我们看到, 如果酉 (欧氏) 空间 V 的基用标准正交基, 那么向量的内积表达式非常简单, 因此通常使用时我们更希望用标准正交基. 线性代数中我们学过,

对 $\mathbb{R}^n$ 中向量用施密特 (Schmidt) 正交化方法可以将一组线性无关的向量化为一组标准正交的向量. 我们将这个方法推广到一般的酉 (欧氏) 空间中得到下面的定理.

定理 4 (施密特正交化方法) 设 $\boldsymbol{\alpha}_1,\boldsymbol{\alpha}_2,\cdots,\boldsymbol{\alpha}_n$ 是酉 (欧氏) 空间 V 的线性无关向量组, 令

$$\boldsymbol{\beta}_1=\boldsymbol{\alpha}_1,\quad \boldsymbol{\beta}_2=\boldsymbol{\alpha}_2-\frac{(\boldsymbol{\beta}_1,\boldsymbol{\alpha}_2)}{(\boldsymbol{\beta}_1,\boldsymbol{\beta}_1)}\boldsymbol{\beta}_1,\quad \boldsymbol{\beta}_3=\boldsymbol{\alpha}_3-\frac{(\boldsymbol{\beta}_1,\boldsymbol{\alpha}_3)}{(\boldsymbol{\beta}_1,\boldsymbol{\beta}_1)}\boldsymbol{\beta}_1-\frac{(\boldsymbol{\beta}_2,\boldsymbol{\alpha}_3)}{(\boldsymbol{\beta}_2,\boldsymbol{\beta}_2)}\boldsymbol{\beta}_2,$$

$$\cdots,\boldsymbol{\beta}_n=\boldsymbol{\alpha}_n-\frac{(\boldsymbol{\beta}_1,\boldsymbol{\alpha}_n)}{(\boldsymbol{\beta}_1,\boldsymbol{\beta}_1)}\boldsymbol{\beta}_1-\frac{(\boldsymbol{\beta}_2,\boldsymbol{\alpha}_n)}{(\boldsymbol{\beta}_2,\boldsymbol{\beta}_2)}\boldsymbol{\beta}_2-\cdots-\frac{(\boldsymbol{\beta}_{n-1},\boldsymbol{\alpha}_n)}{(\boldsymbol{\beta}_{n-1},\boldsymbol{\beta}_{n-1})}\boldsymbol{\beta}_{n-1}.$$

则 $\boldsymbol{\beta}_1,\boldsymbol{\beta}_2,\cdots,\boldsymbol{\beta}_n$ 是 V 中正交向量组, 且

$$L[\boldsymbol{\alpha}_1,\boldsymbol{\alpha}_2,\cdots,\boldsymbol{\alpha}_i]=L[\boldsymbol{\beta}_1,\boldsymbol{\beta}_2,\cdots,\boldsymbol{\beta}_i],\quad i=1,2,\cdots,n.$$

这个定理的证明, 留给读者自证.

用矩阵的方式, 可以将这个定理如下叙述.

定理 4′ 设 $\boldsymbol{\alpha}_1,\boldsymbol{\alpha}_2,\cdots,\boldsymbol{\alpha}_n$ 是酉 (欧氏) 空间 V 的线性无关向量组, 则在 V 中存在正交向量组 $\boldsymbol{\beta}_1,\boldsymbol{\beta}_2,\cdots,\boldsymbol{\beta}_n$ 使得

$$[\boldsymbol{\alpha}_1,\boldsymbol{\alpha}_2,\cdots,\boldsymbol{\alpha}_n]=[\boldsymbol{\beta}_1,\boldsymbol{\beta}_2,\cdots,\boldsymbol{\beta}_n]\boldsymbol{B},$$

其中 $\boldsymbol{B}$ 为**单位上三角阵** (即对角线元素都是 1 的上三角阵).

用施密特正交化方法将线性无关向量正交化以后, 还可以再将正交化的向量除以自己的长度, 进而得到一组标准正交的向量. 用矩阵的方式将其叙述如下.

推论 设 $\boldsymbol{\alpha}_1,\boldsymbol{\alpha}_2,\cdots,\boldsymbol{\alpha}_n$ 是酉 (欧氏) 空间 V 的线性无关向量组, 则在 V 中存在标准正交向量组 $\boldsymbol{\xi}_1,\boldsymbol{\xi}_2,\cdots,\boldsymbol{\xi}_n$ 使得 $[\boldsymbol{\alpha}_1,\boldsymbol{\alpha}_2,\cdots,\boldsymbol{\alpha}_n]=[\boldsymbol{\xi}_1,\boldsymbol{\xi}_2,\cdots,\boldsymbol{\xi}_n]\boldsymbol{R}$, 其中 $\boldsymbol{R}$ 为**正线上三角阵** (即对角线元素都是正数的上三角阵).

这个推论的证明, 留给读者自证.

例 2 在 $P[x]_3$ 中定义内积 $(f(x),g(x))=\displaystyle\int_0^2 f(x)g(x)\mathrm{d}x$, 求 $P[x]_3$ 一组正交基.

解 取 $P[x]_3$ 的一组基 $\alpha_1=1,\alpha_2=x,\alpha_3=x^2$, 现在将其正交化:

$$\beta_1=\alpha_1=1;$$

$$\beta_2=\alpha_2-\frac{(\beta_1,\alpha_2)}{(\beta_1,\beta_1)}\beta_1=x-\frac{\displaystyle\int_0^2 x\mathrm{d}x}{\displaystyle\int_0^2 1\mathrm{d}x}=x-1;$$

$$\beta_3=\alpha_3-\frac{(\beta_1,\alpha_3)}{(\beta_1,\beta_1)}\beta_1-\frac{(\beta_2,\alpha_3)}{(\beta_2,\beta_2)}\beta_2$$

$$=x^2-\frac{\int_0^2 x^2\mathrm{d}x}{\int_0^2 1\mathrm{d}x}-\frac{\int_0^2 x^2(x-1)\mathrm{d}x}{\int_0^2 (x-1)^2\mathrm{d}x}(x-1)$$

$$=x^2-\frac{4}{3}-2(x-1)=x^2-2x+\frac{2}{3}.$$

综上, β_1,β_2,β_3 就是 $P[x]_3$ 的一组正交基.

定理 5 (基的扩充定理) 设 V 为 n 维酉 (欧氏) 空间, $\boldsymbol{\alpha}_1,\boldsymbol{\alpha}_2,\cdots,\boldsymbol{\alpha}_m$ 是 V 中的 m 个 $(m\leqslant n)$ 标准正交的向量, 则在空间 V 中必存在 $\boldsymbol{\alpha}_{m+1},\boldsymbol{\alpha}_{m+2},\cdots,\boldsymbol{\alpha}_n$ 使得 $\boldsymbol{\alpha}_1,\boldsymbol{\alpha}_2,\cdots,\boldsymbol{\alpha}_m,\boldsymbol{\alpha}_{m+1},\boldsymbol{\alpha}_{m+2},\cdots,\boldsymbol{\alpha}_n$ 是空间 V 的标准正交基.

证明略.

1.6 正交子空间

1.6.1 子空间的正交

在 1.5.3 节中我们研究了正交向量组, 那么利用正交向量组生成的线性子空间有什么特点呢? 先看一个例子.

例 1 设 $\boldsymbol{\alpha}_1,\boldsymbol{\alpha}_2,\cdots,\boldsymbol{\alpha}_n$ 是酉 (欧氏) 空间 V 的一个正交向量组. 令

$$W_1=L[\boldsymbol{\alpha}_1,\boldsymbol{\alpha}_2,\cdots,\boldsymbol{\alpha}_r],\quad W_2=L[\boldsymbol{\alpha}_{r+1},\boldsymbol{\alpha}_{r+2},\cdots,\boldsymbol{\alpha}_n],$$

那么 $\forall \boldsymbol{x}\in W_1,\forall \boldsymbol{y}\in W_2$, 必有 $\boldsymbol{x}\perp\boldsymbol{y}$.

证明 因为 $\forall \boldsymbol{x}\in W_1,\forall \boldsymbol{y}\in W_2$, 有

$$\boldsymbol{x}=k_1\boldsymbol{\alpha}_1+k_2\boldsymbol{\alpha}_2+\cdots+k_r\boldsymbol{\alpha}_r,\quad \boldsymbol{y}=t_1\boldsymbol{\alpha}_{r+1}+t_2\boldsymbol{\alpha}_{r+2}+\cdots+t_{n-r}\boldsymbol{\alpha}_n,$$

其中 $k_1,k_2,\cdots,k_r,t_1,t_2,\cdots,t_{n-r}\in\mathbb{C}$.

又因为 $\boldsymbol{\alpha}_1,\boldsymbol{\alpha}_2,\cdots,\boldsymbol{\alpha}_n$ 是正交向量组, $(\boldsymbol{\alpha}_i,\boldsymbol{\alpha}_j)=0,i\neq j$, 所以 $(\boldsymbol{x},\boldsymbol{y})=\sum_{i=1}^{r}\sum_{j=1}^{n-r}\overline{k}_i t_j(\boldsymbol{\alpha}_i,\boldsymbol{\alpha}_j)=0$, 所以 $\boldsymbol{x}\perp\boldsymbol{y}$ 成立.

我们看到如例 1 构造的 W_1 与 W_2, 任意从 W_1 与 W_2 中各取出一个向量均正交, 由此我们有如下定义、定理.

定义 1 设 W 是酉 (欧氏) 空间 V 的子空间, $\boldsymbol{x}\in V$, 如果 $\forall \boldsymbol{y}\in W$ 均有 $\boldsymbol{x}\perp\boldsymbol{y}$, 则称**向量 $\boldsymbol{x}$ 与子空间 W 正交**, 记为 $\boldsymbol{x}\perp W$.

定义 2 设 W_1, W_2 都是酉 (欧氏) 空间 V 的子空间, 如果 $\forall \boldsymbol{x} \in W_1$ 均有 $\boldsymbol{x} \perp W_2$, 则称**子空间** W_1 **与** W_2 **正交**, 记为 $W_1 \perp W_2$.

由例 1 我们不难得到如下定理.

定理 1 设 $W_1 = L[\boldsymbol{\alpha}_1, \boldsymbol{\alpha}_2, \cdots, \boldsymbol{\alpha}_r]$ 与 $W_2 = L[\boldsymbol{\beta}_1, \boldsymbol{\beta}_2, \cdots, \boldsymbol{\beta}_s]$ 是酉 (欧氏) 空间 V 的两个子空间, 则 W_1 与 W_2 正交的充要条件是生成 W_1 与 W_2 的两个向量组互相正交, 即 $(\boldsymbol{\alpha}_i, \boldsymbol{\beta}_j) = 0, i = 1, 2, \cdots, r, j = 1, 2, \cdots, s$.

例 2 设 $\boldsymbol{A} \in \mathbb{C}^{n\times m}, \boldsymbol{B} \in \mathbb{C}^{n\times s}$, 则 $R(\boldsymbol{A}) \perp R(\boldsymbol{B}) \Leftrightarrow \boldsymbol{A}^{\mathrm{H}}\boldsymbol{B} = \boldsymbol{O}$.

证明 设 $\boldsymbol{A} = [\boldsymbol{a}_1, \boldsymbol{a}_2, \cdots, \boldsymbol{a}_m]$, $\boldsymbol{B} = [\boldsymbol{b}_1, \boldsymbol{b}_2, \cdots, \boldsymbol{b}_s]$, $\boldsymbol{A}^{\mathrm{H}}\boldsymbol{B} = (c_{ij})_{m\times s}$, $c_{ij} = \boldsymbol{a}_i^{\mathrm{H}}\boldsymbol{b}_j$, $i = 1, 2, \cdots, m; j = 1, 2, \cdots, s$, 则

$$R(\boldsymbol{A}) = L[\boldsymbol{a}_1, \boldsymbol{a}_2, \cdots, \boldsymbol{a}_m], \quad R(\boldsymbol{B}) = L[\boldsymbol{b}_1, \boldsymbol{b}_2, \cdots, \boldsymbol{b}_s],$$

那么由本节定理 1 得

$$R(\boldsymbol{A}) \perp R(\boldsymbol{B}) \Leftrightarrow (\boldsymbol{a}_i, \boldsymbol{b}_j) = 0 \Leftrightarrow \boldsymbol{a}_i^{\mathrm{H}}\boldsymbol{b}_j = 0 \Leftrightarrow \boldsymbol{A}^{\mathrm{H}}\boldsymbol{B} = \boldsymbol{0},$$

故结论得证.

定理 2 若 W_1, W_2 是酉 (欧氏) 空间 V 的正交子空间, 则 $W_1 + W_2$ 是直和.

证明 若 $W_1 \perp W_2$, 则 $\forall \boldsymbol{x} \in W_1 \cap W_2$, 有 $(\boldsymbol{x}, \boldsymbol{x}) = 0$, 所以 $\boldsymbol{x} = \theta$, 于是 $W_1 \cap W_2 = \{\theta\}$, 即 $W_1 + W_2$ 是直和. □

根据直和的性质, 显然有下面的推论.

推论 若 W_1, W_2 是酉 (欧氏) 空间 V 的正交子空间, 则

$$\dim W_1 + \dim W_2 = \dim(W_1 + W_2).$$

要注意的是, 若两个子空间的和是直和, 它们也不一定正交.

例如在 $\mathbb{R}^3$ 中, 取 $\boldsymbol{\alpha}_1 = [1, 0, 0]^{\mathrm{T}}, \boldsymbol{\alpha}_2 = [0, 1, 0]^{\mathrm{T}}, \boldsymbol{\alpha}_3 = [1, 1, 1]^{\mathrm{T}}, W_1 = L(\boldsymbol{\alpha}_1, \boldsymbol{\alpha}_2)$, $W_2 = L(\boldsymbol{\alpha}_3)$, 则 $W_1 + W_2$ 是直和, 但显然 W_1 不与 W_2 正交.

1.6.2 正交补空间

在本节例 1 中, 若 $\boldsymbol{\alpha}_1, \boldsymbol{\alpha}_2, \cdots, \boldsymbol{\alpha}_n$ 是酉 (欧氏) 空间 V 的一组正交基, 那么子空间 W_1, W_2 不仅正交, 还满足 $V = W_1 \oplus W_2$, 所以接下来我们研究正交补空间.

定义 3 设 W_1, W_2 都是酉 (欧氏) 空间 V 的子空间, 如果 $W_1 \perp W_2$ 且 $V = W_1 \oplus W_2$, 则称 W_2 是 W_1 的**正交补**, 记为 $W_2 = W_1^{\perp}$ 或 $W_1 = W_2^{\perp}$.

回顾第 1 章, 对于矩阵 $\boldsymbol{A} \in \mathbb{C}^{m\times n}$, 它有相应的核空间 $N(\boldsymbol{A})$ 与值域空间 $R(\boldsymbol{A})$, 而且 $R(\boldsymbol{A})$ 与 $N(\boldsymbol{A}^{\mathrm{H}})$ 是 $\mathbb{C}^m$ 的子空间, $R(\boldsymbol{A}^{\mathrm{H}})$ 与 $N(\boldsymbol{A})$ 是 $\mathbb{C}^n$ 的子空间, 不仅如此, 它们还有如下结论.

定理 3 设 $\boldsymbol{A} \in \mathbb{C}^{m\times n}$, 则

(1) $R(\boldsymbol{A}) \perp N(\boldsymbol{A}^{\mathrm{H}})$, 且 $R(\boldsymbol{A}) \oplus N(\boldsymbol{A}^{\mathrm{H}}) = \mathbb{C}^m$;

(2) $R(\boldsymbol{A}^{\mathrm{H}}) \perp N(\boldsymbol{A})$, 且 $R(\boldsymbol{A}^{\mathrm{H}}) \oplus N(\boldsymbol{A}) = \mathbb{C}^n$.

证明 (1) 因为对 $\forall \boldsymbol{y} \in R(\boldsymbol{A})$, $\exists \boldsymbol{z} \in \mathbb{C}^n$, 使得 $\boldsymbol{y} = \boldsymbol{A}\boldsymbol{z}$; 对 $\forall \boldsymbol{x} \in N(\boldsymbol{A}^{\mathrm{H}})$, $\boldsymbol{A}^{\mathrm{H}}\boldsymbol{x} = \boldsymbol{0}$ 成立, 所以 $(\boldsymbol{x}, \boldsymbol{y}) = \boldsymbol{x}^{\mathrm{H}}\boldsymbol{y} = \boldsymbol{x}^{\mathrm{H}}\boldsymbol{A}\boldsymbol{z} = (\boldsymbol{A}^{\mathrm{H}}\boldsymbol{x})^{\mathrm{H}}\boldsymbol{z} = \boldsymbol{0}$, 即 $R(\boldsymbol{A}) \perp N(\boldsymbol{A}^{\mathrm{H}})$ 成立, 且 $R(\boldsymbol{A}) + N(\boldsymbol{A}^{\mathrm{H}})$ 是直和, 满足

$$\dim N(\boldsymbol{A}^{\mathrm{H}}) + \dim R(\boldsymbol{A}) = \dim \left[R(\boldsymbol{A}) + N(\boldsymbol{A}^{\mathrm{H}})\right].$$

又因为 $\dim N(\boldsymbol{A}^{\mathrm{H}}) = m - \dim R(\boldsymbol{A}^{\mathrm{H}}) = m - \mathrm{rank}\boldsymbol{A}^{\mathrm{H}} = m - \mathrm{rank}\boldsymbol{A} = m - \dim R(\boldsymbol{A})$, 所以 $\dim[R(\boldsymbol{A}) + N(\boldsymbol{A}^{\mathrm{H}})] = m$, 因此 $R(\boldsymbol{A}) \oplus N(\boldsymbol{A}^{\mathrm{H}}) = \mathbb{C}^m$ 成立.

(2) 将 (1) 中的 $\boldsymbol{A}$ 换成 $\boldsymbol{A}^{\mathrm{H}}$, 即可. □

通常我们称将内积空间 V 表示成其子空间 W 与 $W^{\perp}$ 的和的过程为正交分解. 而且这种正交分解是唯一的.

定理 4 设 W_1 是酉 (欧氏) 空间 V 的子空间, 则存在唯一的 $W_2 = W_1^{\perp}$, 使得 $V = W_1 \oplus W_2$.

证明 设 $\boldsymbol{\varepsilon}_1, \boldsymbol{\varepsilon}_2, \cdots, \boldsymbol{\varepsilon}_r$ 是 W_1 的标准正交基, 将 $\boldsymbol{\varepsilon}_1, \boldsymbol{\varepsilon}_2, \cdots, \boldsymbol{\varepsilon}_r$ 扩充为 V 的标准正交基 $\boldsymbol{\varepsilon}_1, \boldsymbol{\varepsilon}_2, \cdots, \boldsymbol{\varepsilon}_r, \boldsymbol{\varepsilon}_{r+1}, \boldsymbol{\varepsilon}_{r+2}, \cdots, \boldsymbol{\varepsilon}_n$, 取 $W_2 = L(\boldsymbol{\varepsilon}_{r+1}, \boldsymbol{\varepsilon}_{r+2}, \cdots, \boldsymbol{\varepsilon}_n)$, 则 $W_2 \perp W_1$, 且 $V = W_1 \oplus W_2$.

下面证明唯一性. 若还存在 W_3, 使得 $W_3 \perp W_1$, $V = W_1 \oplus W_3$, 那么 $\forall \boldsymbol{\alpha}_2 \in W_2$, 显然有 $\boldsymbol{\alpha}_2 \in W_1 \oplus W_3$, 由直和分解表达式的唯一性, 知存在 $\boldsymbol{\alpha}_1 \in V_1$, $\boldsymbol{\alpha}_3 \in V_3$, 使

$$\boldsymbol{\alpha}_2 = \boldsymbol{\alpha}_1 + \boldsymbol{\alpha}_3,$$

于是 $(\boldsymbol{\alpha}_2, \boldsymbol{\alpha}_1) = (\boldsymbol{\alpha}_1 + \boldsymbol{\alpha}_3, \boldsymbol{\alpha}_1) = (\boldsymbol{\alpha}_1, \boldsymbol{\alpha}_1) + (\boldsymbol{\alpha}_3, \boldsymbol{\alpha}_1) = (\boldsymbol{\alpha}_1, \boldsymbol{\alpha}_1) = 0$, 说明 $\boldsymbol{\alpha}_1 = \boldsymbol{0}$, 那么 $\boldsymbol{\alpha}_2 = \boldsymbol{\alpha}_3 \in W_3$, 因此 $W_2 \subseteq W_3$.

同理可证 $W_3 \subseteq W_2$, 故 $W_3 = W_2$, W_1 的正交补空间唯一. □

例 3 设 $\mathbb{R}[x]_4$ 是次数不大于 3 的实数域上的多项式空间, 定义内积: 对$\forall f(x)$, $g(x) \in \mathbb{R}[x]_4$, $(f(x), g(x)) = \displaystyle\int_{-1}^{1} f(x)g(x)$, 又设 W 是次数为零的多项式空间, 求 W 的正交补空间 $W^{\perp}$.

解　方法 1 显然 $W = L[1] = \mathbb{R}$, 将 W 的基扩充为 $\mathbb{R}[x]_4$ 的基 $1, x, x^2, x^3$, 并将其用施密特正交化方法化为正交基.

$$f_1 = 1; \quad f_2 = x - \frac{(1, x)}{(1, 1)} = x;$$

$$f_3 = x^2 - \frac{(1, x^2)}{(1, 1)} - \frac{(x, x^2)}{(x, x)}x = x^2 - \frac{1}{3};$$

$$f_4 = x^3 - \frac{(1,x^3)}{(1,1)} - \frac{(x,x^3)}{(x,x)}x - \frac{\left(x^2-\dfrac{1}{3},x^3\right)}{\left(x^2-\dfrac{1}{3},x^2-\dfrac{1}{3}\right)}\left(x^2-\frac{1}{3}\right) = x^3 - \frac{3}{5}x,$$

则 $W^{\perp} = L\left[x, x^2-\dfrac{1}{3}, x^3-\dfrac{3}{5}x\right]$.

方法 2 由题设可知 $\dim(W^{\perp}) = 4 - \dim(W) = 3$. 为求 $W^{\perp}$, 首先找 $W^{\perp}$ 的一组基. 设 $f(x) = a_0 + a_1x + a_2x^2 + a_3x^3 \in W^{\perp}$, 则 $f(x)$ 满足 $(1, f(x)) = 0$, 即

$$(1, f(x)) = \int_{-1}^{1} a_0 + a_1x + a_2x^3 + a_3x^3\mathrm{d}x = 2a_0 + \frac{2a_2}{3} = 0,$$

取 $f_1(x) = x$, $f_2(x) = x^2 - \dfrac{1}{3}$, $f_3(x) = x^3$.

显然 $f_1(x), f_2(x), f_3(x)$ 线性无关且都与 1 正交, 因而 $f_1(x), f_2(x), f_3(x)$ 是 $W^{\perp}$ 的一组基, 所以 $W^{\perp} = L\left[x, x^2-\dfrac{1}{3}, x^3\right]$.

由于 $x, x^2-\dfrac{1}{3}, x^3-\dfrac{3}{5}x$ 与 $x, x^2-\dfrac{1}{3}, x^3$ 是 $\mathbb{F}[x]_4$ 中等价的向量组, 所以方法 1 与方法 2 的结果是一致的.

1.6.3 向量到子空间的距离

内积空间中定义了范数、正交等概念后, 可以将几何空间中点到直线 (或平面) 距离进一步推广.

定义 4 设 W 都是酉 (欧氏) 空间 V 的子空间, 且 $V = W \oplus W^{\perp}$, 那么 $\forall \boldsymbol{\alpha} \in V$, 有唯一的正交分解表达式

$$\boldsymbol{\alpha} = \boldsymbol{\beta} + \boldsymbol{\gamma},$$

其中 $\boldsymbol{\beta} \in W, \boldsymbol{\gamma} \in W^{\perp}$, 称向量 $\boldsymbol{\beta}$ 为向量 $\boldsymbol{\alpha}$ 在子空间 W 的正投影, 而 $\|\boldsymbol{\gamma}\|$ 称为向量 $\boldsymbol{\alpha}$ 到子空间 W 的距离.

几何空间中点到直线 (或平面) 垂直距离最短, 上述定义的向量 $\boldsymbol{\alpha}$ 到子空间 W 的距离也同样具有这样的性质.

定理 5 设 W 是酉 (欧氏) 空间 V 的子空间, $\forall \boldsymbol{\alpha} \in V$, 向量 $\boldsymbol{\beta}$ 为 $\boldsymbol{\alpha}$ 在子空间 W 的正投影, $\|\boldsymbol{\gamma}\|$ 为 $\boldsymbol{\alpha}$ 到子空间 W 的距离, 那么 $\forall \boldsymbol{\delta} \in W$, 一定满足

$$\|\boldsymbol{\gamma}\| = \|\boldsymbol{\alpha} - \boldsymbol{\beta}\| \leqslant \|\boldsymbol{\alpha} - \boldsymbol{\delta}\|$$

且当且仅当 $\boldsymbol{\beta} = \boldsymbol{\delta}$ 时, 等号成立.

证明　由已知 $\boldsymbol{\alpha}-\boldsymbol{\beta}=\boldsymbol{\gamma}\in W^{\perp}$, $\boldsymbol{\beta}-\boldsymbol{\delta}\in W$, 所以 $(\boldsymbol{\alpha}-\boldsymbol{\beta})\perp(\boldsymbol{\beta}-\boldsymbol{\delta})$, 于是

$$\begin{aligned}\|\boldsymbol{\alpha}-\boldsymbol{\delta}\|^2&=\|\boldsymbol{\alpha}-\boldsymbol{\beta}+\boldsymbol{\beta}-\boldsymbol{\delta}\|^2\\&=\|\boldsymbol{\alpha}-\boldsymbol{\beta}\|^2+\|\boldsymbol{\beta}-\boldsymbol{\delta}\|^2+(\boldsymbol{\alpha}-\boldsymbol{\beta},\boldsymbol{\beta}-\boldsymbol{\delta})+(\boldsymbol{\beta}-\boldsymbol{\delta},\boldsymbol{\alpha}-\boldsymbol{\beta})\\&=\|\boldsymbol{\alpha}-\boldsymbol{\beta}\|^2+\|\boldsymbol{\beta}-\boldsymbol{\delta}\|^2,\end{aligned}$$

所以

$$\|\boldsymbol{\alpha}-\boldsymbol{\delta}\|\geqslant\|\boldsymbol{\alpha}-\boldsymbol{\beta}\|,$$

又因为 $\|\boldsymbol{\beta}-\boldsymbol{\delta}\|\geqslant 0$, 当且仅当 $\boldsymbol{\beta}=\boldsymbol{\delta}$ 时, $\|\boldsymbol{\beta}-\boldsymbol{\delta}\|=0$, $\|\boldsymbol{\alpha}-\boldsymbol{\delta}\|=\|\boldsymbol{\alpha}-\boldsymbol{\beta}\|$. □

习　题　1

1. 验证以下集合对于所指的运算是否构成实数域 $\mathbb{R}$ 上的线性空间:

(1) 次数等于 $n(n\geqslant1)$ 的实系数多项式的全体, 对于通常多项式的加法和数乘;

(2) 令 $V=\{[a,b]\mid a,b\in\mathbb{R}\}$ 对如下定义的加法 "$\oplus$" 和数量乘法 "$\circ$",

$$[a_1,b_1]\oplus[a_2,b_2]=[a_1+a_2,b_1+b_2+a_1a_2],\quad k\circ[a_1,b_1]=\left[ka_1,kb_1,+\frac{k(k-1)}{2}a_1^2\right];$$

(3) 二阶常系数非齐次线性微分方程的解的集合, 对于通常函数的加法和数乘;

(4) 设 $V=\{x|\ x=c_1\sin t+c_2\sin 2t+\cdots+c_k\sin kt, c_i\in\mathbb{R}, 0\leqslant t\leqslant 2\pi, i=1,2,\cdots,k\}$, V 中元素对于通常的加法与数乘;

(5) 全体 n 阶上三角实矩阵 (对称阵), 对于矩阵的加法和数量乘法;

(6) 设 $\boldsymbol{A}$ 是 n 阶实数矩阵, $\boldsymbol{A}$ 的实系数多项式 $f(\boldsymbol{A})$ 的全体, 对于矩阵的加法和数乘.

2. 设 $\mathbb{R}(x)$ 表示实数系数多项式全体构成的线性空间, 问下列向量集合是否构成 $\mathbb{R}[x]$ 的子空间:

(1) $\{p(x)\mid p(1)=0\}$;

(2) $\{p(x)\mid p(x)$ 的常数项为零$\}$;

(3) $\{p(x)\mid p(x)=p(-x)\}$;

(4) $\{p(x)\mid p(x)=-p(-x)\}$.

3. 在 $\mathbb{R}^4$ 中求由基 $\boldsymbol{\xi}_1,\boldsymbol{\xi}_2,\boldsymbol{\xi}_3,\boldsymbol{\xi}_4$ 到 $\boldsymbol{\eta}_1,\boldsymbol{\eta}_2,\boldsymbol{\eta}_3,\boldsymbol{\eta}_4$ 的过渡矩阵, 并求向量 $\boldsymbol{\xi}$ 在指定基下的坐标, 设

(1) $\begin{cases}\boldsymbol{\xi}_1=[1,2,-1,0]^{\mathrm{T}},\\ \boldsymbol{\xi}_2=[1,-1,1,1]^{\mathrm{T}},\\ \boldsymbol{\xi}_3=[-1,2,1,1]^{\mathrm{T}},\\ \boldsymbol{\xi}_4=[-1,-1,0,1]^{\mathrm{T}},\end{cases}$ $\begin{cases}\boldsymbol{\eta}_1=[2,1,0,1]^{\mathrm{T}},\\ \boldsymbol{\eta}_2=[0,1,2,2]^{\mathrm{T}},\\ \boldsymbol{\eta}_3=[-2,1,1,2]^{\mathrm{T}},\\ \boldsymbol{\eta}_4=[1,3,1,2]^{\mathrm{T}},\end{cases}$ $\boldsymbol{\xi}=[1,0,0,0]^{\mathrm{T}}$ 在 $\boldsymbol{\xi}_1,\boldsymbol{\xi}_2,\boldsymbol{\xi}_3,\boldsymbol{\xi}_4$ 下的坐标;

(2) $\begin{cases} \boldsymbol{\xi}_1 = [1,1,1,1]^{\mathrm{T}}, \\ \boldsymbol{\xi}_2 = [1,1,-1,-1]^{\mathrm{T}}, \\ \boldsymbol{\xi}_3 = [1,-1,1,-1]^{\mathrm{T}}, \\ \boldsymbol{\xi}_4 = [1,-1,-1,1]^{\mathrm{T}}, \end{cases}$ $\begin{cases} \boldsymbol{\eta}_1 = [1,1,0,1]^{\mathrm{T}}, \\ \boldsymbol{\eta}_2 = [2,1,3,1]^{\mathrm{T}}, \\ \boldsymbol{\eta}_3 = [1,1,0,0]^{\mathrm{T}}, \\ \boldsymbol{\eta}_4 = [0,1,-1,-1]^{\mathrm{T}}, \end{cases}$ $\boldsymbol{\xi} = [1,0,0,-1]^{\mathrm{T}}$ 在 $\boldsymbol{\eta}_1,\boldsymbol{\eta}_2,\boldsymbol{\eta}_3,$ $\boldsymbol{\eta}_4$ 下的坐标.

4. 在 $\mathbb{R}^3$ 中, 设 $\boldsymbol{\varepsilon}_1 = \begin{bmatrix} 1 \\ 0 \\ -1 \end{bmatrix}$, $\boldsymbol{\varepsilon}_2 = \begin{bmatrix} 2 \\ 1 \\ 1 \end{bmatrix}$, $\boldsymbol{\varepsilon}_3 = \begin{bmatrix} 1 \\ 1 \\ 1 \end{bmatrix}$, $\boldsymbol{\varepsilon}_1' = \begin{bmatrix} 0 \\ 1 \\ 1 \end{bmatrix}$, $\boldsymbol{\varepsilon}_2' = \begin{bmatrix} -1 \\ 1 \\ 0 \end{bmatrix}$, $\boldsymbol{\varepsilon}_3' = \begin{bmatrix} 1 \\ 2 \\ 1 \end{bmatrix}$.

(1) 求由基 $\boldsymbol{\varepsilon}_1,\boldsymbol{\varepsilon}_2,\boldsymbol{\varepsilon}_3$ 到基 $\boldsymbol{\varepsilon}_1',\boldsymbol{\varepsilon}_2',\boldsymbol{\varepsilon}_3'$ 的过渡矩阵 $\boldsymbol{P}$;

(2) 求向量 $\boldsymbol{x} = \boldsymbol{\varepsilon}_1 + 2\boldsymbol{\varepsilon}_2 - 3\boldsymbol{\varepsilon}_3$ 在基 $\boldsymbol{\varepsilon}_1',\boldsymbol{\varepsilon}_2',\boldsymbol{\varepsilon}_3'$ 下的坐标.

5. 在 $\mathbb{R}^4$ 中给定两个基 $\begin{cases} \boldsymbol{\xi}_1 = [1,0,0,0]^{\mathrm{T}}, \\ \boldsymbol{\xi}_2 = [0,1,0,0]^{\mathrm{T}}, \\ \boldsymbol{\xi}_3 = [0,0,1,0]^{\mathrm{T}}, \\ \boldsymbol{\xi}_4 = [0,0,0,1]^{\mathrm{T}}, \end{cases}$ $\begin{cases} \boldsymbol{\eta}_1 = [2,1,-1,1]^{\mathrm{T}}, \\ \boldsymbol{\eta}_2 = [0,3,1,0]^{\mathrm{T}}, \\ \boldsymbol{\eta}_3 = [5,3,2,1]^{\mathrm{T}}, \\ \boldsymbol{\eta}_4 = [6,6,1,3]^{\mathrm{T}}, \end{cases}$ 求一非零向量, 使它在两个基下有相同的坐标.

6. 设 $\boldsymbol{A} \in \mathbb{F}^{n\times n}, C(\boldsymbol{A}) = \{\boldsymbol{B}\,|\boldsymbol{B} \in \mathbb{F}^{n\times n}, \boldsymbol{AB} = \boldsymbol{BA}\}$.

(1) 证明 $C(\boldsymbol{A})$ 是 $\mathbb{F}^{n\times n}$ 的子空间;

(2) 当 $\boldsymbol{A} = \boldsymbol{E}$ 时, 求 $C(\boldsymbol{A})$;

(3) 当 $\boldsymbol{A} = \begin{pmatrix} 1 & & & \\ & 2 & & \\ & & \ddots & \\ & & & n \end{pmatrix}$ 时, 求 $C(\boldsymbol{A})$ 的维数和一组基.

7. 在多项式空间 $\mathbb{F}[x]_4 = \{a_0 + a_1x + a_2x^2 + a_3x^3 \mid a_i \in \mathbb{F}; i = 0,1,2,3\}$ 中, 求

(1) 由基 $1, x, x^2, x^3$ 到基 $1, x-1, (x-1)^2, (x-1)^3$ 的过渡矩阵;

(2) $f(x) = 1 + x + x^2 + x^3$ 在基 $1, x-1, (x-1)^2, (x-1)^3$ 下的坐标.

8. 设 $W_1 = L[\boldsymbol{\alpha}_1,\boldsymbol{\alpha}_2,\boldsymbol{\alpha}_3], W_2 = L[\boldsymbol{\beta}_1,\boldsymbol{\beta}_2]$, 其中 $\boldsymbol{\alpha}_1 = [1,2,-1,-2]^{\mathrm{T}}$, $\boldsymbol{\alpha}_2 = [3,1,1,1]^{\mathrm{T}}$, $\boldsymbol{\alpha}_3 = [-1,0,1,-1]^{\mathrm{T}}$, $\boldsymbol{\beta}_1 = [2,5,-6,-5]^{\mathrm{T}}$, $\boldsymbol{\beta}_2 = [-1,2,-7,3]^{\mathrm{T}}$, 求 W_1 与 W_2 的交与和的维数和基.

9. 求 $\mathbb{F}[t]_n$ 的子空间 $W = \{f(t) = \boldsymbol{\alpha}_0 + \boldsymbol{\alpha}_1 t + \cdots + \boldsymbol{\alpha}_{n-1}t^{n-1} | f(1) = 0, f(t) \in \mathbb{F}[t]_n\}$ 的基与维数.

10. 求 $\mathbb{C}^{2\times 2}$ 中由矩阵 $\boldsymbol{A}_1 = \begin{bmatrix} 2 & 1 \\ -1 & 3 \end{bmatrix}$, $\boldsymbol{A}_2 = \begin{bmatrix} 1 & 0 \\ 2 & 0 \end{bmatrix}$, $\boldsymbol{A}_3 = \begin{bmatrix} 3 & 1 \\ 1 & 3 \end{bmatrix}$, $\boldsymbol{A}_4 = \begin{bmatrix} 1 & 1 \\ -3 & 3 \end{bmatrix}$ 生成的子空间的基与维数.

11. 已知 $\mathbb{F}[x]_4$ 的两组基为

(I) $f_1(x)=1+x+x^2+x^3, f_2(x)=-x+x^2, f_3(x)=1-x, f_4(x)=1$;

(II) $g_1(x)=x+x^2+x^3, g_2(x)=1+x^2+x^3, g_3(x)=1+x+x^3, g_4(x)=1+x+x^2$.

(1) 求由基 (I) 到基 (II) 的过渡矩阵;

(2) 求在两组基下有相同坐标的多项式 $f(x)$.

12. 证明: 如果 $V=V_1+V_2, V_1=V_{11}\oplus V_{12}$, 那么 $V=V_{11}\oplus V_{12}\oplus V_2$.

13. 证明: 每一个 n 维线性空间都可以表示成 n 个一维子空间的直和.

14. 证明: 和 $\sum\limits_{i=1}^{s} V_i$ 是直和的充分必要条件是 $V_i\cap\sum\limits_{j=1}^{i-1} V_i=\{0\}\,(i=2,\cdots,s)$.

15. 设 $V_1,V_2,\cdots,V_s$ 是线性空间 V 的 s 个非平凡的子空间, 证明 V 中至少有一向量 $\boldsymbol{\alpha}$ 不属于 $V_1,V_2,\cdots,V_s$ 中的任何一个.

16. 设 $\varepsilon_1,\varepsilon_2,\cdots,\varepsilon_n$ 是数域 $\mathbb{C}$ 上线性空间 V 的基, 在 V 中定义 $(\boldsymbol{x},\boldsymbol{y})=\tilde{\boldsymbol{x}}^{\mathrm{H}}\boldsymbol{A}\tilde{\boldsymbol{y}}$, 其中 $\boldsymbol{A}=\mathrm{diag}\,[\lambda_1,\lambda_2,\cdots,\lambda_n]\,,\lambda_1,\lambda_2,\cdots,\lambda_n>0$, $\boldsymbol{x}=[\varepsilon_1,\varepsilon_2,\cdots,\varepsilon_n]\,\tilde{\boldsymbol{x}},\boldsymbol{y}=[\varepsilon_1,\varepsilon_2,\cdots,\varepsilon_n]\,\tilde{\boldsymbol{y}}$, 验证 V 是否为酉空间.

17. 设 $\boldsymbol{\alpha}_1=\begin{bmatrix}1\\0\end{bmatrix},\boldsymbol{\alpha}_2=\begin{bmatrix}1\\-1\end{bmatrix}$ 与 $\boldsymbol{\beta}_1=\begin{bmatrix}0\\1\end{bmatrix},\boldsymbol{\beta}_2=\begin{bmatrix}-1\\2\end{bmatrix}$ 为 $\mathbb{R}^2$ 中的两组基, 在 $\mathbb{R}^2$ 中按某种规定定义了内积, 且 $(\boldsymbol{\alpha}_1,\boldsymbol{\beta}_1)=2,(\boldsymbol{\alpha}_1,\boldsymbol{\beta}_2)=3,(\boldsymbol{\alpha}_2,\boldsymbol{\beta}_1)=-4,(\boldsymbol{\alpha}_2,\boldsymbol{\beta}_1)=-7$, 求: (1) 内积在基 $\boldsymbol{\alpha}_1,\boldsymbol{\alpha}_2$ 下的度量矩阵 $\boldsymbol{A}$; (2) 内积在基 $\boldsymbol{\beta}_1,\boldsymbol{\beta}_2$ 下的度量矩阵 $\boldsymbol{B}$.

18. 设 $\boldsymbol{A}=\begin{bmatrix}1&1&1&1\\1&2&1&-1\end{bmatrix}$, 求 $N(\boldsymbol{A})$ 的标准正交基.

19. 设欧氏空间 $\mathbb{R}^3$ 的内积为 $(\boldsymbol{x},\boldsymbol{y})$, $\varepsilon_1=[1,0,0,]^{\mathrm{T}},\varepsilon_2=\left[0,\dfrac{1}{2},0\right]^{\mathrm{T}},\varepsilon_3=\left[0,0,\dfrac{1}{3}\right]^{\mathrm{T}}$ 为 $\mathbb{R}^3$ 的标准正交基, 求内积 $(\boldsymbol{x},\boldsymbol{y})$ 在基 $\varepsilon_1'=\begin{bmatrix}1\\0\\0\end{bmatrix}^{\mathrm{T}},\varepsilon_2'=\begin{bmatrix}1\\2\\0\end{bmatrix}^{\mathrm{T}},\varepsilon_3'=\begin{bmatrix}1\\2\\3\end{bmatrix}^{\mathrm{T}}$ 下的矩阵.

20. 设 $\boldsymbol{\alpha}_1=[1,2,1,2]^{\mathrm{T}},\boldsymbol{\alpha}_2=[2,1,2,1]^{\mathrm{T}},\boldsymbol{\alpha}_3=[1,1,1,1]^{\mathrm{T}}$, 求 $\mathbb{R}^4$ 的子空间 $W=L[\boldsymbol{\alpha}_1,\boldsymbol{\alpha}_2,\boldsymbol{\alpha}_3]$ 的标准正交基, 并求 $W^{\perp}$.

21. 若 $\boldsymbol{A}=\begin{bmatrix}1&1&1&1\\1&0&0&1\\0&1&1&0\end{bmatrix}$, 求齐次线性方程组 $\boldsymbol{A}\boldsymbol{x}=\boldsymbol{0}$ 的解空间 $N(\boldsymbol{A})$ 的正交补空间.

22. 设 $\mathbb{F}[x]_4$ 是次数不大于 3 的实数域上的多项式空间, 定义内积

$$(f(x),g(x))=\int_0^1 f(x),g(x)dx\quad(\forall f(x),g(x)\in\mathbb{F}\,[x]_4),$$

又设 W 是次数为零的多项式空间, 求 W 的正交补空间 $W^{\perp}$.

23. 若 W_1,W_2 是酉 (欧氏) 空间 V 的子空间, 证明:

(1) $(W_1+W_2)^{\perp}=W_1^{\perp}\cap W_2^{\perp}$; (2) $(W_1\cap W_2)^{\perp}=W_1^{\perp}+W_2^{\perp}$.

24. 设 $\boldsymbol{A} \in \mathbb{C}^{m\times n}$, 证明:

(1) $N(\boldsymbol{A}) = N(\boldsymbol{A}^{\mathrm{H}}\boldsymbol{A})$;

(2) $R(\boldsymbol{A}) = R(\boldsymbol{A}\boldsymbol{A}^{\mathrm{H}})$;

(3) $\mathrm{rank}\boldsymbol{A} = \mathrm{rank}\boldsymbol{A}^{\mathrm{H}} = \mathrm{rank}(\boldsymbol{A}\boldsymbol{A}^{\mathrm{H}}) = \mathrm{rank}(\boldsymbol{A}^{\mathrm{H}}\boldsymbol{A})$.

第 2 章　线性映射与线性变换

线性映射是线性空间的核心内容, 反映线性空间中元素间的一种基本联系, 是线性空间上的一类对应关系的刻画, 体现出一种 "动态的" 或者 "直观的" 视角. 借助有限维线性空间基底的概念, 可在线性映射与矩阵之间建立一一对应关系, 因此可通俗理解矩阵为线性映射的表达式. 这同时也意味着线性变换的运算可以转化为矩阵的运算.

线性变换是线性映射的特例, 酉变换又是一类非常有用且特殊的线性变换, 本章将给出线性映射和线性变换的概念与性质, 同时也建立了矩阵和线性映射及线性变换之间的一种关系.

2.1　线性映射与线性变换的概念

2.1.1　线性映射与线性变换的定义及性质

定义 1　设 V, V_1 是数域 $\mathbb{F}$ 上的线性空间, T 为 V 到 V_1 上的映射, 如果对 $\forall\, x, y \in V$ 和 $\forall \lambda \in \mathbb{F}$, T 满足

(1) $T(x+y) = T(x) + T(y)$;

(2) $T(\lambda x) = \lambda T(x)$,

则称映射 T 为由 V 到 V_1 上的**线性映射**. 称 V 为 T 的**定义域**, $\{T(x)\,|\forall x \in V\}$ 为 T 的**值域**, T 的值域是 V_1 的子空间, 常用 $T(V)$, $R(T)$, $\mathrm{Im}(T)$ 等符号表示 T 的值域. 当 $V_1 \subset V$ 时, 称线性映射 T 为 V 上的**线性变换**.

我们通常将 x 在 T 下的像 $T(x)$ 简写为 Tx.

例 1　设 $\boldsymbol{A} = (a_{ij})_{m\times n} \in \mathbb{R}^{m\times n}$, 对 $\forall \boldsymbol{x} \in \mathbb{R}^n$ 定义映射 $T : \boldsymbol{x} \mapsto \boldsymbol{A}\boldsymbol{x}$, 验证 $T : \mathbb{R}^n \to \mathbb{R}^m$ 是从 $\mathbb{R}^n$ 到 $\mathbb{R}^m$ 的线性映射.

解　显然 T 是映射, 对 $\forall \boldsymbol{x}, \boldsymbol{y} \in \mathbb{R}^n$ 和 $\forall \lambda \in \mathbb{R}$, 由于

$$T(\boldsymbol{x}+\boldsymbol{y}) = \boldsymbol{A}(\boldsymbol{x}+\boldsymbol{y}) = \boldsymbol{A}\boldsymbol{x} + \boldsymbol{A}\boldsymbol{y} = T\boldsymbol{x} + T\boldsymbol{y},$$

而 $T(\lambda\boldsymbol{x}) = \boldsymbol{A}(\lambda\boldsymbol{x}) = \lambda\boldsymbol{A}\boldsymbol{x} = \lambda\boldsymbol{T}\boldsymbol{x}$, 由此可见 T 是 $\mathbb{R}^n$ 到 $\mathbb{R}^m$ 的线性映射, 通常我们称此映射为**矩阵映射**, 值域 $R(T) = \{\boldsymbol{y}\,|\boldsymbol{y} = \boldsymbol{A}\boldsymbol{x};\ \boldsymbol{x} \in \mathbb{R}^n\} \subset \mathbb{R}^m$.

特别地, 若 $\boldsymbol{A} = (a_{ij})_{n\times n} \in \mathbb{R}^{n\times n}$, T 是 $\mathbb{R}^n$ 上的线性变换, 称为**矩阵变换**. 矩阵 $\boldsymbol{A}$ 是数量矩阵时, 此矩阵变换显然就是一种伸缩变换. 特别地, 如果 $\boldsymbol{A}$ 是单位矩阵, 这个变换就是恒等变换.

例 2 将线性空间 $\mathbb{R}^2$ 中的所有向量均绕原点顺时针旋转 θ 角，这时像 $[\boldsymbol{\eta}_1,\boldsymbol{\eta}_2]^{\mathrm{T}}$ 与原像 $[\boldsymbol{\xi}_1,\boldsymbol{\xi}_2]^{\mathrm{T}}$ 之间的关系为 $\begin{bmatrix}\boldsymbol{\eta}_1\\ \boldsymbol{\eta}_2\end{bmatrix}=\begin{bmatrix}\cos\theta & \sin\theta\\ -\sin\theta & \cos\theta\end{bmatrix}\begin{bmatrix}\boldsymbol{\xi}_1\\ \boldsymbol{\xi}_2\end{bmatrix}$，这是一个 $\mathbb{R}^2$ 上的矩阵映射，矩阵 $\boldsymbol{A}=\begin{bmatrix}\cos\theta & \sin\theta\\ -\sin\theta & \cos\theta\end{bmatrix}\in\mathbb{R}^{2\times 2}$. $\mathbb{R}^2$ 中的向量旋转也可以看成是 $\mathbb{R}^2$ 上的线性变换.

例 3 设映射 $D:\mathbb{R}[x]_{n+1}\to\mathbb{R}[x]_n$ 由下式给出

$$D(f(x))=\frac{\mathrm{d}}{\mathrm{d}x}f(x),\quad f(x)\in\mathbb{R}[x]_{n+1},$$

则不难验证 $D:\mathbb{R}[x]_{n+1}\to\mathbb{R}[x]_n$ 是从 $\mathbb{R}[x]_{n+1}$ 到 $\mathbb{R}[x]_n$ 的线性映射，也可以称 D 是 $\mathbb{R}[x]_{n+1}$ 上的线性变换.

例 4 设映射 $G:\mathbb{R}[x]_n\to\mathbb{R}[x]_{n+1}$ 由下式给出:

$$G(f(x))=\int_0^x f(t)\mathrm{d}t,\quad f(x)\in\mathbb{R}[x]_n,$$

则不难验证 $G:\mathbb{R}[x]_n\to\mathbb{R}[x]_{n+1}$ 是从 $\mathbb{R}[x]_n$ 到 $\mathbb{R}[x]_{n+1}$ 的线性映射. 这个映射不是线性变换，但若将定义域改成 $\mathbb{R}[x]$, $G(f(x))=\displaystyle\int_0^x f(t)\mathrm{d}t\,(f(x)\in\mathbb{R}[x])$ 为 $\mathbb{R}[x]$ 上的线性变换.

从例 3 和例 4 可以看到，微积分的两个基本运算 (微分和积分)，从映射的角度看都是线性映射，由此可知线性映射在数学的其他分支与工程中有着广泛的应用.

定理 1 设 T 为 V_1 到 V_2 上的线性映射，则

(1) 零向量对应零向量，即 $T(\theta_{V_1})=\theta_{V_2}$;

(2) 负向量对应负向量，即 $T(-\boldsymbol{\alpha})=-T(\boldsymbol{\alpha})$;

(3) $T\left(\displaystyle\sum_{i=1}^{s}k_i\boldsymbol{x}_i\right)=\displaystyle\sum_{i=1}^{s}k_iT(\boldsymbol{x}_i),\ \boldsymbol{x}_i\in V_1,k_i\in\mathbb{F}\ (i=1,2,\cdots,n)$;

(4) 线性相关的向量组在 T 下的像仍线性相关;

(5) $\dim R(T)\leqslant\dim V_1$;

(6) $R(T)$ 是 V_2 的子空间.

证明留给读者自证.

特别要指出的是: 若 $\boldsymbol{x}_1,\boldsymbol{x}_2,\cdots,\boldsymbol{x}_m$ 为 V_1 中的线性无关组，则 $T\boldsymbol{x}_1,T\boldsymbol{x}_2,\cdots,T\boldsymbol{x}_m$ 未必线性无关.

定义 2 设 T 为 V_1 到 V_2 上的线性映射, 则

(1) 当 $V_1 = V_2 = V$ 时, 若对 $\forall \boldsymbol{x} \in V$, 都有 $T(\boldsymbol{x}) = \boldsymbol{x}$, 则称 T 为**恒等变换**, 记为 I_V;

(2) 当 $V_1 = V_2 = V$ 时, $k \in \mathbb{F}$ 是一个数, 若对 $\forall \boldsymbol{x} \in V$ 都有 $T(\boldsymbol{x}) = k\boldsymbol{x}$, 则称 T 为**数乘变换**;

(3) 若对 $\forall \boldsymbol{x} \in V_1$, 都有 $T(\boldsymbol{x}) = \theta_{V_2}$, 则称 T 为**零映射**, 记为 T_θ;

(4) 所谓线性映射 T 的**负映射**$-T$, 即若对 $\forall \boldsymbol{x} \in V_1$, 则均有 $(-T)\boldsymbol{x} = -T\boldsymbol{x}$.

定义 3 设 T_1, T_2 均为 $V_1(\mathbb{F})$ 到 $V_2(\mathbb{F})$ 的线性映射.

(1) 若对 $\forall x \in V_1$, 均有 $T_1(x) = T_2(x)$, 则称 T_1 与 T_2 **相等**, 记为 $T_1 = T_2$;

(2) 令 $T(x) = \lambda T_1(x) + \mu T_2(x)$ $(x \in V_1; \lambda, \mu \in \mathbb{F})$, 则称 T 为线性映射 T_1, T_2 的**线性组合**, 记为 $T = \lambda T_1 + \mu T_2$.

显然, 线性组合 $T = \lambda T_1 + \mu T_2$ 也为 $V_1(\mathbb{F})$ 到 $V_2(\mathbb{F})$ 的线性映射, 根据如上所描述的定义和定理等, 容易得出如下结论.

定理 2 若 T_1, T_2, T_3 均为 V_1 到 V_2 的线性映射, T_θ 和 $-T$ 分别是零映射和负映射, $\lambda, \mu \in \mathbb{F}$, 则有

(1) $T_1 + T_2 = T_2 + T_1$;

(2) $(T_1 + T_2) + T_3 = T_1 + (T_2 + T_3)$;

(3) $T_1 + T_\theta = T_1$;

(4) $T_1 + (-T_1) = T_\theta$;

(5) $1T_1 = T_1$;

(6) $(kl)T_1 = k(lT_1)$;

(7) $k(T_1 + T_2) = kT_1 + kT_2$;

(8) $(k + l)T_1 = kT_1 + lT_1$.

定义 4 设 T_1 为 V_1 到 V_2 的线性映射, T_2 为 V_2 到 V_3 的线性映射, 令

$$T_2 \circ T_1(x) = T_2(T_1(x)), \quad \forall x \in V_1,$$

则称 $T_2 \circ T_1$ 为线性映射 T_1 与 T_2 的**乘积**或**复合**.

显然, $\lambda T_1 + \mu T_2$ 仍是 V_1 到 V_2 的线性映射; 而 $T_2 \circ T_1$ 是 V_1 到 V_3 的线性映射. 当 T 为 V 上的线性变换时, 则 T 与 T 的复合 $T \circ T$ 也为 V 上的线性变换, 记为 $T^2 = T \circ T$. 同理可以推广到 $T^n = \underbrace{T \circ T \circ \cdots \circ T}_{n\text{个}}$.

定理 3 设 $T: V \to U$ 为线性映射, W_1, W_2 是 V 的子空间, 则

(1) $T(W_1 + W_2) = T(W_1) + T(W_2)$;

(2) $T(W_1 \cap W_2) \subset T(W_1) \cap T(W_2)$.

证明略. 下面举例说明 $T(W_1 \cap W_2) = T(W_1) \cap T(W_2)$ 不一定成立.

例 5 设 $\boldsymbol{A}=\begin{bmatrix}1&0\\0&0\end{bmatrix}\in\mathbb{R}^{2\times 2}$, 对 $\forall\boldsymbol{x}\in\mathbb{R}^2$, 有 $T(\boldsymbol{x})=\boldsymbol{A}\boldsymbol{x}$, 则 T 是 $\mathbb{R}^2$ 上的线性映射, 设 $W_1=\operatorname{span}\begin{bmatrix}1\\0\end{bmatrix}, W_2=\operatorname{span}\begin{bmatrix}1\\1\end{bmatrix}$, 则 $W_1\cap W_2=\begin{bmatrix}0\\0\end{bmatrix}$, 所以 $T(W_1\cap W_2)=\begin{bmatrix}0\\0\end{bmatrix}$, 而 $T(W_1)\cap T(W_2)=W_1$, 可见

$$T(W_1\cap W_2)\subset T(W_1)\cap T(W_2),\quad T(W_1\cap W_2)\neq T(W_1)\cap T(W_2).$$

2.1.2 线性映射的矩阵刻画

设 V_1 和 V_2 是有限维线性空间, $\boldsymbol{\alpha}_1,\boldsymbol{\alpha}_2,\cdots,\boldsymbol{\alpha}_n$ 为 V_1 的一组基, $\boldsymbol{\beta}_1,\boldsymbol{\beta}_2,\cdots,\boldsymbol{\beta}_m$ 为 V_2 的一组基, T 是 V_1 到 V_2 的线性映射, 记 $T[\boldsymbol{\alpha}_1,\boldsymbol{\alpha}_2,\cdots,\boldsymbol{\alpha}_n]=[T(\boldsymbol{\alpha}_1),T(\boldsymbol{\alpha}_2),\cdots,T(\boldsymbol{\alpha}_n)]$, 像 $T(\boldsymbol{\alpha}_i)\,(i=1,2,\cdots,n)$ 被基 $\boldsymbol{\beta}_1,\boldsymbol{\beta}_2,\cdots,\boldsymbol{\beta}_m$ 线性表示的关系

$$\begin{cases}T(\boldsymbol{\alpha}_1)=a_{11}\boldsymbol{\beta}_1+a_{21}\boldsymbol{\beta}_2+\cdots+a_{m1}\boldsymbol{\beta}_m,\\ T(\boldsymbol{\alpha}_2)=a_{12}\boldsymbol{\beta}_1+a_{22}\boldsymbol{\beta}_2+\cdots+a_{m2}\boldsymbol{\beta}_m,\\ \qquad\cdots\cdots\\ T(\boldsymbol{\alpha}_n)=a_{1n}\boldsymbol{\beta}_1+a_{2n}\boldsymbol{\beta}_2+\cdots+a_{mn}\boldsymbol{\beta}_m\end{cases}$$

可以写成 $T[\boldsymbol{\alpha}_1,\boldsymbol{\alpha}_2,\cdots,\boldsymbol{\alpha}_n]=[\boldsymbol{\beta}_1,\boldsymbol{\beta}_2,\cdots,\boldsymbol{\beta}_m]\,\boldsymbol{A}$, 其中 $\boldsymbol{A}=[a_{ij}]_{m\times n}$.

定义 5 设 V_1 和 V_2 是有限维线性空间, $\boldsymbol{\alpha}_1,\boldsymbol{\alpha}_2,\cdots,\boldsymbol{\alpha}_n$ 为 V_1 的一组基, $\boldsymbol{\beta}_1,\boldsymbol{\beta}_2,\cdots,\boldsymbol{\beta}_m$ 为 V_2 的一组基, T 是 V_1 到 V_2 的线性映射, 若

$$T[\boldsymbol{\alpha}_1,\boldsymbol{\alpha}_2,\cdots,\boldsymbol{\alpha}_n]=[\boldsymbol{\beta}_1,\boldsymbol{\beta}_2,\cdots,\boldsymbol{\beta}_m]\,\boldsymbol{A}_{m\times n},$$

则称矩阵 $\boldsymbol{A}$ 为线性映射 T 在基 $\boldsymbol{\alpha}_1,\boldsymbol{\alpha}_2,\cdots,\boldsymbol{\alpha}_n$ 与 $\boldsymbol{\beta}_1,\boldsymbol{\beta}_2,\cdots,\boldsymbol{\beta}_m$ 下的**矩阵**.

若 $\boldsymbol{\alpha}_1,\boldsymbol{\alpha}_2,\cdots,\boldsymbol{\alpha}_n$ 为 n 维线性空间 V 的一组基, T 是 V 上的线性变换, 有

$$T[\boldsymbol{\alpha}_1,\boldsymbol{\alpha}_2,\cdots,\boldsymbol{\alpha}_n]=[\boldsymbol{\alpha}_1,\boldsymbol{\alpha}_2,\cdots,\boldsymbol{\alpha}_n]\boldsymbol{A}_{n\times n}.$$

则称矩阵 $\boldsymbol{A}$ 为线性变换 T 在基 $\boldsymbol{\alpha}_1,\boldsymbol{\alpha}_2,\cdots,\boldsymbol{\alpha}_n$ 下的**矩阵**.

容易验证, 在给定了空间 V_1, V_2 的基 $\boldsymbol{\alpha}_1,\boldsymbol{\alpha}_2,\cdots,\boldsymbol{\alpha}_n$ 与 $\boldsymbol{\beta}_1,\boldsymbol{\beta}_2,\cdots,\boldsymbol{\beta}_m$ 后, 每个 V_1 到 V_2 的线性映射 T 都能唯一对应一个矩阵 $\boldsymbol{A}_{m\times n}$; 每个矩阵 $\boldsymbol{A}_{m\times n}$ 也能唯一对应一个 V_1 到 V_2 的线性映射 T, 即给定了空间 V_1, V_2 的基 $\boldsymbol{\alpha}_1,\boldsymbol{\alpha}_2,\cdots,\boldsymbol{\alpha}_n$ 与 $\boldsymbol{\beta}_1,\boldsymbol{\beta}_2,\cdots,\boldsymbol{\beta}_m$ 后, 线性映射 T 与矩阵 $\boldsymbol{A}_{m\times n}$ 是一一对应的. 同理, 给定了线性空间 V 的基 $\boldsymbol{\alpha}_1,\boldsymbol{\alpha}_2,\cdots,\boldsymbol{\alpha}_n$ 后, 线性变换 T 与矩阵 $\boldsymbol{A}_{n\times n}$ 也是一一对应的.

显然, 线性映射 T 在给定基下的矩阵 $\boldsymbol{A}$ 是唯一的.

定理 4　零变换在任意基下的矩阵均为零矩阵; 恒等变换在任意基下的矩阵均为单位阵; 数乘变换在任意基下的矩阵均为数量阵. $\mathbb{F}^n \to \mathbb{F}^m$ 上的矩阵映射 $T: \boldsymbol{x} \mapsto \boldsymbol{A}\boldsymbol{x}$ 在自然基底下的矩阵为 $\boldsymbol{A}$.

证明略.

例 6　设 $\boldsymbol{A} = \begin{bmatrix} 1 & 0 & 2 \\ 0 & 1 & 1 \end{bmatrix} \in \mathbb{R}^{2\times 3}$, $\forall \boldsymbol{x} \in \mathbb{R}^3$, $T: \boldsymbol{x} \mapsto \boldsymbol{A}\boldsymbol{x}$ 为 $\mathbb{R}^3 \to \mathbb{R}^2$ 的线性映射:

(1) 求 T 在 $\mathbb{R}^3$ 的基底 $\boldsymbol{\alpha}_1 = \begin{bmatrix} 1 \\ 2 \\ 3 \end{bmatrix}$, $\boldsymbol{\alpha}_2 = \begin{bmatrix} 0 \\ 1 \\ -1 \end{bmatrix}$, $\boldsymbol{\alpha}_3 = \begin{bmatrix} 0 \\ 0 \\ 2 \end{bmatrix}$ 与 $\mathbb{R}^2$ 的基底 $\boldsymbol{\beta}_1 = \begin{bmatrix} 2 \\ 0 \end{bmatrix}$, $\boldsymbol{\beta}_2 = \begin{bmatrix} 0 \\ -1 \end{bmatrix}$ 下的矩阵 $\boldsymbol{B}$.

(2) 求 T 在 $\mathbb{R}^3$ 的自然基底 $\boldsymbol{e}_1 = \begin{bmatrix} 1 \\ 0 \\ 0 \end{bmatrix}$, $\boldsymbol{e}_2 = \begin{bmatrix} 0 \\ 1 \\ 0 \end{bmatrix}$, $\boldsymbol{e}_3 = \begin{bmatrix} 0 \\ 0 \\ 1 \end{bmatrix}$ 与 $\mathbb{R}^2$ 的自然基底 $\boldsymbol{\varepsilon}_1 = \begin{bmatrix} 1 \\ 0 \end{bmatrix}$, $\boldsymbol{\varepsilon}_2 = \begin{bmatrix} 0 \\ 1 \end{bmatrix}$ 下的矩阵 $\boldsymbol{C}$.

解　(1) 由已知 $[\boldsymbol{\beta}_1, \boldsymbol{\beta}_2] = [\boldsymbol{\varepsilon}_1, \boldsymbol{\varepsilon}_2] \begin{bmatrix} 2 & 0 \\ 0 & -1 \end{bmatrix}$, 则

$$[\boldsymbol{\varepsilon}_1, \boldsymbol{\varepsilon}_2] = [\boldsymbol{\beta}_1, \boldsymbol{\beta}_2] \begin{bmatrix} 2 & 0 \\ 0 & -1 \end{bmatrix}^{-1} = [\boldsymbol{\beta}_1, \boldsymbol{\beta}_2] \begin{bmatrix} \frac{1}{2} & 0 \\ 0 & -1 \end{bmatrix},$$

$$T\boldsymbol{\alpha}_1 = \begin{bmatrix} 1 & 0 & 2 \\ 0 & 1 & 1 \end{bmatrix} \begin{bmatrix} 1 \\ 2 \\ 3 \end{bmatrix} = \begin{bmatrix} 7 \\ 5 \end{bmatrix} = [\boldsymbol{\varepsilon}_1, \boldsymbol{\varepsilon}_2] \begin{bmatrix} 7 \\ 5 \end{bmatrix}$$

$$= [\boldsymbol{\beta}_1, \boldsymbol{\beta}_2] \begin{bmatrix} \frac{1}{2} & 0 \\ 0 & -1 \end{bmatrix} \begin{bmatrix} 7 \\ 5 \end{bmatrix} = [\boldsymbol{\beta}_1, \boldsymbol{\beta}_2] \begin{bmatrix} \frac{7}{2} \\ -5 \end{bmatrix};$$

$$T\boldsymbol{\alpha}_2 = \begin{bmatrix} 1 & 0 & 2 \\ 0 & 1 & 1 \end{bmatrix} \begin{bmatrix} 0 \\ 1 \\ -1 \end{bmatrix} = [\boldsymbol{\varepsilon}_1, \boldsymbol{\varepsilon}_2] \begin{bmatrix} -2 \\ 0 \end{bmatrix}$$

$$=[\boldsymbol{\beta}_1,\boldsymbol{\beta}_2]\begin{bmatrix}\frac{1}{2} & 0\\ 0 & -1\end{bmatrix}\begin{bmatrix}-2\\ 0\end{bmatrix}=[\boldsymbol{\beta}_1,\boldsymbol{\beta}_2]\begin{bmatrix}-1\\ 0\end{bmatrix};$$

$$T\boldsymbol{\alpha}_3=\begin{bmatrix}1 & 0 & 2\\ 0 & 1 & 1\end{bmatrix}\begin{bmatrix}0\\ 0\\ 2\end{bmatrix}=[\boldsymbol{\varepsilon}_1,\boldsymbol{\varepsilon}_2]\begin{bmatrix}4\\ 2\end{bmatrix}$$

$$=[\boldsymbol{\beta}_1,\boldsymbol{\beta}_2]\begin{bmatrix}\frac{1}{2} & 0\\ 0 & -1\end{bmatrix}\begin{bmatrix}4\\ 2\end{bmatrix}=[\boldsymbol{\beta}_1,\boldsymbol{\beta}_2]\begin{bmatrix}2\\ -2\end{bmatrix},$$

综上, $T[\boldsymbol{\alpha}_1,\boldsymbol{\alpha}_2,\boldsymbol{\alpha}_3]=[\boldsymbol{\beta}_1,\boldsymbol{\beta}_2]\begin{bmatrix}\frac{7}{2} & -1 & 2\\ -5 & 0 & -2\end{bmatrix}$, 因此, $\boldsymbol{B}=\begin{bmatrix}\frac{7}{2} & -1 & 2\\ -5 & 0 & -2\end{bmatrix}$.

(2) 由定理 4 得, T 在自然基底下的矩阵为 $\boldsymbol{C}=\boldsymbol{A}=\begin{bmatrix}1 & 0 & 2\\ 0 & 1 & 1\end{bmatrix}$.

定义 6 设 T 为线性空间 V 上的线性变换, 若存在 V 上的另一个线性变换 T', 使得 $T'\circ T=T\circ T'=I_V$(I_V 为恒等变换, 又称单位变换), 则称 T 为**可逆线性变换**, 称 T' 为 T 的**逆变换**, 记为 T^{-1}.

显然可逆线性变换 T 的逆变换 T^{-1} 也是可逆的, 二者互为逆变换.

定理 5 设 T_1,T_2 为线性空间 V_n 上的两个线性变换, $\boldsymbol{\varepsilon}_1,\boldsymbol{\varepsilon}_2,\cdots,\boldsymbol{\varepsilon}_n$ 为 V_n 的基, T_1,T_2 在该基下的矩阵分别为 $\boldsymbol{A}$, $\boldsymbol{B}$, 则有

(1) T_1+T_2 在基 $\boldsymbol{\varepsilon}_1,\boldsymbol{\varepsilon}_2,\cdots,\boldsymbol{\varepsilon}_n$ 下的矩阵为 $\boldsymbol{A}+\boldsymbol{B}$;

(2) kT_1 在基 $\boldsymbol{\varepsilon}_1,\boldsymbol{\varepsilon}_2,\cdots,\boldsymbol{\varepsilon}_n$ 下的矩阵为 $k\boldsymbol{A}$;

(3) $T_1\circ T_2$ 在基 $\boldsymbol{\varepsilon}_1,\boldsymbol{\varepsilon}_2,\cdots,\boldsymbol{\varepsilon}_n$ 下的矩阵为 $\boldsymbol{AB}$;

(4) T_1 可逆当且仅当 $\boldsymbol{A}$ 可逆, 且在可逆时 T_1^{-1} 在基 $\boldsymbol{\varepsilon}_1,\boldsymbol{\varepsilon}_2,\cdots,\boldsymbol{\varepsilon}_n$ 下矩阵为 $\boldsymbol{A}^{-1}$.

证明略.

例 7 设有 $\mathbb{R}[x]_3$ 上的 3 个线性变换:

$$T_1[f(x)]=f(x+1),\quad T_2[f(x)]=2f(x+1)+3f(x),\quad T_3[f(x)]=f(x-2),$$

求 T_1,T_2,T_3 在基 $\boldsymbol{\varepsilon}_1=1,\boldsymbol{\varepsilon}_2=x,\boldsymbol{\varepsilon}_3=x^2$ 下的矩阵.

解 由 $T_1[\boldsymbol{\varepsilon}_1]=1=[\boldsymbol{\varepsilon}_1,\boldsymbol{\varepsilon}_2,\boldsymbol{\varepsilon}_3]\begin{bmatrix}1\\0\\0\end{bmatrix}$, $T_1[\boldsymbol{\varepsilon}_2]=x+1=[\boldsymbol{\varepsilon}_1,\boldsymbol{\varepsilon}_2,\boldsymbol{\varepsilon}_3]\begin{bmatrix}1\\1\\0\end{bmatrix}$,

$$T_1[\boldsymbol{\varepsilon}_3]=(x+1)^2=1+2x+x^2=[\boldsymbol{\varepsilon}_1,\boldsymbol{\varepsilon}_2,\boldsymbol{\varepsilon}_3]\begin{bmatrix}1\\2\\1\end{bmatrix},$$

因此, $T_1[\boldsymbol{\varepsilon}_1,\boldsymbol{\varepsilon}_2,\boldsymbol{\varepsilon}_3]=[\boldsymbol{\varepsilon}_1,\boldsymbol{\varepsilon}_2,\boldsymbol{\varepsilon}_3]\begin{bmatrix}1&1&1\\0&1&2\\0&0&1\end{bmatrix}$, 即 T_1 在基 $\boldsymbol{\varepsilon}_1=1,\boldsymbol{\varepsilon}_2=x,\boldsymbol{\varepsilon}_3=x^2$ 下的矩阵为 $\boldsymbol{A}_1=\begin{bmatrix}1&1&1\\0&1&2\\0&0&1\end{bmatrix}$.

显然, $T_2=2T_1+3I_e, T_3=\left(T_1^2\right)^{-1}$, 因此, T_2 在基 $\boldsymbol{\varepsilon}_1=1,\boldsymbol{\varepsilon}_2=x,\boldsymbol{\varepsilon}_3=x^2$ 下的矩阵为 $\boldsymbol{A}_2=2\boldsymbol{A}_1+3\boldsymbol{E}=\begin{bmatrix}5&2&2\\0&5&4\\0&0&5\end{bmatrix}$.

T_3 在基 $\boldsymbol{\varepsilon}_1=1,\boldsymbol{\varepsilon}_2=x,\boldsymbol{\varepsilon}_3=x^2$ 下的矩阵为

$$\boldsymbol{A}_3=(\boldsymbol{A}_1)^{-1}=\begin{bmatrix}1&-2&4\\0&1&-4\\0&0&1\end{bmatrix}.$$

定理 6 (坐标变换公式) 设 $V_1\to V_2$ 上的线性映射 T 在基 $\boldsymbol{\alpha}_1,\boldsymbol{\alpha}_2,\cdots,\boldsymbol{\alpha}_n$ 与基 $\boldsymbol{\beta}_1,\boldsymbol{\beta}_2,\cdots,\boldsymbol{\beta}_m$ 下的矩阵为 $\boldsymbol{A}$, V_1 中向量 $\boldsymbol{x}$ 在基 $\boldsymbol{\alpha}_1,\boldsymbol{\alpha}_2,\cdots,\boldsymbol{\alpha}_n$ 下的坐标为 $\boldsymbol{X}$, 则 $T(\boldsymbol{x})$ 在基 $\boldsymbol{\beta}_1,\boldsymbol{\beta}_2,\cdots,\boldsymbol{\beta}_m$ 下的坐标为 $\boldsymbol{AX}$.

设 V 上的线性变换 T 在基 $\boldsymbol{\alpha}_1,\boldsymbol{\alpha}_2,\cdots,\boldsymbol{\alpha}_n$ 下的矩阵为 $\boldsymbol{A}$, V 中向量 $\boldsymbol{x}$ 在基 $\boldsymbol{\alpha}_1,\boldsymbol{\alpha}_2,\cdots,\boldsymbol{\alpha}_n$ 下的坐标为 $\boldsymbol{X}$, 则 $T(\boldsymbol{x})$ 在基 $\boldsymbol{\alpha}_1,\boldsymbol{\alpha}_2,\cdots,\boldsymbol{\alpha}_n$ 下的坐标为 $\boldsymbol{AX}$.

证明 先证线性映射的情况, 由 $T[\boldsymbol{\alpha}_1,\boldsymbol{\alpha}_2,\cdots,\boldsymbol{\alpha}_n]=[\boldsymbol{\beta}_1,\boldsymbol{\beta}_2,\cdots,\boldsymbol{\beta}_m]\boldsymbol{A}$,

$$T(\boldsymbol{x})=T\left([\boldsymbol{\alpha}_1,\boldsymbol{\alpha}_2,\cdots,\boldsymbol{\alpha}_n]\boldsymbol{X}\right)=T[\boldsymbol{\alpha}_1,\boldsymbol{\alpha}_2,\cdots,\boldsymbol{\alpha}_n]X=[\boldsymbol{\beta}_1,\boldsymbol{\beta}_2,\cdots,\boldsymbol{\beta}_m]\boldsymbol{AX},$$

因此, $T(\boldsymbol{x})$ 在基 $\boldsymbol{\beta}_1,\boldsymbol{\beta}_2,\cdots,\boldsymbol{\beta}_m$ 下的坐标为 $\boldsymbol{AX}$.

同理可得, 线性变换的情况下, 坐标变换公式仍然成立. □

例 8 对于多项式空间 $\mathbb{R}[x]_3$, 已知 D 为求导数的线性变换: $D[f(x)]=f'(x)$, $\boldsymbol{\varepsilon}_1=1,\boldsymbol{\varepsilon}_2=x,\boldsymbol{\varepsilon}_3=x^2$ 为 $\mathbb{R}[x]_3$ 的一组基, 则

(1) 证明 D 不是可逆的线性变换;

(2) 证明 $T=D+I_{R[x]_3}$ 是可逆的线性变换, 并求 T^{-1} 在基 $\boldsymbol{\varepsilon}_1,\boldsymbol{\varepsilon}_2,\boldsymbol{\varepsilon}_3$ 下的矩阵;

(3) 设 $f(x)=2-x^2\in\mathbb{R}[x]_3$, 试求 $T^{-1}[f(x)]$.

解 (1) 由 $D[\boldsymbol{\varepsilon}_1,\boldsymbol{\varepsilon}_2,\boldsymbol{\varepsilon}_3]=[0,1,2x]=[\boldsymbol{\varepsilon}_1,\boldsymbol{\varepsilon}_2,\boldsymbol{\varepsilon}_3]\begin{bmatrix}0&1&0\\0&0&2\\0&0&0\end{bmatrix}$, 则 D 在基 $\boldsymbol{\varepsilon}_1,\boldsymbol{\varepsilon}_2,\boldsymbol{\varepsilon}_3$ 下的矩阵为 $\boldsymbol{A}=\begin{bmatrix}0&1&0\\0&0&2\\0&0&0\end{bmatrix}$, 由于 $\boldsymbol{A}$ 不可逆, 所以 D 不是可逆的线性变换.

(2) 由 $T=D+I_{\mathbb{R}[x]_3}$ 在基 $\boldsymbol{\varepsilon}_1,\boldsymbol{\varepsilon}_2,\boldsymbol{\varepsilon}_3$ 下的矩阵为 $\boldsymbol{B}=\boldsymbol{E}+\boldsymbol{A}=\begin{bmatrix}1&1&0\\0&1&2\\0&0&1\end{bmatrix}$, 可见 $\boldsymbol{B}$ 可逆, 所以 T 为可逆线性变换, 且 T^{-1} 在基 $\boldsymbol{\varepsilon}_1,\boldsymbol{\varepsilon}_2,\boldsymbol{\varepsilon}_3$ 下的矩阵为

$$\boldsymbol{B}^{-1}=\begin{bmatrix}1&-1&2\\0&1&-2\\0&0&1\end{bmatrix}.$$

(3) 由 $f(x)=2-x^2=2\boldsymbol{\varepsilon}_1-\boldsymbol{\varepsilon}_3$ 在基 $\boldsymbol{\varepsilon}_1,\boldsymbol{\varepsilon}_2,\boldsymbol{\varepsilon}_3$ 下的坐标为 $\boldsymbol{X}=[2,0,-1]^{\mathrm{T}}$, 则 $T^{-1}[f(x)]$ 在基 $\boldsymbol{\varepsilon}_1,\boldsymbol{\varepsilon}_2,\boldsymbol{\varepsilon}_3$ 下的坐标为 $\boldsymbol{B}^{-1}\boldsymbol{X}=\begin{bmatrix}1&-1&2\\0&1&-2\\0&0&1\end{bmatrix}\begin{bmatrix}2\\0\\-1\end{bmatrix}=\begin{bmatrix}0\\2\\-1\end{bmatrix}$, 因此, $T^{-1}[f(x)]=[\boldsymbol{\varepsilon}_1,\boldsymbol{\varepsilon}_2,\boldsymbol{\varepsilon}_3][0,2,-1]^{\mathrm{T}}=2\boldsymbol{\varepsilon}_2-\boldsymbol{\varepsilon}_3=2x-x^2$.

定理 7 若 T_1,T_2 都是 $V_1\to V_2$ 上的线性映射, $\boldsymbol{\alpha}_1,\boldsymbol{\alpha}_2,\cdots,\boldsymbol{\alpha}_n$ 是 V_1 的基, 且 $T_1(\boldsymbol{\alpha}_i)=T_2(\boldsymbol{\alpha}_i)(i=1,2,\cdots,n)$, 则 $T_1=T_2$.

若 T_1,T_2 都是 V 上的线性变换, $\boldsymbol{\alpha}_1,\boldsymbol{\alpha}_2,\cdots,\boldsymbol{\alpha}_n$ 是 V 的基, 且 $T_1(\boldsymbol{\alpha}_i)=T_2(\boldsymbol{\alpha}_i)(i=1,2,\cdots,n)$, 则 $T_1=T_2$.

证明 对 $\forall x\in V_1$, 存在常数 $\lambda_1,\lambda_2,\cdots,\lambda_n\in\mathbb{F}$, 使得 $x=\lambda_1\boldsymbol{\alpha}_1+\lambda_2\boldsymbol{\alpha}_2+$

$\cdots+\lambda_n\boldsymbol{\alpha}_n$, 从而

$$\begin{aligned}T_1(x)&=T_1(\lambda_1\boldsymbol{\varepsilon}_1+\lambda_2\boldsymbol{\varepsilon}_2+\cdots+\lambda_n\boldsymbol{\varepsilon}_n)\\&=\lambda_1T_1(\boldsymbol{\varepsilon}_1)+\lambda_2T_1(\boldsymbol{\varepsilon}_2)+\cdots+\lambda_nT_1(\boldsymbol{\varepsilon}_n)\\&=\lambda_1T_2(\boldsymbol{\varepsilon}_1)+\lambda_2T_2(\boldsymbol{\varepsilon}_2)+\cdots+\lambda_nT_2(\boldsymbol{\varepsilon}_n)\\&=T_2(\lambda_1\boldsymbol{\varepsilon}_1+\lambda_2\boldsymbol{\varepsilon}_2+\cdots+\lambda_n\boldsymbol{\varepsilon}_n)\\&=T_2(x).\end{aligned}$$

因此, $T_1=T_2$. □

前面介绍了, 在给定空间的基以后, 线性映射 (线性变换) 与矩阵的一一对应关系. 由于线性空间的基并不唯一, 下面我们讨论同一个线性映射 (线性变换) 在不同基下对应矩阵的关系.

定理 8 设 $T:V_1\to V_2$ 为线性映射, $\boldsymbol{\alpha}_1,\boldsymbol{\alpha}_2,\cdots,\boldsymbol{\alpha}_n$ 与 $\boldsymbol{\alpha}_1',\boldsymbol{\alpha}_2',\cdots,\boldsymbol{\alpha}_n'$ 为 V_1 的两组基, $\boldsymbol{\beta}_1,\boldsymbol{\beta}_2,\cdots,\boldsymbol{\beta}_m$ 与 $\boldsymbol{\beta}_1',\boldsymbol{\beta}_2',\cdots,\boldsymbol{\beta}_m'$ 为 V_2 的两组基, 由 $\boldsymbol{\alpha}_1,\boldsymbol{\alpha}_2,\cdots,\boldsymbol{\alpha}_n$ 到 $\boldsymbol{\alpha}_1',\boldsymbol{\alpha}_2',\cdots,\boldsymbol{\alpha}_n'$ 的过渡矩阵为 $\boldsymbol{P}$, 由 $\boldsymbol{\beta}_1,\boldsymbol{\beta}_2,\cdots,\boldsymbol{\beta}_m$ 到 $\boldsymbol{\beta}_1',\boldsymbol{\beta}_2',\cdots,\boldsymbol{\beta}_m'$ 的过渡矩阵为 $\boldsymbol{Q}$, T 在基 $\boldsymbol{\alpha}_1,\boldsymbol{\alpha}_2,\cdots,\boldsymbol{\alpha}_n$ 与 $\boldsymbol{\beta}_1,\boldsymbol{\beta}_2,\cdots,\boldsymbol{\beta}_m$ 下的矩阵为 $\boldsymbol{A}$, T 在基 $\boldsymbol{\alpha}_1',\boldsymbol{\alpha}_2',\cdots,\boldsymbol{\alpha}_n'$ 与 $\boldsymbol{\beta}_1',\boldsymbol{\beta}_2',\cdots,\boldsymbol{\beta}_m'$ 下的矩阵为 $\boldsymbol{B}$, 则有 $\boldsymbol{B}=\boldsymbol{Q}^{-1}\boldsymbol{AP}$ 成立.

证明 由假设

$$\begin{aligned}T[\boldsymbol{\alpha}_1,\boldsymbol{\alpha}_2,\cdots,\boldsymbol{\alpha}_n]&=[\boldsymbol{\beta}_1,\boldsymbol{\beta}_2,\cdots,\boldsymbol{\beta}_m]\,\boldsymbol{A},\\T[\boldsymbol{\alpha}_1',\boldsymbol{\alpha}_2',\cdots,\boldsymbol{\alpha}_n']&=[\boldsymbol{\beta}_1',\boldsymbol{\beta}_2',\cdots,\boldsymbol{\beta}_m']\,\boldsymbol{B},\\[\boldsymbol{\alpha}_1',\boldsymbol{\alpha}_2',\cdots,\boldsymbol{\alpha}_n']&=[\boldsymbol{\alpha}_1,\boldsymbol{\alpha}_2,\cdots,\boldsymbol{\alpha}_m]\,\boldsymbol{P},\\[\boldsymbol{\beta}_1',\boldsymbol{\beta}_2',\cdots,\boldsymbol{\beta}_m']&=[\boldsymbol{\beta}_1,\boldsymbol{\beta}_2,\cdots,\boldsymbol{\beta}_m]\,\boldsymbol{Q},\end{aligned}$$

因此

$$\begin{aligned}T[\boldsymbol{\alpha}_1',\boldsymbol{\alpha}_2',\cdots,\boldsymbol{\alpha}_n']&=T\,[\boldsymbol{\alpha}_1,\boldsymbol{\alpha}_2,\cdots,\boldsymbol{\alpha}_m]\,\boldsymbol{P}=[\boldsymbol{\beta}_1,\boldsymbol{\beta}_2,\cdots,\boldsymbol{\beta}_m]\,\boldsymbol{AP}\\&=[\boldsymbol{\beta}_1',\boldsymbol{\beta}_2',\cdots,\boldsymbol{\beta}_m']\boldsymbol{Q}^{-1}\boldsymbol{AP},\end{aligned}$$

即 T 在基 $\boldsymbol{\alpha}_1',\boldsymbol{\alpha}_2',\cdots,\boldsymbol{\alpha}_n'$ 与 $\boldsymbol{\beta}_1',\boldsymbol{\beta}_2',\cdots,\boldsymbol{\beta}_m'$ 下的矩阵 $\boldsymbol{B}=\boldsymbol{Q}^{-1}\boldsymbol{AP}$. □

定理 8 的结论, 对于线性变换可以如下叙述:

定理 8′ 设 T 为线性空间 V_n 上的线性变换, $\boldsymbol{\alpha}_1,\boldsymbol{\alpha}_2,\cdots,\boldsymbol{\alpha}_n$ 与 $\boldsymbol{\alpha}_1',\boldsymbol{\alpha}_2',\cdots,\boldsymbol{\alpha}_n'$ 为 V_n 的两组基, 由 $\boldsymbol{\alpha}_1,\boldsymbol{\alpha}_2,\cdots,\boldsymbol{\alpha}_n$ 到 $\boldsymbol{\alpha}_1,\boldsymbol{\alpha}_2,\cdots,\boldsymbol{\alpha}_n$ 的过渡矩阵为 $\boldsymbol{P}$, T 在基 $\boldsymbol{\alpha}_1,\boldsymbol{\alpha}_2,\cdots,\boldsymbol{\alpha}_n$ 下的矩阵为 $\boldsymbol{A}$, 在基 $\boldsymbol{\alpha}_1',\boldsymbol{\alpha}_2',\cdots,\boldsymbol{\alpha}_n'$ 下的矩阵为 $\boldsymbol{B}$, 则有 $\boldsymbol{B}=\boldsymbol{P}^{-1}\boldsymbol{AP}$ 成立.

可见, 线性变换在不同基下的矩阵是相似的, 反过来, 如果两个矩阵相似, 那么它们可以看作同一线性变换在两组基下所对应的矩阵.

学习了定理 8 以后, 我们来重新做前面的例 6.

例 6 设 $\boldsymbol{A}=\begin{bmatrix}1&0&2\\0&1&1\end{bmatrix}\in\mathbb{R}^{2\times3}$, $\forall x\in\mathbb{R}^3$ $T:\boldsymbol{x}\mapsto\boldsymbol{Ax}$ 为 $\mathbb{R}^3\to\mathbb{R}^2$ 的线性映射:

(1) 求 T 在 $\mathbb{R}^3$ 的基底 $\boldsymbol{\alpha}_1=\begin{bmatrix}1\\2\\3\end{bmatrix}$, $\boldsymbol{\alpha}_2=\begin{bmatrix}0\\1\\-1\end{bmatrix}$, $\boldsymbol{\alpha}_3=\begin{bmatrix}0\\0\\2\end{bmatrix}$ 与 $\mathbb{R}^2$ 的基底 $\boldsymbol{\beta}_1=\begin{bmatrix}2\\0\end{bmatrix}$, $\boldsymbol{\beta}_2=\begin{bmatrix}0\\-1\end{bmatrix}$ 下的矩阵 $\boldsymbol{B}$.

(2) 求 T 在 $\mathbb{R}^3$ 的自然基底 $\boldsymbol{e}_1=\begin{bmatrix}1\\0\\0\end{bmatrix}$, $\boldsymbol{e}_2=\begin{bmatrix}0\\1\\0\end{bmatrix}$, $\boldsymbol{e}_3=\begin{bmatrix}0\\0\\1\end{bmatrix}$ 到 $\mathbb{R}^2$ 的自然基底 $\varepsilon_1=\begin{bmatrix}1\\0\end{bmatrix}$, $\varepsilon_2=\begin{bmatrix}0\\1\end{bmatrix}$ 下的矩阵 $\boldsymbol{C}$.

解 由于 (2) 比较容易算出, 我们先计算 (2) 再来计算 (1).

(2) 由定理 4 得, T 在自然基底下的矩阵为 $\boldsymbol{C}=\boldsymbol{A}=\begin{bmatrix}1&0&2\\0&1&1\end{bmatrix}$.

(1) 由基 $\boldsymbol{e}_1,\boldsymbol{e}_2,\boldsymbol{e}_3$ 到基 $\boldsymbol{\alpha}_1,\boldsymbol{\alpha}_2,\boldsymbol{\alpha}_3$ 的过渡矩阵为 $\boldsymbol{P}=\begin{bmatrix}1&0&0\\2&1&0\\3&-1&2\end{bmatrix}$;

由基 $\varepsilon_1,\varepsilon_2$ 到基 $\boldsymbol{\beta}_1,\boldsymbol{\beta}_2$ 的过渡矩阵为 $\boldsymbol{Q}=\begin{bmatrix}2&0\\0&-1\end{bmatrix}$, 因此, T 在基 $\boldsymbol{\alpha}_1,\boldsymbol{\alpha}_2,\boldsymbol{\alpha}_3$ 与基 $\boldsymbol{\beta}_1,\boldsymbol{\beta}_2$ 下的矩阵

$$\boldsymbol{B}=\boldsymbol{Q}^{-1}\boldsymbol{AP}=\begin{bmatrix}2&0\\0&-1\end{bmatrix}^{-1}\begin{bmatrix}1&0&2\\0&1&1\end{bmatrix}\begin{bmatrix}1&0&0\\2&1&0\\3&-1&2\end{bmatrix}=\begin{bmatrix}\frac{7}{2}&-1&2\\-5&0&-2\end{bmatrix}.$$

例 9 设线性空间 $V=\mathbb{R}^{2\times2}$, T 是 V 的线性变换, $\varepsilon_1,\varepsilon_2,\varepsilon_3,\varepsilon_4$ 是 V 的自然基底, 且 $T(\varepsilon_1)=\begin{bmatrix}2&0\\-1&0\end{bmatrix}$, $T(\varepsilon_2)=\begin{bmatrix}-1&-1\\0&0\end{bmatrix}$, $T(\varepsilon_3)=\begin{bmatrix}-3&0\\0&1\end{bmatrix}$, $T(\varepsilon_4)$

$= \begin{bmatrix} 0 & 0 \\ 0 & -1 \end{bmatrix}$, 求 T 在基 $\boldsymbol{\eta}_1 = \begin{bmatrix} 1 & 0 \\ 2 & 0 \end{bmatrix}, \boldsymbol{\eta}_2 = \begin{bmatrix} 0 & 1 \\ 0 & 2 \end{bmatrix}, \boldsymbol{\eta}_3 = \begin{bmatrix} 0 & 0 \\ 2 & 0 \end{bmatrix}, \boldsymbol{\eta}_4 = \begin{bmatrix} 1 & 1 \\ 0 & 0 \end{bmatrix}$ 下的矩阵.

解　易知 T 在基 $\boldsymbol{\varepsilon}_1, \boldsymbol{\varepsilon}_2, \boldsymbol{\varepsilon}_3, \boldsymbol{\varepsilon}_4$ 下的矩阵为 $\boldsymbol{A} = \begin{bmatrix} 2 & -1 & -3 & 0 \\ 0 & -1 & 0 & 0 \\ -1 & 0 & 0 & 0 \\ 0 & 0 & 1 & -1 \end{bmatrix}$, 由基 $\boldsymbol{\varepsilon}_1, \boldsymbol{\varepsilon}_2, \boldsymbol{\varepsilon}_3, \boldsymbol{\varepsilon}_4$ 到基 $\boldsymbol{\eta}_1, \boldsymbol{\eta}_2, \boldsymbol{\eta}_3, \boldsymbol{\eta}_4$ 的变换矩阵为 $\boldsymbol{P} = \begin{bmatrix} 1 & 0 & 0 & 1 \\ 0 & 1 & 0 & 1 \\ 2 & 0 & 2 & 0 \\ 0 & 2 & 0 & 0 \end{bmatrix}$, 经计算可得 $\boldsymbol{P}^{-1} = \begin{bmatrix} 1 & -1 & 0 & \frac{1}{2} \\ 0 & 0 & 0 & \frac{1}{2} \\ -1 & 1 & \frac{1}{2} & -\frac{1}{2} \\ 0 & 1 & 0 & -\frac{1}{2} \end{bmatrix}$, 由定理 8, T 在基 $\boldsymbol{\eta}_1, \boldsymbol{\eta}_2, \boldsymbol{\eta}_3, \boldsymbol{\eta}_4$ 下的矩阵为

$$\boldsymbol{B} = \boldsymbol{P}^{-1}\boldsymbol{A}\boldsymbol{P} = \begin{bmatrix} -3 & -1 & -5 & 2 \\ 1 & -1 & 1 & 0 \\ \frac{5}{2} & 1 & 5 & -\frac{5}{2} \\ -1 & 0 & -1 & -1 \end{bmatrix}.$$

2.1.3　线性映射的核与值域

定义 7　设 $T: V_1 \to V_2$ 为线性映射 (或 T 为 V_1 上的线性变换), 称 V_1 的子空间 $\{x \,|T(x) = \theta, x \in V_1\}$ 为 T 的**核子空间或化零子空间**, 记作 $N(T)$ 或 $\mathrm{Ker}(T)$.

在第 1 章中矩阵 $\boldsymbol{A}$ 的值域 $R(A)$ 与核 $N(A)$ 分别为 $R(T)$ 与 $N(T)$ 作为矩阵映射的特例. 下面给出线性映射 T 的值域 $R(T)$ 和核子空间 $N(T)$ 的相关定理.

定理 9　设 T 为 V_1 到 V_2 上的线性映射 (或 T 为 V_1 上的线性变换), V_1 的一组基为 $\boldsymbol{\alpha}_1, \boldsymbol{\alpha}_2, \cdots, \boldsymbol{\alpha}_n$, 则 T 的值域为 $R(T) = L[T(\boldsymbol{\alpha}_1), T(\boldsymbol{\alpha}_2), \cdots, T(\boldsymbol{\alpha}_n)]$.

证明 由 $\boldsymbol{\alpha}_1,\boldsymbol{\alpha}_2,\cdots,\boldsymbol{\alpha}_n$ 为 V_1 的基, 则对 $\forall \boldsymbol{x}\in V_1$, 有

$$\boldsymbol{x}=k_1\boldsymbol{\alpha}_1+k_2\boldsymbol{\alpha}_2+\cdots+k_n\boldsymbol{\alpha}_n,\quad k_i\in\mathbb{F}\ \ (i=1,2,\cdots,n),$$

所以

$$\begin{aligned}R(T)&=\{T(\boldsymbol{x})\,|x\in V_1\}=\{T(k_1\boldsymbol{\alpha}_1+k_2\boldsymbol{\alpha}_2+\cdots+k_n\boldsymbol{\alpha}_n)\mid k_i\in\mathbb{F},i=1,2,\cdots,n\}\\&=\{k_1T(\boldsymbol{\alpha}_1)+k_2T(\boldsymbol{\alpha}_2)+\cdots+k_nT(\boldsymbol{\alpha}_n)\mid\ k_i\in\mathbb{F},i=1,2,\cdots,n\}\\&=L(T(x_1),T(x_2),\cdots,T(x_n)).\end{aligned}$$

□

定理 10 设 T 为 $V_1\to V_2$ 上的线性映射, $\boldsymbol{\alpha}_1,\boldsymbol{\alpha}_2,\cdots,\boldsymbol{\alpha}_n$ 与 $\boldsymbol{\beta}_1,\boldsymbol{\beta}_2,\cdots,\boldsymbol{\beta}_m$ 分别为 V_1 和 V_2 的基, 且 T 在基 $\boldsymbol{\alpha}_1,\boldsymbol{\alpha}_2,\cdots,\boldsymbol{\alpha}_n$ 与基 $\boldsymbol{\beta}_1,\boldsymbol{\beta}_2,\cdots,\boldsymbol{\beta}_m$ 下的矩阵为 $\boldsymbol{A}$, V_1 中向量 $\boldsymbol{\xi}_1,\boldsymbol{\xi}_2,\cdots,\boldsymbol{\xi}_t$ 在基 $\boldsymbol{\alpha}_1,\boldsymbol{\alpha}_2,\cdots,\boldsymbol{\alpha}_n$ 下的坐标分别为 $\boldsymbol{X}_1,\boldsymbol{X}_2,\cdots,\boldsymbol{X}_t$; V_2 中向量 $\boldsymbol{\eta}_1,\boldsymbol{\eta}_2,\cdots,\boldsymbol{\eta}_r$ 在基 $\boldsymbol{\beta}_1,\boldsymbol{\beta}_2,\cdots,\boldsymbol{\beta}_m$ 下的坐标分别为 $\boldsymbol{Y}_1,\boldsymbol{Y}_2,\cdots,\boldsymbol{Y}_r$, 则有

(1) $\dim[R(T)]=\dim[R(\boldsymbol{A})]=\mathrm{rank}\boldsymbol{A}$, $\dim[N(T)]=\dim[N(\boldsymbol{A})]=n-\mathrm{rank}\boldsymbol{A}$;

(2) $\boldsymbol{\eta}_1,\boldsymbol{\eta}_2,\cdots,\boldsymbol{\eta}_r$ 是 $R(T)$ 的基的充分必要条件为 $\boldsymbol{Y}_1,\boldsymbol{Y}_2,\cdots,\boldsymbol{Y}_r$ 是 $R(\boldsymbol{A})$ 的基;

(3) $\boldsymbol{\xi}_1,\boldsymbol{\xi}_2,\cdots,\boldsymbol{\xi}_t$ 是 $N(T)$ 的基的充分必要条件为 $\boldsymbol{X}_1,\boldsymbol{X}_2,\cdots,\boldsymbol{X}_t$ 是 $N(\boldsymbol{A})$ 的基.

证明略.

定理 10 的结论, 对于线性变换可以叙述如下:

定理 10′ 设 T 为 V 上的线性变换, $\boldsymbol{\alpha}_1,\boldsymbol{\alpha}_2,\cdots,\boldsymbol{\alpha}_n$ 为 V 的一组基, 且 T 在基 $\boldsymbol{\alpha}_1,\boldsymbol{\alpha}_2,\cdots,\boldsymbol{\alpha}_n$ 下的矩阵为 $\boldsymbol{A}$, 向量 $\boldsymbol{\xi}_1,\boldsymbol{\xi}_2,\cdots,\boldsymbol{\xi}_t$ 在基 $\boldsymbol{\alpha}_1,\boldsymbol{\alpha}_2,\cdots,\boldsymbol{\alpha}_n$ 下的坐标分别为 $\boldsymbol{X}_1,\boldsymbol{X}_2,\cdots,\boldsymbol{X}_t$; 向量 $\boldsymbol{\eta}_1,\boldsymbol{\eta}_2,\cdots,\boldsymbol{\eta}_r$ 在基 $\boldsymbol{\alpha}_1,\boldsymbol{\alpha}_2,\cdots,\boldsymbol{\alpha}_n$ 下的坐标分别为 $\boldsymbol{Y}_1,\boldsymbol{Y}_2,\cdots,\boldsymbol{Y}_r$, 则有

(1) $\dim R(T)=\dim R(\boldsymbol{A})=\mathrm{rank}\boldsymbol{A}$, $\dim N(T)=\dim N(\boldsymbol{A})=n-\mathrm{rank}\boldsymbol{A}$;

(2) $\boldsymbol{\eta}_1,\boldsymbol{\eta}_2,\cdots,\boldsymbol{\eta}_r$ 是 $R(T)$ 的基的充分必要条件为 $\boldsymbol{Y}_1,\boldsymbol{Y}_2,\cdots,\boldsymbol{Y}_r$ 是 $R(\boldsymbol{A})$ 的基;

(3) $\boldsymbol{\xi}_1,\boldsymbol{\xi}_2,\cdots,\boldsymbol{\xi}_t$ 是 $N(T)$ 的基的充分必要条件为 $\boldsymbol{X}_1,\boldsymbol{X}_2,\cdots,\boldsymbol{X}_t$ 是 $N(\boldsymbol{A})$ 的基.

例 10 设线性映射 $D:\mathbb{F}[x]_{n+1}\to\mathbb{F}[x]_n$, $D\,(f(x))=f'(x)(\forall f(x)\in\mathbb{F}[x]_{n+1})$.

(1) 求 D 在基 $1,x,x^2,\cdots,x^n$ 与基 $1,x,x^2,\cdots,x^{n-1}$ 下的矩阵 $\boldsymbol{A}$;

(2) 求 $R(D)$ 与 $N(D)$ 的维数和一组基.

解 (1) 由 $D(1)=0,D(x)=1,D(x^2)=2x,\cdots,D(x^n)=nx^{n-1}$, 得

$$D[1,x,x^2,\cdots,x^n]=\left[1,x,x^2,\cdots,x^{n-1}\right]\begin{bmatrix}0&1&0&\cdots&0\\0&0&2&\cdots&0\\\vdots&\vdots&\vdots&\ddots&\vdots\\0&0&0&\cdots&n\end{bmatrix}_{n\times(n+1)},$$

因此, D 在基 $1,x,x^2,\cdots,x^n$ 与基 $1,x,x^2,\cdots,x^{n-1}$ 下的矩阵为

$$\boldsymbol{A}=\begin{bmatrix}0&1&0&\cdots&0\\0&0&2&\cdots&0\\\vdots&\vdots&\vdots&\ddots&\vdots\\0&0&0&\cdots&n\end{bmatrix}_{n\times(n+1)}.$$

(2) $\dim[R(D)]=\text{rank}\boldsymbol{A}=n$, $\dim[N(D)]=(n+1)-\text{rank}\boldsymbol{A}=1$.

由于 $R(\boldsymbol{A})$ 的基为列向量组的极大无关组 $\boldsymbol{Y}_1=[1,0,0,\cdots,0]^{\mathrm{T}}$, $\boldsymbol{Y}_2=[0,2,0,\cdots,0]^{\mathrm{T}}$, $\cdots$, $\boldsymbol{Y}_n=[0,0,0,\cdots,n]^{\mathrm{T}}$, 因此, $R(D)$ 的基为 $\boldsymbol{\eta}_1=1,\boldsymbol{\eta}_2=2x,\cdots,\boldsymbol{\eta}_n=nx^{n-1}$.

由 $N(\boldsymbol{A})$ 的基为方程组 $\boldsymbol{AX}=\boldsymbol{0}$ 的基础解系 $\boldsymbol{X}_1=[1,0,0,\cdots,0]^{\mathrm{T}}$, 因此, $N(D)$ 的基为 $\boldsymbol{\xi}_1=1$.

定义 8　设 T 为线性空间 V_n 上的线性变换, $R(T)$ 的维数称为 T 的**秩**; $N(T)$ 的维数称为 T 的**零度**.

显然, $\text{Im}(T)$ 与 $\text{Ker}(T)$ 都是 V_n 的子空间, 且有 $\dim\text{Im}(T)+\dim\text{Ker}(T)=n$. 但是在一般情况下, $\text{Im}(T)+\text{Ker}(T)\neq V_n$.

例 11　设 $\boldsymbol{\alpha}_1,\boldsymbol{\alpha}_2,\boldsymbol{\alpha}_3,\boldsymbol{\alpha}_4$ 为线性空间 V 的一组基, 线性变换 T 在这组基下的矩阵为 $\boldsymbol{A}=\begin{bmatrix}1&0&2&1\\-1&2&1&3\\1&2&5&5\\2&-2&1&-2\end{bmatrix}$, 求 T 的秩、零度, 并求 $R(T)$ 与 $N(T)$ 的一组基.

解　T 的秩为 $\dim R(T)=\text{rank}\boldsymbol{A}=2$, 零度为 $\dim N(T)=4-\text{rank}\boldsymbol{A}=2$.

由于 $R(\boldsymbol{A})$ 的基为列向量组的极大无关组 $\boldsymbol{Y}_1=[1,-1,1,2]^{\mathrm{T}}$, $\boldsymbol{Y}_2=[0,2,2,-2]^{\mathrm{T}}$, 因此, $R(T)$ 的基为 $\boldsymbol{\eta}_1=\boldsymbol{\alpha}_1-\boldsymbol{\alpha}_2+\boldsymbol{\alpha}_3+2\boldsymbol{\alpha}_4,\boldsymbol{\eta}_2=2\boldsymbol{\alpha}_2+2\boldsymbol{\alpha}_3-2\boldsymbol{\alpha}_4$.

由 $N(\boldsymbol{A})$ 的基为方程组 $\boldsymbol{AX}=\boldsymbol{0}$ 的基础解 $\boldsymbol{X}_1=[-4,-3,2,0]^{\mathrm{T}}$, $\boldsymbol{X}_2=[-1,-2,0,1]^{\mathrm{T}}$, 因此, $N(T)$ 的基为

$$\boldsymbol{\xi}_1=-4\boldsymbol{\alpha}_1-3\boldsymbol{\alpha}_2+2\boldsymbol{\alpha}_3,\quad \boldsymbol{\xi}_2=-\boldsymbol{\alpha}_1-2\boldsymbol{\alpha}_2+2\boldsymbol{\alpha}_4.$$

2.2 线性变换的不变子空间

设 V_n 是数域 $\mathbb{F}$ 上的线性空间, 我们用 $L(V_n)$ 来表示 V_n 上所有线性变换所构成的集合, 则对 $\forall T \in L(V_n)$, 如何选取 V_n 的一个基, 使 T 关于这个基的矩阵具有尽可能简单的形式.

从 2.1 节的学习我们了解到, 线性变换就是一种特殊的线性映射, 下面介绍线性变换的不变子空间概念, 以讨论线性变换与子空间的更深一层的关系.

定义 1 设 σ 是数域 $\mathbb{F}$ 上线性空间 V 的线性变换, W 是 V 的一个子空间. 如果 W 中的向量在 σ 下的像仍在 W 中, 即对于任意的 $x \in W$, 有 $\sigma(x) \in W$, 则称 W 是 σ 的**不变子空间**, 简称 σ-**子空间**.

另一个定义就是: 若满足 $\sigma(W) \subset W$, 则称 W 是 σ-子空间.

线性空间 V 和零子空间 $\{\theta\}$, 对于每个线性变换 T, 都是 T-子空间.

例 1 线性空间 V 的任何一个子空间都是数乘变换的不变子空间, 这是因为子空间对于数量乘法是封闭的.

例 2 σ 的值域 $R(\sigma)$ 与核 $N(\sigma)$ 都是 σ-子空间.

证明 因为 $R(\sigma) = \{\sigma(\boldsymbol{\alpha})\,|\boldsymbol{\alpha} \in V\} \subseteq V$, 所以 $\forall \xi \in R(\sigma), \sigma(\xi) \in R(\sigma)$, 由此可知, $R(\sigma)$ 为 σ-子空间; 又任取 $\xi \in N(\sigma)$, 则有 $\sigma(\xi) = 0 \in N(\sigma)$, 所以 $N(\sigma)$ 为 σ-子空间.

例 3 若线性变换 σ 与 τ 可交换, 即 $\sigma \circ \tau = \tau \circ \sigma$, 则 $R(\tau)$ 与 $N(\tau)$ 都是 σ-子空间.

证明 因为 $R(\tau) = \{\tau(\boldsymbol{\alpha})\,|\boldsymbol{\alpha} \in V\}$, 所以, 对任意的 $\xi \in R(\tau)$, 存在 $\boldsymbol{\alpha} \in V$, 使得 $\xi = \tau(\boldsymbol{\alpha})$, 于是 $\sigma(\xi) = \sigma\left(\tau(\boldsymbol{\alpha})\right) = \sigma \circ \tau(\boldsymbol{\alpha}) = \tau \circ \sigma(\boldsymbol{\alpha}) = \tau\left(\sigma(\boldsymbol{\alpha})\right) \in R(\tau)$, 由此可知 $R(\tau)$ 是 σ-子空间.

又由于 $N(\tau) = \{\boldsymbol{\alpha} \mid \boldsymbol{\alpha} \in V, \tau(\boldsymbol{\alpha}) = 0\}$, 所以, 对 $\forall \boldsymbol{\xi} \in N(\tau)$, 有 $\tau(\boldsymbol{\xi}) = 0$, 由 $\sigma \circ \tau = \tau \circ \sigma$, 只需证明 $\tau(\sigma(\boldsymbol{\xi})) = 0$, 即有

$$\sigma(\boldsymbol{\xi}) \in N(\tau), \quad \tau\left(\sigma(\boldsymbol{\xi})\right) = \tau \circ \sigma(\boldsymbol{\xi}) = \sigma \circ \tau(\boldsymbol{\xi}) = \sigma\left(\tau(\boldsymbol{\xi})\right) = \sigma(0) = 0,$$

因此 $N(\tau)$ 是 σ-子空间.

设 V 是数域 $\mathbb{F}$ 上的线性空间, 对 $\forall T \in L(V)$, 因为 T 的多项式 $f(T)$ 是和 T 可交换的, 所以 $f(T)$ 的值域与核都是 T-子空间.

定理 1 两个 σ-子空间的交与和仍是 σ-子空间.

证明略.

定理 2 $W = L(\boldsymbol{\alpha}_1, \boldsymbol{\alpha}_2, \cdots, \boldsymbol{\alpha}_s)$ 为 σ-子空间的充要条件 $\sigma(\boldsymbol{\alpha}_i) \in W(i = 1, 2, \cdots, s)$.

证明 必要性显然, 下证充分性. 任取 $\boldsymbol{\xi} \in W$, 则 $\boldsymbol{\xi} = k_1\boldsymbol{\alpha}_1+k_2\boldsymbol{\alpha}_2+\cdots+k_s\boldsymbol{\alpha}_s$, $\sigma(\boldsymbol{\xi}) = k_1\sigma(\boldsymbol{\alpha}_1) + k_2\sigma(\boldsymbol{\alpha}_2) + \cdots + k_s\sigma(\boldsymbol{\alpha}_s)$, 由于 $\sigma(\boldsymbol{\alpha}_1), \sigma(\boldsymbol{\alpha}_2), \cdots, \sigma(\boldsymbol{\alpha}_s) \in W$, 所以, $\sigma(\boldsymbol{\xi}) \in W$, 故 W 为 σ-子空间. □

下面定理给出不变子空间与线性变换矩阵化简之间的关系.

定理 3 设 σ 是 n 维线性空间 V 的线性变换, W 是 V 的 σ-子空间, 在 W 中取一组基 $\boldsymbol{\varepsilon}_1, \boldsymbol{\varepsilon}_2, \cdots, \boldsymbol{\varepsilon}_k$, 并且把它扩充成 V 的一组基 $\boldsymbol{\varepsilon}_1, \boldsymbol{\varepsilon}_2, \cdots, \boldsymbol{\varepsilon}_k, \boldsymbol{\varepsilon}_{k+1}, \cdots, \boldsymbol{\varepsilon}_n$. 若 σ 在基 $\boldsymbol{\varepsilon}_1, \boldsymbol{\varepsilon}_2, \cdots, \boldsymbol{\varepsilon}_k$ 下的矩阵为 $\boldsymbol{A}_1 \in P^{k\times k}$, 则 σ 在基 $\boldsymbol{\varepsilon}_1, \boldsymbol{\varepsilon}_2, \cdots, \boldsymbol{\varepsilon}_k, \boldsymbol{\varepsilon}_{k+1}, \cdots, \boldsymbol{\varepsilon}_n$ 下的矩阵就具有下列形状:

$$\begin{bmatrix} a_{11} & \cdots & a_{1k} & a_{1,k+1} & \cdots & a_{1n} \\ \vdots & & \vdots & \vdots & & \vdots \\ a_{k1} & \cdots & a_{kk} & a_{k,k+1} & \cdots & a_{kn} \\ 0 & \cdots & 0 & a_{k+1,k+1} & \cdots & a_{k+1,n} \\ \vdots & & \vdots & \vdots & & \vdots \\ 0 & \cdots & 0 & a_{n,k+1} & \cdots & a_{nn} \end{bmatrix} = \begin{bmatrix} \boldsymbol{A}_1 & \boldsymbol{A}_3 \\ \boldsymbol{O} & \boldsymbol{A}_2 \end{bmatrix}.$$

反之, 若 $\sigma[\boldsymbol{\varepsilon}_1, \boldsymbol{\varepsilon}_2, \cdots, \boldsymbol{\varepsilon}_n] = [\boldsymbol{\varepsilon}_1, \boldsymbol{\varepsilon}_2, \cdots, \boldsymbol{\varepsilon}_n] \begin{bmatrix} \boldsymbol{A}_1 & \boldsymbol{A}_2 \\ \boldsymbol{O} & \boldsymbol{A}_3 \end{bmatrix}$, $\boldsymbol{A}_1 \in P^{k\times k}$, 则由 $\boldsymbol{\varepsilon}_1, \boldsymbol{\varepsilon}_2, \cdots, \boldsymbol{\varepsilon}_k$ 生成的子空间必为 σ-子空间.

事实上, 因为 W 是 V 的不变子空间, 所以 $\sigma(\boldsymbol{\varepsilon}_1), \sigma(\boldsymbol{\varepsilon}_2), \cdots, \sigma(\boldsymbol{\varepsilon}_k) \in W$, 由此 $\sigma(\boldsymbol{\varepsilon}_1), \sigma(\boldsymbol{\varepsilon}_2), \cdots, \sigma(\boldsymbol{\varepsilon}_k)$ 均可由 $\boldsymbol{\varepsilon}_1, \boldsymbol{\varepsilon}_2, \cdots, \boldsymbol{\varepsilon}_k$ 线性表示, 即

$$\begin{cases} \sigma(\boldsymbol{\varepsilon}_1) = a_{11}\boldsymbol{\varepsilon}_1 + a_{21}\boldsymbol{\varepsilon}_2 + \cdots + a_{k1}\boldsymbol{\varepsilon}_k, \\ \sigma(\boldsymbol{\varepsilon}_2) = a_{12}\boldsymbol{\varepsilon}_1 + a_{22}\boldsymbol{\varepsilon}_2 + \cdots + a_{k2}\boldsymbol{\varepsilon}_k, \\ \qquad \cdots\cdots \\ \sigma(\boldsymbol{\varepsilon}_k) = a_{1k}\boldsymbol{\varepsilon}_1 + a_{2k}\boldsymbol{\varepsilon}_2 + \cdots + a_{kk}\boldsymbol{\varepsilon}_k, \end{cases}$$

从而

$$\sigma[\boldsymbol{\varepsilon}_1, \boldsymbol{\varepsilon}_2, \cdots, \boldsymbol{\varepsilon}_n] = [\boldsymbol{\varepsilon}_1, \boldsymbol{\varepsilon}_2, \cdots, \boldsymbol{\varepsilon}_n] \begin{bmatrix} a_{11} & a_{12} & \cdots & a_{1k} & a_{1,k+1} & \cdots & a_{1n} \\ a_{21} & a_{22} & \cdots & a_{2k} & a_{2,k+1} & \cdots & a_{2n} \\ \vdots & \vdots & & \vdots & \vdots & & \vdots \\ a_{k1} & a_{k2} & \cdots & a_{kk} & a_{k,k+1} & \cdots & a_{kn} \\ 0 & 0 & \cdots & 0 & a_{k+1,k+1} & \cdots & a_{kn} \\ \vdots & \vdots & & \vdots & \vdots & & \vdots \\ 0 & 0 & \cdots & 0 & a_{n,k+1} & \cdots & a_{nn} \end{bmatrix}.$$

$$=[\boldsymbol{\varepsilon}_1,\boldsymbol{\varepsilon}_2,\cdots,\boldsymbol{\varepsilon}_n]\begin{bmatrix}\boldsymbol{A}_1 & \boldsymbol{A}_2\\ \boldsymbol{O} & \boldsymbol{A}_3\end{bmatrix}.$$

定理 4　设 V 是有限维线性空间, σ 是 V 上的线性变换, 则 V 可以分解成若干个 σ-子空间的直和 $V=W_1\oplus W_2\oplus\cdots\oplus W_s$ 的充分必要条件为 σ 在一组基下的矩阵为准对角形 $\mathrm{diag}\,[\boldsymbol{A}_1,\boldsymbol{A}_2,\cdots,\boldsymbol{A}_s]$.

证明略.

由此可知, 矩阵分解为准对角形与线性空间分解为线性变换的不变子空间的直和相对应.

2.3　酉 (正交) 变换与正交投影

在第 1 章中, 我们看到线性空间上的线性变换是能够保持向量的加法与数乘两种运算的变换, 那么到了酉 (欧氏) 空间中, 这种线性变换是否能保持向量的度量性质不变呢? 由于度量性质是由内积定义的, 所以接下来研究保持内积不变的酉 (正交) 变换. 酉 (正交) 变换是物理学和一些工程学科中常用到的一种变换.

2.3.1　酉 (正交) 变换

定义 1　设 T 是酉 (欧氏) 空间 V 的线性变换, 如果 $\forall x,y\in V$, 均有

$$(T(x),T(y))=(x,y),$$

则称 T 是酉 (欧氏) 空间 V 的**酉 (正交) 变换**.

例 1　设 $\boldsymbol{A}$ 为 n 阶酉 (正交) 矩阵, 矩阵变换 $T(\boldsymbol{x})=\boldsymbol{A}\boldsymbol{x},\boldsymbol{x}\in\mathbb{C}^n(\mathbb{R}^n)$, 求证: T 为 $\mathbb{C}^n(\mathbb{R}^n)$ 上的酉 (正交) 变换.

证明　$(T(\boldsymbol{x}),T(\boldsymbol{y}))=(\boldsymbol{A}\boldsymbol{x},\boldsymbol{A}\boldsymbol{y})=\boldsymbol{x}^{\mathrm{H}}\boldsymbol{A}^{\mathrm{H}}\boldsymbol{A}\boldsymbol{y}=\boldsymbol{x}^{\mathrm{H}}\boldsymbol{y}=(\boldsymbol{x},\boldsymbol{y})$.

在例 1 中, 当 $\boldsymbol{A}=\begin{bmatrix}\cos\theta & -\sin\theta\\ \sin\theta & \cos\theta\end{bmatrix}$ 时, 显然 $T(\boldsymbol{x})=\boldsymbol{A}\boldsymbol{x}$ 就是 $\mathbb{R}^2$ 上的平面旋转变换. 因此, $\mathbb{R}^2$ 上的平面旋转变换是正交变换.

例 2　设 $H(\boldsymbol{x})=(\boldsymbol{E}_n-2\boldsymbol{u}\boldsymbol{u}^{\mathrm{H}})\boldsymbol{x},\forall\boldsymbol{x}\in\mathbb{C}^n$, 其中 $\boldsymbol{u}\in\mathbb{C}^n$ 且 $\boldsymbol{u}^{\mathrm{H}}\boldsymbol{u}=1$, 证明 H 是 $\mathbb{C}^n$ 上的酉变换.

证明　$\forall\boldsymbol{x},\boldsymbol{y}\in\mathbb{C}^n$, 有

$$\begin{aligned}(H(\boldsymbol{x}),H(\boldsymbol{y}))&=\left[(\boldsymbol{E}_n-2\boldsymbol{u}\boldsymbol{u}^{\mathrm{H}})\boldsymbol{x}\right]^{\mathrm{H}}(\boldsymbol{E}_n-2\boldsymbol{u}\boldsymbol{u}^{\mathrm{H}})\boldsymbol{y}\\&=\boldsymbol{x}^{\mathrm{H}}(\boldsymbol{E}_n-2\boldsymbol{u}\boldsymbol{u}^{\mathrm{H}})(\boldsymbol{E}_n-2\boldsymbol{u}\boldsymbol{u}^{\mathrm{H}})\boldsymbol{y}=\boldsymbol{x}^{\mathrm{H}}\boldsymbol{y},\end{aligned}$$

所以 H 是酉变换, 且其中 $(\boldsymbol{E}_n-2\boldsymbol{u}\boldsymbol{u}^{\mathrm{H}})$ 是酉阵.

上例中的变换称为豪斯霍尔德镜像变换.

定理 1　设 T 是酉 (欧氏) 空间 V 的线性变换, 则下列命题等价.

(1) T 是酉 (正交) 变换;

(2) $\|T(\boldsymbol{x})\| = \|\boldsymbol{x}\|$;

(3) 设 $\varepsilon_1, \varepsilon_2, \cdots, \varepsilon_n$ 是 V 的标准正交基, 则 $T(\varepsilon_1), T(\varepsilon_2), \cdots, T(\varepsilon_n)$ 也是 V 的标准正交基;

(4) T 在 V 的任一标准正交基下的矩阵是酉 (正交) 矩阵.

证明　(1) $\Rightarrow$ (2)　显然成立.

(2) $\Rightarrow$ (3)　显然 $\|T(\varepsilon_i)\| = 1$ 成立. 现在只需在 $(\varepsilon_i, \varepsilon_j) = 0, i \neq j$ 条件下推出 $(T(\varepsilon_i), T(\varepsilon_j)) = 0$. 因为

$$\begin{aligned}\|T(\boldsymbol{x}+\boldsymbol{y})\|^2 &= (T(\boldsymbol{x}+\boldsymbol{y}), T(\boldsymbol{x}+\boldsymbol{y})) = (T(\boldsymbol{x})+T(\boldsymbol{y}), T(\boldsymbol{x})+T(\boldsymbol{y})) \\ &= (T(\boldsymbol{x}), T(\boldsymbol{x})) + (T(\boldsymbol{x}), T(\boldsymbol{y})) + (T(\boldsymbol{y}), T(\boldsymbol{x})) + (T(\boldsymbol{y}), T(\boldsymbol{y})) \\ &= (\boldsymbol{x}, \boldsymbol{x}) + (T(\boldsymbol{x}), T(\boldsymbol{y})) + (T(\boldsymbol{y}), T(\boldsymbol{x})) + (\boldsymbol{y}, \boldsymbol{y}),\end{aligned}$$

而

$$\|\boldsymbol{x}+\boldsymbol{y}\|^2 = (\boldsymbol{x}+\boldsymbol{y}, \boldsymbol{x}+\boldsymbol{y}) = (\boldsymbol{x}, \boldsymbol{x}) + (\boldsymbol{x}, \boldsymbol{y}) + (\boldsymbol{y}, \boldsymbol{x}) + (\boldsymbol{y}, \boldsymbol{y}) = 0,$$

由 $\|T(\boldsymbol{x}+\boldsymbol{y})\| = \|\boldsymbol{x}+\boldsymbol{y}\|$ 得

$$(T(\boldsymbol{x}), T(\boldsymbol{y})) + (T(\boldsymbol{y}), T(\boldsymbol{x})) = (\boldsymbol{x}, \boldsymbol{y}) + (\boldsymbol{y}, \boldsymbol{x}). \tag{2-1}$$

将上式中 $\boldsymbol{y}$ 换为 $\mathrm{i}\boldsymbol{y}(\mathrm{i}^2 = -1)$ 可得

$$(T(\boldsymbol{x}), T(\boldsymbol{y})) - (T(\boldsymbol{y}), T(\boldsymbol{x})) = (\boldsymbol{x}, \boldsymbol{y}) - (\boldsymbol{y}, \boldsymbol{x}), \tag{2-2}$$

综合 (2-1), (2-2) 两式得

$$(T(\boldsymbol{x}), T(\boldsymbol{y})) = (\boldsymbol{x}, \boldsymbol{y}).$$

当 $i \neq j$ 时, $(T(\varepsilon_i), T(\varepsilon_j)) = (\varepsilon_i, \varepsilon_j) = 0$, 因此 $T(\varepsilon_1), T(\varepsilon_2), \cdots, T(\varepsilon_n)$ 是两两正交的向量, 它们是 V 的标准正交基.

(3) $\Rightarrow$ (4)　设 T 在 V 的任一标准正交基下的矩阵是 $\boldsymbol{A}$, 即

$$[T(\varepsilon_1), T(\varepsilon_2), \cdots, T(\varepsilon_n)] = T[\varepsilon_1, \varepsilon_2, \cdots, \varepsilon_n] = [\varepsilon_1, \varepsilon_2, \cdots, \varepsilon_n]\boldsymbol{A},$$

说明 $\boldsymbol{A}$ 是从标准正交基 $\varepsilon_1, \varepsilon_2, \cdots, \varepsilon_n$ 到标准正交基 $T(\varepsilon_1), T(\varepsilon_2), \cdots, T(\varepsilon_n)$ 的过渡矩阵, 由 2.2 节定理 4 知 $\boldsymbol{A}$ 是酉 (正交) 矩阵.

(4) $\Rightarrow$ (1) 设 T 在 V 的标准正交基 $\varepsilon_1, \varepsilon_2, \cdots, \varepsilon_n$ 下的矩阵是酉 (正交) 矩阵 $\boldsymbol{A}$, 即

$$T[\varepsilon_1, \varepsilon_2, \cdots, \varepsilon_n] = [\varepsilon_1, \varepsilon_2, \cdots, \varepsilon_n]\boldsymbol{A}.$$

又设 $\forall \boldsymbol{x}, \boldsymbol{y} \in V, \exists \tilde{\boldsymbol{x}}, \tilde{\boldsymbol{y}} \in \mathbb{C}^n(\mathbb{R}^n)$ 使得 $\boldsymbol{x} = [\varepsilon_1, \varepsilon_2, \cdots, \varepsilon_n]\tilde{\boldsymbol{x}}, \boldsymbol{y} = [\varepsilon_1, \varepsilon_2, \cdots, \varepsilon_n]\tilde{\boldsymbol{y}}$, 则

$$T(\boldsymbol{x}) = [\varepsilon_1, \varepsilon_2, \cdots, \varepsilon_n]\boldsymbol{A}\tilde{\boldsymbol{x}}, \quad T(\boldsymbol{y}) = [\varepsilon_1, \varepsilon_2, \cdots, \varepsilon_n]\boldsymbol{A}\tilde{\boldsymbol{y}}.$$

由于内积在标准正交基下的矩阵为单位阵, 故有

$$(T(\boldsymbol{x}), T(\boldsymbol{y})) = (\boldsymbol{A}\tilde{\boldsymbol{x}})^{\mathrm{H}}\boldsymbol{A}\tilde{\boldsymbol{y}} = \tilde{\boldsymbol{x}}^{\mathrm{H}}\boldsymbol{A}^{\mathrm{H}}\boldsymbol{A}\tilde{\boldsymbol{y}} = \tilde{\boldsymbol{x}}^{\mathrm{H}}\tilde{\boldsymbol{y}} = (\boldsymbol{x}, \boldsymbol{y}),$$

所以 T 是酉变换. □

2.3.2 正交投影

定义 2 设酉 (欧氏) 空间 $V = L \oplus M$ 且 $L \perp M$, T 是 V 的变换, 若 $\forall \boldsymbol{x} \in V, \boldsymbol{x} = \boldsymbol{x}_1 + \boldsymbol{x}_2, \boldsymbol{x}_1 \in L, \boldsymbol{x}_2 \in M$, 有 $T(\boldsymbol{x}) = \boldsymbol{x}_1$, 则称 T 是 V 到 L 的**正交投影**, 记为 P_L.

例 3 设 $\mathbb{R}^2 = L \oplus M$, 其中 $L = \operatorname{span}\left(\begin{bmatrix} 1 \\ 0 \end{bmatrix}\right), M = \operatorname{span}\left(\begin{bmatrix} 0 \\ 1 \end{bmatrix}\right)$, 则 $P_L : \begin{bmatrix} x_1 \\ x_2 \end{bmatrix} \mapsto \begin{bmatrix} x_1 \\ 0 \end{bmatrix}$ 是 $\mathbb{R}^2$ 到 L 的正交投影.

显然正交投影是几何中向量投影概念在酉 (欧氏) 空间的推广.

定理 2 正交投影是幂等 (即满足 $P_L^2(\boldsymbol{x}) = P_L(\boldsymbol{x})$) 的线性变换.

证明 设 P_L 是酉 (欧氏) 空间 V 到 L 的正交投影, $V = L \oplus M$ 且 $L \perp M$. $\forall \boldsymbol{x}, \boldsymbol{y} \in V, \exists \boldsymbol{x}_1, \boldsymbol{y}_1 \in L, \boldsymbol{x}_2, \boldsymbol{y}_2 \in M$ 使得 $\boldsymbol{x} = \boldsymbol{x}_1 + \boldsymbol{x}_2, \boldsymbol{y} = \boldsymbol{y}_1 + \boldsymbol{y}_2$, 则

$$\boldsymbol{x} + \boldsymbol{y} = \boldsymbol{x}_1 + \boldsymbol{y}_1 + \boldsymbol{x}_2 + \boldsymbol{y}_2,$$

那么

$$P_L(\boldsymbol{x}) = \boldsymbol{x}_1, \quad P_L(\boldsymbol{y}) = \boldsymbol{y}_1, \quad P_L(\boldsymbol{x} + \boldsymbol{y}) = \boldsymbol{x}_1 + \boldsymbol{y}_1,$$

因此 $P_L(\boldsymbol{x} + \boldsymbol{y}) = P_L(\boldsymbol{x}) + P_L(\boldsymbol{y})$.

又 $\forall \lambda \in \mathbb{C}(\mathbb{R})$, 有 $\lambda\boldsymbol{x} = \lambda\boldsymbol{x}_1 + \lambda\boldsymbol{x}_2$, 故 $P_L(\lambda\boldsymbol{x}) = \lambda P_L(\boldsymbol{x})$. 所以 P_L 是线性变换.

此外, 由于 $P_L(\boldsymbol{x}) = \boldsymbol{x}_1 = \boldsymbol{x}_1 + \boldsymbol{0}$, 所以 $P_L^2(\boldsymbol{x}) = P_L[P_L(\boldsymbol{x})] = P_L(\boldsymbol{x}_1) = \boldsymbol{x}_1 = P_L(\boldsymbol{x})$. 由 $\boldsymbol{x}$ 的任意性知 P_L 是幂等的. □

一般地, 由于 $\forall \boldsymbol{x} \in L$, 有 $P_L(\boldsymbol{x}) = \boldsymbol{x}$; $\forall \boldsymbol{y} \in M$, 有 $P_L(\boldsymbol{y}) = 0$, 因此 $R(P_L) = L, N(P_L) = M$.

定理 3 设 P_L 是酉空间 $\mathbb{C}^n$ 到 L 正交投影, $\boldsymbol{u}_1, \boldsymbol{u}_2, \cdots, \boldsymbol{u}_r$ 是 L 的标准正交基, $\boldsymbol{u}_1, \boldsymbol{u}_2, \cdots, \boldsymbol{u}_r, \boldsymbol{u}_{r+1}, \cdots, \boldsymbol{u}_n$ 是 $\mathbb{C}^n$ 的标准正交基, 记 $\boldsymbol{U}_1 = [\boldsymbol{u}_1, \boldsymbol{u}_2, \cdots, \boldsymbol{u}_r]$, 则正交投影为 $P_L : P_L(\boldsymbol{x}) = \boldsymbol{U}_1 \boldsymbol{U}_1^{\mathrm{H}} \boldsymbol{x}$.

证明略.

例 4 在 $\mathbb{R}^2$ 中, 令 $L = L\left(\begin{bmatrix} 2 \\ 1 \end{bmatrix}\right)$.

(1) 求 $\mathbb{R}^2$ 到 L 的正交投影矩阵 $\boldsymbol{P}$;　　(2) 求 $\boldsymbol{\alpha} = \begin{bmatrix} 1 \\ 1 \end{bmatrix}$ 的正交投影.

解 (1) 因为 L 的标准正交基是 $\begin{bmatrix} \dfrac{2}{\sqrt{5}} & \dfrac{1}{\sqrt{5}} \end{bmatrix}^{\mathrm{T}}$, 由定理 3, 正交投影矩阵 $\boldsymbol{P}$ 为

$$\boldsymbol{P} = \begin{bmatrix} \dfrac{2}{\sqrt{5}} \\ \dfrac{1}{\sqrt{5}} \end{bmatrix} \begin{bmatrix} \dfrac{2}{\sqrt{5}} & \dfrac{1}{\sqrt{5}} \end{bmatrix} = \begin{bmatrix} \dfrac{4}{5} & \dfrac{2}{5} \\ \dfrac{2}{5} & \dfrac{1}{5} \end{bmatrix}.$$

(2) $\boldsymbol{\alpha}$ 的正交投影为 $\boldsymbol{P}_L(\boldsymbol{\alpha}) = \boldsymbol{P}\boldsymbol{\alpha} = \begin{bmatrix} \dfrac{4}{5} & \dfrac{2}{5} \\ \dfrac{2}{5} & \dfrac{1}{5} \end{bmatrix} \begin{bmatrix} 1 \\ 1 \end{bmatrix} = \begin{bmatrix} \dfrac{6}{5} \\ \dfrac{3}{5} \end{bmatrix}$.

定理 4 n 阶矩阵 $\boldsymbol{P}$ 为酉空间 $\mathbb{C}^n$ 正交投影矩阵的充分必要条件是 $\boldsymbol{P} = \boldsymbol{P}^{\mathrm{H}} = \boldsymbol{P}^2$.

证明略.

习　题　2

1. 判断下列所定义的变换, 哪些是线性变换, 哪些不是?

(1) 在线性空间 V 中, $T(\boldsymbol{\xi}) = \boldsymbol{\xi} + \boldsymbol{\alpha}$, 其中 $\boldsymbol{\alpha} \in V$ 是一固定向量;

(2) 把复数域看作复数域上的线性空间, $T(\boldsymbol{\xi}) = \bar{\boldsymbol{\xi}}$;

(3) 在 $\mathbb{R}^3$ 中, $T(x_1, x_2, x_3) = (x_1^2, x_2 + x_3, x_3^2)$;

(4) 在 $\mathbb{R}^3$ 中, $T(x_1, x_2, x_3) = (2x_1 - x_2, x_2 + x_3, x_1)$;

(5) 在 $\mathbb{R}^{n \times n}$ 中, $T(\boldsymbol{Z}) = \boldsymbol{BZC}$, 其中 $\boldsymbol{B}, \boldsymbol{C} \in \mathbb{C}^{n \times n}$ 是两个固定的矩阵;

(6) 在 $P[x]$ 中, $T[p(x)] = p(x+1)$;

(7) 在 $P[x]$ 中, $T[p(x)] = p(x_0)$, 其中 $x_0 \in \mathbb{R}$ 是一个固定的数.

2. 由六个函数 $\xi_1 = e^{ax}\cos bx, \xi_2 = e^{ax}\sin bx$, $\xi_3 = xe^{ax}\cos bx$, $\xi_4 = xe^{ax}\sin bx$, $\xi_5 = \frac{1}{2}x^2e^{ax}\cos bx, \xi_6 = \frac{1}{2}x^2e^{ax}\sin bx$ 的所有实系数线性组合构成实数域上一个六维空间, 求微分变换 D 在基 $\xi_1, \xi_2, \cdots, \xi_6$ 下的矩阵.

3. 已知 $\mathbb{R}^3$ 中线性变换 T 在基 $\boldsymbol{\eta}_1 = [-1,1,1]^{\mathrm{T}}, \boldsymbol{\eta}_2 = [1,0,-1]^{\mathrm{T}}, \boldsymbol{\eta}_3 = [0,1,1]^{\mathrm{T}}$ 下的矩阵为 $\begin{bmatrix} 1 & 0 & 1 \\ 1 & 1 & 0 \\ -1 & 2 & 1 \end{bmatrix}$, 求在基 $\boldsymbol{\varepsilon}_1 = [1,0,0]^{\mathrm{T}}, \boldsymbol{\varepsilon}_2 = [0,1,0]^{\mathrm{T}}, \boldsymbol{\varepsilon}_3 = [0,0,1]^{\mathrm{T}}$ 下的矩阵.

4. 在 $\mathbb{R}^3$ 中, 线性变换 T 定义如下: $\begin{cases} T(\boldsymbol{\eta}_1) = [-5,0,3]^{\mathrm{T}}, \\ T(\boldsymbol{\eta}_2) = [0,-1,6]^{\mathrm{T}}, \\ T(\boldsymbol{\eta}_3) = [-5,-1,9]^{\mathrm{T}}, \end{cases}$ 其中 $\begin{cases} \boldsymbol{\eta}_1 = [-1,0,2]^{\mathrm{T}}, \\ \boldsymbol{\eta}_2 = [0,1,1]^{\mathrm{T}}, \\ \boldsymbol{\eta}_3 = [3,-1,0]^{\mathrm{T}}. \end{cases}$

求 T 在基 $\boldsymbol{\varepsilon}_1 = (1,0,0)^{\mathrm{T}}, \boldsymbol{\varepsilon}_2 = (0,1,0)^{\mathrm{T}}, \boldsymbol{\varepsilon}_3 = (0,0,1)^{\mathrm{T}}$ 下的矩阵.

5. T 是数域 P 上的 n 维线性空间 V 的一个线性变换, 证明: 如果 T 在任意一组基下的矩阵都相同, 则 T 是数乘变换.

6. 已知多项式空间 $P_2[t]$ 的一个基为 $f_1(t) = 1-t$, $f_2(t) = 1+t^2$, $f_3(t) = t+2t^2$, 线性变换 T 满足 $T[f_1(t)] = 2+t^2, T[f_2(t)] = t, T[f_3(t)] = 1+t+t^2$.

(1) 求 T 在已知基 $f_1(t), f_2(t), f_3(t)$ 下的矩阵;

(2) 设 $f(t) = 1+2t+3t^2$, 求 $Tf(t)$.

7. 设 T 线性空间 V 的线性变换, 若存在 $\boldsymbol{x} \in V$, 使得 $T^{m-1}(\boldsymbol{x}) \neq \theta, T^m(\boldsymbol{x}) = \theta$, 记 $W = L\left[\boldsymbol{x}, T(\boldsymbol{x}), T^2(\boldsymbol{x}), \cdots, T^{m-1}(\boldsymbol{x})\right]$, 证明: $\boldsymbol{x}, T(\boldsymbol{x}), T^2(\boldsymbol{x}), \cdots, T^{m-1}(\boldsymbol{x})$ 是 W 的基, 并求 T 在基 $\boldsymbol{x}, T(\boldsymbol{x}), T^2(\boldsymbol{x}), \cdots, T^{m-1}(\boldsymbol{x})$ 下的矩阵.

8. 已知 $\mathbb{R}^{2\times 2}$ 上的两个线性变换为 $T(\boldsymbol{X}) = \boldsymbol{XN}, S(\boldsymbol{X}) = \boldsymbol{MX} (\forall \boldsymbol{X} \in \mathbb{R}^{2\times 2})$, 其中 $\boldsymbol{M} = \begin{bmatrix} 1 & 0 \\ -2 & 0 \end{bmatrix}, \boldsymbol{N} = \begin{bmatrix} 1 & 1 \\ 1 & -1 \end{bmatrix}$, 求线性变换 $T+S$ 在自然基底 $\boldsymbol{E}_{11}, \boldsymbol{E}_{12}, \boldsymbol{E}_{21}, \boldsymbol{E}_{22}$ 下的矩阵.

9. 设 $\mathbb{F}[t]_3$ 是三维多项式空间, $f(t) = x_1 + x_2 t + x_3 t^2 \in \mathbb{F}[t]_3$, 定义线性变换为 $T[f(t)] = (x_2+x_3) + (x_1+x_3)t + (x_1+x_2)t^2$, 试求 $\mathbb{F}[t]_3$ 的一组基, 使得 T 在该组基下的矩阵为对角阵.

10. 设线性变换 T 在线性空间 $\mathbb{R}^3$ 上的基 $\boldsymbol{\alpha}_1, \boldsymbol{\alpha}_2, \boldsymbol{\alpha}_3$ 下的矩阵为 $\boldsymbol{A} = \begin{bmatrix} 1 & 2 & 3 \\ -1 & 0 & 3 \\ 2 & 1 & 5 \end{bmatrix}$.

(1) 求 T 在基 $\boldsymbol{\beta}_1 = \boldsymbol{\alpha}_1, \boldsymbol{\beta}_2 = \boldsymbol{\alpha}_1 + \boldsymbol{\alpha}_2, \boldsymbol{\beta}_3 = \boldsymbol{\alpha}_1 + \boldsymbol{\alpha}_2 + \boldsymbol{\alpha}_3$ 下的矩阵 $\boldsymbol{B}$;

(2) 求 T 的核子空间和值域.

11. 设 $\boldsymbol{A}^2 = \boldsymbol{A}, \boldsymbol{B}^2 = \boldsymbol{B}$, 证明:

(1) $\boldsymbol{A}$ 与 $\boldsymbol{B}$ 有相同的值域 $\Leftrightarrow \boldsymbol{AB} = \boldsymbol{A}, \boldsymbol{BA} = \boldsymbol{B}$;

(2) $\boldsymbol{A}$ 与 $\boldsymbol{B}$ 有相同的核 $\Leftrightarrow \boldsymbol{AB} = \boldsymbol{A}, \boldsymbol{BA} = \boldsymbol{B}$.

12. 设 T 是线性空间 V 上的线性变换. 证明: T 可逆的充要条件是 T 在线性空间 V 基下的矩阵 $\boldsymbol{A}$, 没有等于零的特征值.

13. 设 $\mathbb{F}[x]_{n+1}$ 中的线性变换 $T[f(x)] = xf'(x) - f(x)$.

(1) 求 $N(T)$;

(2) 证明: $\mathbb{F}[x]_{n+1} = R(T) \oplus N(T)$.

14. 设 $\boldsymbol{A}, \boldsymbol{B} \in \mathbb{F}^{n\times n}$, 且 $\boldsymbol{AB} = \boldsymbol{BA}$, 线性变换 $T(\boldsymbol{x}) = \boldsymbol{Bx}, \boldsymbol{x} \in \mathbb{F}^n$, 证明 $\boldsymbol{A}$ 的特征子空间是 T 的不变子空间.

第 3 章　方阵的相似标准形

从前面的章节可知, 在有限维线性空间中, 取定一个基后, 线性变换与矩阵之间存在着一一对应关系. 因此, 利用矩阵来研究线性变换十分方便也十分重要. 本章主要讨论复方阵的对角化问题, 主要把所有的复方阵分成两类:

(1) 第一类, 是可以与一个对角阵相似的复方阵, 这类矩阵我们称为单纯矩阵, 本章的第一部分内容, 就是讨论什么样的矩阵是单纯矩阵, 并且单纯矩阵如何相似于一个对角阵;

(2) 第二类, 复方阵中除了单纯矩阵的其他矩阵, 这些矩阵虽然不能相似于对角阵, 但是能够相似于一个分块对角阵, 3.2 节就是讨论如何把一个矩阵相似于一个分块对角阵, 即相似于 Jordan 标准形.

3.1　单纯矩阵

从映射的角度看, n 阶方阵 $\boldsymbol{A}$ 是 $\mathbb{C}^n \to \mathbb{C}^n$ 的一个特殊的线性映射, 称之为线性变换, 即令 T: $\boldsymbol{x} \mapsto \boldsymbol{Ax}$, 这个变换有可能产生反射、平移、旋转等效果, 使向量朝各个方向移动. 但是通常会有某些特殊的向量, 矩阵 $\boldsymbol{A}$ 对这些向量的作用很简单, 只产生拉伸或压缩, 即 $\boldsymbol{Ax} = \lambda\boldsymbol{x}$, 这就引出了特征值和特征向量的概念. 对于方阵特征值与特征向量的定义以及一些相关的性质, 我们在第 1 章已经简单介绍了一些相关知识, 这里我们给出一些内容上的补充. 在所有的方阵中, 对角矩阵的形式比较简单, 处理起来较方便, 例如, 求解矩阵方程 $\boldsymbol{Ax} = \boldsymbol{b}$ 时, 将矩阵 $\boldsymbol{A}$ 对角化后很容易得到方程的解. 我们把能够相似于对角阵的矩阵称为单纯矩阵, 那么, 满足什么条件的方阵是单纯矩阵呢? 如何把单纯矩阵相似于对角阵? 这是我们本节要讨论的问题.

3.1.1　方阵的特征值与特征向量

定义 1　设 $\boldsymbol{A} \in \mathbb{C}^{n\times n}$, λ_i 为 $\boldsymbol{A}$ 的特征值, 称 $\boldsymbol{A}$ 的特征方程 $|\lambda\boldsymbol{E} - \boldsymbol{A}| = 0$ 中 λ_i 的重根数 m_i 为 λ_i 的代数重复度, 对应的特征子空间 V_{λ_i} 的维数 a_i 为 λ_i 的几何重复度.

注　a_i 为属于特征值 λ_i 的线性无关的特征向量的个数.

定理 1　设 $\boldsymbol{A} \in \mathbb{C}^{n\times n}$, λ_i 为 $\boldsymbol{A}$ 的特征值, 则 λ_i 的几何重复度

$$a_i = n - \operatorname{rank}(\lambda_i \boldsymbol{E}_n - \boldsymbol{A}).$$

证明　由于 $V_{\lambda_i}=\{\boldsymbol{x}\,|\boldsymbol{A}\boldsymbol{x}=\lambda_i\boldsymbol{x},\boldsymbol{x}\in\mathbb{C}^n\}$, 所以

$$a_i=\dim V_{\lambda_i}=\dim\left[N(\lambda_i\boldsymbol{E}_n-\boldsymbol{A})\right]=n-\operatorname{rank}(\lambda_i\boldsymbol{E}_n-\boldsymbol{A}).\qquad\square$$

例 1　设 $\boldsymbol{A}=\begin{bmatrix}1&-1&1\\2&4&-2\\-3&-3&5\end{bmatrix}$, 试求 $\boldsymbol{A}$ 的谱和相异特征值的代数重复度与几何重复度.

解　$|\lambda\boldsymbol{E}-\boldsymbol{A}|=\begin{vmatrix}\lambda-1&1&-1\\-2&\lambda-4&2\\3&3&\lambda-5\end{vmatrix}=(\lambda-2)^2(\lambda-6)$, 故 $\boldsymbol{A}$ 的相异特征值为 $\lambda_1=2,\lambda_2=6$, 且 $m_1=2,m_2=1$, 则矩阵 $\boldsymbol{A}$ 的谱为 $\{2,6\}$.

对应于 $\lambda_1=2$, 解方程组 $(2\boldsymbol{E}-\boldsymbol{A})\boldsymbol{X}=\boldsymbol{0}$, 即

$$\begin{bmatrix}1&1&-1\\-2&-2&2\\3&3&-3\end{bmatrix}\begin{bmatrix}x_1\\x_2\\x_3\end{bmatrix}=\boldsymbol{0},$$

由 $\operatorname{rank}(2\boldsymbol{E}-\boldsymbol{A})=\operatorname{rank}\begin{bmatrix}1&1&-1\\-2&-2&2\\3&3&-3\end{bmatrix}=1$, 所以属于特征值 2 的线性无关的特征向量的个数为 $n-\operatorname{rank}(2\boldsymbol{E}-\boldsymbol{A})=3-1=2$, 即 $a_1=2$.

对应于 $\lambda_2=6$, 解方程组 $(6\boldsymbol{E}-\boldsymbol{A})\boldsymbol{X}=\boldsymbol{0}$, 即

$$\begin{bmatrix}5&1&-1\\-2&2&2\\3&3&1\end{bmatrix}\begin{bmatrix}x_1\\x_2\\x_3\end{bmatrix}=\boldsymbol{0},$$

由 $\operatorname{rank}(6\boldsymbol{E}-\boldsymbol{A})=\operatorname{rank}\begin{bmatrix}5&1&-1\\-2&2&2\\3&3&1\end{bmatrix}=2$, 所以属于特征值 6 的线性无关的特征向量的个数为 $n-\operatorname{rank}(6\boldsymbol{E}-\boldsymbol{A})=3-2=1$, 即 $a_2=1$.

例 2　设 $\boldsymbol{A}=\begin{bmatrix}1+\mathrm{i}&-\mathrm{i}&\mathrm{i}\\-\mathrm{i}&1+\mathrm{i}&\mathrm{i}\\0&0&1+2\mathrm{i}\end{bmatrix}$, 试求 $\boldsymbol{A}$ 的谱和相异特征值的代数重复度与几何重复度.

解 $|\lambda \boldsymbol{E}-\boldsymbol{A}|=\begin{vmatrix}\lambda-1-\mathrm{i} & \mathrm{i} & -\mathrm{i}\\ \mathrm{i} & \lambda-1-\mathrm{i} & -\mathrm{i}\\ 0 & 0 & \lambda-1-2\mathrm{i}\end{vmatrix}=(\lambda-1-2\mathrm{i})^2(\lambda-1)$,

所以 $\boldsymbol{A}$ 的相异特征值为: $\lambda_1=1+2\mathrm{i}$, $m_1=2$; $\lambda_2=1$, $m_2=1$, 则矩阵 $\boldsymbol{A}$ 的谱为 $\{1+2\mathrm{i},1\}$.

对于特征值 $\lambda_1=1+2\mathrm{i}$,

$$a_1=n-\mathrm{rank}(\lambda_1\boldsymbol{E}_n-\boldsymbol{A})=3-\mathrm{rank}\left[(1+2\mathrm{i})\boldsymbol{E}_3-\boldsymbol{A}\right]=3-1=2;$$

对于特征值 $\lambda_2=1$,

$$a_2=n-\mathrm{rank}(\lambda_2\boldsymbol{E}_n-\boldsymbol{A})=3-\mathrm{rank}(\boldsymbol{E}_3-\boldsymbol{A})=3-2=1.$$

定理 2 设 $\boldsymbol{A}\in\mathbb{C}^{n\times n}$, λ_i 为 $\boldsymbol{A}$ 的特征值, 它的代数重复度与几何重复度分别是 m_i 与 a_i, 则 $a_i\leqslant m_i$.

证明 a_i 是 λ_i 的几何重复度, 设 $\boldsymbol{A}$ 对应于 λ_i 有 a_i 个线性无关的特征向量 $\boldsymbol{\varepsilon}_1,\boldsymbol{\varepsilon}_2,\cdots,\boldsymbol{\varepsilon}_{a_i}$, 它们是特征子空间 V_{λ_i} 的一组基, 可将其扩充为 $\mathbb{C}^n$ 的一组基

$$\boldsymbol{\varepsilon}_1,\boldsymbol{\varepsilon}_2,\cdots,\boldsymbol{\varepsilon}_{a_i},\boldsymbol{\varepsilon}_{a_i+1},\cdots,\boldsymbol{\varepsilon}_n.$$

设 $\boldsymbol{P}=[\boldsymbol{\varepsilon}_1,\boldsymbol{\varepsilon}_2,\cdots,\boldsymbol{\varepsilon}_{a_i},\boldsymbol{\varepsilon}_{a_i+1},\cdots,\boldsymbol{\varepsilon}_n]$, 则有

$$\begin{aligned}\boldsymbol{AP}&=\boldsymbol{A}[\boldsymbol{\varepsilon}_1,\boldsymbol{\varepsilon}_2,\cdots,\boldsymbol{\varepsilon}_{a_i},\boldsymbol{\varepsilon}_{a_i+1},\cdots,\boldsymbol{\varepsilon}_n]\\&=[\lambda_i\boldsymbol{\varepsilon}_1,\lambda_i\boldsymbol{\varepsilon}_2,\cdots,\lambda_i\boldsymbol{\varepsilon}_{a_i},\boldsymbol{A\varepsilon}_{a_i+1},\cdots,\boldsymbol{A\varepsilon}_n]\\&=[\boldsymbol{\varepsilon}_1,\boldsymbol{\varepsilon}_2,\cdots,\boldsymbol{\varepsilon}_{a_i},\boldsymbol{\varepsilon}_{a_i+1},\cdots,\boldsymbol{\varepsilon}_n]\begin{bmatrix}\lambda_i & & & & \\ & \lambda_i & & & * \\ & & \ddots & & \\ & & & \lambda_i & \\ & & \boldsymbol{O} & & \boldsymbol{\Delta}\end{bmatrix}=\boldsymbol{PB},\end{aligned}$$

其中 $\boldsymbol{O}$ 表示 $(n-a_i)\times a_i$ 零矩阵, $*\in\mathbb{C}^{a_i\times(n-a_i)}$ 矩阵, $\boldsymbol{\Delta}\in\mathbb{C}^{(n-a_i)\times(n-a_i)}$,

$$\boldsymbol{B}=\begin{bmatrix}\lambda_i & & & & \\ & \lambda_i & & & * \\ & & \ddots & & \\ & & & \lambda_i & \\ & & \boldsymbol{O} & & \boldsymbol{\Delta}\end{bmatrix}.$$

因此有 $\boldsymbol{B}=\boldsymbol{P}^{-1}\boldsymbol{A}\boldsymbol{P}$, 且 $\boldsymbol{P}$ 可逆, 则矩阵 $\boldsymbol{A}$ 与矩阵 $\boldsymbol{B}$ 相似, 所以

$$|\lambda\boldsymbol{E}_n-\boldsymbol{A}|=|\lambda\boldsymbol{E}_n-\boldsymbol{B}|=(\lambda-\lambda_i)^{a_i}\left|\lambda\boldsymbol{E}_{n-a_i}-\boldsymbol{\Delta}\right|.$$

由此可见, λ_i 的几何重复度 a_i 不大于特征多项式 $|\lambda\boldsymbol{E}_n-\boldsymbol{A}|$ 中因子 $(\lambda-\lambda_i)$ 的幂次, 所以 λ_i 的几何重复度 a_i 不大于它的代数重复度 m_i, 即 $a_i\leqslant m_i$. □

3.1.2 单纯矩阵的对角化

在所有的复方阵中, 对角矩阵的形式比较简单, 处理起来较方便, 例如求解矩阵方程 $\boldsymbol{A}\boldsymbol{x}=\boldsymbol{b}$ 时, 将矩阵 $\boldsymbol{A}$ 对角化后很容易得到方程的解.

定义 2 设 $\boldsymbol{A}\in\mathbb{C}^{n\times n}$, 如果矩阵 $\boldsymbol{A}$ 与对角矩阵相似, 则称矩阵 $\boldsymbol{A}$ 为单纯矩阵.

那么, 满足什么条件的方阵是单纯矩阵呢? 如何把单纯矩阵相似于一个对角阵? 这是我们以下要讨论的问题.

定理 3 设$\boldsymbol{A}\in\mathbb{C}^{n\times n}$, 则 $\boldsymbol{A}$ 可对角化的充分必要条件是 $\boldsymbol{A}$ 有 n 个线性无关的特征向量.

证明 必要性: 设 $\boldsymbol{A}$ 可对角化, 则存在可逆矩阵 $\boldsymbol{P}$, 使得

$$\boldsymbol{P}^{-1}\boldsymbol{A}\boldsymbol{P}=\begin{bmatrix}\lambda_1 & & & \\ & \lambda_2 & & \\ & & \ddots & \\ & & & \lambda_n\end{bmatrix},$$

将 $\boldsymbol{P}$ 按列分块得 $\boldsymbol{P}=[\boldsymbol{p}_1,\boldsymbol{p}_2,\cdots,\boldsymbol{p}_n]$, 从而有

$$\boldsymbol{A}\boldsymbol{P}=\boldsymbol{A}[\boldsymbol{p}_1,\boldsymbol{p}_2,\cdots,\boldsymbol{p}_n]=[\boldsymbol{p}_1,\boldsymbol{p}_2,\cdots,\boldsymbol{p}_n]\begin{bmatrix}\lambda_1 & & & \\ & \lambda_2 & & \\ & & \ddots & \\ & & & \lambda_n\end{bmatrix},$$

因此

$$\boldsymbol{A}\boldsymbol{p}_i=\lambda_i\boldsymbol{p}_i\quad(i=1,2,\cdots,n),$$

所以 $\boldsymbol{p}_i$ 是 $\boldsymbol{A}$ 对应于特征值 λ_i 的特征向量, 又由 $\boldsymbol{P}$ 可逆, 所以 $\boldsymbol{p}_1,\boldsymbol{p}_2,\cdots,\boldsymbol{p}_n$ 线性无关, 故 $\boldsymbol{A}$ 有 n 个线性无关的特征向量.

充分性: 设 $\boldsymbol{p}_1,\boldsymbol{p}_2,\cdots,\boldsymbol{p}_n$ 是 $\boldsymbol{A}$ 的 n 个线性无关的特征向量, 它们对应的特征值依次为 $\lambda_1,\lambda_2,\cdots,\lambda_n$, 则有

$$\boldsymbol{A}\boldsymbol{p}_i=\lambda_i\boldsymbol{p}_i\quad(i=1,2,\cdots,n),$$

令 $\boldsymbol{P}=[\boldsymbol{p}_1,\boldsymbol{p}_2,\cdots,\boldsymbol{p}_n]$, 易得 $\boldsymbol{P}$ 是一个可逆矩阵, 且有

$$\begin{aligned}\boldsymbol{AP}=\boldsymbol{A}[\boldsymbol{p}_1,\boldsymbol{p}_2,\cdots,\boldsymbol{p}_n]&=[\lambda_1\boldsymbol{p}_1,\lambda_2\boldsymbol{p}_2,\cdots,\lambda_n\boldsymbol{p}_n]\\&=[\boldsymbol{p}_1,\boldsymbol{p}_2,\cdots,\boldsymbol{p}_n]\begin{bmatrix}\lambda_1&&&\\&\lambda_2&&\\&&\ddots&\\&&&\lambda_n\end{bmatrix},\end{aligned}$$

因此有 $\boldsymbol{AP}=\boldsymbol{P}\begin{bmatrix}\lambda_1&&&\\&\lambda_2&&\\&&\ddots&\\&&&\lambda_n\end{bmatrix}$, 即

$$\boldsymbol{P}^{-1}\boldsymbol{AP}=\begin{bmatrix}\lambda_1&&&\\&\lambda_2&&\\&&\ddots&\\&&&\lambda_n\end{bmatrix},$$

所以, 矩阵 $\boldsymbol{A}$ 相似于一个对角阵, 即 $\boldsymbol{A}$ 可对角化. □

定理 4 设 $\boldsymbol{A}\in\mathbb{C}^{n\times n}$, 则 $\boldsymbol{A}$ 可对角化的充分必要条件是 $\boldsymbol{A}$ 的每一个特征值的代数重复度等于其几何重复度.

证明 设 $\lambda_1,\lambda_2,\cdots,\lambda_\sigma$ 为 $\boldsymbol{A}$ 的全部相异的特征值, $m_i,a_i\ (i=1,2,\cdots,\sigma)$ 分别为 λ_i 的代数重复度和几何重复度.

充分性: 因为 $\sum\limits_{i=1}^{\sigma}m_i=n,a_i=m_i$, 所以, $\boldsymbol{A}$ 有 n 个线性无关的特征向量, 由定理 3 知, $\boldsymbol{A}$ 可对角化.

必要性: 设 $\boldsymbol{A}$ 与 $\operatorname{diag}[\lambda_1,\lambda_2,\cdots,\lambda_n]$ 相似, 则 $\lambda_1,\lambda_2,\cdots,\lambda_n$ 是 $\boldsymbol{A}$ 的特征值, 设

$$\boldsymbol{A}=\boldsymbol{P}\operatorname{diag}[\lambda_1,\cdots,\lambda_1,\lambda_2,\cdots,\lambda_2,\cdots,\lambda_\sigma,\cdots,\lambda_\sigma]\,\boldsymbol{P}^{-1},$$

λ_i 的代数重复度为 $m_i(i=1,2,\cdots,\sigma)$, 所以 $\boldsymbol{A}$ 对应于 λ_i 至少有 m_i 个线性无关的特征向量, 即 $a_i\geqslant m_i$, 而由定理 2 知 $a_i\leqslant m_i$, 所以有 $a_i=m_i$. □

推论 设 $\boldsymbol{A}\in\mathbb{C}^{n\times n}$, 若 $\boldsymbol{A}$ 有 n 个互异的特征值, 则 $\boldsymbol{A}$ 为单纯矩阵.

例 3 判断下列矩阵是否可对角化, 如果可对角化, 求出相似变换矩阵 $\boldsymbol{P}$.

$$\text{(1) } \boldsymbol{A}=\begin{bmatrix}-1&0&2\\1&2&-1\\1&3&0\end{bmatrix};\qquad \text{(2) } \boldsymbol{A}=\begin{bmatrix}2+\mathrm{i}&0&2-2\mathrm{i}\\-1+\mathrm{i}&3\mathrm{i}&-1+\mathrm{i}\\1-\mathrm{i}&0&1+2\mathrm{i}\end{bmatrix}.$$

解　(1) 由

$$|\lambda\boldsymbol{E}-\boldsymbol{A}|=\begin{vmatrix}\lambda+1&0&-2\\-1&\lambda-2&1\\-1&-3&\lambda\end{vmatrix}=(\lambda+1)(\lambda-1)^2$$

得 $\boldsymbol{A}$ 的特征值为 $\lambda_1=-1,\lambda_2=1$ (二重根).

当 $\lambda_1=-1$ 时, $m_1=1,a_1=1$;

当 $\lambda_2=1$ 时, $m_2=2$, 由 $\lambda_2\boldsymbol{E}-\boldsymbol{A}=\begin{bmatrix}2&0&-2\\-1&-1&1\\-1&-3&1\end{bmatrix}$ 可知: $\mathrm{rank}(\lambda_2\boldsymbol{E}-\boldsymbol{A})=2$, 所以 $a_2=3-2=1$.

从而 $\boldsymbol{A}$ 的属于特征值 $\lambda_2=1$ 的代数重复度和几何重复度不相等, 即 $m_2\neq a_2$, 所以 $\boldsymbol{A}$ 不可对角化.

(2) 由

$$|\lambda\boldsymbol{E}-\boldsymbol{A}|=\begin{vmatrix}\lambda-2-\mathrm{i}&0&2\mathrm{i}-2\\1-\mathrm{i}&\lambda-3\mathrm{i}&1-\mathrm{i}\\\mathrm{i}-1&0&\lambda-1-2\mathrm{i}\end{vmatrix}=(\lambda-3\mathrm{i})^2(\lambda-3),$$

故 $\boldsymbol{A}$ 的特征值为 $\lambda_1=3\mathrm{i},\lambda_2=3$, 所以, $m_1=2,m_2=1$.

对应于 $\lambda_1=3\mathrm{i}$, 解方程组 $\begin{bmatrix}-2+2\mathrm{i}&0&-2+2\mathrm{i}\\1-\mathrm{i}&0&1-\mathrm{i}\\-1+\mathrm{i}&0&-1+\mathrm{i}\end{bmatrix}\begin{bmatrix}x_1\\x_2\\x_3\end{bmatrix}=\boldsymbol{0}$, 求出特征子空间 $V_2=L\{[0,1,0]^{\mathrm{T}},[-1,0,1]^{\mathrm{T}}\}$, 得到 $a_1=2$.

对应于 $\lambda_2=3$, 解方程组 $\begin{bmatrix}1-\mathrm{i}&0&-2+2\mathrm{i}\\1-\mathrm{i}&3-3\mathrm{i}&1-\mathrm{i}\\-1+\mathrm{i}&0&2-2\mathrm{i}\end{bmatrix}\begin{bmatrix}x_1\\x_2\\x_3\end{bmatrix}=\boldsymbol{0}$, 求出特征子空间 $V_6=L\{[2,-1,1]^{\mathrm{T}}\}$, 得到 $a_2=1$.

所以 $\boldsymbol{A}$ 可对角化, 令相似变换矩阵为 $\boldsymbol{P}=\begin{bmatrix}0&-1&2\\1&0&-1\\0&1&1\end{bmatrix}$, 则可得到

$$\boldsymbol{P}^{-1}\boldsymbol{A}\boldsymbol{P}=\begin{bmatrix}3\mathrm{i}&0&0\\0&3\mathrm{i}&0\\0&0&3\end{bmatrix}.$$

定理 5 设 $\boldsymbol{A}\in\mathbb{C}^{n\times n}$, $\boldsymbol{B}\in\mathbb{C}^{m\times m}$, 且 $\boldsymbol{C}=\begin{bmatrix}\boldsymbol{A}&\boldsymbol{O}_{n\times m}\\\boldsymbol{O}_{m\times n}&\boldsymbol{B}\end{bmatrix}$, 则 $\boldsymbol{C}$ 为单纯矩阵的充分必要条件是 $\boldsymbol{A}$, $\boldsymbol{B}$ 均为单纯矩阵.

证明 充分性: 若 $\boldsymbol{A}$, $\boldsymbol{B}$ 均为单纯矩阵, 则存在 $\boldsymbol{P}_1\in\mathbb{C}_n^{n\times n}, \boldsymbol{P}_2\in\mathbb{C}_m^{m\times m}$, 使得

$$\boldsymbol{P}_1^{-1}\boldsymbol{A}\boldsymbol{P}_1=\begin{bmatrix}\lambda_1&&&\\&\lambda_2&&\\&&\ddots&\\&&&\lambda_n\end{bmatrix}=\boldsymbol{\Lambda}_1,\quad \boldsymbol{P}_2^{-1}\boldsymbol{B}\boldsymbol{P}_2=\begin{bmatrix}\lambda_1'&&&\\&\lambda_2'&&\\&&\ddots&\\&&&\lambda_m'\end{bmatrix}=\boldsymbol{\Lambda}_2,$$

其中 $\lambda_1,\lambda_2,\cdots,\lambda_n$ 为矩阵 $\boldsymbol{A}$ 的特征值, $\lambda_1',\lambda_2',\cdots,\lambda_m'$ 为矩阵 $\boldsymbol{B}$ 的特征值.

令 $\boldsymbol{P}=\begin{bmatrix}\boldsymbol{P}_1&\boldsymbol{O}_{n\times m}\\\boldsymbol{O}_{m\times n}&\boldsymbol{P}_2\end{bmatrix}$, 则

$$\begin{aligned}\boldsymbol{P}^{-1}\boldsymbol{C}\boldsymbol{P}&=\begin{bmatrix}\boldsymbol{P}_1^{-1}&\boldsymbol{O}_{n\times m}\\\boldsymbol{O}_{m\times n}&\boldsymbol{P}_2^{-1}\end{bmatrix}\begin{bmatrix}\boldsymbol{A}&\boldsymbol{O}_{n\times m}\\\boldsymbol{O}_{m\times n}&\boldsymbol{B}\end{bmatrix}\begin{bmatrix}\boldsymbol{P}_1&\boldsymbol{O}_{n\times m}\\\boldsymbol{O}_{m\times n}&\boldsymbol{P}_2\end{bmatrix}\\&=\begin{bmatrix}\boldsymbol{P}_1^{-1}\boldsymbol{A}\boldsymbol{P}_1&\boldsymbol{O}_{n\times m}\\\boldsymbol{O}_{m\times n}&\boldsymbol{P}_2^{-1}\boldsymbol{A}\boldsymbol{P}_2\end{bmatrix}\\&=\begin{bmatrix}\boldsymbol{\Lambda}_1&\boldsymbol{O}_{n\times m}\\\boldsymbol{O}_{m\times n}&\boldsymbol{\Lambda}_2\end{bmatrix}=\begin{bmatrix}\lambda_1&&&&&\\&\ddots&&&&\\&&\lambda_n&&&\\&&&\lambda_1'&&\\&&&&\ddots&\\&&&&&\lambda_m'\end{bmatrix}=\boldsymbol{\Lambda}.\end{aligned}$$

必要性: 若 $\boldsymbol{C}$ 为单纯矩阵, 则存在 $\boldsymbol{P}\in\mathbb{C}_{n+m}^{(n+m)\times(n+m)}$, 使得

$$\boldsymbol{P}^{-1}\boldsymbol{C}\boldsymbol{P}=\mathrm{diag}[\lambda_1,\lambda_2,\cdots,\lambda_n,\lambda_{n+1},\cdots,\lambda_{n+m}]=\boldsymbol{\Lambda}.$$

令 $\boldsymbol{P}=[\boldsymbol{p}_1,\boldsymbol{p}_2,\cdots,\boldsymbol{p}_n,\boldsymbol{p}_{n+1},\cdots,\boldsymbol{p}_{n+m}]$, 其中 $\boldsymbol{p}_i=\begin{bmatrix}\boldsymbol{\alpha}_i\\ \boldsymbol{\beta}_i\end{bmatrix},\boldsymbol{\alpha}_i\in\mathbb{C}^n,\boldsymbol{\beta}_i\in\mathbb{C}^m(i=1,2,\cdots,n+m)$. 由 $\boldsymbol{C}\boldsymbol{P}=\boldsymbol{P}\mathrm{diag}[\lambda_1,\lambda_2,\cdots,\lambda_n,\lambda_{n+1},\cdots,\lambda_{n+m}]$ 得

$$\begin{aligned}&\boldsymbol{C}[\boldsymbol{p}_1,\boldsymbol{p}_2,\cdots,\boldsymbol{p}_n,\boldsymbol{p}_{n+1},\cdots,\boldsymbol{p}_{n+m}]\\ =&[\boldsymbol{p}_1,\boldsymbol{p}_2,\cdots,\boldsymbol{p}_n,\boldsymbol{p}_{n+1},\cdots,\boldsymbol{p}_{n+m}]\begin{bmatrix}\lambda_1&&&\\&\lambda_2&&\\&&\ddots&\\&&&\lambda_{n+m}\end{bmatrix}\\ =&[\lambda_1\boldsymbol{p}_1,\lambda_2\boldsymbol{p}_2,\cdots,\lambda_n\boldsymbol{p}_n,\lambda_{n+1}\boldsymbol{p}_{n+1},\cdots,\lambda_{n+m}\boldsymbol{p}_{n+m}],\end{aligned}$$

比较上式的两端, 则有 $\boldsymbol{C}\boldsymbol{p}_i=\lambda_i\boldsymbol{p}_i(i=1,2,\cdots,n+m)$, 即

$$\begin{bmatrix}\boldsymbol{A}&\boldsymbol{O}_{n\times m}\\ \boldsymbol{O}_{m\times n}&\boldsymbol{B}\end{bmatrix}\begin{bmatrix}\boldsymbol{\alpha}_i\\ \boldsymbol{\beta}_i\end{bmatrix}=\lambda_i\begin{bmatrix}\boldsymbol{\alpha}_i\\ \boldsymbol{\beta}_i\end{bmatrix}\quad(i=1,2,\cdots,n+m),$$

比较上式的两端可以得到

$$\boldsymbol{A}\boldsymbol{\alpha}_i=\lambda_i\boldsymbol{\alpha}_i,\quad \boldsymbol{B}\boldsymbol{\beta}_i=\lambda_i\boldsymbol{\beta}_i\quad(i=1,2,\cdots,n+m),$$

由此说明 $\boldsymbol{\alpha}_i,\boldsymbol{\beta}_i$ 分别是 $\boldsymbol{A},\boldsymbol{B}$ 的对应于特征值 λ_i 的特征向量.

下面证明在 $n+m$ 个 $\boldsymbol{\alpha}_i$ 和 $\boldsymbol{\beta}_i$ 中, 分别有 n 个 $\boldsymbol{\alpha}_i$ 和 m 个 $\boldsymbol{\beta}_i$ 线性无关. 由于

$$\begin{aligned}\boldsymbol{P}&=[\boldsymbol{p}_1,\boldsymbol{p}_2,\cdots,\boldsymbol{p}_n,\boldsymbol{p}_{n+1},\cdots,\boldsymbol{p}_{n+m}]\\ &=\begin{bmatrix}\boldsymbol{\alpha}_1&\boldsymbol{\alpha}_2&\cdots&\boldsymbol{\alpha}_n&\cdots&\boldsymbol{\alpha}_{n+m}\\ \boldsymbol{\beta}_1&\boldsymbol{\beta}_2&\cdots&\boldsymbol{\beta}_n&\cdots&\boldsymbol{\beta}_{n+m}\end{bmatrix}\in\mathbb{C}_{n+m}^{(n+m)\times(n+m)},\end{aligned}$$

即 $\mathrm{rank}\boldsymbol{P}=n+m$, 则 $\boldsymbol{P}$ 的 $n+m$ 个行向量线性无关, 所以 $\boldsymbol{P}$ 的前 n 行 $\boldsymbol{\alpha}_1,\cdots,\boldsymbol{\alpha}_n,\cdots,\boldsymbol{\alpha}_{n+m}$ 也是线性无关的, 即 $\mathrm{rank}\,[\boldsymbol{\alpha}_1,\cdots,\boldsymbol{\alpha}_n,\cdots,\boldsymbol{\alpha}_{n+m}]=n$, 同理可得 $\mathrm{rank}\,[\boldsymbol{\beta}_1,\cdots,\boldsymbol{\beta}_n,\cdots,\boldsymbol{\beta}_{n+m}]=m$. 所以, 在 $n+m$ 个 $\boldsymbol{\alpha}_i$ 和 $\boldsymbol{\beta}_i$ 中, 分别有 n 个 $\boldsymbol{\alpha}_i$ 和 m 个 $\boldsymbol{\beta}_i$ 线性无关. □

此定理可以推广到更多个可对角化矩阵的同时对角化问题.

矩阵 $\boldsymbol{A}$ 相似对角化的步骤:

(1) 求出 $|\lambda\boldsymbol{E}-\boldsymbol{A}|=0$ 的全部根, 即得到 $\boldsymbol{A}$ 的全部特征值;

(2) 对每一个不同的特征值 λ_i(代数重复度为 m_i), 求出 $(\lambda_i\boldsymbol{E}-\boldsymbol{A})\boldsymbol{x}=\boldsymbol{0}$ 的基础解系, 即 λ_i 对应的个数最多的线性无关的特征向量;

(3) 将所有不同的特征值对应的线性无关的特征向量合在一起, 一共有 n 个线性无关的特征向量 $\boldsymbol{\alpha}_1,\boldsymbol{\alpha}_2,\cdots,\boldsymbol{\alpha}_n$. 令 $\boldsymbol{P}=[\boldsymbol{\alpha}_1,\boldsymbol{\alpha}_2,\cdots,\boldsymbol{\alpha}_n]$, 则有

$$\boldsymbol{P}^{-1}\boldsymbol{A}\boldsymbol{P}=\begin{bmatrix}\lambda_1 & & & \\ & \lambda_2 & & \\ & & \ddots & \\ & & & \lambda_n\end{bmatrix}.$$

3.1.3 正规矩阵及其对角化

第 1 章我们已经给出的正规矩阵的定义, 不难看出正交矩阵、酉矩阵、对角矩阵都是正规矩阵. 下面我们讨论正规矩阵的对角化问题.

定义 3 设 $\boldsymbol{A},\boldsymbol{B}\in\mathbb{C}^{n\times n}$, 若存在酉矩阵 $\boldsymbol{U}\in\mathrm{U}^{n\times n}$, 使得

$$\boldsymbol{U}^{\mathrm{H}}\boldsymbol{A}\boldsymbol{U}=\boldsymbol{U}^{-1}\boldsymbol{A}\boldsymbol{U}=\boldsymbol{B},$$

则称矩阵 $\boldsymbol{A}$ 与矩阵 $\boldsymbol{B}$ 酉相似.

同理, 设 $\boldsymbol{A},\boldsymbol{B}\in\mathbb{R}^{n\times n}$, 若存在正交矩阵 $\boldsymbol{P}$, 使得

$$\boldsymbol{P}^{\mathrm{T}}\boldsymbol{A}\boldsymbol{P}=\boldsymbol{P}^{-1}\boldsymbol{A}\boldsymbol{P}=\boldsymbol{B},$$

则称矩阵 $\boldsymbol{A}$ 与矩阵 $\boldsymbol{B}$ 正交相似.

引理 1 (Schur 引理) 设 $\lambda_1,\lambda_2,\cdots,\lambda_n$ 是 n 阶方阵 $\boldsymbol{A}$ 的特征值, 则存在酉矩阵 $\boldsymbol{U}\in\mathrm{U}^{n\times n}$, 使得

$$\boldsymbol{U}^{\mathrm{H}}\boldsymbol{A}\boldsymbol{U}=\begin{bmatrix}\lambda_1 & & & * \\ & \lambda_2 & & \\ & & \ddots & \\ \boldsymbol{O} & & & \lambda_n\end{bmatrix}.$$

证明 (数学归纳法) 当 $\boldsymbol{A}$ 的阶数为 1 时定理显然成立.

假设 $\boldsymbol{A}$ 的阶数为 $n-1$ 时定理成立, 考虑 $\boldsymbol{A}$ 的阶数为 n 时的情况.

设 $\boldsymbol{x}_1$ 是 $\boldsymbol{A}$ 的对应于特征值 λ_1 的特征向量, 即 $\boldsymbol{A}\boldsymbol{x}_1=\lambda_1\boldsymbol{x}_1$, 令 $\boldsymbol{u}_1=\dfrac{\boldsymbol{x}_1}{\|\boldsymbol{x}_1\|}$, 并将其扩充为一组标准正交向量 $\boldsymbol{u}_1,\boldsymbol{u}_2,\cdots,\boldsymbol{u}_n$, 显然

$$\boldsymbol{u}_i^{\mathrm{H}}\boldsymbol{u}_j=\begin{cases}0, & i\neq j,\\ 1, & i=j.\end{cases}$$

令 $\boldsymbol{U}_1=[\boldsymbol{u}_1,\boldsymbol{u}_2,\cdots,\boldsymbol{u}_n]$, 则 $\boldsymbol{U}_1$ 为酉矩阵, 且

$$\boldsymbol{A}\boldsymbol{U}_1=[\boldsymbol{A}\boldsymbol{u}_1,\boldsymbol{A}\boldsymbol{u}_2,\cdots,\boldsymbol{A}\boldsymbol{u}_n]=[\lambda_1\boldsymbol{u}_1,\boldsymbol{A}\boldsymbol{u}_2,\cdots,\boldsymbol{A}\boldsymbol{u}_n],$$

设 $\boldsymbol{A}\boldsymbol{u}_i=\sum\limits_{j=1}^{n}b_{ij}\boldsymbol{u}_j(i=2,3,\cdots,n)$. 因此

$$\boldsymbol{A}\boldsymbol{U}_1=[\boldsymbol{u}_1,\boldsymbol{u}_2,\cdots,\boldsymbol{u}_n]\begin{bmatrix}\lambda_1 & b_{21} & b_{31} & \cdots & b_{n1}\\ 0 & & & & \\ \vdots & & & \boldsymbol{A}_1 & \\ 0 & & & & \end{bmatrix},$$

其中 $\boldsymbol{A}_1$ 是 $n-1$ 阶矩阵, 根据归纳假设, 存在 $n-1$ 阶酉矩阵 $\boldsymbol{W}$ 满足 $\boldsymbol{W}^{\mathrm{H}}\boldsymbol{A}_1\boldsymbol{W}=\boldsymbol{R}_1$, 其中 $\boldsymbol{R}_1$ 为上三角矩阵, 且对角线上的元素为矩阵 $\boldsymbol{A}_1$ 的特征值, 而 $\boldsymbol{A}_1$ 的特征值即为矩阵 $\boldsymbol{A}$ 的特征值, 所以 $\boldsymbol{R}_1$ 对角线上的元素为矩阵 $\boldsymbol{A}$ 的特征值. 令 $\boldsymbol{U}_2=\begin{bmatrix}1 & \\ & \boldsymbol{W}\end{bmatrix}\in\mathrm{U}^{n\times n}$, 则有

$$\boldsymbol{U}_2^{\mathrm{H}}\boldsymbol{U}_1^{\mathrm{H}}\boldsymbol{A}\boldsymbol{U}_1\boldsymbol{U}_2=\begin{bmatrix}\lambda_1 & & & *\\ & \lambda_2 & & \\ & & \ddots & \\ \boldsymbol{O} & & & \lambda_n\end{bmatrix},$$

取 $\boldsymbol{U}=\boldsymbol{U}_1\boldsymbol{U}_2$, 所以有

$$\boldsymbol{U}^{\mathrm{H}}\boldsymbol{A}\boldsymbol{U}=\begin{bmatrix}\lambda_1 & & & *\\ & \lambda_2 & & \\ & & \ddots & \\ \boldsymbol{O} & & & \lambda_n\end{bmatrix},$$

即矩阵 $\boldsymbol{A}$ 酉相似于一个上三角矩阵, 又由于相似的矩阵具有相同的特征值, 即 $\lambda_i(i=1,2,\cdots,n)$ 为矩阵 $\boldsymbol{A}$ 的特征值. 所以结论成立. □

定理 6 设 $\boldsymbol{A} \in \mathbb{C}^{n\times n}$, 则 $\boldsymbol{A}$ 为正规矩阵的充分必要条件是 $\boldsymbol{A}$ 酉相似于对角阵, 即存在 $\boldsymbol{U} \in \mathrm{U}^{n\times n}$, 使得 $\boldsymbol{A} = \boldsymbol{U\Lambda U}^{\mathrm{H}}$. 其中 $\boldsymbol{\Lambda} = \mathrm{diag}\,[\lambda_1, \lambda_2, \cdots, \lambda_n]$, $\lambda_1, \lambda_2, \cdots, \lambda_n$ 为 $\boldsymbol{A}$ 的特征值.

证明 必要性: 由 Schur 引理, 存在酉矩阵 $\boldsymbol{U}$ 使得

$$\boldsymbol{U}^{\mathrm{H}}\boldsymbol{AU} = \begin{bmatrix} \lambda_1 & & & * \\ & \lambda_2 & & \\ & & \ddots & \\ \boldsymbol{O} & & & \lambda_n \end{bmatrix} = \boldsymbol{R},$$

$\boldsymbol{A} = \boldsymbol{URU}^{\mathrm{H}}$, 所以

$$\boldsymbol{AA}^{\mathrm{H}} = \boldsymbol{URU}^{\mathrm{H}}\boldsymbol{UR}^{\mathrm{H}}\boldsymbol{U}^{\mathrm{H}} = \boldsymbol{URR}^{\mathrm{H}}\boldsymbol{U}^{\mathrm{H}},$$

$$\boldsymbol{A}^{\mathrm{H}}\boldsymbol{A} = \boldsymbol{UR}^{\mathrm{H}}\boldsymbol{U}^{\mathrm{H}}\boldsymbol{URU}^{\mathrm{H}} = \boldsymbol{UR}^{\mathrm{H}}\boldsymbol{RU}^{\mathrm{H}},$$

由 $\boldsymbol{A}$ 为正规矩阵, 即 $\boldsymbol{AA}^{\mathrm{H}} = \boldsymbol{A}^{\mathrm{H}}\boldsymbol{A}$, 所以 $\boldsymbol{RR}^{\mathrm{H}} = \boldsymbol{R}^{\mathrm{H}}\boldsymbol{R}$, 即

$$\begin{bmatrix} \lambda_1 & & & * \\ & \lambda_2 & & \\ & & \ddots & \\ \boldsymbol{O} & & & \lambda_n \end{bmatrix}\begin{bmatrix} \bar{\lambda}_1 & & & \boldsymbol{O} \\ & \bar{\lambda}_2 & & \\ & & \ddots & \\ \bar{*} & & & \bar{\lambda}_n \end{bmatrix} = \begin{bmatrix} \bar{\lambda}_1 & & \boldsymbol{O} \\ & \overline{\lambda_2} & \\ \bar{*} & & \bar{\lambda}_n \end{bmatrix}\begin{bmatrix} \lambda_1 & & & * \\ & \lambda_2 & & \\ & & \ddots & \\ \boldsymbol{O} & & & \lambda_n \end{bmatrix},$$

比较等式两端, 即可得出

$$\boldsymbol{R} = \boldsymbol{\Lambda} = \mathrm{diag}\,[\lambda_1, \lambda_2, \cdots, \lambda_n]\,.$$

充分性: 由 $\boldsymbol{A} = \boldsymbol{U\Lambda U}^{\mathrm{H}}$ 可知

$$\boldsymbol{AA}^{\mathrm{H}} = \boldsymbol{U\Lambda U}^{\mathrm{H}}\boldsymbol{U\Lambda}^{\mathrm{H}}\boldsymbol{U}^{\mathrm{H}} = \boldsymbol{U\Lambda\Lambda}^{\mathrm{H}}\boldsymbol{U}^{\mathrm{H}} = \boldsymbol{U\Lambda}^{\mathrm{H}}\boldsymbol{U}^{\mathrm{H}}\boldsymbol{U\Lambda U}^{\mathrm{H}} = \boldsymbol{A}^{\mathrm{H}}\boldsymbol{A},$$

所以 $\boldsymbol{A}$ 为正规矩阵. □

定理 7 若 $\boldsymbol{A}$ 为正规矩阵, 则

(1) $\boldsymbol{A}$ 是单纯矩阵;

(2) $\boldsymbol{A}$ 属于不同特征值的特征子空间正交;

(3) $\boldsymbol{A}$ 为酉矩阵的充要条件是 $\boldsymbol{A}$ 的特征值的模为 1, 即 $|\lambda(\boldsymbol{A})| = 1$.

证明 (1), (2) 由定理 6 显然.

(3) 因为 $\boldsymbol{A}$ 为正规矩阵, 由定理 6, 存在 $\boldsymbol{U} \in \mathrm{U}^{n\times n}$, 使得

$$\boldsymbol{A} = \boldsymbol{U}\mathrm{diag}\,[\lambda_1, \lambda_2, \cdots, \lambda_n]\,\boldsymbol{U}^{\mathrm{H}}.$$

必要性: 若 $\boldsymbol{A}$ 为酉矩阵, 则 $\boldsymbol{A}\boldsymbol{A}^{\mathrm{H}}=\boldsymbol{E}$, 则

$$\begin{aligned}\boldsymbol{A}\boldsymbol{A}^{\mathrm{H}}&=\boldsymbol{U}\mathrm{diag}\left[\lambda_1,\lambda_2,\cdots,\lambda_n\right]\boldsymbol{U}^{\mathrm{H}}\boldsymbol{U}\mathrm{diag}\left[\bar{\lambda}_1,\bar{\lambda}_2,\cdots,\bar{\lambda}_n\right]\boldsymbol{U}^{\mathrm{H}}\\&=\boldsymbol{U}\mathrm{diag}\left[\lambda_1\bar{\lambda}_1,\lambda_2\bar{\lambda}_2,\cdots,\lambda_n\bar{\lambda}_n\right]\boldsymbol{U}^{\mathrm{H}}=\boldsymbol{E},\end{aligned}$$

所以 $\lambda_i\bar{\lambda}_i=1\Rightarrow|\lambda_i|=1,i=1,2,\cdots,n$;

充分性: 若 $|\lambda_i|=1(i=1,2,\cdots,n)$, 由 $\boldsymbol{A}=\boldsymbol{U}\mathrm{diag}\left[\lambda_1,\lambda_2,\cdots,\lambda_n\right]\boldsymbol{U}^{\mathrm{H}}$, 可得

$$\begin{aligned}\boldsymbol{A}\boldsymbol{A}^{\mathrm{H}}&=\boldsymbol{U}\mathrm{diag}\left[\lambda_1,\lambda_2,\cdots,\lambda_n\right]\boldsymbol{U}^{\mathrm{H}}\boldsymbol{U}\mathrm{diag}\left[\bar{\lambda}_1,\bar{\lambda}_2,\cdots,\bar{\lambda}_n\right]\boldsymbol{U}^{\mathrm{H}}\\&=\boldsymbol{U}\mathrm{diag}\left[\lambda_1\bar{\lambda}_1,\lambda_2\bar{\lambda}_2,\cdots,\lambda_n\bar{\lambda}_n\right]\boldsymbol{U}^{\mathrm{H}},\end{aligned}$$

所以 $\boldsymbol{A}\boldsymbol{A}^{\mathrm{H}}=\boldsymbol{E}$, 即 $\boldsymbol{A}$ 为酉矩阵. □

例 4　设 $\boldsymbol{A}=\begin{bmatrix}0&\mathrm{i}&1\\-\mathrm{i}&0&0\\1&0&0\end{bmatrix}$, 验证 $\boldsymbol{A}$ 是否为正规阵, 若是, 试求 $\boldsymbol{U}\in\mathrm{U}^{n\times n}$, 使得 $\boldsymbol{U}^{\mathrm{H}}\boldsymbol{A}\boldsymbol{U}=\boldsymbol{\Lambda}$.

解　由于 $\boldsymbol{A}^{\mathrm{H}}=\boldsymbol{A}$, 所以 $\boldsymbol{A}$ 是正规阵.

由 $|\lambda\boldsymbol{E}-\boldsymbol{A}|=\lambda(\lambda^2-2)$, 求得 $\boldsymbol{A}$ 的特征值为 $\lambda_1=0,\lambda_2=\sqrt{2},\lambda_3=-\sqrt{2}$.

对于特征值 $\lambda_1=0$, 解方程组 $\boldsymbol{A}\boldsymbol{X}=\boldsymbol{0}$, 求得方程的基础解系为 $\boldsymbol{\alpha}_1=\begin{bmatrix}0\\\mathrm{i}\\1\end{bmatrix}$,

将其单位化得到 $\boldsymbol{y}_1=\begin{bmatrix}0\\\dfrac{\mathrm{i}}{\sqrt{2}}\\\dfrac{1}{\sqrt{2}}\end{bmatrix}$;

对于特征值 $\lambda_2=\sqrt{2}$, 解方程组 $\left(\sqrt{2}\boldsymbol{E}-\boldsymbol{A}\right)\boldsymbol{X}=\boldsymbol{0}$, 求得方程的基础解系为

$\boldsymbol{\alpha}_2=\begin{bmatrix}\sqrt{2}\\-\mathrm{i}\\1\end{bmatrix}$, 将其单位化得到 $\boldsymbol{y}_2=\begin{bmatrix}\dfrac{\sqrt{2}}{2}\\-\dfrac{\mathrm{i}}{2}\\\dfrac{1}{2}\end{bmatrix}$;

对于特征值 $\lambda_3=-\sqrt{2}$, 解方程组 $(-\sqrt{2}\boldsymbol{E}-\boldsymbol{A})\boldsymbol{X}=\boldsymbol{0}$, 求得方程的基础解系

为 $\boldsymbol{\alpha}_3=\begin{bmatrix}\sqrt{2}\\ \mathrm{i}\\ -1\end{bmatrix}$, 将其单位化得到 $\boldsymbol{y}_3=\begin{bmatrix}\frac{\sqrt{2}}{2}\\ \frac{\mathrm{i}}{2}\\ -\frac{1}{2}\end{bmatrix}$.

所以 $\boldsymbol{y}_1,\boldsymbol{y}_2,\boldsymbol{y}_3$ 为标准正交向量组, 令

$$\boldsymbol{U}=[\boldsymbol{y}_1,\boldsymbol{y}_2,\boldsymbol{y}_3]=\begin{bmatrix}0 & \frac{\sqrt{2}}{2} & \frac{\sqrt{2}}{2}\\ \frac{\mathrm{i}}{\sqrt{2}} & -\frac{\mathrm{i}}{2} & \frac{\mathrm{i}}{2}\\ \frac{1}{\sqrt{2}} & \frac{1}{2} & -\frac{1}{2}\end{bmatrix},$$

则

$$\boldsymbol{U}^{\mathrm{H}}\boldsymbol{A}\boldsymbol{U}=\begin{bmatrix}0 & & \\ & \sqrt{2} & \\ & & -\sqrt{2}\end{bmatrix}.$$

注 酉相似于对角阵和相似于对角阵有区别, 不能酉对角化的矩阵仍有可能采用其他可逆变换将其对角化.

例如, $\boldsymbol{A}=\begin{bmatrix}1 & 2\\ 0 & 3\end{bmatrix}$, $\boldsymbol{A}^{\mathrm{H}}=\begin{bmatrix}1 & 0\\ 2 & 3\end{bmatrix}$, $\boldsymbol{A}\boldsymbol{A}^{\mathrm{H}}\neq\boldsymbol{A}^{\mathrm{H}}\boldsymbol{A}$, $\boldsymbol{A}$ 不是正规矩阵, 但 $\lambda_1=1,\lambda_2=3$, 两个特征值互异, 可以对角化. 可见, $\boldsymbol{A}$ 可以对角化, 但不能酉对角化.

矩阵 $\boldsymbol{A}$ 酉 (正交) 相似对角化的步骤如下:

(1) 求出 $|\lambda\boldsymbol{E}-\boldsymbol{A}|=0$ 全部根, 得到 $\boldsymbol{A}$ 的谱 (全部特征值);

(2) 对每一个特征值 λ_i(重数为 m_i) 求出 $(\lambda_i\boldsymbol{E}-\boldsymbol{A})\boldsymbol{x}=\boldsymbol{0}$ 的基础解系, 将其正交化;

(3) 将所有的特征值对应的正交化的基础解系合在一起为 $\boldsymbol{\alpha}_1,\boldsymbol{\alpha}_2,\cdots,\boldsymbol{\alpha}_n$;

(4) 将 $\boldsymbol{\alpha}_1,\boldsymbol{\alpha}_2,\cdots,\boldsymbol{\alpha}_n$ 单位化得到 $\boldsymbol{\gamma}_1,\boldsymbol{\gamma}_2,\cdots,\boldsymbol{\gamma}_n$;

(5) 令 $\boldsymbol{U}=[\boldsymbol{\gamma}_1,\boldsymbol{\gamma}_2,\cdots,\boldsymbol{\gamma}_n]$, 则 $\boldsymbol{U}^{\mathrm{H}}\boldsymbol{A}\boldsymbol{U}=\begin{bmatrix}\lambda_1 & & & \\ & \lambda_2 & & \\ & & \ddots & \\ & & & \lambda_n\end{bmatrix}$.

3.2　Hermite 矩阵与 Hermite 二次型

Hermite 矩阵是矩阵中的一种特殊形式, 它在矩阵理论中处于重要的地位, 尤其是在酉空间、酉变换及复系数二次型的应用中起着主导的作用, 在第 1 章中, 我们已经给出 Hermite 矩阵的定义以及一些简单性质, 本节主要介绍 Hermite 矩阵的其他性质、Hermite 二次型, 以及 Hermite 二次型的正定性.

3.2.1　Hermite 矩阵和 Hermite 二次型的概念

定理 1　设 $\boldsymbol{A}$ 是 Hermite 矩阵, 即 $\boldsymbol{A}=\boldsymbol{A}^{\mathrm{H}}\in\mathbb{C}^{n\times n}$, 若 $\operatorname{rank}\boldsymbol{A}=r$, 则 $\boldsymbol{A}$ 与矩阵 $\begin{bmatrix}\boldsymbol{E}_p & & \\ & -\boldsymbol{E}_{r-p} & \\ & & \boldsymbol{O}\end{bmatrix}$ 合同, 其中 $\boldsymbol{E}_p$ 表示 p 阶单位矩阵, p, $r-p$ 分别称为 $\boldsymbol{A}$ 的正惯性指数和负惯性指数.

证明　因为 $\boldsymbol{A}$ 是 Hermite 矩阵, 则 $\boldsymbol{A}$ 酉相似于对角阵, 即存在 $\boldsymbol{U}\in\mathrm{U}^{n\times n}$, 使得

$$\boldsymbol{A}=\boldsymbol{U}\operatorname{diag}[\lambda_1,\lambda_2,\cdots,\lambda_n]\boldsymbol{U}^{\mathrm{H}},$$

不妨设 $\lambda_1,\lambda_2,\cdots,\lambda_r\neq 0$, 其中 $\lambda_1,\lambda_2,\cdots,\lambda_p>0$, $\lambda_{p+1},\cdots,\lambda_r<0$, 于是有

$$\begin{aligned}\boldsymbol{A}&=\boldsymbol{U}\operatorname{diag}[\lambda_1,\lambda_2,\cdots,\lambda_n]\boldsymbol{U}^{\mathrm{H}}\\&=\boldsymbol{U}\begin{bmatrix}\boldsymbol{N}_1 & & \\ & \boldsymbol{N}_2 & \\ & & \boldsymbol{E}_{n-r}\end{bmatrix}\begin{bmatrix}\boldsymbol{E}_p & & \\ & -\boldsymbol{E}_{r-p} & \\ & & \boldsymbol{O}\end{bmatrix}\begin{bmatrix}\boldsymbol{N}_1 & & \\ & \boldsymbol{N}_2 & \\ & & \boldsymbol{E}_{n-r}\end{bmatrix}\boldsymbol{U}^{\mathrm{H}},\end{aligned}$$

其中 $\boldsymbol{N}_1=\begin{bmatrix}\sqrt{\lambda_1} & & \\ & \ddots & \\ & & \sqrt{\lambda_p}\end{bmatrix}$, $\boldsymbol{N}_2=\begin{bmatrix}\sqrt{|\lambda_{p+1}|} & & \\ & \ddots & \\ & & \sqrt{|\lambda_r|}\end{bmatrix}$.

令 $\boldsymbol{V}=\boldsymbol{U}\begin{bmatrix}\boldsymbol{N}_1 & & \\ & \boldsymbol{N}_2 & \\ & & \boldsymbol{E}_{n-r}\end{bmatrix}$, 则 $\boldsymbol{V}\in\mathbb{C}_n^{n\times n}$, 且

$$\boldsymbol{A}=\boldsymbol{V}\begin{bmatrix}\boldsymbol{E}_p & & \\ & -\boldsymbol{E}_{r-p} & \\ & & \boldsymbol{O}\end{bmatrix}\boldsymbol{V}^{\mathrm{H}},$$

即 $\boldsymbol{A}$ 与矩阵 $\begin{bmatrix} \boldsymbol{E}_p & & \\ & -\boldsymbol{E}_{r-p} & \\ & & \boldsymbol{O} \end{bmatrix}$ 合同. □

由定理 1 可知, Hermite 矩阵 $\boldsymbol{A}$ 的正负惯性指数即为 $\boldsymbol{A}$ 的正负特征值的个数, 因此 $\boldsymbol{A}$ 的正负惯性指数是唯一确定的.

定理 2 设 $\boldsymbol{A} \in \mathbb{C}^{n\times n}$, 则 $\boldsymbol{A}$ 是 Hermite 矩阵的充分必要条件是对于任意 $\boldsymbol{x} \in \mathbb{C}^n$, $\boldsymbol{x}^{\mathrm{H}}\boldsymbol{A}\boldsymbol{x}$ 是实数.

证明 必要性: 因为 $\boldsymbol{x}^{\mathrm{H}}\boldsymbol{A}\boldsymbol{x}$ 是数, 所以

$$\overline{(\boldsymbol{x}^{\mathrm{H}}\boldsymbol{A}\boldsymbol{x})} = (\boldsymbol{x}^{\mathrm{H}}\boldsymbol{A}\boldsymbol{x})^{\mathrm{H}} = \boldsymbol{x}^{\mathrm{H}}\boldsymbol{A}^{\mathrm{H}}\boldsymbol{x} = \boldsymbol{x}^{\mathrm{H}}\boldsymbol{A}\boldsymbol{x},$$

因此 $\boldsymbol{x}^{\mathrm{H}}\boldsymbol{A}\boldsymbol{x}$ 是实数.

充分性: 因为 $\boldsymbol{x}^{\mathrm{H}}\boldsymbol{A}\boldsymbol{x}$ 是实数, 所以 $\boldsymbol{x}^{\mathrm{H}}\boldsymbol{A}\boldsymbol{x} = \boldsymbol{x}^{\mathrm{H}}\boldsymbol{A}^{\mathrm{H}}\boldsymbol{x}$, 即 $\boldsymbol{x}^{\mathrm{H}}(\boldsymbol{A}-\boldsymbol{A}^{\mathrm{H}})\boldsymbol{x} = 0$. 设 $\boldsymbol{B} = \boldsymbol{A}-\boldsymbol{A}^{\mathrm{H}} = [b_{ij}]_{n\times n}$, 则有 $\boldsymbol{x}^{\mathrm{H}}\boldsymbol{B}\boldsymbol{x} = 0$, 由 $\boldsymbol{x}$ 的任意性, 分以下几种情况讨论:

(1) 取 $\boldsymbol{x} = \Big[0,\cdots,0,\underset{t}{1},0,\cdots,0\Big]^{\mathrm{T}}$, 则有 $\boldsymbol{x}^{\mathrm{H}}\boldsymbol{B}\boldsymbol{x} = b_{tt} = 0$, $t = 1,2,\cdots,n$;

(2) 取 $\boldsymbol{x} = \Big[0,\cdots,0,\underset{s}{1},0,\cdots,0,\underset{j}{1},0,\cdots,0\Big]^{\mathrm{T}}$, 则有 $\boldsymbol{x}^{\mathrm{H}}\boldsymbol{B}\boldsymbol{x} = b_{ss}+b_{sj}+b_{js}+b_{jj} = 0$, 由 (1) 知, $b_{ss} = b_{jj} = 0$, 于是有 $b_{sj}+b_{js} = 0$;

(3) 取 $\boldsymbol{x} = \Big[0,\cdots,0,\underset{s}{1},0,\cdots,0,\underset{j}{\mathrm{i}},0,\cdots,0\Big]^{\mathrm{T}}$, 则有 $\boldsymbol{x}^{\mathrm{H}}\boldsymbol{B}\boldsymbol{x} = b_{ss}+\mathrm{i}b_{sj}-\mathrm{i}b_{js}+b_{jj} = 0$, 于是有 $b_{sj}-b_{js} = 0$, 联立 $\begin{cases} b_{sj}+b_{js} = 0, \\ b_{sj}-b_{js} = 0, \end{cases}$ 可以得出 $b_{sj} = b_{js} = 0$.

所以 $\boldsymbol{B} = \boldsymbol{A}-\boldsymbol{A}^{\mathrm{H}} = \boldsymbol{O}$, 即 $\boldsymbol{A} = \boldsymbol{A}^{\mathrm{H}}$. □

定义 1 设 $\boldsymbol{x} = [x_1,x_2,\cdots,x_n]^{\mathrm{T}} \in \mathbb{C}^n$, 称 n 元二次齐次函数

$$f(\boldsymbol{x}) = f(x_1,x_2,\cdots,x_n) = \sum_{i=1}^{n}\sum_{j=1}^{n} a_{ij}\overline{x}_i x_j, \tag{3-1}$$

其中 $a_{ij} \in \mathbb{C}$, 且 $a_{ij} = \overline{a}_{ji}(i = 1,2,\cdots,n, j = 1,2,\cdots,n)$, 称式 (3-1) 为 Hermite 二次型.

若记 $\boldsymbol{A}=\begin{bmatrix} a_{11} & a_{12} & \cdots & a_{1n} \\ a_{21} & a_{22} & \cdots & a_{2n} \\ \vdots & \vdots & & \vdots \\ a_{n1} & a_{n2} & \cdots & a_{nn} \end{bmatrix}$, 且 $\boldsymbol{A}=\boldsymbol{A}^{\mathrm{H}}$, 则 Hermite 二次型可改写成

$$f(\boldsymbol{x})=\boldsymbol{x}^{\mathrm{H}}\boldsymbol{A}\boldsymbol{x}, \tag{3-2}$$

其中, 矩阵 $\boldsymbol{A}$ 称为 Hermite 二次型矩阵, 并且称 $\boldsymbol{A}$ 的秩为 Hermite 二次型的秩.

注　(1) $\boldsymbol{A}$ 为 Hermite 矩阵, 即一个 Hermite 二次型与一个 Hermite 矩阵相对应;

(2) Hermite 二次型 $f(\boldsymbol{x})=\boldsymbol{x}^{\mathrm{H}}\boldsymbol{A}\boldsymbol{x}$ 是实数;

(3) 对 Hermite 二次型作可逆线性变换 $\boldsymbol{x}=\boldsymbol{C}\boldsymbol{y}$, 则

$$f(\boldsymbol{x})=\boldsymbol{x}^{\mathrm{H}}\boldsymbol{A}\boldsymbol{x}=\boldsymbol{y}^{\mathrm{H}}\left(\boldsymbol{C}^{\mathrm{H}}\boldsymbol{A}\boldsymbol{C}\right)\boldsymbol{y}=\boldsymbol{y}^{\mathrm{H}}\boldsymbol{B}\boldsymbol{y},$$

其中 $\boldsymbol{B}$ 也是 Hermite 阵, 这样 $f(\boldsymbol{x})$ 就化为关于 $\boldsymbol{y}$ 的 Hermite 二次型;

(4) 任何 Hermite 矩阵均酉相似于对角阵, 所以可将式 (3-2) 的 Hermite 二次型化为只含有平方项的简单形式, 为此有如下定理.

定理 3　对于任何的 Hermite 二次型 $f(\boldsymbol{x})=\boldsymbol{x}^{\mathrm{H}}\boldsymbol{A}\boldsymbol{x}$, 存在酉变换 $\boldsymbol{x}=\boldsymbol{U}\boldsymbol{y}$, 将其化为

$$f(\boldsymbol{x})=\lambda_1\bar{y}_1y_1+\lambda_2\bar{y}_2y_2+\cdots+\lambda_n\bar{y}_ny_n, \tag{3-3}$$

其中, $\lambda_1,\lambda_2,\cdots,\lambda_n$ 为 $\boldsymbol{A}$ 的特征值, $\boldsymbol{y}=[y_1,y_2,\cdots,y_n]^{\mathrm{T}}\in\mathbb{C}^n$.

证明　因为 $\boldsymbol{A}$ 为 Hermite 矩阵, 则 $\exists\boldsymbol{U}\in\mathrm{U}^{n\times n}$, 使得

$$\boldsymbol{U}^{\mathrm{H}}\boldsymbol{A}\boldsymbol{U}=\operatorname{diag}\left[\lambda_1,\lambda_2,\cdots,\lambda_n\right],$$

其中 $\lambda_1,\lambda_2,\cdots,\lambda_n$ 为实数, 令 $\boldsymbol{x}=\boldsymbol{U}\boldsymbol{y}$, 则

$$\begin{aligned} f(\boldsymbol{x})=\boldsymbol{x}^{\mathrm{H}}\boldsymbol{A}\boldsymbol{x}=(\boldsymbol{U}\boldsymbol{y})^{\mathrm{H}}\boldsymbol{A}\boldsymbol{U}\boldsymbol{y}&=\boldsymbol{y}^{\mathrm{H}}(\boldsymbol{U}^{\mathrm{H}}\boldsymbol{A}\boldsymbol{U})\boldsymbol{y}\\ &=\boldsymbol{y}^{\mathrm{H}}\operatorname{diag}\left[\lambda_1,\lambda_2,\cdots,\lambda_n\right]\boldsymbol{y}\\ &=\lambda_1\overline{y_1}y_1+\lambda_2\overline{y_2}y_2+\cdots+\lambda_n\overline{y_n}y_n. \end{aligned}$$

□

定义 2　称式 (3-3) 为 Hermite 二次型的标准形.

注　式 (3-3) 也可以改写为

$$f(\boldsymbol{x})=\lambda_1\left|y_1\right|^2+\lambda_2\left|y_2\right|^2+\cdots+\lambda_n\left|y_n\right|^2.$$

定理 4 设 Hermite 矩阵 $\boldsymbol{A}$ 的秩为 r, 且 $\boldsymbol{A}$ 的正惯性指数为 p, 则存在可逆的线性变换 $\boldsymbol{x}=\boldsymbol{C}\boldsymbol{y}$, 化 Hermite 二次型 $f(\boldsymbol{x})=\boldsymbol{x}^{\mathrm{H}}\boldsymbol{A}\boldsymbol{x}$ 为

$$f(\boldsymbol{x})=|y_1|^2+|y_2|^2+\cdots+|y_p|^2-|y_{p+1}|^2-|y_{p+2}|^2-\cdots-|y_r|^2. \tag{3-4}$$

证明略.

注 式 (3-4) 称为 Hermite 二次型的规范标准形.

例 1 试求酉变换 $\boldsymbol{x}=\boldsymbol{U}\boldsymbol{y}$, 化 Hermite 二次型

$$f(x_1,x_2,x_3)=\bar{x}_1x_1+\mathrm{i}\bar{x}_1x_2+\bar{x}_1x_3-\mathrm{i}\bar{x}_2x_1-2\mathrm{i}\bar{x}_2x_3+\bar{x}_3x_1+2\mathrm{i}\bar{x}_3x_2$$

为标准形.

解 二次型矩阵为 $\boldsymbol{A}=\begin{bmatrix}1&\mathrm{i}&1\\-\mathrm{i}&0&-2\mathrm{i}\\1&2\mathrm{i}&0\end{bmatrix}$, 则

$$|\lambda\boldsymbol{E}-\boldsymbol{A}|=\begin{vmatrix}\lambda-1&-\mathrm{i}&-1\\\mathrm{i}&\lambda&2\mathrm{i}\\-1&-2\mathrm{i}&\lambda\end{vmatrix}=\lambda(\lambda+2)(\lambda-3),$$

得 $\boldsymbol{A}$ 的特征值为 $\lambda_1=0,\ \lambda_2=-2,\lambda_3=3$.

当 $\lambda_1=0$ 时, 由 $\boldsymbol{A}\boldsymbol{x}=\boldsymbol{0}$, 求得特征向量为 $\boldsymbol{\alpha}_1=[2,\mathrm{i},-1]^{\mathrm{T}}$;

当 $\lambda_2=-2$ 时, 由 $(-2\boldsymbol{E}-\boldsymbol{A})\boldsymbol{x}=\boldsymbol{0}$, 求得特征向量为 $\boldsymbol{\alpha}_2=[0,\mathrm{i},1]^{\mathrm{T}}$;

当 $\lambda_3=3$ 时, 由 $(3\boldsymbol{E}-\boldsymbol{A})\boldsymbol{x}=\boldsymbol{0}$, 求得特征向量为 $\boldsymbol{\alpha}_3=[1,-\mathrm{i},1]^{\mathrm{T}}$.

将特征向量单位化得

$$\boldsymbol{\eta}_1=\left[\frac{2}{\sqrt{6}},\frac{\mathrm{i}}{\sqrt{6}},-\frac{1}{\sqrt{6}}\right]^{\mathrm{T}},\quad \boldsymbol{\eta}_2=\left[0,\frac{\mathrm{i}}{\sqrt{2}},\frac{1}{\sqrt{2}}\right]^{\mathrm{T}},\quad \boldsymbol{\eta}_3=\left[\frac{1}{\sqrt{3}},-\frac{\mathrm{i}}{\sqrt{3}},\frac{1}{\sqrt{3}}\right]^{\mathrm{T}},$$

令 $\boldsymbol{U}=\begin{bmatrix}\frac{2}{\sqrt{6}}&0&\frac{1}{\sqrt{3}}\\\frac{\mathrm{i}}{\sqrt{6}}&\frac{\mathrm{i}}{\sqrt{2}}&-\frac{\mathrm{i}}{\sqrt{3}}\\-\frac{1}{\sqrt{6}}&\frac{1}{\sqrt{2}}&\frac{1}{\sqrt{3}}\end{bmatrix}$, 则酉变换为 $\boldsymbol{x}=\boldsymbol{U}\boldsymbol{y}$, 且

$$\boldsymbol{U}^{\mathrm{H}}\boldsymbol{A}\boldsymbol{U}=\begin{bmatrix}0&0&0\\0&-2&0\\0&0&3\end{bmatrix}.$$

所得标准形为 $f(\boldsymbol{x})=0|y_1|^2-2|y_2|^2+3|y_3|^2$.

例 2　试求酉变换 $\boldsymbol{x}=\boldsymbol{U}\boldsymbol{y}$, 化 Hermite 二次型

$$f(x_1,x_2,x_3)=5\bar{x}_1x_1+3\mathrm{i}\bar{x}_1x_2-3\bar{x}_1x_3-3\mathrm{i}\bar{x}_2x_1+5\bar{x}_2x_2+3\mathrm{i}\bar{x}_2x_3$$
$$-3\bar{x}_3x_1-3\mathrm{i}\bar{x}_3x_2+5\bar{x}_3x_3$$

为标准形.

解　二次型矩阵为 $\boldsymbol{A}=\begin{bmatrix}5 & 3\mathrm{i} & -3\\ -3\mathrm{i} & 5 & 3\mathrm{i}\\ -3 & -3\mathrm{i} & 5\end{bmatrix}$, 则

$$|\lambda\boldsymbol{E}-\boldsymbol{A}|=\begin{vmatrix}\lambda-5 & -3\mathrm{i} & 3\\ 3\mathrm{i} & \lambda-5 & -3\mathrm{i}\\ 3 & 3\mathrm{i} & \lambda-5\end{vmatrix}=(\lambda-2)^2(\lambda-11),$$

得 $\boldsymbol{A}$ 的特征值为 $\lambda_1=\lambda_2=2,\lambda_3=11$.

当 $\lambda_1=\lambda_2=2$ 时, 由 $(2\boldsymbol{E}-\boldsymbol{A})\boldsymbol{x}=\boldsymbol{0}$, 求得特征向量为

$$\boldsymbol{\alpha}_1=[1,0,1]^{\mathrm{T}},\quad \boldsymbol{\alpha}_2=[-\mathrm{i},1,0]^{\mathrm{T}};$$

当 $\lambda_3=11$ 时, 由 $(11\boldsymbol{E}-\boldsymbol{A})\boldsymbol{x}=\boldsymbol{0}$, 求得特征向量为

$$\boldsymbol{\alpha}_3=[-1,\mathrm{i},1]^{\mathrm{T}}.$$

利用施密特正交化方法将 $\boldsymbol{\alpha}_1,\boldsymbol{\alpha}_2$ 正交化得

$$\boldsymbol{\beta}_1=[1,0,1]^{\mathrm{T}},\quad \boldsymbol{\beta}_2=\left[-\frac{\mathrm{i}}{2},1,\frac{\mathrm{i}}{2}\right]^{\mathrm{T}},$$

则 $\boldsymbol{\beta}_1,\boldsymbol{\beta}_2,\boldsymbol{\alpha}_3$ 相互正交, 再将其单位化得

$$\boldsymbol{\eta}_1=\left[\frac{1}{\sqrt{2}},0,\frac{1}{\sqrt{2}}\right]^{\mathrm{T}},\quad \boldsymbol{\eta}_2=\left[\frac{-\mathrm{i}}{\sqrt{6}},\frac{2}{\sqrt{6}},\frac{\mathrm{i}}{\sqrt{6}}\right]^{\mathrm{T}},\quad \boldsymbol{\eta}_3=\left[-\frac{1}{\sqrt{3}},\frac{\mathrm{i}}{\sqrt{3}},\frac{1}{\sqrt{3}}\right]^{\mathrm{T}}.$$

令 $\boldsymbol{U}=\begin{bmatrix}\frac{1}{\sqrt{2}} & \frac{-\mathrm{i}}{\sqrt{6}} & -\frac{1}{\sqrt{3}}\\ 0 & \frac{2}{\sqrt{6}} & \frac{\mathrm{i}}{\sqrt{3}}\\ \frac{1}{\sqrt{2}} & \frac{\mathrm{i}}{\sqrt{6}} & \frac{1}{\sqrt{3}}\end{bmatrix}$, 则酉变换为 $\boldsymbol{x}=\boldsymbol{U}\boldsymbol{y}$, 且

$$\boldsymbol{U}^{\mathrm{H}}\boldsymbol{A}\boldsymbol{U}=\begin{bmatrix}2 & 0 & 0\\ 0 & 2 & 0\\ 0 & 0 & 11\end{bmatrix}.$$

所得标准形为: $f(\boldsymbol{x})=2\left|y_1\right|^2+2\left|y_2\right|^2+11\left|y_3\right|^2$.

定义 3 设 $f(\boldsymbol{x})=\boldsymbol{x}^{\mathrm{H}}\boldsymbol{A}\boldsymbol{x}$ 为 Hermite 二次型, 对任意的 $\boldsymbol{x}\in\mathbb{C}^n$, 且 $\boldsymbol{x}\neq\mathbf{0}$.

(1) 如果 $\boldsymbol{x}^{\mathrm{H}}\boldsymbol{A}\boldsymbol{x}>0$, 则称 $f(\boldsymbol{x})=\boldsymbol{x}^{\mathrm{H}}\boldsymbol{A}\boldsymbol{x}$ 为正定的, 也称相对应的 Hermite 矩阵 $\boldsymbol{A}$ 是正定的 (记为 $\boldsymbol{A}>0$);

(2) 如果 $\boldsymbol{x}^{\mathrm{H}}\boldsymbol{A}\boldsymbol{x}\geqslant 0$, 则称 $f(\boldsymbol{x})=\boldsymbol{x}^{\mathrm{H}}\boldsymbol{A}\boldsymbol{x}$ 为半正定的, 也称相对应的 Hermite 矩阵 $\boldsymbol{A}$ 是半正定的 (记为 $\boldsymbol{A}\geqslant 0$);

(3) 如果 $\boldsymbol{x}^{\mathrm{H}}\boldsymbol{A}\boldsymbol{x}<0$, 则称 $f(\boldsymbol{x})=\boldsymbol{x}^{\mathrm{H}}\boldsymbol{A}\boldsymbol{x}$ 为负定的, 也称相对应的 Hermite 矩阵 $\boldsymbol{A}$ 是负定的 (记为 $\boldsymbol{A}<0$);

(4) 如果 $\boldsymbol{x}^{\mathrm{H}}\boldsymbol{A}\boldsymbol{x}\leqslant 0$, 则称 $f(\boldsymbol{x})=\boldsymbol{x}^{\mathrm{H}}\boldsymbol{A}\boldsymbol{x}$ 为半负定的, 也称相对应的 Hermite 矩阵 $\boldsymbol{A}$ 是半负定的 (记为 $\boldsymbol{A}\leqslant 0$).

由定义 3 可以直接得到正定 Hermite 矩阵的部分性质:

(1) 单位矩阵 $\boldsymbol{E}>0$;

(2) 若 $\boldsymbol{A}>0$, 数 $k>0$, 则 $k\boldsymbol{A}>0$;

(3) 若 $\boldsymbol{A}>0$, $\boldsymbol{B}>0$, 则 $\boldsymbol{A}+\boldsymbol{B}>0$(正定阵与正定阵的和为正定阵);

(4) 若 $\boldsymbol{A}\geqslant 0$, $\boldsymbol{B}\geqslant 0$, 则 $\boldsymbol{A}+\boldsymbol{B}\geqslant 0$(半正定阵与半正定阵的和为半正定阵);

(5) 若 $\boldsymbol{A}>0$, $\boldsymbol{B}\geqslant 0$, 则 $\boldsymbol{A}+\boldsymbol{B}>0$(正定阵与半正定阵的和为正定阵).

下面我们给出 Hermite 矩阵 $\boldsymbol{A}$ 正定 (半正定) 的条件.

定理 5 n 阶 Hermite 矩阵 $\boldsymbol{A}$ 为正定 (半正定) 矩阵的充分必要条件是 $\boldsymbol{A}$ 的所有特征值都是正数 (非负数).

证明 必要性: 设 $\boldsymbol{A}>0(\boldsymbol{A}\geqslant 0)$, λ 是 $\boldsymbol{A}$ 的任一特征值, $\boldsymbol{\xi}$ 是对应的单位特征向量, 于是 $\boldsymbol{A}\boldsymbol{\xi}=\lambda\boldsymbol{\xi}$, 两端同左乘 $\boldsymbol{\xi}^{\mathrm{H}}$, 有 $\lambda=\boldsymbol{\xi}^{\mathrm{H}}\boldsymbol{A}\boldsymbol{\xi}$, 由 $\boldsymbol{A}$ 为正定 (半正定) 可得

$$\lambda=\boldsymbol{\xi}^{\mathrm{H}}\boldsymbol{A}\boldsymbol{\xi}>0(\geqslant 0),$$

所以矩阵 $\boldsymbol{A}$ 的所有特征值都是正数 (非负数).

充分性: 由 $\boldsymbol{A}$ 为 Hermite 矩阵, 则存在酉矩阵 $\boldsymbol{V}$, 使得

$$\boldsymbol{A}=\boldsymbol{V}^{\mathrm{H}}\mathrm{diag}[\lambda_1,\lambda_2,\cdots,\lambda_n]\boldsymbol{V},$$

若 $\boldsymbol{A}$ 的特征值 $\lambda_i(i=1,2,\cdots,n)$ 都为正数 (非负数), 则对任意 n 维非零向量 $\boldsymbol{x}$, 都有

$$\boldsymbol{x}^{\mathrm{H}}\boldsymbol{A}\boldsymbol{x}=(\boldsymbol{V}\boldsymbol{x})^{\mathrm{H}}\mathrm{diag}[\lambda_1,\lambda_2,\cdots,\lambda_n](\boldsymbol{V}\boldsymbol{x})=\boldsymbol{y}^{\mathrm{H}}\mathrm{diag}[\lambda_1,\lambda_2,\cdots,\lambda_n]\boldsymbol{y}$$

因为 $\boldsymbol{y}=\boldsymbol{V}\boldsymbol{x}\neq\mathbf{0}$, 所以

$$\boldsymbol{x}^{\mathrm{H}}\boldsymbol{A}\boldsymbol{x}=\boldsymbol{y}^{\mathrm{H}}\mathrm{diag}[\lambda_1,\lambda_2,\cdots,\lambda_n]\boldsymbol{y}>0(\text{或}\geqslant 0)$$

从而 $\boldsymbol{A}>0\ (\boldsymbol{A}\geqslant 0)$, 即 $\boldsymbol{A}$ 为正定 (半正定). □

定理 6　设 $\boldsymbol{A}$ 是 n 阶 Hermite 矩阵, 则下列命题等价:

(1) $\boldsymbol{A}$ 是正定矩阵;

(2) 对任意 n 阶可逆矩阵 $\boldsymbol{P}$, $\boldsymbol{P}^{\mathrm{H}}\boldsymbol{A}\boldsymbol{P}$ 都是正定矩阵;

(3) 存在 n 阶可逆矩阵 $\boldsymbol{P}$, 使得 $\boldsymbol{P}^{\mathrm{H}}\boldsymbol{A}\boldsymbol{P}=\boldsymbol{E}$(正定阵与单位阵合同);

(4) 存在 n 阶可逆矩阵 $\boldsymbol{Q}$, 使得 $\boldsymbol{A}=\boldsymbol{Q}^{\mathrm{H}}\boldsymbol{Q}$.

证明　(1) ⇒ (2)　因为 $\left(\boldsymbol{P}^{\mathrm{H}}\boldsymbol{A}\boldsymbol{P}\right)^{\mathrm{H}}=\boldsymbol{P}^{\mathrm{H}}\boldsymbol{A}^{\mathrm{H}}\boldsymbol{P}=\boldsymbol{P}^{\mathrm{H}}\boldsymbol{A}\boldsymbol{P}$, 所以 $\boldsymbol{P}^{\mathrm{H}}\boldsymbol{A}\boldsymbol{P}$ 为 Hermite 矩阵. 已知 $\boldsymbol{A}$ 是正定矩阵, 则有

$$f(\boldsymbol{x})=\boldsymbol{x}^{\mathrm{H}}\boldsymbol{A}\boldsymbol{x}>0\quad(\forall\boldsymbol{x}\in\mathbb{C}^n,\boldsymbol{x}\neq\boldsymbol{0}),$$

所以对任意 n 阶可逆矩阵 $\boldsymbol{P}$ 及任意 $\boldsymbol{y}\in\mathbb{C}^n$ 且 $\boldsymbol{y}\neq\boldsymbol{0}$, 令 $\boldsymbol{x}=\boldsymbol{P}\boldsymbol{y}$, 则 $\boldsymbol{x}\in\mathbb{C}^n$ 且 $\boldsymbol{x}\neq\boldsymbol{0}$, 有

$$\boldsymbol{y}^{\mathrm{H}}(\boldsymbol{P}^{\mathrm{H}}\boldsymbol{A}\boldsymbol{P})\boldsymbol{y}=\boldsymbol{x}^{\mathrm{H}}\boldsymbol{A}\boldsymbol{x}>0,$$

故 $\boldsymbol{P}^{\mathrm{H}}\boldsymbol{A}\boldsymbol{P}$ 是正定矩阵;

(2) ⇒ (3)　对 Hermite 矩阵 $\boldsymbol{A}$, 存在酉矩阵 $\boldsymbol{U}$ 使得

$$\boldsymbol{U}^{\mathrm{H}}\boldsymbol{A}\boldsymbol{U}=\mathrm{diag}[\lambda_1,\lambda_2,\cdots,\lambda_n]\tag{3-5}$$

其中 $\lambda_1,\lambda_2,\cdots,\lambda_n$ 为 $\boldsymbol{A}$ 的特征值, 由 (2) 知 $\mathrm{diag}[\lambda_1,\lambda_2,\cdots,\lambda_n]$ 是正定矩阵, 则由定理 5 知 $\lambda_1,\lambda_2,\cdots,\lambda_n$ 均为正数. 令

$$\boldsymbol{P}_1=\mathrm{diag}\left[\frac{1}{\sqrt{\lambda_1}},\frac{1}{\sqrt{\lambda_2}},\cdots,\frac{1}{\sqrt{\lambda_n}}\right],$$

对式 (3-5) 两端左乘 $\boldsymbol{P}_1^{\mathrm{H}}$, 右乘 $\boldsymbol{P}_1$ 则

$$\boldsymbol{P}_1^{\mathrm{H}}\boldsymbol{U}^{\mathrm{H}}\boldsymbol{A}\boldsymbol{U}\boldsymbol{P}_1=\boldsymbol{P}_1^{\mathrm{H}}\mathrm{diag}[\lambda_1,\lambda_2,\cdots,\lambda_n]\boldsymbol{P}_1=\boldsymbol{E}$$

令 $\boldsymbol{P}=\boldsymbol{U}\boldsymbol{P}_1$, 代入上式得 $\boldsymbol{P}^{\mathrm{H}}\boldsymbol{A}\boldsymbol{P}=\boldsymbol{E}$, $\boldsymbol{P}$ 是可逆矩阵.

(3) ⇒ (4)　因为存在 n 阶可逆矩阵 $\boldsymbol{P}$ 使得 $\boldsymbol{P}^{\mathrm{H}}\boldsymbol{A}\boldsymbol{P}=\boldsymbol{E}$, 所以令 $\boldsymbol{Q}=\boldsymbol{P}^{-1}$, 有

$$\boldsymbol{Q}^{\mathrm{H}}\boldsymbol{P}^{\mathrm{H}}\boldsymbol{A}\boldsymbol{P}\boldsymbol{Q}=\boldsymbol{Q}^{\mathrm{H}}\boldsymbol{E}\boldsymbol{Q},$$

即 $\boldsymbol{A}=\boldsymbol{Q}^{\mathrm{H}}\boldsymbol{Q}$.

(4) ⇒ (1)　由于

$$f(\boldsymbol{x})=\boldsymbol{x}^{\mathrm{H}}\boldsymbol{A}\boldsymbol{x}=\boldsymbol{x}^{\mathrm{H}}\boldsymbol{Q}^{\mathrm{H}}\boldsymbol{Q}\boldsymbol{x}=(\boldsymbol{Q}\boldsymbol{x})^{\mathrm{H}}(\boldsymbol{Q}\boldsymbol{x}),$$

由于 $\boldsymbol{Q}$ 可逆, 故当 $\boldsymbol{x} \neq \boldsymbol{0}$ 时, $\boldsymbol{Q}\boldsymbol{x} \neq \boldsymbol{0}$, 于是

$$f(\boldsymbol{x}) = \boldsymbol{x}^{\mathrm{H}}\boldsymbol{A}\boldsymbol{x} = (\boldsymbol{Q}\boldsymbol{x})^{\mathrm{H}}(\boldsymbol{Q}\boldsymbol{x}) > 0,$$

即 $f(\boldsymbol{x})$ 是正定的, 所以 $\boldsymbol{A}$ 为正定阵. □

类似地, 可以得到定理 7.

定理 7 设 $\boldsymbol{A}$ 是 n 阶 Hermite 矩阵, $f(\boldsymbol{x}) = \boldsymbol{x}^{\mathrm{H}}\boldsymbol{A}\boldsymbol{x}$, 则下列命题等价:

(1) $\boldsymbol{A}$ 是半正定矩阵;

(2) 对于任何 n 阶可逆矩阵 $\boldsymbol{P}$, $\boldsymbol{P}^{\mathrm{H}}\boldsymbol{A}\boldsymbol{P}$ 是半正定矩阵;

(3) 存在 n 阶可逆矩阵 $\boldsymbol{P}$, 使得 $\boldsymbol{P}^{\mathrm{H}}\boldsymbol{A}\boldsymbol{P} = \begin{bmatrix} \boldsymbol{E}_r & \boldsymbol{O} \\ \boldsymbol{O} & \boldsymbol{O} \end{bmatrix}$, 其中 $r = \mathrm{rank}(\boldsymbol{A})$;

(4) 存在秩为 r 的 n 阶矩阵 $\boldsymbol{Q}$ 使得 $\boldsymbol{A} = \boldsymbol{Q}^{\mathrm{H}}\boldsymbol{Q}$.

证明略.

例 3 设 $\boldsymbol{A}$ 是正定的 Hermite 矩阵, 且 $\boldsymbol{A}$ 又是酉矩阵, 试证明 $\boldsymbol{A} = \boldsymbol{E}$.

证明 由于 $\boldsymbol{A}$ 是正定的 Hermite 矩阵, 则存在 $\boldsymbol{U} \in \mathrm{U}^{n\times n}$, 使得

$$\boldsymbol{A} = \boldsymbol{U}\begin{bmatrix} \lambda_1 & & & \\ & \lambda_2 & & \\ & & \ddots & \\ & & & \lambda_n \end{bmatrix}\boldsymbol{U}^{\mathrm{H}}, \quad \lambda_i > 0\,(i = 1, 2, \cdots, n),$$

由于 $\boldsymbol{A}$ 是酉矩阵, 所以 $|\lambda_i| = 1(i = 1, 2, \cdots, n)$, 于是必有 $\lambda_i = 1(i = 1, 2, \cdots, n)$, 所以

$$\boldsymbol{A} = \boldsymbol{U}\begin{bmatrix} 1 & & & \\ & 1 & & \\ & & \ddots & \\ & & & 1 \end{bmatrix}\boldsymbol{U}^{\mathrm{H}} = \boldsymbol{U}\boldsymbol{U}^{\mathrm{H}} = \boldsymbol{E}.$$ □

例 4 设 $\boldsymbol{A}$ 是正定的 Hermite 矩阵, $\boldsymbol{B}$ 是一个反 Hermite 矩阵, 试证明 $\boldsymbol{A}\boldsymbol{B}$ 与 $\boldsymbol{B}\boldsymbol{A}$ 的特征值为 0 或者纯虚数.

证明 设 λ 为矩阵 $\boldsymbol{A}\boldsymbol{B}$ 的任意一个特征值, 则 $|\lambda\boldsymbol{E} - \boldsymbol{A}\boldsymbol{B}| = 0$, 由于 $\boldsymbol{A}$ 是一个正定的 Hermite 矩阵, 所以存在可逆矩阵 $\boldsymbol{Q}$ 使得 $\boldsymbol{A} = \boldsymbol{Q}^{\mathrm{H}}\boldsymbol{Q}$, 将其代入特征方程 $|\lambda\boldsymbol{E} - \boldsymbol{A}\boldsymbol{B}| = 0$ 中, 得到

$$\begin{aligned} |\lambda\boldsymbol{E} - \boldsymbol{A}\boldsymbol{B}| &= \left|\lambda\boldsymbol{E} - \boldsymbol{Q}^{\mathrm{H}}\boldsymbol{Q}\boldsymbol{B}\right| = \left|\lambda\boldsymbol{Q}^{\mathrm{H}}(\boldsymbol{Q}^{\mathrm{H}})^{-1} - \boldsymbol{Q}^{\mathrm{H}}\boldsymbol{Q}\boldsymbol{B}\boldsymbol{Q}^{\mathrm{H}}(\boldsymbol{Q}^{\mathrm{H}})^{-1}\right| \\ &= \left|\boldsymbol{Q}^{\mathrm{H}}\right|\left|\lambda\boldsymbol{E} - \boldsymbol{Q}\boldsymbol{B}\boldsymbol{Q}^{\mathrm{H}}\right|\left|(\boldsymbol{Q}^{\mathrm{H}})^{-1}\right| = \left|\lambda\boldsymbol{E} - \boldsymbol{Q}\boldsymbol{B}\boldsymbol{Q}^{\mathrm{H}}\right| = 0, \end{aligned}$$

可见, λ 也为 $\boldsymbol{QBQ}^{\mathrm{H}}$ 的特征值.

另一方面, 由

$$(\boldsymbol{QBQ}^{\mathrm{H}})^{\mathrm{H}}=\boldsymbol{QB}^{\mathrm{H}}\boldsymbol{Q}^{\mathrm{H}}=-\boldsymbol{QBQ}^{\mathrm{H}},$$

可知 $\boldsymbol{QBQ}^{\mathrm{H}}$ 为反 Hermite 矩阵, 所以 λ 为 0 或者纯虚数, 同样可以证明 $\boldsymbol{BA}$ 的特征值为 0 或者纯虚数. □

和线性代数中的实二次型判断正定性类似, 有如下定理.

定理 8 设 $\boldsymbol{A}$ 是 n 阶 Hermite 矩阵, 则 $\boldsymbol{A}$ 为正定矩阵的充分必要条件是 $\boldsymbol{A}$ 的所有顺序主子式都大于零, 即

$$|a_{11}|>0,\begin{vmatrix} a_{11} & a_{12}\\ a_{21} & a_{22}\end{vmatrix}>0,\cdots,\begin{vmatrix} a_{11} & a_{12} & \cdots & a_{1n}\\ a_{21} & a_{22} & \cdots & a_{2n}\\ \vdots & \vdots & & \vdots\\ a_{n1} & a_{n2} & \cdots & a_{nn}\end{vmatrix}>0.$$

证明略.

例 5 判断下列 Hermite 二次型是否正定:

(1) $f(\boldsymbol{x})=2\bar{x}_1x_1+\mathrm{i}\bar{x}_1x_2-\bar{x}_1x_3-\mathrm{i}\bar{x}_2x_1+\mathrm{i}\bar{x}_2x_3-\bar{x}_3x_1-\mathrm{i}\bar{x}_3x_2$;

(2) $f(\boldsymbol{x})=\bar{x}_1x_1-\mathrm{i}\bar{x}_1x_2+\mathrm{i}\bar{x}_1x_3+\mathrm{i}\bar{x}_2x_1+5\bar{x}_2x_2-(1+2\mathrm{i})\bar{x}_2x_3-\mathrm{i}\bar{x}_3x_1$
$-(1-2\mathrm{i})\bar{x}_3x_2+11\bar{x}_3x_3$.

解 (1)$\boldsymbol{A}=\begin{bmatrix} 2 & \mathrm{i} & -1\\ -\mathrm{i} & 0 & \mathrm{i}\\ -1 & -\mathrm{i} & 0\end{bmatrix}$, 它的顺序主子式分别为

$$2>0,\quad \begin{vmatrix} 2 & \mathrm{i}\\ -\mathrm{i} & 0\end{vmatrix}=-1<0,$$

所以二次型不是正定的.

(2) $\boldsymbol{A}=\begin{bmatrix} 1 & -\mathrm{i} & \mathrm{i}\\ \mathrm{i} & 5 & -1-2\mathrm{i}\\ -\mathrm{i} & -1+2\mathrm{i} & 11\end{bmatrix}$, 它的顺序主子式分别为

$$1>0,\quad \begin{vmatrix} 1 & -\mathrm{i}\\ \mathrm{i} & 5\end{vmatrix}=4>0,\quad |\boldsymbol{A}|=\begin{vmatrix} 1 & -\mathrm{i} & \mathrm{i}\\ \mathrm{i} & 5 & -1-2\mathrm{i}\\ -\mathrm{i} & -1+2\mathrm{i} & 11\end{vmatrix}=36>0,$$

所以二次型是正定的.

例 6 已知实二次型 $f(x_1,x_2,x_3)=x_1^2+2tx_1x_2+2x_1x_3+4x_2^2+2x_3^2$, 则 t 取何值时, 二次型正定?

解 二次型要正定, 矩阵 $\boldsymbol{A}=\begin{bmatrix}1&t&1\\t&4&0\\1&0&2\end{bmatrix}$ 正定, 所以它的顺序主子式都得大于零, 即

$$1>0,\quad \begin{vmatrix}1&t\\t&4\end{vmatrix}=4-t^2>0,\quad |\boldsymbol{A}|=\begin{vmatrix}1&t&1\\t&4&0\\1&0&2\end{vmatrix}=4-2t^2>0,$$

从而当 $|\,t\,|<\sqrt{2}$ 时所给二次型正定.

3.2.2 Hermite 矩阵的广义特征值

定义 4 设 $\boldsymbol{A},\boldsymbol{B}$ 均为 n 阶 Hermite 矩阵, 且 $\boldsymbol{B}$ 是正定的, 如果存在 $\lambda\in\mathbb{C},\boldsymbol{x}\in\mathbb{C}^n$ 且 $\boldsymbol{x}\neq\boldsymbol{0}$, 使得

$$\boldsymbol{A}\boldsymbol{x}=\lambda\boldsymbol{B}\boldsymbol{x},$$

则称 λ 为 $\boldsymbol{A}$ 相对于 $\boldsymbol{B}$ 的广义特征值, 称 $\boldsymbol{x}$ 为对应于广义特征值 λ 的广义特征向量.

注 (1) 由定义, λ 为 $\boldsymbol{A}$ 相对于 $\boldsymbol{B}$ 的广义特征值的充分必要条件是: λ 为方程 $|\lambda\boldsymbol{B}-\boldsymbol{A}|=0$ 的根; 对应于广义特征值 λ 的广义特征向量 $\boldsymbol{x}$ 为线性方程组 $(\lambda\boldsymbol{B}-\boldsymbol{A})\boldsymbol{x}=\boldsymbol{0}$ 的非零解.

(2) 由 $\boldsymbol{B}$ 正定, 则 $|\lambda\boldsymbol{B}-\boldsymbol{A}|=|\boldsymbol{B}|\left|\lambda\boldsymbol{E}-\boldsymbol{B}^{-1}\boldsymbol{A}\right|$, 故 $|\lambda\boldsymbol{B}-\boldsymbol{A}|=0$ 当且仅当 $\left|\lambda\boldsymbol{E}-\boldsymbol{B}^{-1}\boldsymbol{A}\right|=0$, 所以 $\boldsymbol{A}$ 相对于 $\boldsymbol{B}$ 的广义特征值即为 $\boldsymbol{B}^{-1}\boldsymbol{A}$ 的特征值;

(3) 广义特征值是特征值的推广, 因为当 $\boldsymbol{B}$ 为单位阵时, λ 即为 $\boldsymbol{A}$ 的特征值.

定理 9 设 $\boldsymbol{A},\boldsymbol{B}$ 都是 n 阶 Hermite 矩阵, 且 $\boldsymbol{B}$ 又是正定的, 则 $\boldsymbol{A}$ 的相对于 $\boldsymbol{B}$ 的广义特征值 $\lambda_1,\lambda_2,\cdots,\lambda_n$ 都是实数.

证明 因为 $\boldsymbol{B}$ 是正定的, $\boldsymbol{B}$ 与单位矩阵合同, 即存在可逆矩阵 $\boldsymbol{Q}$ 使得 $\boldsymbol{Q}^{\mathrm{H}}\boldsymbol{B}\boldsymbol{Q}=\boldsymbol{E}$, 故 $\boldsymbol{B}=\boldsymbol{Q}^{-\mathrm{H}}\boldsymbol{E}\boldsymbol{Q}^{-1}=\boldsymbol{Q}^{-\mathrm{H}}\boldsymbol{Q}^{-1}$, 对于任意的 $\boldsymbol{A}$ 相对于 $\boldsymbol{B}$ 的广义特征值 λ, 由于

$$|\lambda\boldsymbol{B}-\boldsymbol{A}|=\left|\boldsymbol{Q}^{-\mathrm{H}}\right|\left|\lambda\boldsymbol{E}-\boldsymbol{Q}^{\mathrm{H}}\boldsymbol{A}\boldsymbol{Q}\right|\left|\boldsymbol{Q}^{-1}\right|$$

可得 $|\lambda\boldsymbol{B}-\boldsymbol{A}|=0$ 当且仅当 $\left|\lambda\boldsymbol{E}-\boldsymbol{Q}^{\mathrm{H}}\boldsymbol{A}\boldsymbol{Q}\right|=0$, 所以, λ 也是 $\boldsymbol{Q}^{\mathrm{H}}\boldsymbol{A}\boldsymbol{Q}$ 的特征值, 而由 $\boldsymbol{Q}^{\mathrm{H}}\boldsymbol{A}\boldsymbol{Q}$ 是 Hermite 矩阵, 可得 λ 为实数, 又由 λ 的任意性可知, $\boldsymbol{A}$ 的相对于 $\boldsymbol{B}$ 的广义特征值 $\lambda_1,\lambda_2,\cdots,\lambda_n$ 都是实数. □

定理 10 设 $\boldsymbol{A},\boldsymbol{B}$ 都是 n 阶 Hermite 矩阵, 且 $\boldsymbol{B}$ 正定, 则存在可逆矩阵 $\boldsymbol{V}\in\mathbb{C}^{n\times n}$, 使得

$$\boldsymbol{V}^{\mathrm{H}}\boldsymbol{A}\boldsymbol{V}=\mathrm{diag}\left[\lambda_1,\lambda_2,\cdots,\lambda_n\right],$$

其中, $\boldsymbol{V}^{\mathrm{H}}\boldsymbol{B}\boldsymbol{V}=\boldsymbol{E}$, $\lambda_1,\lambda_2,\cdots,\lambda_n$ 是 $\boldsymbol{A}$ 的相对于 $\boldsymbol{B}$ 的广义特征值.

证明 因为 $\boldsymbol{B}$ 是正定矩阵, $\boldsymbol{B}$ 与单位矩阵合同, 即存在可逆阵 $\boldsymbol{Q}\in\mathbb{C}^{n\times n}$, 使得 $\boldsymbol{Q}^{\mathrm{H}}\boldsymbol{B}\boldsymbol{Q}=\boldsymbol{E}$, 由定理 9 的证明过程可知, $\lambda_1,\lambda_2,\cdots,\lambda_n$ 是 $\boldsymbol{A}$ 相对于 $\boldsymbol{B}$ 的广义特征值, 则 $\lambda_1,\lambda_2,\cdots,\lambda_n$ 也是 Hermite 矩阵 $\boldsymbol{Q}^{\mathrm{H}}\boldsymbol{A}\boldsymbol{Q}$ 的特征值, 所以, 存在 $\boldsymbol{U}\in\mathrm{U}^{n\times n}$, 使得

$$\boldsymbol{U}^{\mathrm{H}}(\boldsymbol{Q}^{\mathrm{H}}\boldsymbol{A}\boldsymbol{Q})\boldsymbol{U}=\mathrm{diag}[\lambda_1,\lambda_2,\cdots,\lambda_n],$$

取 $\boldsymbol{V}=\boldsymbol{Q}\boldsymbol{U}$, 则有

$$\boldsymbol{V}^{\mathrm{H}}\boldsymbol{A}\boldsymbol{V}=\boldsymbol{U}^{\mathrm{H}}(\boldsymbol{Q}^{\mathrm{H}}\boldsymbol{A}\boldsymbol{Q})\boldsymbol{U}=\mathrm{diag}[\lambda_1,\lambda_2,\cdots,\lambda_n],$$

其中, $\boldsymbol{V}^{\mathrm{H}}\boldsymbol{B}\boldsymbol{V}=\boldsymbol{U}^{\mathrm{H}}\boldsymbol{Q}^{\mathrm{H}}\boldsymbol{B}\boldsymbol{Q}\boldsymbol{U}=\boldsymbol{U}^{\mathrm{H}}(\boldsymbol{Q}^{\mathrm{H}}\boldsymbol{B}\boldsymbol{Q})\boldsymbol{U}=\boldsymbol{E}$, 且由 $\boldsymbol{Q}$, $\boldsymbol{U}$ 可逆知 $\boldsymbol{V}$ 可逆. □

例 7 设 $\boldsymbol{A}=\begin{bmatrix}2&1\\1&3\end{bmatrix}$, $\boldsymbol{B}=\begin{bmatrix}2&1\\1&1\end{bmatrix}$, 求 $\boldsymbol{A}$ 相对于 $\boldsymbol{B}$ 的广义特征值和广义特征向量.

解 $|\lambda\boldsymbol{B}-\boldsymbol{A}|=\begin{vmatrix}2\lambda-2&\lambda-1\\\lambda-1&\lambda-3\end{vmatrix}=\lambda^2-6\lambda+5=(\lambda-1)(\lambda-5)=0,$

所以 $\lambda_1=1,\lambda_2=5$ 为 $\boldsymbol{A}$ 相对于 $\boldsymbol{B}$ 的两个广义特征值.

当 $\lambda_1=1$ 时, 由 $(\boldsymbol{B}-\boldsymbol{A})\boldsymbol{X}=\boldsymbol{0}$ 解得 $\boldsymbol{P}_1=\begin{bmatrix}1\\0\end{bmatrix}$; 当 $\lambda_2=5$ 时, 由 $(5\boldsymbol{B}-\boldsymbol{A})\boldsymbol{X}=\boldsymbol{0}$ 解得 $\boldsymbol{P}_2=\begin{bmatrix}-1\\2\end{bmatrix}$, 所以, 得到对应于 $\lambda_1=1$ 和 $\lambda_2=5$ 的广义特征向量分别为

$$k_1\begin{bmatrix}1\\0\end{bmatrix}\quad(k_1\neq 0),\quad k_2\begin{bmatrix}-1\\2\end{bmatrix}\quad(k_2\neq 0).$$

3.3 λ-矩阵

设 $\boldsymbol{A}\in\mathbb{C}^{n\times n}$, 则矩阵 $\boldsymbol{A}$ 与对角阵相似是有条件的, 如果一个复方阵不能与对角阵相似, 能否降低要求, 化为一个分块对角形? 此问题的答案是肯定的, 所得分块对角形就是所谓的 Jordan 标准形.

3.3.1 λ-矩阵的定义和初等变换

定义 1 设 $a_{ij}(\lambda)(i=1,2,\cdots,m;j=1,2,\cdots,n)$ 为数域 F 上关于变量 λ 的多项式, 则称以 a_{ij} 为元素的 $m\times n$ 矩阵

$$\boldsymbol{A}(\lambda)=\begin{bmatrix} a_{11}(\lambda) & a_{12}(\lambda) & \cdots & a_{1n}(\lambda) \\ a_{21}(\lambda) & a_{22}(\lambda) & \cdots & a_{2n}(\lambda) \\ \vdots & \vdots & & \vdots \\ a_{m1}(\lambda) & a_{m2}(\lambda) & \cdots & a_{mn}(\lambda) \end{bmatrix}$$

为多项式矩阵或 λ-矩阵; 称 $m\times n$ 个多项式 $a_{ij}(\lambda)(i=1,2,\cdots,m;j=1,2,\cdots,n)$ 次数最高的多项式的次数为 $\boldsymbol{A}(\lambda)$ 的次数.

注 (1) 数字矩阵与特征矩阵 $\lambda\boldsymbol{E}-\boldsymbol{A}$ 都是 λ-矩阵;

(2) λ-矩阵的加法、数乘和乘法运算以及运算规律都与数字矩阵的运算相同.

定义 2 如果 λ-矩阵 $\boldsymbol{A}(\lambda)$ 中有一个 $r(r\geqslant 1)$ 阶子式不为零多项式, 而所有 $r+1$ 阶子式 (如果有的话) 全为零多项式, 则称 $\boldsymbol{A}(\lambda)$ 的秩为 r, 记为 $\operatorname{rank}[\boldsymbol{A}(\lambda)]=r$.

若 n 阶 λ-矩阵 $\boldsymbol{A}(\lambda)$ 的秩为 n, 则称 $\boldsymbol{A}(\lambda)$ 为满秩的或非奇异的.

注 规定零矩阵的秩为 0.

定义 3 设 $\boldsymbol{A}(\lambda)$ 是 n 阶 λ-矩阵, 如果存在 n 阶 λ-矩阵 $\boldsymbol{B}(\lambda)$, 使得

$$\boldsymbol{A}(\lambda)\boldsymbol{B}(\lambda)=\boldsymbol{E}$$

成立, 则称 $\boldsymbol{A}(\lambda)$ 是可逆的, 且称 $\boldsymbol{B}(\lambda)$ 为 $\boldsymbol{A}(\lambda)$ 的逆, 记为 $\boldsymbol{A}^{-1}(\lambda)=\boldsymbol{B}(\lambda)$.

定理 1 一个 n 阶 λ-矩阵 $\boldsymbol{A}(\lambda)$ 可逆的充分必要条件是 $|\boldsymbol{A}(\lambda)|$ 是一个非零的常数.

证明 若 λ-矩阵 $\boldsymbol{A}(\lambda)$ 可逆, 由定义 3 可知, 存在 $\boldsymbol{B}(\lambda)$ 满足 $\boldsymbol{A}(\lambda)\boldsymbol{B}(\lambda)=\boldsymbol{E}$, 对其两边取行列式, 则有

$$|\boldsymbol{A}(\lambda)\boldsymbol{B}(\lambda)|=1.$$

由于 $|\boldsymbol{A}(\lambda)|$, $|\boldsymbol{B}(\lambda)|$ 都是 λ 的多项式, 所以 $|\boldsymbol{A}(\lambda)|$, $|\boldsymbol{B}(\lambda)|$ 都是常数.

反之, 设 $|\boldsymbol{A}(\lambda)|=c\neq 0$, 则

$$\frac{1}{c}\boldsymbol{A}^*(\lambda)\cdot\boldsymbol{A}(\lambda)=\boldsymbol{A}(\lambda)\cdot\frac{1}{c}\boldsymbol{A}^*(\lambda)=\boldsymbol{E},$$

因而 $\boldsymbol{A}(\lambda)$ 可逆, 这里 $\boldsymbol{A}^*(\lambda)$ 为 $\boldsymbol{A}(\lambda)$ 的伴随矩阵. □

由定理 1 可知, 在 λ-矩阵中, 可逆的矩阵是满秩的, 但是满秩矩阵未必是可逆的. 这是 λ-矩阵与数字矩阵不同的一点.

例 1　判断 λ-矩阵

$$\boldsymbol{A}(\lambda)=\begin{bmatrix}\lambda+1 & \lambda+3\\ \lambda^2+3\lambda & \lambda^2+5\lambda+4\end{bmatrix},\quad \boldsymbol{B}(\lambda)=\begin{bmatrix}\lambda+1 & \lambda\\ \lambda^2+3\lambda+2 & \lambda^2+5\lambda+6\end{bmatrix}$$

是否可逆?

解　由 $\det|\boldsymbol{A}(\lambda)|=4$, $|\boldsymbol{B}(\lambda)|=3(\lambda+1)(\lambda+2)$, 所以 $\boldsymbol{A}(\lambda)$ 可逆, $\boldsymbol{B}(\lambda)$ 不可逆.

定义 4　设 $\boldsymbol{A}(\lambda)$ 是 n 阶 λ-矩阵, 定义如下三种变换为 λ-矩阵的初等行 (列) 变换.

(1) 交换 $\boldsymbol{A}(\lambda)$ 的 i,j 两行 (列), 记作 $r_i\leftrightarrow r_j(c_i\leftrightarrow c_j)$;

(2) 用非零的常数 $k\in\mathbb{F}$ 乘 $\boldsymbol{A}(\lambda)$ 的第 i 行 (列), 记作 $kr_i(kc_i)$;

(3) $\boldsymbol{A}(\lambda)$ 的第 j 行 (列) 的 $\varphi(\lambda)$ 倍加到第 i 行 (列) 上去, 其中 $\varphi(\lambda)$ 是 λ 多项式. 记作 $r_i+\varphi(\lambda)r_j(c_i+\varphi(\lambda)c_j)$.

注　由线性代数中的知识我们知道, (1) 对 $m\times n$ 矩阵 $\boldsymbol{A}(\lambda)$ 作初等行变换, 相当于用相应的 m 阶初等矩阵左乘 $\boldsymbol{A}(\lambda)$, 而对 $m\times n$ 矩阵 $\boldsymbol{A}(\lambda)$ 作初等列变换, 相当于用相应的 n 阶初等矩阵右乘 $\boldsymbol{A}(\lambda)$, 并且对应的初等矩阵都是可逆的; (2) 定义 4 中三种初等变换对应的初等矩阵分别被记为 $\boldsymbol{P}(i,j)$, $\boldsymbol{P}(i(k))$, $\boldsymbol{P}(j(\varphi),i)$.

定义 5　如果 λ-矩阵 $\boldsymbol{A}(\lambda)$ 经过有限次初等变换后变成 λ-矩阵 $\boldsymbol{B}(\lambda)$, 则称 $\boldsymbol{A}(\lambda)$ 与 $\boldsymbol{B}(\lambda)$ 等价, 记为 $\boldsymbol{A}(\lambda)\to\boldsymbol{B}(\lambda)$.

定理 2　λ-矩阵 $\boldsymbol{A}(\lambda)$ 与 $\boldsymbol{B}(\lambda)$ 等价的充分必要条件是存在两个可逆矩阵 $\boldsymbol{P}(\lambda)$ 与 $\boldsymbol{Q}(\lambda)$, 使得

$$\boldsymbol{B}(\lambda)=\boldsymbol{P}(\lambda)\boldsymbol{A}(\lambda)\boldsymbol{Q}(\lambda).$$

证明略.

注　λ-矩阵的这种等价关系显然满足自反性、对称性与传递性.

3.3.2　λ-矩阵的行列式因子、不变因子

定义 6　设 $\boldsymbol{A}(\lambda)$ 为一个秩为 r 的 n 阶 λ-矩阵, 对于任意的正整数 k $(1\leqslant k\leqslant r)$, $\boldsymbol{A}(\lambda)$ 必有非零的 k 阶子式, $\boldsymbol{A}(\lambda)$ 的全部 k 阶子式的首一最大公因子称为 $\boldsymbol{A}(\lambda)$ 的 k 阶行列式因子, 记为 $D_k(\lambda)$. 我们规定 $D_1(\lambda)=1$.

注　(1) 首一最大公因子表示最大公因子的最高次数项的系数为 1;

(2) 如果 $\operatorname{rank}[\boldsymbol{A}(\lambda)]=r$, 则行列式因子一共有 r 个.

定理 3　等价的 λ-矩阵有相同的秩和相同的各阶行列式因子.

证明　只需证明 $\boldsymbol{A}(\lambda)$ 经过一次初等变换不改变 λ-矩阵的秩和行列式因子.

$\boldsymbol{A}(\lambda)$ 经过一次初等变换变成 $\boldsymbol{B}(\lambda)$, $f(\lambda)$ 和 $g(\lambda)$ 分别是它们的 k 阶子式的最大公因式, 下面证明在三种初等变换下 $f(\lambda)$ 与 $g(\lambda)$ 均能互相整除.

(1) 若 $\boldsymbol{A}(\lambda) \xrightarrow{r_i \leftrightarrow r_j} \boldsymbol{B}(\lambda)$, 则 $\boldsymbol{A}(\lambda)$ 与 $\boldsymbol{B}(\lambda)$ 的行向量组除了排列顺序不同外其他都是完全一样的, 它们的 k 级子式个数也相同, 对于 $\boldsymbol{B}(\lambda)$ 的每个 k 级子式都有 $\boldsymbol{A}(\lambda)$ 的一个 k 级子式与之相等或反号, 所以 $f(\lambda)|g(\lambda)$.

(2) 若 $\boldsymbol{A}(\lambda) \xrightarrow{cr_i} \boldsymbol{B}(\lambda)$, 则 $\boldsymbol{B}(\lambda)$ 的每个 k 级子式都与 $\boldsymbol{A}(\lambda)$ 的一个 k 级子式相等或是 $\boldsymbol{A}(\lambda)$ 的一个 k 级子式的 c 倍, 从而 $f(\lambda)|g(\lambda)$.

(3) 若 $\boldsymbol{A}(\lambda) \xrightarrow{r_i+\varphi(\lambda)r_j} \boldsymbol{B}(\lambda)$, 则 $\boldsymbol{B}(\lambda)$ 的那些不包含第 i 行元素的 k 级子式全是 $\boldsymbol{A}(\lambda)$ 的 k 级子式; 由行列式的性质, $\boldsymbol{B}(\lambda)$ 的那些包含第 i 行元素的 k 级子式 $M(\lambda)$ 可以表示为 $\boldsymbol{A}(\lambda)$ 的一个 k 级子式与 $\boldsymbol{A}(\lambda)$ 的另一个 k 级子式的 $\pm\varphi(\lambda)$ 倍的和 (当 $M(\lambda)$ 不用 $\boldsymbol{B}(\lambda)$ 的第 j 行时), 或者就是 $\boldsymbol{A}(\lambda)$ 的一个 k 级子式 (当 $M(\lambda)$ 用 $\boldsymbol{B}(\lambda)$ 第 j 行时), 因此 $f(\lambda)$ 整除 $\boldsymbol{B}(\lambda)$ 的每个 k 级子式, 从而 $f(\lambda)|g(\lambda)$.

而对初等列变换, 同理可以证明以上结论是成立的. 因为初等变换都是可逆的, 所以又有 $g(\lambda)|f(\lambda)$.

由 $f(\lambda)$ 与 $g(\lambda)$ 能互相整除知, 当 $f(\lambda) \neq 0$ 时 $g(\lambda) \neq 0$, 反之亦然, 因此当 $\boldsymbol{A}(\lambda)$ 有一个 k 级子式不为零时 $f(\lambda) \neq 0$, 这时 $g(\lambda) \neq 0$, 从而 $\boldsymbol{B}(\lambda)$ 也有一个 k 级子式不为零, 反之亦然; 同样, 当 $\boldsymbol{A}(\lambda)$ 的所有 k 级子式全为零时, $\boldsymbol{B}(\lambda)$ 的所有 k 级子式也全为零, 反之亦然. 因此 $\boldsymbol{A}(\lambda)$ 与 $\boldsymbol{B}(\lambda)$ 有相同的秩. 当 $f(\lambda)$ 与 $g(\lambda)$ 不为零时, 将它们化为首一多项式以后是相等的, 因此 $\boldsymbol{A}(\lambda)$ 与 $\boldsymbol{B}(\lambda)$ 有相同的行列式因子. □

定理 4 设 $\boldsymbol{A}(\lambda)$ 为一个秩为 r 的 n 阶 λ-矩阵, $D_k(\lambda)$ 为 $\boldsymbol{A}(\lambda)$ 的 k 阶行列式因子, 则 $D_{k-1}(\lambda)\,|D_k(\lambda)$ $(k=1,2,\cdots,r)$.

证明 设 $\boldsymbol{T}_k=[t_{ij}]_{k\times k}$ 为 $\boldsymbol{A}(\lambda)$ 的任意一个 k 阶子矩阵 (在 $\boldsymbol{A}(\lambda)$ 中任取 k 行 k 列, 且按照原来的相对位置不变构成的矩阵), 则有

$$|\boldsymbol{T}_k| = t_{11}A_{11} + t_{12}A_{12} + \cdots + t_{1k}A_{1k},$$

其中 A_{1j} 为 t_{1j} 在 $\boldsymbol{T}_k$ 中的代数余子式, $j=1,2,\cdots,k$, 即 A_{1j} 为正 1 或者负 1 倍的 $k-1$ 阶子式. 则 $D_{k-1}(\lambda)\,|A_{ij}(j=1,2,\cdots,k)$, 所以 $D_{k-1}(\lambda)|\ |\boldsymbol{T}_k|$, 而 $D_k(\lambda)$ 是 $\boldsymbol{A}(\lambda)$ 的 k 阶子式中的首一的最大公因式, 所以 $D_{k-1}(\lambda)|D_k(\lambda)$. □

例 2 设 $\boldsymbol{A}=\begin{bmatrix} 0 & 0 & 0 & -a_0 \\ 1 & 0 & 0 & -a_1 \\ 0 & 1 & 0 & -a_2 \\ 0 & 0 & 1 & -a_3 \end{bmatrix}$, 试求 $\lambda\boldsymbol{E}-\boldsymbol{A}$ 的所有行列式因子.

解
$$\lambda \boldsymbol{E}-\boldsymbol{A}=\begin{bmatrix}\lambda & 0 & 0 & a_0\\ -1 & \lambda & 0 & a_1\\ 0 & -1 & \lambda & a_2\\ 0 & 0 & -1 & \lambda+a_3\end{bmatrix},$$

容易得到它的一个三阶子式

$$M_3(\lambda)=\begin{vmatrix}-1 & \lambda & 0\\ 0 & -1 & \lambda\\ 0 & 0 & -1\end{vmatrix}=-1,$$

而 $\lambda\boldsymbol{E}-\boldsymbol{A}$ 的三阶行列式因子是它的所有三阶子式的首一最大公因式, 因此 $D_3(\lambda)=1$, 又因为 $D_1(\lambda)\,|D_2(\lambda), D_2(\lambda)|\,D_3(\lambda), D_1(\lambda), D_2(\lambda)$ 均为首一多项式, 所以 $D_1(\lambda)=D_2(\lambda)=1$, 即

$$D_1(\lambda)=D_2(\lambda)=D_3(\lambda)=1,$$

$$D_4(\lambda)=|\lambda\boldsymbol{E}-\boldsymbol{A}|=\lambda^4+a_3\lambda^3+a_2\lambda^2+a_1\lambda+a_0.$$

定义 7 设 $\boldsymbol{A}(\lambda)$ 为一个秩为 r 的 n 阶 λ-矩阵, $D_k(\lambda)$ 是 $\boldsymbol{A}(\lambda)$ 的 k 阶行列式因子, 则称 $d_k(\lambda)=\dfrac{D_k(\lambda)}{D_{k-1}(\lambda)}(k=1,2,\cdots,r)$ 为 $\boldsymbol{A}(\lambda)$ 的不变因子.

定理 5 若秩为 $r\neq 0$ 的 n 阶 λ-矩阵 $\boldsymbol{A}(\lambda)$ 等价于一个对角矩阵, 即

$$\boldsymbol{A}(\lambda)=\boldsymbol{P}(\lambda)\begin{bmatrix}d_1(\lambda) & & & \\ & d_2(\lambda) & & \\ & & \ddots & \\ & & & d_n(\lambda)\end{bmatrix}\boldsymbol{Q}(\lambda),$$

其中 $d_{k-1}(\lambda)|d_k(\lambda), k=2,\cdots,r, d_1(\lambda), d_2(\lambda),\cdots,d_r(\lambda)$ 首一, 则 $d_1(\lambda), d_2(\lambda),\cdots,d_r(\lambda)$ 是 $\boldsymbol{A}(\lambda)$ 的不变因子. 并且称此对角阵为 Smith 标准形.

证明 由定理 3 知, $\boldsymbol{A}(\lambda)$ 如果与 Smith 标准形等价, 则二者具有相同的行列式因子, 而 Smith 标准形的行列式因子为

$$D_1(\lambda)=d_1(\lambda), D_2(\lambda)=d_1(\lambda)d_2(\lambda),\cdots,D_r(\lambda)=d_1(\lambda)d_2(\lambda)\cdots d_r(\lambda),$$

所以

$$d_k(\lambda)=\frac{D_k(\lambda)}{D_{k-1}(\lambda)}\quad (k=2,\cdots,r)$$

为 Smith 标准形的不变因子, 从而也是 $\boldsymbol{A}(\lambda)$ 的不变因子. □

推论 任意 n 阶 λ-矩阵 $\boldsymbol{A}(\lambda)$ 的行列式因子, 不变因子都是唯一的.

定理 6 任意一个秩为 $r \neq 0$ 的 n 阶 λ-矩阵 $\boldsymbol{A}(\lambda)$ 总可以经过初等变换化为 Smith 标准形.

证明略.

定理 7 两个多项式矩阵 $\boldsymbol{A}(\lambda)$ 与 $\boldsymbol{B}(\lambda)$ 等价的充要条件是它们有相同的行列式因子或相同的不变因子.

证明 必要性由定理 3 可得; 充分性证明如下, 若 $\boldsymbol{A}(\lambda)$ 与 $\boldsymbol{B}(\lambda)$ 有相同的不变因子 (或有相同的行列式因子), 则 $\boldsymbol{A}(\lambda)$ 与 $\boldsymbol{B}(\lambda)$ 与同一个 Smith 标准形等价, 从而 $\boldsymbol{A}(\lambda)$ 与 $\boldsymbol{B}(\lambda)$ 等价. □

例 3 化 $\boldsymbol{A}(\lambda)=\begin{bmatrix} 1-\lambda & 2\lambda-1 & \lambda \\ \lambda & \lambda^2 & -\lambda \\ 1+\lambda^2 & \lambda^3+\lambda-1 & -\lambda^2 \end{bmatrix}$ 为 Smith 标准形, 并求 $\boldsymbol{A}(\lambda)$ 的不变因子.

解
$$\boldsymbol{A}(\lambda)=\begin{bmatrix} 1-\lambda & 2\lambda-1 & \lambda \\ \lambda & \lambda^2 & -\lambda \\ 1+\lambda^2 & \lambda^3+\lambda-1 & -\lambda^2 \end{bmatrix} \to \begin{bmatrix} 1 & \lambda^2+2\lambda-1 & 0 \\ \lambda & \lambda^2 & -\lambda \\ 1+\lambda^2 & \lambda^3+\lambda-1 & -\lambda^2 \end{bmatrix}$$

$$\to \begin{bmatrix} 1 & \lambda^2+2\lambda-1 & 0 \\ 0 & -\lambda^3-\lambda^2+\lambda & -\lambda \\ 0 & -\lambda^4-\lambda^3-\lambda & -\lambda^2 \end{bmatrix} \to \begin{bmatrix} 1 & 0 & 0 \\ 0 & \lambda & \lambda^3+\lambda^2-\lambda \\ 0 & \lambda^2 & \lambda^4+\lambda^3+\lambda \end{bmatrix}$$

$$\to \begin{bmatrix} 1 & 0 & 0 \\ 0 & \lambda & \lambda^3+\lambda^2-\lambda \\ 0 & 0 & \lambda(\lambda+1) \end{bmatrix} \to \begin{bmatrix} 1 & 0 & 0 \\ 0 & \lambda & 0 \\ 0 & 0 & \lambda(\lambda+1) \end{bmatrix},$$

$\boldsymbol{A}(\lambda)$ 的 Smith 标准形为 $\begin{bmatrix} 1 & 0 & 0 \\ 0 & \lambda & 0 \\ 0 & 0 & \lambda(\lambda+1) \end{bmatrix}$, $\boldsymbol{A}(\lambda)$ 的不变因子为

$$d_1(\lambda)=1, \quad d_2(\lambda)=\lambda, \quad d_3(\lambda)=\lambda(\lambda+1).$$

数字矩阵 $\boldsymbol{A}$ 的特征矩阵 $\lambda\boldsymbol{E}-\boldsymbol{A}$ 的不变因子简称为矩阵 $\boldsymbol{A}$ 的不变因子. 应该指出, n 阶矩阵 $\boldsymbol{A}$ 的特征矩阵 $\lambda\boldsymbol{E}-\boldsymbol{A}$ 的秩一定是 n. 因此 n 阶矩阵的不变因子总有 n 个, 并且它们的乘积就等于这个矩阵的特征多项式.

例 4 设 $\boldsymbol{A}=\begin{bmatrix}2&-1&2\\5&-3&3\\-1&0&-2\end{bmatrix}$, 试化 $\lambda\boldsymbol{E}-\boldsymbol{A}$ 为 Smith 标准形, 并求矩阵 $\boldsymbol{A}$ 的不变因子.

解
$$\lambda\boldsymbol{E}-\boldsymbol{A}=\begin{bmatrix}\lambda-2&1&-2\\-5&\lambda+3&-3\\1&0&\lambda+2\end{bmatrix}.$$

方法 1

$$\lambda\boldsymbol{E}-\boldsymbol{A}=\begin{bmatrix}\lambda-2&1&-2\\-5&\lambda+3&-3\\1&0&\lambda+2\end{bmatrix}\to\begin{bmatrix}1&0&\lambda+2\\-5&\lambda+3&-3\\\lambda-2&1&-2\end{bmatrix}$$
$$\to\begin{bmatrix}1&0&\lambda+2\\0&\lambda+3&5\lambda+7\\0&1&-\lambda^2+2\end{bmatrix}\to\begin{bmatrix}1&0&0\\0&1&-\lambda^2+2\\0&\lambda+3&5\lambda+7\end{bmatrix}$$
$$\to\begin{bmatrix}1&0&0\\0&1&-\lambda^2+2\\0&0&(\lambda+1)^3\end{bmatrix}\to\begin{bmatrix}1&0&0\\0&1&0\\0&0&(\lambda+1)^3\end{bmatrix},$$

所以 $\lambda\boldsymbol{E}-\boldsymbol{A}$ 的 Smith 标准形为

$$\begin{bmatrix}1&0&0\\0&1&0\\0&0&(\lambda+1)^3\end{bmatrix},$$

则矩阵 $\boldsymbol{A}$ 的不变因子为 $d_1(\lambda)=1, d_2(\lambda)=1, d_3(\lambda)=(\lambda+1)^3$.

方法 2 显然一阶行列式因子为 $D_1(\lambda)=1$, 由两个二阶子式为

$$\begin{vmatrix}-5&\lambda+3\\1&0\end{vmatrix}=-(\lambda+3),\quad\begin{vmatrix}1&-2\\0&\lambda+2\end{vmatrix}=\lambda+2,$$

它们的首一最大公因子为 1, 则 $D_2(\lambda)=1$, 又由

$$|\lambda\boldsymbol{E}-\boldsymbol{A}|=\begin{vmatrix}\lambda-2&1&-2\\-5&\lambda+3&-3\\1&0&\lambda+2\end{vmatrix}=(\lambda+1)^3,$$

则 $D_3(\lambda)=(\lambda+1)^3$. 所以矩阵$\boldsymbol{A}$ 的不变因子为

$$d_1(\lambda)=\frac{D_1(\lambda)}{D_0(\lambda)}=1,\quad d_2(\lambda)=\frac{D_2(\lambda)}{D_1(\lambda)}=1,\quad d_3(\lambda)=\frac{D_3(\lambda)}{D_2(\lambda)}=(\lambda+1)^3,$$

则 $\lambda\boldsymbol{E}-\boldsymbol{A}$ 的 Smith 标准形为

$$\begin{bmatrix}1&0&0\\0&1&0\\0&0&(\lambda+1)^3\end{bmatrix}.$$

3.3.3 初等因子

例如, 设 5 阶矩阵 $\boldsymbol{A}$ 的不变因子为 $1,1,1,\lambda-1,(\lambda-1)(\lambda+1)^2(\lambda+3)$, 则

$$d_1(\lambda)=(\lambda-1)^0(\lambda+1)^0(\lambda+3)^0,$$

$$d_2(\lambda)=(\lambda-1)^0(\lambda+1)^0(\lambda+3)^0,$$

$$d_3(\lambda)=(\lambda-1)^0(\lambda+1)^0(\lambda+3)^0,$$

$$d_4(\lambda)=(\lambda-1)^1(\lambda+1)^0(\lambda+3)^0,$$

$$d_5(\lambda)=(\lambda-1)^1(\lambda+1)^2(\lambda+3)^1.$$

可以观察出随着不变因子阶数的增加, 对应的一次因式 $\lambda-a$ 的幂次也在增加, 而我们把这些一次因式的幂次称为矩阵 $\boldsymbol{A}$ 的初等因子.

定义 8 把矩阵 $\boldsymbol{A}$ 的每个次数大于零的不变因子分解成互不相同的一次因式幂次的乘积, 所有这些一次因式幂次 (相同的必须按照出现的次数计算) 称为矩阵 $\boldsymbol{A}$ 的初等因子.

例如, 若矩阵 $\boldsymbol{A}$ 不变因子为

$$d_1(\lambda)=1,\quad d_2(\lambda)=1,\quad d_3(\lambda)=1,\quad d_4(\lambda)=\lambda-1,$$
$$d_5(\lambda)=(\lambda-1)(\lambda+1)^2(\lambda+3),$$

则矩阵 $\boldsymbol{A}$ 的初等因子为 $\lambda-1,\lambda-1,(\lambda+1)^2,\lambda+3$.

例 5 设矩阵 $\boldsymbol{A}=\begin{bmatrix}-1&1&0\\-4&3&0\\1&0&2\end{bmatrix}$, 求矩阵 $\boldsymbol{A}$ 的不变因子和初等因子.

解　由 $\lambda \boldsymbol{E}-\boldsymbol{A}=\begin{bmatrix} \lambda+1 & -1 & 0 \\ 4 & \lambda-3 & 0 \\ -1 & 0 & \lambda-2 \end{bmatrix}$, 不难看出 $D_1(\lambda)=D_2(\lambda)=1$, 而

$$D_3(\lambda)=\begin{vmatrix} \lambda+1 & -1 & 0 \\ 4 & \lambda-3 & 0 \\ -1 & 0 & \lambda-2 \end{vmatrix}=(\lambda-2)(\lambda-1)^2,$$

所以不变因子为

$$d_1(\lambda)=\frac{D_1(\lambda)}{D_0(\lambda)}=1,\quad d_2(\lambda)=\frac{D_2(\lambda)}{D_1(\lambda)}=1,\quad d_3(\lambda)=\frac{D_3(\lambda)}{D_2(\lambda)}=(\lambda-2)(\lambda-1)^2,$$

故初等因子为

$$\lambda-2,\quad (\lambda-1)^2.$$

现在进一步说明不变因子和初等因子的关系. 假设 n 阶矩阵 $\boldsymbol{A}$ 的不变因子为 $d_1(\lambda), d_2(\lambda), \cdots, d_n(\lambda)$, 在复数域内将它们分解为互不相同的一次因式幂的乘积:

$$d_1(\lambda)=(\lambda-\lambda_1)^{k_{11}}(\lambda-\lambda_2)^{k_{12}}\cdots(\lambda-\lambda_s)^{k_{1s}},$$

$$d_2(\lambda)=(\lambda-\lambda_1)^{k_{21}}(\lambda-\lambda_2)^{k_{22}}\cdots(\lambda-\lambda_s)^{k_{2s}},$$

$$\cdots\cdots$$

$$d_n(\lambda)=(\lambda-\lambda_1)^{k_{n1}}(\lambda-\lambda_2)^{k_{n2}}\cdots(\lambda-\lambda_s)^{k_{ns}},$$

则其中对应于 $k_{ij}\geqslant 1$ 的那些因式 $(\lambda-\lambda_j)^{k_{ij}}$ 就是矩阵 $\boldsymbol{A}$ 的初等因子. 由于 $d_i(\lambda)\,|\,d_{i+1}(\lambda)\ (i=1,2,\cdots,n-1)$, 因此在 $d_1(\lambda), d_2(\lambda), \cdots, d_n(\lambda)$ 的分解式中, 属于同一一次因式的幂次有递升的性质, 即

$$k_{1j}\leqslant k_{2j}\leqslant\cdots\leqslant k_{nj}\quad (j=1,2,\cdots,s),$$

这说明, 同一个一次因式的幂作为的初等因子中, 幂次最高的必然出现在 $d_n(\lambda)$ 的分解中, 幂次次高的必然出现在 $d_{n-1}(\lambda)$ 的分解式中, 如此顺推下去, 可知属于同一个一次因式的幂的初等因子在不变因子的分解式中出现的位置是唯一确定的. 根据矩阵的阶数和初等因子可以唯一地确定不变因子.

例 6　若已知 10 阶矩阵 $\boldsymbol{A}$ 的初等因子为

$$\lambda, \lambda^2, \lambda^2, \lambda-1, \lambda-1, \lambda+1, (\lambda+1)^2,$$

求 $\boldsymbol{A}(\lambda)$ 的不变因子.

解 由矩阵 $\boldsymbol{A}$ 的阶数和初等因子有 $\boldsymbol{A}$ 的不变因子为

$$d_{10}(\lambda)=\lambda^2(\lambda-1)(\lambda+1)^2,\quad d_9(\lambda)=\lambda^2(\lambda-1)(\lambda+1),\quad d_8(\lambda)=\lambda,$$
$$d_1(\lambda)=d_2(\lambda)=\cdots=d_7(\lambda)=1.$$

定理 8 两个矩阵 $\boldsymbol{A}$ 与 $\boldsymbol{B}$ 相似的充要条件是它们的特征矩阵 $\lambda\boldsymbol{E}-\boldsymbol{A}$ 与 $\lambda\boldsymbol{E}-\boldsymbol{B}$ 等价.

证明略.

由定理 7 可知, 两个 λ-矩阵等价的充要条件是它们有相同的不变因子, 所以由定理 8 有:

推论 1 矩阵 $\boldsymbol{A}$ 与 $\boldsymbol{B}$ 相似的充要条件是它们有相同的不变因子.

又由于不变因子相同, 因此初等因子相同, 则有如下推论.

推论 2 矩阵 $\boldsymbol{A}$ 与 $\boldsymbol{B}$ 相似的充要条件是它们有相同的初等因子.

例 7 设矩阵 $\boldsymbol{A}$ 为 n 阶矩阵, 证明 $\boldsymbol{A}$ 与 $\boldsymbol{A}^{\mathrm{T}}$ 相似.

证明 $\lambda\boldsymbol{E}-\boldsymbol{A}^{\mathrm{T}}=(\lambda\boldsymbol{E}-\boldsymbol{A})^{\mathrm{T}}$, 而 $(\lambda\boldsymbol{E}-\boldsymbol{A})^{\mathrm{T}}$ 与 $\lambda\boldsymbol{E}-\boldsymbol{A}$ 具有相同的行列式因子, 从而有相同的不变因子, 所以由推论 1 有 $\boldsymbol{A}$ 与 $\boldsymbol{A}^{\mathrm{T}}$ 相似.

3.4 方阵的 Jordan 标准形

3.4.1 Jordan 标准形的定义

定义 1 形如

$$\boldsymbol{J}_m(\lambda)=\begin{bmatrix}\lambda & 1 & & & \\ & \lambda & 1 & & \\ & & \ddots & \ddots & \\ & & & \lambda & 1 \\ & & & & \lambda\end{bmatrix}_{m\times m}$$

的 m 阶方阵称为 m 阶 Jordan 块, 其中 $\lambda\in\mathbb{C}$.

例如, 矩阵 $\begin{bmatrix}-1 & 1 & 0\\ 0 & -1 & 1\\ 0 & 0 & -1\end{bmatrix}$, $\begin{bmatrix}2+\mathrm{i} & 1 & 0 & 0 & 0\\ 0 & 2+\mathrm{i} & 1 & 0 & 0\\ 0 & 0 & 2+\mathrm{i} & 1 & 0\\ 0 & 0 & 0 & 2+\mathrm{i} & 1\\ 0 & 0 & 0 & 0 & 2+\mathrm{i}\end{bmatrix}$ 都是 Jordan 块, 它们分别是 $\boldsymbol{J}_3(-1)$, $\boldsymbol{J}_5(2+\mathrm{i})$.

定义 2 由若干个 Jordan 块组成的分块对角阵

$$J = \begin{bmatrix} J_{m_1}(\lambda_1) & & & \\ & J_{m_2}(\lambda_2) & & \\ & & \ddots & \\ & & & J_{m_s}(\lambda_s) \end{bmatrix}$$

称为 Jordan 标准形, 当 $m_1+m_2+\cdots+m_s=n$ 时, 称 J 为 n 阶 Jordan 标准形.

例 1 设 $J = \begin{bmatrix} 1 & 0 & & & & & \\ & 1 & 1 & & & & \\ & & 1 & 0 & & & \\ & & & \mathrm{i} & 1 & & \\ & & & & \mathrm{i} & 0 & \\ & & & & & -\mathrm{i} & 1 \\ & & & & & & -\mathrm{i} \end{bmatrix}$, 试写出 J 的 Jordan 块.

解 $J_1(1)=[1], J_2(1)=\begin{bmatrix} 1 & 1 \\ 0 & 1 \end{bmatrix}, J_2(\mathrm{i})=\begin{bmatrix} \mathrm{i} & 1 \\ 0 & \mathrm{i} \end{bmatrix}, J_2(-\mathrm{i})=\begin{bmatrix} -\mathrm{i} & 1 \\ 0 & -\mathrm{i} \end{bmatrix}$.

3.4.2 Jordan 标准形的计算

定理 1 设 $J_0 = \begin{bmatrix} \lambda_0 & 1 & 0 & \cdots & 0 \\ 0 & \lambda_0 & 1 & \cdots & 0 \\ \vdots & \vdots & \vdots & \ddots & \vdots \\ 0 & 0 & 0 & \cdots & 1 \\ 0 & 0 & 0 & \cdots & \lambda_0 \end{bmatrix}$ 为 k 阶 Jordan 块, 则它的初等因子为 $(\lambda-\lambda_0)^k$.

证明 考虑它的特征矩阵

$$\lambda E - J_0 = \begin{bmatrix} \lambda-\lambda_0 & -1 & 0 & \cdots & 0 \\ 0 & \lambda-\lambda_0 & -1 & \cdots & 0 \\ \vdots & \vdots & \vdots & \ddots & \vdots \\ 0 & 0 & 0 & \cdots & -1 \\ 0 & 0 & 0 & \cdots & \lambda-\lambda_0 \end{bmatrix},$$

显然 $|\lambda E - J_0| = (\lambda-\lambda_0)^k$ 为 $\lambda E - J_0$ 的 k 阶行列式因子 $D_k(\lambda)$.

由于 $\lambda\boldsymbol{E}-\boldsymbol{J}_0$ 有一个 $k-1$ 阶的子式为

$$\begin{vmatrix} -1 & 0 & \cdots & 0 & 0 \\ \lambda-\lambda_0 & -1 & \cdots & 0 & 0 \\ \vdots & \vdots & & \vdots & \vdots \\ 0 & 0 & \cdots & -1 & 0 \\ 0 & 0 & \cdots & \lambda-\lambda_0 & -1 \end{vmatrix} = (-1)^{k-1},$$

所以 $\lambda\boldsymbol{E}-\boldsymbol{J}_0$ 的 $k-1$ 阶行列式因子 $D_{k-1}(\lambda)$ 为 1, 从而其余的行列式因子为

$$D_1(\lambda)=\cdots=D_{k-2}(\lambda)=1,$$

因此, $\lambda\boldsymbol{E}-\boldsymbol{J}_0$ 的不变因子为

$$d_1(\lambda)=\cdots=d_{k-1}(\lambda)=1,\quad d_k(\lambda)=(\lambda-\lambda_0)^k.$$

由此可得 $\boldsymbol{J}_0$ 的初等因子为 $(\lambda-\lambda_0)^k$. □

推论 1 设 Jordan 标准形为

$$\boldsymbol{J}=\begin{bmatrix} \boldsymbol{J}_{k_1}(\lambda_1) & & & \\ & \boldsymbol{J}_{k_2}(\lambda_2) & & \\ & & \ddots & \\ & & & \boldsymbol{J}_{k_s}(\lambda_s) \end{bmatrix},$$

则 $\boldsymbol{J}$ 的全部初等因子为

$$(\lambda-\lambda_1)^{k_1},\quad (\lambda-\lambda_2)^{k_2},\quad \cdots,\quad (\lambda-\lambda_s)^{k_s}.$$

证明 由定理 1 可知

$$\lambda\boldsymbol{E}_{k_i}-\boldsymbol{J}_{k_i}(\lambda_i)\to\begin{bmatrix} 1 & & & & \\ & 1 & & & \\ & & \ddots & & \\ & & & 1 & \\ & & & & (\lambda-\lambda_i)^{k_i} \end{bmatrix}=\boldsymbol{\Delta}_i,$$

则 $\lambda\boldsymbol{E}-\boldsymbol{J}\to\begin{bmatrix} \boldsymbol{\Delta}_1 & & & \\ & \boldsymbol{\Delta}_2 & & \\ & & \ddots & \\ & & & \boldsymbol{\Delta}_s \end{bmatrix}$, 则 $\boldsymbol{J}$ 的全部初等因子为

$$(\lambda-\lambda_1)^{k_1},\quad (\lambda-\lambda_2)^{k_2},\quad \cdots,\quad (\lambda-\lambda_s)^{k_s}.$$ □

相似的矩阵具有相同的初等因子, 若矩阵 $\boldsymbol{A}$ 与 Jordan 标准形相似, 则有下面的结论.

定理 2　设 $\boldsymbol{A}\in\mathbb{C}^{n\times n}$, $\lambda_1,\lambda_2,\cdots,\lambda_\sigma$ 为 $\boldsymbol{A}$ 的互异特征值, $\boldsymbol{A}$ 的全部初等因子为

$$\begin{gathered}(\lambda-\lambda_1)^{k_{11}},(\lambda-\lambda_1)^{k_{21}},\cdots,(\lambda-\lambda_1)^{k_{s_1 1}},\\(\lambda-\lambda_2)^{k_{12}},(\lambda-\lambda_2)^{k_{22}},\cdots,(\lambda-\lambda_2)^{k_{s_2 2}},\\\cdots\cdots\\(\lambda-\lambda_\sigma)^{k_{1\sigma}},(\lambda-\lambda_\sigma)^{k_{2\sigma}},\cdots,(\lambda-\lambda_\sigma)^{k_{s_\sigma \sigma}},\end{gathered}$$

其中 $k_{1i}+k_{2i}+\cdots+k_{s_i i}=m_i\ (i=1,2,\cdots,\sigma)$, m_i 为特征值 λ_i 的代数重复度, 则存在可逆矩阵 $\boldsymbol{T}$, 使得 $\boldsymbol{A}=\boldsymbol{TJT}^{-1}$, 其中每个 $(\lambda-\lambda_i)^{k_{ti}}$ 对应 $\boldsymbol{J}$ 的一个块.

证明略.

注　$(\lambda-\lambda_i)^{k_{ti}}$ 对应 $\boldsymbol{J}$ 的一个 Jordan 块为 $\begin{bmatrix}\lambda_i & 1 & & & \\ & \lambda_i & 1 & & \\ & & \ddots & \ddots & \\ & & & \lambda_i & 1\\ & & & & \lambda_i\end{bmatrix}_{k_{ti}\times k_{ti}}$.

由定理 2 可以得到求 Jordan 标准形的步骤:

(1) 求出 $\lambda\boldsymbol{E}_n-\boldsymbol{A}$ 的 Smith 标准形;

(2) 写出 $\boldsymbol{A}$ 的不变因子;

(3) 得到 $\boldsymbol{A}$ 的全部初等因子;

(4) 写出每个初等因子对应的 Jordan 块;

(5) 由 Jordan 块组成 Jordan 标准形.

例 2　求 $\boldsymbol{A}=\begin{bmatrix}-1 & 0 & 1\\ 1 & 2 & 0\\ -4 & 0 & 3\end{bmatrix}$ 的 Jordan 标准形.

解　先求 $\lambda\boldsymbol{E}-\boldsymbol{A}$ 的 Smith 标准形:

$$\lambda\boldsymbol{E}-\boldsymbol{A}=\begin{bmatrix}\lambda+1 & 0 & -1\\ -1 & \lambda-2 & 0\\ 4 & 0 & \lambda-3\end{bmatrix}\rightarrow\begin{bmatrix}1 & & \\ & 1 & \\ & & (\lambda-1)^2(\lambda-2)\end{bmatrix},$$

$\boldsymbol{A}$ 的不变因子为

$$d_1(\lambda)=1,\quad d_2(\lambda)=1,\quad d_3(\lambda)=(\lambda-1)^2(\lambda-2),$$

$\boldsymbol{A}$ 的初等因子为

$$(\lambda-1)^2,\quad \lambda-2,$$

所以 $\boldsymbol{A}$ 的 Jordan 标准形为 $\begin{bmatrix} 2 & 0 & 0 \\ 0 & 1 & 1 \\ 0 & 0 & 1 \end{bmatrix}$ 或 $\begin{bmatrix} 1 & 1 & 0 \\ 0 & 1 & 0 \\ 0 & 0 & 2 \end{bmatrix}$.

注 由例 2 可知, 方阵 $\boldsymbol{A}$ 的 Jordan 标准形除去其中 Jordan 块的排列次序外是被矩阵 $\boldsymbol{A}$ 唯一确定的.

由定理 2 知, 复数域上任何方阵 $\boldsymbol{A}$, 都与 Jordan 矩阵 $\boldsymbol{J}$ 相似, 即存在可逆矩阵 $\boldsymbol{T}$, 使得 $\boldsymbol{A}=\boldsymbol{TJT}^{-1}$, 下面给出 $\boldsymbol{T}$ 的求法.

设 $\boldsymbol{A}\in\mathbb{C}^{n\times n}$, $\boldsymbol{T}=[\boldsymbol{t}_1,\boldsymbol{t}_2,\cdots,\boldsymbol{t}_n]\in\mathbb{C}^{n\times n}$, $\boldsymbol{J}=[\boldsymbol{j}_1,\boldsymbol{j}_2,\cdots,\boldsymbol{j}_n]\in\mathbb{C}^{n\times n}$, 由 $\boldsymbol{A}=\boldsymbol{TJT}^{-1}$, 可得到 $\boldsymbol{AT}=\boldsymbol{TJ}$, $\boldsymbol{A}[\boldsymbol{t}_1,\boldsymbol{t}_2,\cdots,\boldsymbol{t}_n]=[\boldsymbol{t}_1,\boldsymbol{t}_2,\cdots,\boldsymbol{t}_n][\boldsymbol{j}_1,\boldsymbol{j}_2,\cdots,\boldsymbol{j}_n]$, 所以

$$\begin{aligned} \boldsymbol{At}_1&=[\boldsymbol{t}_1,\boldsymbol{t}_2,\cdots,\boldsymbol{t}_n]\boldsymbol{j}_1,\\ \boldsymbol{At}_2&=[\boldsymbol{t}_1,\boldsymbol{t}_2,\cdots,\boldsymbol{t}_n]\boldsymbol{j}_2,\\ &\cdots\cdots\\ \boldsymbol{At}_n&=[\boldsymbol{t}_1,\boldsymbol{t}_2,\cdots,\boldsymbol{t}_n]\boldsymbol{j}_n, \end{aligned}$$

解方程并选取适当的 $\boldsymbol{t}_1,\boldsymbol{t}_2,\cdots,\boldsymbol{t}_n$, 即可得到可逆矩阵 $\boldsymbol{T}$. 称 $\boldsymbol{T}$ 为相似变换矩阵.

定理 3 设方阵 $\boldsymbol{A}$ 相似于 Jordan 标准形 $\boldsymbol{J}$, $\boldsymbol{J}$ 中有某个 Jordan 块为

$$\boldsymbol{J}_i=\begin{bmatrix} \lambda & 1 & & & \\ & \lambda & 1 & & \\ & & \ddots & \ddots & \\ & & & \lambda & 1 \\ & & & & \lambda \end{bmatrix}_{k\times k},$$

且 $\boldsymbol{J}_i$ 对应的线性无关向量为 $\boldsymbol{t}_{i1},\boldsymbol{t}_{i2},\cdots,\boldsymbol{t}_{ik}$, 即

$$\boldsymbol{A}[\boldsymbol{t}_{i1},\boldsymbol{t}_{i2},\cdots,\boldsymbol{t}_{ik}]=[\boldsymbol{t}_{i1},\boldsymbol{t}_{i2},\cdots,\boldsymbol{t}_{ik}]\begin{bmatrix} \lambda & 1 & & & \\ & \lambda & 1 & & \\ & & \ddots & \ddots & \\ & & & \lambda & 1 \\ & & & & \lambda \end{bmatrix}_{k\times k}.$$

则

(1) $\boldsymbol{t}_{ik}$ 为 $(\boldsymbol{A}-\lambda\boldsymbol{E})^k\boldsymbol{x}=\boldsymbol{0}$ 的一个非零解, 且 $(\boldsymbol{A}-\lambda\boldsymbol{E})^{k-1}\boldsymbol{t}_{ik}\neq\boldsymbol{0}$;

(2) $(\boldsymbol{A}-\lambda\boldsymbol{E})\boldsymbol{t}_{ik}=\boldsymbol{t}_{i(k-1)}$, $(\boldsymbol{A}-\lambda\boldsymbol{E})^2\boldsymbol{t}_{ik}=\boldsymbol{t}_{i(k-2)}$, $\cdots$, $(\boldsymbol{A}-\lambda\boldsymbol{E})^{k-1}\boldsymbol{t}_{ik}=\boldsymbol{t}_{i1}$, 且 $\boldsymbol{t}_{i1},\boldsymbol{t}_{i2},\cdots,\boldsymbol{t}_{ik}$ 线性无关;

(3) $\boldsymbol{t}_{i1}$ 为属于 λ 的一个特征向量;

(4) 若特征值 λ 对应有 a 个线性无关的特征向量, 则 λ 对应有 a 个 Jordan 块.

证明　(1) 因为

$$\boldsymbol{A}\left[t_{i1},t_{i2},\cdots,t_{ik}\right]=\left[t_{i1},t_{i2},\cdots,t_{ik}\right]\begin{bmatrix}\lambda & 1 & & & \\ & \lambda & 1 & & \\ & & \ddots & \ddots & \\ & & & \lambda & 1\\ & & & & \lambda\end{bmatrix}_k,$$

则

$$\begin{cases}\boldsymbol{A}\boldsymbol{t}_{i1}=\lambda\boldsymbol{t}_{i1},\\ \boldsymbol{A}\boldsymbol{t}_{i2}=\boldsymbol{t}_{i1}+\lambda\boldsymbol{t}_{i2},\\ \qquad\cdots\cdots\\ \boldsymbol{A}\boldsymbol{t}_{ik}=\boldsymbol{t}_{i(k-1)}+\lambda\boldsymbol{t}_{ik}\end{cases}\Rightarrow\begin{cases}(\boldsymbol{A}-\lambda\boldsymbol{E})\boldsymbol{t}_{i1}=\boldsymbol{0},\\ (\boldsymbol{A}-\lambda\boldsymbol{E})\boldsymbol{t}_{i2}=\boldsymbol{t}_{i1},\\ \qquad\cdots\cdots\\ (\boldsymbol{A}-\lambda\boldsymbol{E})\boldsymbol{t}_{ik}=\boldsymbol{t}_{i(k-1)}.\end{cases}$$

因此 $\boldsymbol{\theta}=(\boldsymbol{A}-\lambda\boldsymbol{E})\boldsymbol{t}_{i1}=(\boldsymbol{A}-\lambda\boldsymbol{E})^2\boldsymbol{t}_{i2}=\cdots=(\boldsymbol{A}-\lambda\boldsymbol{E})^k\boldsymbol{t}_{ik}$, 则 $\boldsymbol{t}_{ik}$ 为 $(\boldsymbol{A}-\lambda\boldsymbol{E})^k\boldsymbol{x}=\boldsymbol{0}$ 的一个非零解, 且 $(\boldsymbol{A}-\lambda\boldsymbol{E})^{k-1}\boldsymbol{t}_{ik}=\boldsymbol{t}_{i1}\neq\boldsymbol{0}$.

(2) 由 (1) 显然可得 $(\boldsymbol{A}-\lambda\boldsymbol{E})\boldsymbol{t}_{ik}=\boldsymbol{t}_{i(k-1)}\neq\boldsymbol{0}$, $(\boldsymbol{A}-\lambda\boldsymbol{E})^2\boldsymbol{t}_{ik}=\boldsymbol{t}_{i(k-2)}\neq\boldsymbol{0}$, $\cdots$, $(\boldsymbol{A}-\lambda\boldsymbol{E})^{k-1}\boldsymbol{t}_{ik}=\boldsymbol{t}_{i1}\neq\boldsymbol{0}$, 以下证明 $\boldsymbol{t}_{i1},\boldsymbol{t}_{i2},\cdots,\boldsymbol{t}_{ik}$ 线性无关. 对于

$$s_1\boldsymbol{t}_{i1}+s_2\boldsymbol{t}_{i2}+\cdots+s_k\boldsymbol{t}_{ik}=\boldsymbol{0},$$

只需证明 $s_1=s_2=\cdots=s_k=0$, 上式可写为

$$s_1(\boldsymbol{A}-\lambda\boldsymbol{E})^{k-1}\boldsymbol{t}_{ik}+s_2(\boldsymbol{A}-\lambda\boldsymbol{E})^{k-2}\boldsymbol{t}_{ik}+\cdots+s_k\boldsymbol{t}_{ik}=\boldsymbol{0},$$

上式两边同时左乘 $(\boldsymbol{A}-\lambda\boldsymbol{E})^{k-1}$ 可得

$$s_k(\boldsymbol{A}-\lambda\boldsymbol{E})^{k-1}\boldsymbol{t}_{ik}=\boldsymbol{0},$$

又由于 $(\boldsymbol{A}-\lambda\boldsymbol{E})^{k-1}\boldsymbol{t}_{ik}\neq\boldsymbol{0}$, 则 $s_k=0$, 同样的方法可以证明 $s_1=s_2=\cdots=s_{k-1}=0$, 所以 $\boldsymbol{t}_{i1},\boldsymbol{t}_{i2},\cdots,\boldsymbol{t}_{ik}$ 线性无关.

(3) 由 (1) 可知 $\boldsymbol{A}\boldsymbol{t}_{i1}=\lambda\boldsymbol{t}_{i1}$, 且 $\boldsymbol{t}_{i1}\neq\boldsymbol{0}$, 显然 $\boldsymbol{t}_{i1}$ 为属于 λ 的一个特征向量;

(4) 由 (3) 可知, $\boldsymbol{t}_{i1}$ 为属于 λ 的一个特征向量, 且 $\boldsymbol{t}_{i2},\cdots,\boldsymbol{t}_{ik}$ 不是特征向量, 则每个特征向量对应一个 Jordan 块, 所以若特征值 λ 对应有 a 个线性无关的特征向量, 则 λ 对应有 a 个 Jordan 块. □

定理 4 将 Jordan 标准形中每个 Jordan 块对应的线性无关的特征向量放到一起, 它们是线性无关的.

证明略.

由定理 3 可知, Jordan 标准形可根据矩阵的特征值和特征向量求解, 单重特征值对应一个 Jordan 块, r 重特征值有几个线性无关的特征向量, 就有几个 Jordan 块, 这些 Jordan 块的阶数和为 r.

例 3 求矩阵 $\boldsymbol{A}=\begin{bmatrix}3&1&-1\\-2&0&2\\-1&-1&3\end{bmatrix}$ 的 Jordan 标准形.

解 可求得

$$|\lambda\boldsymbol{E}-\boldsymbol{A}|=\begin{vmatrix}\lambda-3&-1&1\\2&\lambda&-2\\1&1&\lambda-3\end{vmatrix}=(\lambda-2)^3,$$

即矩阵 $\boldsymbol{A}$ 有三重特征值 $\lambda=2$, 而 $\operatorname{rank}(2\boldsymbol{E}-\boldsymbol{A})=1$, 则特征值 $\lambda=2$ 对应两个线性无关的特征向量, 故矩阵 $\boldsymbol{A}$ 的 Jordan 标准形有两个 Jordan 块, 分别为 1 阶和 2 阶, 则 Jordan 标准形为

$$\boldsymbol{J}=\begin{bmatrix}2&0&0\\0&2&1\\0&0&2\end{bmatrix}\quad 或者\quad \boldsymbol{J}=\begin{bmatrix}2&1&0\\0&2&0\\0&0&2\end{bmatrix}.$$

此种方法适用于阶数比较低的矩阵, 而当某个特征值的重数比较高时, 对应的 Jordan 块无法确定.

例 4 设 $\boldsymbol{A}=\begin{bmatrix}-1&-2&5\\-1&0&4\\-1&-1&4\end{bmatrix}$, 求:

(1) 矩阵 $\boldsymbol{A}$ 的 Jordan 标准形; (2) 相似变换矩阵 $\boldsymbol{T}$.

解 (1) 由

$$\lambda\boldsymbol{E}-\boldsymbol{A}=\begin{bmatrix}\lambda+1&2&-5\\1&\lambda&-4\\1&1&\lambda-4\end{bmatrix}\to\begin{bmatrix}1&0&0\\0&1&0\\0&0&(\lambda-1)^3\end{bmatrix}$$

得到 $\boldsymbol{A}$ 的初等因子为 $(\lambda-1)^3$, 则矩阵 $\boldsymbol{A}$ 的 Jordan 标准形为

$$\boldsymbol{J}=\begin{bmatrix}1&1&0\\0&1&1\\0&0&1\end{bmatrix}.$$

(2) 设相似变换矩阵为 $\boldsymbol{T}$, 有 $\boldsymbol{A}=\boldsymbol{T}\boldsymbol{J}\boldsymbol{T}^{-1}$, 即 $\boldsymbol{AT}=\boldsymbol{TJ}$ 记 $\boldsymbol{T}=[\boldsymbol{t}_1,\boldsymbol{t}_2,\boldsymbol{t}_3]$, 则

$$\boldsymbol{AT}=\boldsymbol{A}[\boldsymbol{t}_1,\boldsymbol{t}_2,\boldsymbol{t}_3]=[\boldsymbol{At}_1,\boldsymbol{At}_2,\boldsymbol{At}_3],$$

$$\boldsymbol{TJ}=[\boldsymbol{t}_1,\boldsymbol{t}_2,\boldsymbol{t}_3]\begin{bmatrix}1&1&0\\0&1&1\\0&0&1\end{bmatrix}=[\boldsymbol{t}_1,\boldsymbol{t}_1+\boldsymbol{t}_2,\boldsymbol{t}_2+\boldsymbol{t}_3],$$

则

$$\begin{cases}\boldsymbol{At}_1=\boldsymbol{t}_1,\\\boldsymbol{At}_2=\boldsymbol{t}_1+\boldsymbol{t}_2,\\\boldsymbol{At}_3=\boldsymbol{t}_2+\boldsymbol{t}_3,\end{cases}\quad \text{即} \quad \begin{cases}(\boldsymbol{A}-\boldsymbol{E})\boldsymbol{t}_1=\boldsymbol{0},\\(\boldsymbol{A}-\boldsymbol{E})\boldsymbol{t}_2=\boldsymbol{t}_2,\\(\boldsymbol{A}-\boldsymbol{E})\boldsymbol{t}_3=\boldsymbol{t}_2,\end{cases}$$

取 $\boldsymbol{t}_3=\begin{bmatrix}1\\0\\0\end{bmatrix}$, $\boldsymbol{t}_3$ 是满足 $(\boldsymbol{A}-\boldsymbol{E})^3\boldsymbol{x}=\boldsymbol{0}$ 的一个非零解, 且不是 $(\boldsymbol{A}-\boldsymbol{E})^2\boldsymbol{x}=\boldsymbol{0}$ 的解. 则

$$\boldsymbol{t}_2=(\boldsymbol{A}-\boldsymbol{E})\boldsymbol{t}_3=\begin{bmatrix}-2\\-1\\-1\end{bmatrix},\quad \boldsymbol{t}_1=(\boldsymbol{A}-\boldsymbol{E})\boldsymbol{t}_2=\begin{bmatrix}1\\-1\\0\end{bmatrix},$$

则

$$\boldsymbol{T}=[\boldsymbol{t}_1,\boldsymbol{t}_2,\boldsymbol{t}_3]=\begin{bmatrix}1&-2&1\\-1&-1&0\\0&-1&0\end{bmatrix}.$$

求相似变换矩阵 $\boldsymbol{T}$ 还有其他的方法, 我们通过下面的例题来看一下.

例 5 设 $\boldsymbol{A}=\begin{bmatrix}2&0&0\\1&1&1\\1&-1&3\end{bmatrix}$, 求

(1) $\boldsymbol{A}$ 的 Jordan 标准形; (2) 相似变换矩阵 $\boldsymbol{T}$.

解 (1) 由

$$\lambda\boldsymbol{E}-\boldsymbol{A}=\begin{bmatrix}\lambda-2&0&0\\-1&\lambda-1&-1\\-1&1&\lambda-3\end{bmatrix}\to\begin{bmatrix}1&0&0\\0&\lambda-2&0\\0&0&(\lambda-2)^2\end{bmatrix},$$

得到 $\boldsymbol{A}$ 的初等因子 $\lambda-2,(\lambda-2)^2$, 从而 $\boldsymbol{A}$ 的 Jordan 标准形为

$$\boldsymbol{J}=\begin{bmatrix}2&0&0\\0&2&1\\0&0&2\end{bmatrix}.$$

(2) 设相似变换矩阵为 $\boldsymbol{T}$, 则有 $\boldsymbol{A}=\boldsymbol{T}\boldsymbol{J}\boldsymbol{T}^{-1}$, $\boldsymbol{A}\boldsymbol{T}=\boldsymbol{T}\boldsymbol{J}$, 记 $\boldsymbol{T}$ 为分块矩阵 $\boldsymbol{T}=[\boldsymbol{t}_1,\boldsymbol{t}_2,\boldsymbol{t}_3]$, 则

$$\boldsymbol{A}\boldsymbol{T}=\boldsymbol{A}[\boldsymbol{t}_1,\boldsymbol{t}_2,\boldsymbol{t}_3]=[\boldsymbol{A}\boldsymbol{t}_1,\boldsymbol{A}\boldsymbol{t}_2,\boldsymbol{A}\boldsymbol{t}_3],$$

$$\boldsymbol{T}\boldsymbol{J}=[\boldsymbol{t}_1,\boldsymbol{t}_2,\boldsymbol{t}_3]\begin{bmatrix}2&0&0\\0&2&1\\0&0&2\end{bmatrix}=[2\boldsymbol{t}_1,2\boldsymbol{t}_2,\boldsymbol{t}_2+2\boldsymbol{t}_3],$$

则

$$\begin{cases}\boldsymbol{A}\boldsymbol{t}_1=2\boldsymbol{t}_1,\\\boldsymbol{A}\boldsymbol{t}_2=2\boldsymbol{t}_2,\\\boldsymbol{A}\boldsymbol{t}_3=\boldsymbol{t}_2+2\boldsymbol{t}_3\end{cases}\Rightarrow\begin{cases}(\boldsymbol{A}-2\boldsymbol{E})\boldsymbol{t}_1=\boldsymbol{0},\\(\boldsymbol{A}-2\boldsymbol{E})\boldsymbol{t}_2=\boldsymbol{0},\\(\boldsymbol{A}-2\boldsymbol{E})\boldsymbol{t}_3=\boldsymbol{t}_2.\end{cases}$$

$\boldsymbol{t}_1,\boldsymbol{t}_2$ 为方程 $(\boldsymbol{A}-2\boldsymbol{E})\boldsymbol{x}=\boldsymbol{0}$ 的线性无关的解, 由

$$\boldsymbol{A}-2\boldsymbol{E}=\begin{bmatrix}0&0&0\\1&-1&1\\1&-1&1\end{bmatrix}\to\begin{bmatrix}1&-1&1\\0&0&0\\0&0&0\end{bmatrix},$$

方程 $(\boldsymbol{A}-2\boldsymbol{E})\boldsymbol{x}=\boldsymbol{0}$ 的基础解系为 $\boldsymbol{\alpha}_1=\begin{bmatrix}1\\1\\0\end{bmatrix},\boldsymbol{\alpha}_2=\begin{bmatrix}-1\\0\\1\end{bmatrix}$, 取 $\boldsymbol{t}_1=\boldsymbol{\alpha}_1$, 但是由于 $\boldsymbol{t}_2$ 的取值会影响方程 $(\boldsymbol{A}-2\boldsymbol{E})\boldsymbol{t}_3=\boldsymbol{t}_2$ 解的情况, 所以令 $\boldsymbol{t}_2=k_1\boldsymbol{\alpha}_1+k_2\boldsymbol{\alpha}_2=$

$\begin{bmatrix} k_1-k_2 \\ k_1 \\ k_2 \end{bmatrix}$ (k_1, k_2 不全为零), 代入方程 $(\boldsymbol{A}-2\boldsymbol{E})\boldsymbol{t}_3=\boldsymbol{t}_2$ 中, 则

$$\begin{bmatrix} \boldsymbol{A}-2\boldsymbol{E} & \boldsymbol{t}_2 \end{bmatrix}=\begin{bmatrix} 0 & 0 & 0 & k_1-k_2 \\ 1 & -1 & 1 & k_1 \\ 1 & -1 & 1 & k_2 \end{bmatrix} \to \begin{bmatrix} 1 & -1 & 1 & k_1 \\ 0 & 0 & 0 & k_2-k_1 \\ 0 & 0 & 0 & 0 \end{bmatrix},$$

当 $k_1=k_2$ 时方程有解, 不妨取 $k_1=k_2=1$, 这时 $\boldsymbol{t}_2=\begin{bmatrix} 0 \\ 1 \\ 1 \end{bmatrix}$, 此时取 $\boldsymbol{t}_3=\begin{bmatrix} 1 \\ 0 \\ 0 \end{bmatrix}$ 为方程 $(\boldsymbol{A}-2\boldsymbol{E})\boldsymbol{t}_3=\boldsymbol{t}_2$ 的一个解, 所以相似变换矩阵为

$$\boldsymbol{T}=[\boldsymbol{t}_1,\boldsymbol{t}_2,\boldsymbol{t}_3]=\begin{bmatrix} 1 & 0 & 1 \\ 1 & 1 & 0 \\ 0 & 1 & 0 \end{bmatrix}.$$

习 题 3

1. 设 $\boldsymbol{A}\in\mathbb{C}^{3\times 3}$, $\boldsymbol{E}$ 为三阶单位阵, 且方阵 $\boldsymbol{E}-2\boldsymbol{A}$, $\boldsymbol{E}+\boldsymbol{A}$, $3\boldsymbol{E}-\boldsymbol{A}$ 都不可逆, 求 $\boldsymbol{A}$ 的谱.

2. 设 $\lambda_1,\lambda_2,\cdots,\lambda_s$ 为 $\boldsymbol{A}\in\mathbb{C}^{n\times n}$ 的全部互异的特征值, m_i 为 λ_i 的代数重复度 ($i=1,2,\cdots,s$), 证明 $\mathrm{tr}\boldsymbol{A}^k=\sum\limits_{i=1}^{s}m_i\lambda_i^k$.

3. 已知 $\boldsymbol{A}=\begin{bmatrix} 2 & a & 2 \\ 5 & b & 3 \\ -1 & 1 & -1 \end{bmatrix}$ 有特征值 1, -1, 试判断 $\boldsymbol{A}$ 是否可对角化.

4. 已知 $\boldsymbol{A}=\begin{bmatrix} 0 & 0 & 1 \\ a & 1 & b \\ 1 & 0 & 0 \end{bmatrix}$ 可对角化, 求 a,b 满足的条件.

5. 判断下列矩阵是否可对角化, 若可以对角化, 求出相似变换矩阵 $\boldsymbol{P}$, 使 $\boldsymbol{P}^{-1}\boldsymbol{AP}$ 为对角矩阵:

(1) $\begin{bmatrix} -1 & 4 & -2 \\ -3 & 4 & 0 \\ -3 & 1 & 3 \end{bmatrix}$; (2) $\begin{bmatrix} 2 & 0 & 0 \\ 1 & 1 & 1 \\ 1 & -1 & 3 \end{bmatrix}$; (3) $\begin{bmatrix} 2 & 0 & 1 \\ 3 & 1 & 3 \\ 4 & 0 & 5 \end{bmatrix}$.

6. 已知 $\boldsymbol{A}=\begin{bmatrix} -2 & 1 & 1 \\ 0 & 2 & 0 \\ -4 & 1 & 3 \end{bmatrix}$, 求 $\boldsymbol{A}^{100}$.

7. 设 $\boldsymbol{A}, \boldsymbol{B}$ 均是正规矩阵, 试证: $\boldsymbol{A}$ 与 $\boldsymbol{B}$ 酉相似的充要条件是 $\boldsymbol{A}$ 与 $\boldsymbol{B}$ 的特征值相同.

8. 设 $\boldsymbol{A}$ 为 n 阶正规矩阵, $\lambda_1, \lambda_2, \cdots, \lambda_n$ 为 $\boldsymbol{A}$ 的特征值, 试证: $\boldsymbol{A}^{\mathrm{H}}\boldsymbol{A}$ 的特征值为 $|\lambda_1|^2, |\lambda_2|^2, \cdots, |\lambda_n|^2$.

9. 下列矩阵 $\boldsymbol{A}$ 是否为正规阵, 如果是, 求酉矩阵 $\boldsymbol{U}$, 使得 $\boldsymbol{U}^{\mathrm{H}}\boldsymbol{A}\boldsymbol{U}$ 为对角阵.

(1)$\boldsymbol{A} = \begin{bmatrix} 2 & 2 & -2 \\ 2 & 5 & -4 \\ -2 & -4 & 5 \end{bmatrix}$; (2)$\boldsymbol{A} = \begin{bmatrix} 1 & \mathrm{i} & 1 \\ -\mathrm{i} & 0 & -2\mathrm{i} \\ 1 & 2\mathrm{i} & 0 \end{bmatrix}$.

10.设 $\boldsymbol{A}$ 是 Hermite 矩阵, 且 $\boldsymbol{A}^2 = \boldsymbol{A}$, 证明: 存在酉矩阵 $\boldsymbol{U}$, 使得 $\boldsymbol{U}^{\mathrm{H}}\boldsymbol{A}\boldsymbol{U} = \begin{bmatrix} \boldsymbol{E}_r & \boldsymbol{O} \\ \boldsymbol{O} & \boldsymbol{O} \end{bmatrix}$.

11. 设 $\boldsymbol{A}$ 是 Hermite 矩阵, 且 $\boldsymbol{A}^2 = \boldsymbol{E}$, 则存在酉矩阵 $\boldsymbol{U}$, 使得 $\boldsymbol{U}^{\mathrm{H}}\boldsymbol{A}\boldsymbol{U} = \begin{bmatrix} \boldsymbol{E}_r & \boldsymbol{O} \\ \boldsymbol{O} & -\boldsymbol{E}_{n-r} \end{bmatrix}$.

12. 试证明任一个 $n \times n$ 矩阵都可表示为一个 Hermite 矩阵和一个反 Hermite 矩阵之和.

13. 设 $\boldsymbol{A}$ 为正定的 Hermite 矩阵, 证明: 对任意正整数 k, 存在正定的 Hermite 矩阵 $\boldsymbol{S}$, 使得 $\boldsymbol{S}^k = \boldsymbol{A}$.

14. 用酉变换将下列 Hermite 二次型化为标准形:

(1) $f(x_1, x_2, x_3) = 2\bar{x}_1x_1 + \mathrm{i}\bar{x}_1x_2 - \bar{x}_1x_3 - \mathrm{i}\bar{x}_2x_1 + \mathrm{i}\bar{x}_2x_3 - \bar{x}_3x_1 - \mathrm{i}\bar{x}_3x_2$;

(2) $f(x_1, x_2, x_3) = \bar{x}_1x_1 + \mathrm{i}\bar{x}_1x_2 - \bar{x}_1x_3 - \mathrm{i}\bar{x}_2x_1 + \bar{x}_2x_2 + \mathrm{i}\bar{x}_2x_3 - \bar{x}_3x_1 - \mathrm{i}\bar{x}_3x_2 + \bar{x}_3x_3$.

15. 设 $\boldsymbol{A}$ 为 Hermite 矩阵, 试证明: 存在 $t>0$, 使得 $\boldsymbol{A}+t\boldsymbol{E}$ 是正定 Hermite 矩阵, $\boldsymbol{A}-t\boldsymbol{E}$ 是负定 Hermite 矩阵.

16. 设 $\boldsymbol{A} = \begin{bmatrix} 5 & 1 \\ 1 & 1 \end{bmatrix}$, $\boldsymbol{B} = \begin{bmatrix} 18 & 2 \\ 2 & 2 \end{bmatrix}$, 求 $\boldsymbol{A}$ 相对于 $\boldsymbol{B}$ 的广义特征值和广义特征向量.

17. 设 $\boldsymbol{A} = \begin{bmatrix} -1 & 0 & 2 \\ 1 & 2 & -1 \\ 1 & 3 & 0 \end{bmatrix}$, 试求 $\lambda\boldsymbol{E} - \boldsymbol{A}$ 的 Smith 标准形.

18. 设 $\boldsymbol{A}(\lambda) = \begin{bmatrix} 1-\lambda & \lambda^2 & \lambda \\ \lambda & \lambda & -\lambda \\ 1+\lambda^2 & \lambda^2 & -\lambda^2 \end{bmatrix}$, 试求 $\boldsymbol{A}(\lambda)$ 的 Smith 标准形.

19. 求下列矩阵的 Jordan 标准形.

(1) $\boldsymbol{A} = \begin{bmatrix} 4 & 6 & 0 \\ -3 & -5 & 0 \\ -3 & -6 & 1 \end{bmatrix}$; (2) $\boldsymbol{A} = \begin{bmatrix} 1 & 0 & 1 \\ 3 & 2 & 1 \\ 1 & 1 & 0 \end{bmatrix}$;

(3) $\boldsymbol{A} = \begin{bmatrix} 2 & -1 & 2 \\ 5 & -3 & 3 \\ -1 & 0 & -2 \end{bmatrix}$; (4) $\boldsymbol{A} = \begin{bmatrix} 3 & 1 & 0 & 0 \\ -4 & -1 & 0 & 0 \\ 3 & 1 & 2 & 1 \\ -3 & -1 & -1 & 0 \end{bmatrix}$.

20. 试求相似变换矩阵 $\boldsymbol{T}$, 使得 $\boldsymbol{T}^{-1}\boldsymbol{A}\boldsymbol{T}=\boldsymbol{J}$:

(1) $\boldsymbol{A}=\begin{bmatrix}3 & 0 & 8\\ 3 & -1 & 6\\ -2 & 0 & -5\end{bmatrix}$;　　(2) $\boldsymbol{A}=\begin{bmatrix}2 & 1 & 2\\ 0 & 3 & 1\\ 0 & 1 & 3\end{bmatrix}$.

第 4 章　矩阵分解

在矩阵理论的研究与应用中，将矩阵分解为形式比较简单或具有某种特性的一些矩阵的乘积或和，都是十分重要的. 因为这些分解式的特殊形式一方面能明显地反映出原矩阵的某些数值特征，如矩阵的秩、行列式的值、特征值及奇异值等；另一方面分解的方法和过程往往提供了某些有效的数值计算方法和理论分析根据. 在第 3 章中我们实际上已经介绍了一些矩阵的分解，即对角化，在本章中对一些常用的矩阵分解作进一步的介绍. 主要内容有：

(1) 若矩阵 $\boldsymbol{A}$ 为满秩的方阵，在一定的条件下，可以分解成两个三角矩阵的乘积；

(2) 对于秩为 r 的 $m\times n$ 的矩阵 $\boldsymbol{A}$，可作满秩分解，即分解为列满秩和行满秩矩阵乘积；

(3) 若矩阵 $\boldsymbol{A}$ 为行满秩或者列满秩，可分解为 (次) 酉矩阵和正线三角矩阵的乘积；

(4) 对于秩为 r 的 $m\times n$ 的矩阵 $\boldsymbol{A}$，可作奇异值分解；

(5) 对于单纯矩阵，可以作谱分解.

4.1　矩阵的三角分解

在线性代数中，对于 n 阶方阵 $\boldsymbol{A}=[a_{ij}]_{n\times n}$，当 $i>j(i<j)$ 时 $a_{ij}=0$，则称 $\boldsymbol{A}$ 为上 (下) 三角矩阵，上、下三角矩阵统称为三角矩阵. 特别地，对角元素为 1 的上 (下) 三角矩阵称为单位上 (下) 三角矩阵，对角线元素都为正数的上 (下) 三角矩阵称为正线上 (下) 三角矩阵.

设 $\boldsymbol{A}$ 为 n 阶方阵，$\boldsymbol{Ax}=\boldsymbol{b}$ 为线性方程组，如果 $\boldsymbol{A}$ 能够分解为 $\boldsymbol{A}=\boldsymbol{BC}$，且 $\boldsymbol{B},\boldsymbol{C}$ 为三角矩阵，则线性方程组 $\boldsymbol{Ax}=\boldsymbol{b}$ 的求解问题转化为求方程组 $\begin{cases}\boldsymbol{Cx}=\boldsymbol{y}\\ \boldsymbol{By}=\boldsymbol{b}\end{cases}$ 的解，这为解线性方程组提供了一个较简单的方法，也为有关矩阵的其他问题提供了一个途径.

定义 1　对于 n 阶方阵 $\boldsymbol{A}$，若有下三角矩阵 $\boldsymbol{L}$ 和上三角矩阵 $\boldsymbol{U}$，使得 $\boldsymbol{A}=\boldsymbol{LU}$，则称 $\boldsymbol{A}$ 可作三角分解 (或 LU 分解).

定理 1　设 $\boldsymbol{A}\in\mathbb{C}_n^{n\times n}$，则 $\boldsymbol{A}$ 可以唯一地分解为 $\boldsymbol{A}=\boldsymbol{L}\tilde{\boldsymbol{U}}$(或 $\boldsymbol{A}=\tilde{\boldsymbol{L}}\boldsymbol{U}$) 的

充分必要条件是 $\boldsymbol{A}$ 的顺序主子式都不等于零. 其中 $\boldsymbol{L}$ 为下三角矩阵, $\tilde{\boldsymbol{U}}$ 为单位上三角矩阵, $\boldsymbol{A}=\boldsymbol{L}\tilde{\boldsymbol{U}}$ 称为 Crout 分解 ($\tilde{\boldsymbol{L}}$ 为单位下三角矩阵, $\boldsymbol{U}$ 为上三角矩阵, $\boldsymbol{A}=\tilde{\boldsymbol{L}}\boldsymbol{U}$ 称为 Doolittle 分解).

证明 只证 $\boldsymbol{A}=\boldsymbol{L}\tilde{\boldsymbol{U}}$ 即可 ($\boldsymbol{A}=\tilde{\boldsymbol{L}}\boldsymbol{U}$ 的证明与此类似, 读者可自证).

必要性: 设 $\boldsymbol{A}$ 可以唯一地分解为 $\boldsymbol{A}=\boldsymbol{L}\tilde{\boldsymbol{U}}$, 则

$$\boldsymbol{A}=\begin{bmatrix}\boldsymbol{A}_{11} & \boldsymbol{A}_{12}\\ \boldsymbol{A}_{21} & \boldsymbol{A}_{22}\end{bmatrix}=\begin{bmatrix}\boldsymbol{L}_{11} & \boldsymbol{O}\\ \boldsymbol{L}_{21} & \boldsymbol{L}_{22}\end{bmatrix}\begin{bmatrix}\boldsymbol{U}_{11} & \boldsymbol{U}_{12}\\ \boldsymbol{O} & \boldsymbol{U}_{22}\end{bmatrix}=\boldsymbol{L}\tilde{\boldsymbol{U}},$$

其中 $\boldsymbol{A}_{11}\in\mathbb{C}^{k\times k}$, 故 $\boldsymbol{A}_{11}=\boldsymbol{L}_{11}\boldsymbol{U}_{11}$, $\boldsymbol{A}$ 的顺序主子式 $\Delta_k=|\boldsymbol{A}_{11}|=|\boldsymbol{L}_{11}||\boldsymbol{U}_{11}|$. 因为 $\boldsymbol{A}$ 可逆及 $\boldsymbol{L},\tilde{\boldsymbol{U}}$ 为可逆三角阵, 故 $|\boldsymbol{L}_{11}||\boldsymbol{U}_{11}|\neq 0$, 所以 $\Delta_k\neq 0$, $k=1,2,\cdots,n$.

充分性: 用归纳法, 当 $n=1$ 时命题显然成立.

假设命题在 $n=m$ 时成立, 则当 $n=m+1$ 时, 设 $\boldsymbol{A}=\begin{bmatrix}\boldsymbol{A}_m & \boldsymbol{\beta}\\ \boldsymbol{\alpha}^{\mathrm{T}} & a_{m+1,m+1}\end{bmatrix}$, 其中 $\boldsymbol{A}_m=\boldsymbol{L}_m\tilde{\boldsymbol{L}}_m\in\mathbb{C}_m^{m\times m}$, $\boldsymbol{L}_m$ 为下三角阵, $\tilde{\boldsymbol{U}}_m$ 为单位上三角阵, $\boldsymbol{\alpha},\boldsymbol{\beta}\in\mathbb{C}^m$, 则

$$\boldsymbol{A}\begin{bmatrix}\boldsymbol{E}_m & -\boldsymbol{A}_m^{-1}\boldsymbol{\beta}\\ \boldsymbol{O} & 1\end{bmatrix}=\begin{bmatrix}\boldsymbol{A}_m & \boldsymbol{O}\\ \boldsymbol{\alpha}^{\mathrm{T}} & a_{m+1,m+1}-\boldsymbol{\alpha}^{\mathrm{T}}\boldsymbol{A}_m^{-1}\boldsymbol{\beta}\end{bmatrix},$$

所以

$$\begin{aligned}\boldsymbol{A}&=\begin{bmatrix}\boldsymbol{A}_m & \boldsymbol{O}\\ \boldsymbol{\alpha}^{\mathrm{T}} & a_{m+1,m+1}-\boldsymbol{\alpha}^{\mathrm{T}}\boldsymbol{A}_m^{-1}\boldsymbol{\beta}\end{bmatrix}\begin{bmatrix}\boldsymbol{E}_m & -\boldsymbol{A}_m^{-1}\boldsymbol{\beta}\\ \boldsymbol{O} & 1\end{bmatrix}^{-1}\\&=\begin{bmatrix}\boldsymbol{L}_m & \boldsymbol{O}\\ \boldsymbol{\alpha}^{\mathrm{T}}\tilde{\boldsymbol{U}}_m^{-1} & a_{m+1,m+1}-\boldsymbol{\alpha}^{\mathrm{T}}\boldsymbol{A}_m^{-1}\boldsymbol{\beta}\end{bmatrix}\begin{bmatrix}\tilde{\boldsymbol{U}}_m & \boldsymbol{O}\\ \boldsymbol{O} & 1\end{bmatrix}\begin{bmatrix}\boldsymbol{E}_m & \boldsymbol{A}_m^{-1}\boldsymbol{\beta}\\ \boldsymbol{O} & 1\end{bmatrix}\\&=\begin{bmatrix}\boldsymbol{L}_m & \boldsymbol{O}\\ \boldsymbol{\alpha}^{\mathrm{T}}\tilde{\boldsymbol{U}}_m^{-1} & a_{m+1,m+1}-\boldsymbol{\alpha}^{\mathrm{T}}\boldsymbol{A}_m^{-1}\boldsymbol{\beta}\end{bmatrix}\begin{bmatrix}\tilde{\boldsymbol{U}}_m & \tilde{\boldsymbol{U}}_m\boldsymbol{A}_m^{-1}\boldsymbol{\beta}\\ \boldsymbol{O} & 1\end{bmatrix}\\&=\boldsymbol{L}_{m+1}\tilde{\boldsymbol{U}}_{m+1}..\end{aligned}$$

下面证明唯一性, 设 $\boldsymbol{A}=\boldsymbol{L}\tilde{\boldsymbol{U}}=\boldsymbol{L}'\tilde{\boldsymbol{U}}'$, 则 $\tilde{\boldsymbol{U}}\tilde{\boldsymbol{U}}'^{-1}=\boldsymbol{L}^{-1}\boldsymbol{L}'$, 因为 $\tilde{\boldsymbol{U}}$, $\tilde{\boldsymbol{U}}'$ 为单位上三角矩阵, $\boldsymbol{L},\boldsymbol{L}'$ 为下三角矩阵, 所以 $\tilde{\boldsymbol{U}}\tilde{\boldsymbol{U}}'^{-1}$ 是单位上三角矩阵, $\boldsymbol{L}^{-1}\boldsymbol{L}'$ 为下三角矩阵, 故 $\tilde{\boldsymbol{U}}\tilde{\boldsymbol{U}}'^{-1}=\boldsymbol{L}^{-1}\boldsymbol{L}'=\boldsymbol{E}$, 从而 $\boldsymbol{L}=\boldsymbol{L}'$, $\tilde{\boldsymbol{U}}=\tilde{\boldsymbol{U}}'$, 唯一性得证. □

推论 1 设 $\boldsymbol{A}\in\mathbb{C}_n^{n\times n}$, $\boldsymbol{A}$ 的顺序主子式都不等于零, 则 $\boldsymbol{A}$ 可以唯一地分解为 $\boldsymbol{A}=\tilde{\boldsymbol{L}}\boldsymbol{D}\tilde{\boldsymbol{U}}$, 其中 $\tilde{\boldsymbol{L}}$ 为单位下三角矩阵, $\boldsymbol{D}$ 为对角矩阵, $\tilde{\boldsymbol{U}}$ 为单位上三角矩阵.

证明 由定理 1 得 $\boldsymbol{A}$ 可以唯一地分解为$\boldsymbol{A}=\boldsymbol{L}\tilde{\boldsymbol{U}}$, 设 $\boldsymbol{L}=\begin{bmatrix} l_{11} & 0 & \cdots & 0 \\ l_{21} & l_{22} & \cdots & 0 \\ \vdots & \vdots & \ddots & \vdots \\ l_{n1} & l_{n2} & \cdots & l_{nn} \end{bmatrix}$,

则

$$\boldsymbol{L}=\begin{bmatrix} 1 & 0 & \cdots & 0 \\ \dfrac{l_{21}}{l_{11}} & 1 & \cdots & 0 \\ \vdots & \vdots & \ddots & \vdots \\ \dfrac{l_{n1}}{l_{11}} & \dfrac{l_{n2}}{l_{22}} & \cdots & 1 \end{bmatrix}\begin{bmatrix} l_{11} & 0 & \cdots & 0 \\ 0 & l_{22} & \cdots & 0 \\ \vdots & \vdots & \ddots & \vdots \\ 0 & 0 & \cdots & l_{nn} \end{bmatrix}=\tilde{\boldsymbol{L}}\boldsymbol{D},$$

即 $\boldsymbol{A}$ 可以唯一地分解为 $\boldsymbol{A}=\tilde{\boldsymbol{L}}\boldsymbol{D}\tilde{\boldsymbol{U}}$. □

矩阵 $\boldsymbol{A}=[a_{ij}]_{n\times n}$ 的 Crout 分解具体做法为: 由 $\boldsymbol{A}=\boldsymbol{L}\tilde{\boldsymbol{U}}$ 得

$$\begin{bmatrix} a_{11} & a_{12} & \cdots & a_{1n} \\ a_{21} & a_{22} & \cdots & a_{2n} \\ \vdots & \vdots & & \vdots \\ a_{n1} & a_{n2} & \cdots & a_{nn} \end{bmatrix}=\begin{bmatrix} l_{11} & 0 & \cdots & 0 \\ l_{21} & l_{22} & \cdots & 0 \\ \vdots & \vdots & \ddots & \vdots \\ l_{n1} & l_{n2} & \cdots & l_{nn} \end{bmatrix}\begin{bmatrix} 1 & u_{12} & \cdots & u_{1n} \\ 0 & 1 & \cdots & u_{2n} \\ \vdots & \vdots & \ddots & \vdots \\ 0 & 0 & \cdots & 1 \end{bmatrix},$$

于是 $$\begin{cases} l_{i1}=a_{i1} & i=1,2,\cdots,n, \\ u_{1j}=\dfrac{a_{1j}}{l_{11}}, & j=2,\cdots,n, \\ l_{ik}=a_{ik}-\displaystyle\sum_{s=1}^{k-1} l_{is}u_{sk}, & 2\leqslant k\leqslant i, i=2,3,\cdots,n, \\ u_{kj}=\dfrac{a_{kj}-\displaystyle\sum_{s=1}^{k-1} l_{ks}u_{sj}}{l_{kk}}, & k=2,3,\cdots,n-1, j=k+1,k+2,\cdots,n. \end{cases}$$ □

例 1 求 $\boldsymbol{A}=\begin{bmatrix} 2 & 1 & -5 & 1 \\ 1 & -3 & 0 & -6 \\ 0 & 2 & -1 & 2 \\ 1 & 4 & -7 & 6 \end{bmatrix}$ 的 Crout 分解和 LDU 分解.

解　设 $\boldsymbol{A}=\boldsymbol{L}\tilde{\boldsymbol{U}}$, 即

$$\begin{bmatrix} 2 & 1 & -5 & 1 \\ 1 & -3 & 0 & -6 \\ 0 & 2 & -1 & 2 \\ 1 & 4 & -7 & 6 \end{bmatrix}=\begin{bmatrix} l_{11} & 0 & 0 & 0 \\ l_{21} & l_{22} & 0 & 0 \\ l_{31} & l_{32} & l_{33} & 0 \\ l_{41} & l_{42} & l_{43} & l_{44} \end{bmatrix}\begin{bmatrix} 1 & u_{12} & u_{13} & u_{14} \\ 0 & 1 & u_{23} & u_{24} \\ 0 & 0 & 1 & u_{34} \\ 0 & 0 & 0 & 1 \end{bmatrix}.$$

比较两端的对应元素即得

$$l_{11}=2,\quad l_{21}=1,\quad l_{31}=0,\quad l_{41}=1,$$

$$u_{12}=\frac{a_{12}}{l_{11}}=\frac{1}{2},\quad u_{13}=\frac{a_{13}}{l_{11}}=-\frac{5}{2},\quad u_{14}=\frac{a_{14}}{l_{11}}=\frac{1}{2},$$

$$l_{22}=a_{22}-l_{21}u_{12}=-\frac{7}{2},\quad l_{32}=a_{32}-l_{31}u_{12}=2,\quad l_{42}=a_{42}-l_{41}u_{12}=\frac{7}{2},$$

$$u_{23}=\frac{a_{23}-l_{21}u_{13}}{l_{22}}=-\frac{5}{7},\quad u_{24}=\frac{a_{24}-l_{21}u_{14}}{l_{22}}=\frac{13}{7},$$

$$l_{33}=a_{33}-l_{31}u_{13}-l_{32}u_{23}=\frac{3}{7},\quad l_{43}=a_{43}-l_{41}u_{13}-l_{42}u_{23}=-2,$$

$$u_{34}=\frac{a_{34}-l_{31}u_{14}-l_{32}u_{24}}{l_{33}}=-4,$$

$$l_{44}=a_{44}-l_{41}u_{14}-l_{42}u_{24}-l_{43}u_{34}=-9.$$

则 $\boldsymbol{L}=\begin{bmatrix} 2 & 0 & 0 & 0 \\ 1 & -\frac{7}{2} & 0 & 0 \\ 0 & 2 & \frac{3}{7} & 0 \\ 1 & \frac{7}{2} & -2 & -9 \end{bmatrix}$, $\tilde{\boldsymbol{U}}=\begin{bmatrix} 1 & \frac{1}{2} & -\frac{5}{2} & \frac{1}{2} \\ 0 & 1 & -\frac{5}{7} & \frac{13}{7} \\ 0 & 0 & 1 & -4 \\ 0 & 0 & 0 & 1 \end{bmatrix}$, $\boldsymbol{A}=\boldsymbol{L}\tilde{\boldsymbol{U}}$.

又由

$$\boldsymbol{L}=\begin{bmatrix} 2 & 0 & 0 & 0 \\ 1 & -\frac{7}{2} & 0 & 0 \\ 0 & 2 & \frac{3}{7} & 0 \\ 1 & \frac{7}{2} & -2 & -9 \end{bmatrix}=\begin{bmatrix} 1 & 0 & 0 & 0 \\ \frac{1}{2} & 1 & 0 & 0 \\ 0 & -\frac{4}{7} & 1 & 0 \\ \frac{1}{2} & -1 & -\frac{14}{3} & 1 \end{bmatrix}\begin{bmatrix} 2 & 0 & 0 & 0 \\ 0 & -\frac{7}{2} & 0 & 0 \\ 0 & 0 & \frac{3}{7} & 0 \\ 0 & 0 & 0 & -9 \end{bmatrix}=\tilde{\boldsymbol{L}}\boldsymbol{D},$$

则 $\boldsymbol{A}=\tilde{\boldsymbol{L}}\boldsymbol{D}\tilde{\boldsymbol{U}}$.

例 2 试用 Doolittle 分解求解方程组

$$\boldsymbol{A}\boldsymbol{x}=\boldsymbol{b},$$

其中 $\boldsymbol{A}=\begin{bmatrix}2&5&-6\\4&13&-19\\-6&-3&-6\end{bmatrix}$, $\boldsymbol{b}=\begin{bmatrix}10\\19\\-30\end{bmatrix}$.

解 将 $\boldsymbol{A}$ 作 Doolittle 分解为

$$\boldsymbol{A}=\begin{bmatrix}2&5&-6\\4&13&-19\\-6&-3&-6\end{bmatrix}=\begin{bmatrix}1&0&0\\2&1&0\\-3&4&1\end{bmatrix}\begin{bmatrix}2&5&-6\\0&3&-7\\0&0&4\end{bmatrix}=\boldsymbol{L}\boldsymbol{U},$$

解 $\boldsymbol{L}\boldsymbol{y}=\boldsymbol{b}$, 得 $\boldsymbol{y}=[10,\ -1,\ 4]^{\mathrm{T}}$; 解 $\boldsymbol{U}\boldsymbol{x}=\boldsymbol{y}$, 得 $\boldsymbol{x}=[3,\ 2,\ 1]^{\mathrm{T}}$, 即为原方程组的解.

定理 2 (Cholesky 分解) 正定的 Hermite 矩阵 $\boldsymbol{A}$ 可唯一地分解为 $\boldsymbol{A}=\boldsymbol{L}\boldsymbol{L}^{\mathrm{H}}$, 其中 $\boldsymbol{L}$ 为正线下三角矩阵.

证明 设 $\boldsymbol{A}\in\mathbb{C}^{n\times n}$, 因为 $\boldsymbol{A}$ 正定, 故 $\boldsymbol{A}$ 的顺序主子式都不等于零, 由推论 1 可知, $\boldsymbol{A}$ 可以唯一地分解为 $\boldsymbol{A}=\tilde{\boldsymbol{L}}\boldsymbol{D}\tilde{\boldsymbol{U}}$.

因为 $\boldsymbol{A}$ 为 Hermite 矩阵, 即 $\boldsymbol{A}=\boldsymbol{A}^{\mathrm{H}}$, 故 $\tilde{\boldsymbol{L}}\boldsymbol{D}\tilde{\boldsymbol{U}}=\tilde{\boldsymbol{U}}^{\mathrm{H}}\boldsymbol{D}^{\mathrm{H}}\tilde{\boldsymbol{L}}^{\mathrm{H}}$, 又由分解的唯一性得 $\tilde{\boldsymbol{L}}=\tilde{\boldsymbol{U}}^{\mathrm{H}}$, $\boldsymbol{D}=\boldsymbol{D}^{\mathrm{H}}$, 即

$$\boldsymbol{A}=\tilde{\boldsymbol{L}}\boldsymbol{D}\tilde{\boldsymbol{L}}^{\mathrm{H}}.$$

设 $\boldsymbol{D}=\operatorname{diag}[d_1,d_2,\cdots,d_n]$, 因为 $\boldsymbol{A}$ 正定且 $\boldsymbol{A}$ 与 $\boldsymbol{D}$ 合同, 则 $\boldsymbol{D}$ 也正定, 即 $d_1,d_2,\cdots,d_n>0$, 记 $\boldsymbol{\varLambda}=\operatorname{diag}\left[\sqrt{d_1},\sqrt{d_2},\cdots,\sqrt{d_n}\right]$, 则 $\boldsymbol{D}=\boldsymbol{\varLambda}^2$, 所以 $\boldsymbol{A}$ 可以唯一地分解为

$$\boldsymbol{A}=\tilde{\boldsymbol{L}}\boldsymbol{D}\tilde{\boldsymbol{L}}^{\mathrm{H}}=(\tilde{\boldsymbol{L}}\boldsymbol{\varLambda})(\tilde{\boldsymbol{L}}\boldsymbol{\varLambda})^{\mathrm{H}}=\boldsymbol{L}\boldsymbol{L}^{\mathrm{H}},$$

因为 $\tilde{\boldsymbol{L}}$ 为单位下三角矩阵, $\boldsymbol{\varLambda}$ 为正线对角矩阵, 故 $\boldsymbol{L}$ 为正线下三角矩阵. □

例 3 求正定的 Hermite 矩阵 $\boldsymbol{A}=\begin{bmatrix}1&-\mathrm{i}&\mathrm{i}\\\mathrm{i}&5&-1-2\mathrm{i}\\-\mathrm{i}&-1+2\mathrm{i}&11\end{bmatrix}$ 的 Cholesky 分解.

解 先求矩阵 $\boldsymbol{A}$ 的 Crout 分解, 设

$$\boldsymbol{A}=\boldsymbol{L}\tilde{\boldsymbol{U}}=\begin{bmatrix}l_{11}&0&0\\l_{21}&l_{22}&0\\l_{31}&l_{32}&l_{33}\end{bmatrix}\begin{bmatrix}1&u_{12}&u_{13}\\0&1&u_{23}\\0&0&1\end{bmatrix},$$

比较两端的对应元素即得

$$l_{11}=1,\quad l_{21}=\mathrm{i},\quad l_{31}=-\mathrm{i},$$

$$u_{12}=\frac{a_{12}}{l_{11}}=-\mathrm{i},\quad u_{13}=\frac{a_{13}}{l_{11}}=\mathrm{i},$$

$$l_{22}=a_{22}-l_{21}u_{12}=4,\quad l_{32}=a_{32}-l_{31}u_{12}=2\mathrm{i},$$

$$u_{23}=\frac{a_{23}-l_{21}u_{13}}{l_{22}}=-\frac{\mathrm{i}}{2},$$

$$l_{33}=a_{33}-l_{31}u_{13}-l_{32}u_{23}=9.$$

则

$$\boldsymbol{A}=\begin{bmatrix}1&0&0\\ \mathrm{i}&4&0\\ -\mathrm{i}&2\mathrm{i}&9\end{bmatrix}\begin{bmatrix}1&-\mathrm{i}&\mathrm{i}\\ 0&1&-\frac{\mathrm{i}}{2}\\ 0&0&1\end{bmatrix}=\begin{bmatrix}1&0&0\\ \mathrm{i}&1&0\\ -\mathrm{i}&\frac{\mathrm{i}}{2}&1\end{bmatrix}\begin{bmatrix}1&0&0\\ 0&4&0\\ 0&0&9\end{bmatrix}\begin{bmatrix}1&-\mathrm{i}&\mathrm{i}\\ 0&1&-\frac{\mathrm{i}}{2}\\ 0&0&1\end{bmatrix}$$

$$=\begin{bmatrix}1&0&0\\ \mathrm{i}&1&0\\ -\mathrm{i}&\frac{\mathrm{i}}{2}&1\end{bmatrix}\begin{bmatrix}1&0&0\\ 0&2&0\\ 0&0&3\end{bmatrix}\begin{bmatrix}1&0&0\\ 0&2&0\\ 0&0&3\end{bmatrix}\begin{bmatrix}1&-\mathrm{i}&\mathrm{i}\\ 0&1&-\frac{\mathrm{i}}{2}\\ 0&0&1\end{bmatrix}$$

$$=\begin{bmatrix}1&0&0\\ \mathrm{i}&2&0\\ -\mathrm{i}&\mathrm{i}&3\end{bmatrix}\begin{bmatrix}1&-\mathrm{i}&\mathrm{i}\\ 0&2&-\mathrm{i}\\ 0&0&3\end{bmatrix}=\boldsymbol{L}\boldsymbol{L}^{\mathrm{H}}.$$

4.2 矩阵的满秩分解

定义 1 设 $\boldsymbol{A}\in\mathbb{C}_r^{m\times n}$, 若存在秩为 r 的矩阵 $\boldsymbol{B}\in\mathbb{C}_r^{m\times r}$, $\boldsymbol{C}\in\mathbb{C}_r^{r\times n}$, 使 $\boldsymbol{A}=\boldsymbol{BC}$, 则称 $\boldsymbol{A}=\boldsymbol{BC}$ 为矩阵 $\boldsymbol{A}$ 的满秩分解.

注 在矩阵 $\boldsymbol{A}$ 的满秩分解中, 矩阵 $\boldsymbol{B}$ 和 $\boldsymbol{C}$ 分别为列满秩和行满秩矩阵.

定理 1 对任何的非零矩阵 $\boldsymbol{A}\in\mathbb{C}_r^{m\times n}$, 都存在满秩分解.

证明 由 $\mathrm{rank}\boldsymbol{A}=r$, 则 $\boldsymbol{A}$ 可经过初等行变换和列对换得到矩阵 $\begin{bmatrix}\boldsymbol{E}_r&\boldsymbol{M}\\ \boldsymbol{O}&\boldsymbol{O}\end{bmatrix}$, 所以存在可逆阵 $\boldsymbol{P}\in\mathbb{C}^{m\times m}$, 可逆阵 $\boldsymbol{Q}\in\mathbb{C}^{n\times n}$, 使得

$$\boldsymbol{A}=\boldsymbol{P}\begin{bmatrix}\boldsymbol{E}_r&\boldsymbol{M}\\ \boldsymbol{O}&\boldsymbol{O}\end{bmatrix}\boldsymbol{Q}=\boldsymbol{P}\begin{bmatrix}\boldsymbol{E}_r\\ \boldsymbol{O}\end{bmatrix}\begin{bmatrix}\boldsymbol{E}_r&\boldsymbol{M}\end{bmatrix}\boldsymbol{Q}=\boldsymbol{BC},$$

其中

$$B = P\begin{bmatrix} E_r \\ O \end{bmatrix}, \quad \text{rank}B = \text{rank}\begin{bmatrix} E_r \\ O \end{bmatrix} = r,$$

$$C = \begin{bmatrix} E_r & M \end{bmatrix} Q, \quad \text{rank}C = \text{rank}\begin{bmatrix} E_r & M \end{bmatrix} = r,$$

即 $B \in \mathbb{C}_r^{m\times r}$, $C \in \mathbb{C}_r^{r\times n}$. □

注 定理 1 的证明过程即给出了求满秩分解的方法, 具体方法介绍如下.

设 $A = [\alpha_1, \alpha_2, \cdots, \alpha_n] \in \mathbb{C}^{m\times n}$, 将 $A \xrightarrow{\text{行}} \tilde{A}$, $\tilde{A}$ 为矩阵 A 的行最简形, $\tilde{A}$ 的每一个非零行的第一个非零元素所在的列标为 $j_1, j_2, \cdots, j_r$, 记 $B = [\alpha_{j_1}, \alpha_{j_2}, \cdots, \alpha_{j_r}]$, $\tilde{A}$ 的前 r 行为 C, 则 $A = BC$ 为矩阵 A 的满秩分解.

例 1 求 $A = \begin{bmatrix} 1 & 4 & -1 & 5 & 6 \\ 2 & 0 & 0 & 4 & 6 \\ -1 & 2 & -4 & -4 & -19 \\ 1 & -4 & 1 & -1 & 0 \end{bmatrix}$ 的满秩分解表达式.

解 设 $A = [\alpha_1, \alpha_2, \alpha_3, \alpha_4, \alpha_5]$,

$$A \xrightarrow{\text{行}} \begin{bmatrix} 1 & 0 & 0 & 2 & 3 \\ 0 & 1 & 0 & 1 & 2 \\ 0 & 0 & 1 & 1 & 5 \\ 0 & 0 & 0 & 0 & 0 \end{bmatrix} = \tilde{A},$$

$\tilde{A}$ 的每一个非零行的第一个非零元素所在的列为 1, 2, 3, 则

$$B = [\alpha_1, \alpha_2, \alpha_3] = \begin{bmatrix} 1 & 4 & -1 \\ 2 & 0 & 0 \\ -1 & 2 & -4 \\ 1 & -4 & 1 \end{bmatrix}, \quad C = \begin{bmatrix} 1 & 0 & 0 & 2 & 3 \\ 0 & 1 & 0 & 1 & 2 \\ 0 & 0 & 1 & 1 & 5 \end{bmatrix},$$

那么 $A = BC$ 即为其满秩分解表达式.

注 一般来说, 矩阵对于 “行” 具有的性质, “列” 也具有. 例如在例 1 中, 将 A 进行初等列变换化为列最简形, 得

$$A \xrightarrow{\text{列}} \begin{bmatrix} 1 & 0 & 0 & 0 & 0 \\ 0 & 1 & 0 & 0 & 0 \\ 0 & 0 & 1 & 0 & 0 \\ -1 & 1 & 0 & 0 & 0 \end{bmatrix}.$$

于是, 将 $\boldsymbol{A}$ 的列最简型的前三列作为 $\tilde{\boldsymbol{B}} = \begin{bmatrix} 1 & 0 & 0 \\ 0 & 1 & 0 \\ 0 & 0 & 1 \\ -1 & 1 & 0 \end{bmatrix}$, 将 $\boldsymbol{A}$ 的 1, 2, 3 行作为 $\tilde{\boldsymbol{C}} = \begin{bmatrix} 1 & 4 & -1 & 5 & 6 \\ 2 & 0 & 0 & 4 & 6 \\ -1 & 2 & -4 & -4 & -19 \end{bmatrix}$, 容易验证 $\boldsymbol{A} = \tilde{\boldsymbol{B}}\tilde{\boldsymbol{C}}$ 仍为 $\boldsymbol{A}$ 的满秩分解, 由此可见矩阵 $\boldsymbol{A}$ 的满秩分解不唯一, 但不同的满秩分解之间有如下的关系.

定理 2 设 $\boldsymbol{A} \in \mathbb{C}_r^{m\times n}$, 有满秩分解 $\boldsymbol{A} = \boldsymbol{B}_1\boldsymbol{C}_1 = \boldsymbol{B}_2\boldsymbol{C}_2$, 其中 $\boldsymbol{B}_1, \boldsymbol{B}_2 \in \mathbb{C}_r^{m\times r}$, $\boldsymbol{C}_1, \boldsymbol{C}_2 \in \mathbb{C}_r^{r\times n}$, 则存在 r 阶可逆阵 $\boldsymbol{Q}$, 使得

$$\boldsymbol{B}_1 = \boldsymbol{B}_2\boldsymbol{Q}, \quad \boldsymbol{C}_1 = \boldsymbol{Q}^{-1}\boldsymbol{C}_2,$$

且 $\boldsymbol{C}_1^{\mathrm{H}}(\boldsymbol{C}_1\boldsymbol{C}_1^{\mathrm{H}})^{-1}(\boldsymbol{B}_1^{\mathrm{H}}\boldsymbol{B}_1)^{-1}\boldsymbol{B}_1^{\mathrm{H}} = \boldsymbol{C}_2^{\mathrm{H}}(\boldsymbol{C}_2\boldsymbol{C}_2^{\mathrm{H}})^{-1}(\boldsymbol{B}_2^{\mathrm{H}}\boldsymbol{B}_2)^{-1}\boldsymbol{B}_2^{\mathrm{H}}$.

证明 由 $\boldsymbol{B}_1\boldsymbol{C}_1 = \boldsymbol{B}_2\boldsymbol{C}_2$, 得 $\boldsymbol{B}_1\boldsymbol{C}_1\boldsymbol{C}_1^{\mathrm{H}} = \boldsymbol{B}_2\boldsymbol{C}_2\boldsymbol{C}_1^{\mathrm{H}}$. 又由 $\mathrm{rank}(\boldsymbol{C}_1\boldsymbol{C}_1^{\mathrm{H}}) = \mathrm{rank}\boldsymbol{C}_1 = r$, 所以 $\boldsymbol{C}_1\boldsymbol{C}_1^{\mathrm{H}}$ 可逆, 则

$$\boldsymbol{B}_1 = \boldsymbol{B}_2\boldsymbol{C}_2\boldsymbol{C}_1^{\mathrm{H}}(\boldsymbol{C}_1\boldsymbol{C}_1^{\mathrm{H}})^{-1} = \boldsymbol{B}_2\boldsymbol{Q}_1, \tag{4-1}$$

其中 $\boldsymbol{Q}_1 = \boldsymbol{C}_2\boldsymbol{C}_1^{\mathrm{H}}(\boldsymbol{C}_1\boldsymbol{C}_1^{\mathrm{H}})^{-1}$.

同理

$$\boldsymbol{C}_1 = (\boldsymbol{B}_1^{\mathrm{H}}\boldsymbol{B}_1)^{-1}\boldsymbol{B}_1^{\mathrm{H}}\boldsymbol{B}_2\boldsymbol{C}_2 = \boldsymbol{Q}_2\boldsymbol{C}_2, \tag{4-2}$$

其中 $\boldsymbol{Q}_2 = (\boldsymbol{B}_1^{\mathrm{H}}\boldsymbol{B}_1)^{-1}\boldsymbol{B}_1^{\mathrm{H}}\boldsymbol{B}_2$.

由式 (4-1) 和式 (4-2) 得 $\boldsymbol{B}_1\boldsymbol{C}_1 = \boldsymbol{B}_2\boldsymbol{Q}_1\boldsymbol{Q}_2\boldsymbol{C}_2$, 因为 $\boldsymbol{B}_1\boldsymbol{C}_1 = \boldsymbol{B}_2\boldsymbol{C}_2$, 所以

$$\boldsymbol{B}_2\boldsymbol{C}_2 = \boldsymbol{B}_2\boldsymbol{Q}_1\boldsymbol{Q}_2\boldsymbol{C}_2. \tag{4-3}$$

因为 $\boldsymbol{B}_2$ 列满秩, $\boldsymbol{C}_2$ 行满秩, 故由式 (4-3) 得 $\boldsymbol{Q}_1\boldsymbol{Q}_2 = \boldsymbol{E}_r$, 即 $\boldsymbol{Q}_2 = \boldsymbol{Q}_1^{-1}$. 记 $\boldsymbol{Q} = \boldsymbol{Q}_1$, 则

$$\boldsymbol{B}_1 = \boldsymbol{B}_2\boldsymbol{Q}, \quad \boldsymbol{C}_1 = \boldsymbol{Q}^{-1}\boldsymbol{C}_2,$$

所以

$$\begin{aligned} & \boldsymbol{C}_1^{\mathrm{H}}(\boldsymbol{C}_1\boldsymbol{C}_1^{\mathrm{H}})^{-1}(\boldsymbol{B}_1^{\mathrm{H}}\boldsymbol{B}_1)^{-1}\boldsymbol{B}_1^{\mathrm{H}} \\ = & (\boldsymbol{Q}^{-1}\boldsymbol{C}_2)^{\mathrm{H}}[\boldsymbol{Q}^{-1}\boldsymbol{C}_2(\boldsymbol{Q}^{-1}\boldsymbol{C}_2)^{-1}][(\boldsymbol{B}_2\boldsymbol{Q})^{\mathrm{H}}\boldsymbol{B}_2\boldsymbol{Q}]^{-1}(\boldsymbol{B}_2\boldsymbol{Q})^{\mathrm{H}} \\ = & \boldsymbol{C}_2^{\mathrm{H}}(\boldsymbol{C}_2\boldsymbol{C}_2^{\mathrm{H}})^{-1}(\boldsymbol{B}_2^{\mathrm{H}}\boldsymbol{B}_2)^{-1}\boldsymbol{B}_2^{\mathrm{H}}, \end{aligned}$$

上式说明 $\boldsymbol{A}$ 的不同的满秩分解有相同的矩阵乘积形式. □

4.3 矩阵的 UR 分解

矩阵的 UR 分解也称为矩阵的 QR 分解或正交三角分解.

定义 1 设 $\boldsymbol{A}\in\mathbb{C}_r^{n\times r}$(或$\mathbb{C}_r^{r\times n}$), 若 $\boldsymbol{A}^{\mathrm{H}}\boldsymbol{A}=\boldsymbol{E}_r$(或$\boldsymbol{A}\boldsymbol{A}^{\mathrm{H}}=\boldsymbol{E}_r$), 则称 $\boldsymbol{A}$ 为次酉阵, 全体列 (行) 满秩 $n\times r$(或 $r\times n$) 次酉阵集合记为 $\mathrm{U}_r^{n\times r}$(或 $\mathrm{U}_r^{r\times n}$).

注 显然矩阵 $\boldsymbol{A}$ 为次酉阵当且仅当 $\boldsymbol{A}$ 的列向量或行向量为标准正交向量组.

定理 1 设 $\boldsymbol{A}\in\mathbb{C}_r^{n\times r}$, 则 $\boldsymbol{A}$ 可以唯一地分解为 $\boldsymbol{A}=\boldsymbol{U}\boldsymbol{R}$, 其中 $\boldsymbol{U}\in\mathrm{U}_r^{n\times r}$, $\boldsymbol{R}$ 为正线上三角阵.

证明 设 $\boldsymbol{A}=[\boldsymbol{\alpha}_1,\boldsymbol{\alpha}_2,\cdots,\boldsymbol{\alpha}_r]$, 则向量组 $\boldsymbol{\alpha}_1,\boldsymbol{\alpha}_2,\cdots,\boldsymbol{\alpha}_r$ 线性无关. 将 $\boldsymbol{\alpha}_1,\boldsymbol{\alpha}_2,\cdots,\boldsymbol{\alpha}_r$ 用施密特方法正交化, 再单位化, 得标准正交向量组 $\boldsymbol{\xi}_1,\boldsymbol{\xi}_2,\cdots,\boldsymbol{\xi}_r$, 根据 1.5 节的定理 4 的推论有

$$\boldsymbol{A}=[\boldsymbol{\xi}_1,\boldsymbol{\xi}_2,\cdots,\boldsymbol{\xi}_r]\,\boldsymbol{R},$$

其中 $\boldsymbol{R}$ 为正线上三角阵. 记 $\boldsymbol{U}=[\boldsymbol{\xi}_1,\boldsymbol{\xi}_2,\cdots,\boldsymbol{\xi}_r]$, 则 $\boldsymbol{U}^{\mathrm{H}}\boldsymbol{U}=\boldsymbol{E}_r$, 所以 $\boldsymbol{A}=\boldsymbol{U}\boldsymbol{R}$, $\boldsymbol{U}\in\mathrm{U}_r^{n\times r}$. 下面证明分解的唯一性.

设 $\boldsymbol{A}=\boldsymbol{U}_1\boldsymbol{R}_1=\boldsymbol{U}_2\boldsymbol{R}_2$, 其中 $\boldsymbol{U}_1,\boldsymbol{U}_2\in\mathrm{U}_r^{n\times r}$, $\boldsymbol{R}_1,\boldsymbol{R}_2$ 为正线上三角阵, 则

$$\boldsymbol{A}^{\mathrm{H}}\boldsymbol{A}=\boldsymbol{R}_1^{\mathrm{H}}\boldsymbol{R}_1=\boldsymbol{R}_2^{\mathrm{H}}\boldsymbol{R}_2,$$

因为 $\boldsymbol{A}\in\mathbb{C}_r^{n\times r},\operatorname{rank}(\boldsymbol{A}^{\mathrm{H}}\boldsymbol{A})=r$, 所以 $\forall\boldsymbol{x}\in\mathbb{C}^r,\boldsymbol{x}\neq\boldsymbol{0}$, 有

$$\boldsymbol{x}^{\mathrm{H}}\boldsymbol{A}^{\mathrm{H}}\boldsymbol{A}\boldsymbol{x}=(\boldsymbol{A}\boldsymbol{x})^{\mathrm{H}}\boldsymbol{A}\boldsymbol{x}>0,$$

所以 Hermite 矩阵 $\boldsymbol{A}^{\mathrm{H}}\boldsymbol{A}$ 正定. 由 4.1 节的定理 2 可知正定的 Hermite 阵 $\boldsymbol{A}^{\mathrm{H}}\boldsymbol{A}$ 可以唯一地分解为 $\boldsymbol{A}^{\mathrm{H}}\boldsymbol{A}=\boldsymbol{L}\boldsymbol{L}^{\mathrm{H}}$, 其中 $\boldsymbol{L}$ 为正线下三角阵, 故 $\boldsymbol{R}_1=\boldsymbol{R}_2$, 又由 $\boldsymbol{R}_1,\boldsymbol{R}_2$ 可逆, 所以 $\boldsymbol{U}_1=\boldsymbol{U}_2$, 即 $\boldsymbol{A}$ 可以唯一地分解为 $\boldsymbol{A}=\boldsymbol{U}\boldsymbol{R}$. □

注 矩阵的 UR 分解是一种特殊的满秩分解.

推论 1 设 $\boldsymbol{A}\in\mathbb{C}_r^{r\times n}$, 则 $\boldsymbol{A}$ 可以唯一地分解为 $\boldsymbol{A}=\boldsymbol{L}\boldsymbol{U}$, 其中 $\boldsymbol{U}\in\mathrm{U}_r^{r\times n}$, $\boldsymbol{L}$ 为正线下三角阵.

证明 因为 $\boldsymbol{A}^{\mathrm{T}}\in\mathbb{C}_r^{n\times r}$, 由定理 1 知 $\boldsymbol{A}^{\mathrm{T}}$ 可以唯一地分解为

$$\boldsymbol{A}^{\mathrm{T}}=\boldsymbol{U}_1\boldsymbol{R}_1,$$

其中 $\boldsymbol{U}_1\in\mathrm{U}_r^{n\times r}$, $\boldsymbol{R}_1$ 为正线上三角阵, 故

$$\boldsymbol{A}=\boldsymbol{R}_1^{\mathrm{T}}\boldsymbol{U}_1^{\mathrm{T}},$$

记 $\boldsymbol{L}=\boldsymbol{R}_1^{\mathrm{T}},\boldsymbol{U}=\boldsymbol{U}_1^{\mathrm{T}}$, 则 $\boldsymbol{A}=\boldsymbol{L}\boldsymbol{U}$, $\boldsymbol{U}\in U_r^{r\times n}$, $\boldsymbol{L}$ 为正线下三角阵. □

推论 2 设 $\boldsymbol{A}\in\mathbb{C}_n^{n\times n}$, 则 $\boldsymbol{A}$ 可以唯一地分解为 $\boldsymbol{A}=\boldsymbol{U}\boldsymbol{R}$, 其中 $\boldsymbol{U}\in\mathrm{U}^{n\times n}$, $\boldsymbol{R}$ 为 n 阶正线上三角阵.

证明 由定理 1 得

$$\boldsymbol{A}=\boldsymbol{U}\boldsymbol{R},\quad \boldsymbol{U}^{\mathrm{H}}\boldsymbol{U}=\boldsymbol{E}_n,$$

因为 $\boldsymbol{U}$ 为方阵, 故 $\boldsymbol{U}\boldsymbol{U}^{\mathrm{H}}=\boldsymbol{E}_n$, 即 $\boldsymbol{U}\in\mathrm{U}^{n\times n}$, 且 $\boldsymbol{R}$ 为 n 阶正线上三角阵. □

推论 3 设 $\boldsymbol{A}\in\mathbb{C}_r^{m\times n}$, 则存在 $\boldsymbol{U}\in\mathrm{U}_r^{m\times r}$, $\boldsymbol{V}\in\mathrm{U}_r^{r\times n}$, $\boldsymbol{R}$ 为 r 阶正线上三角阵, $\boldsymbol{L}$ 为 r 阶正线下三角阵, 使得 $\boldsymbol{A}=\boldsymbol{U}\boldsymbol{R}\boldsymbol{L}\boldsymbol{V}$.

证明 4.2 节的定理 1 可知, $\boldsymbol{A}$ 有满秩分解 $\boldsymbol{A}=\boldsymbol{B}\boldsymbol{C}$, $\boldsymbol{B}\in\mathbb{C}_r^{m\times r}$, $\boldsymbol{C}\in\mathbb{C}_r^{r\times n}$. 由定理 1 知, $\boldsymbol{B}=\boldsymbol{U}\boldsymbol{R}$, 其中 $\boldsymbol{U}\in\mathrm{U}_r^{m\times r}$, $\boldsymbol{R}$ 为 r 阶正线上三角阵, 由定理 1 的推论 1 知, $\boldsymbol{C}=\boldsymbol{L}\boldsymbol{V}$, 其中 $\boldsymbol{V}\in\mathrm{U}_r^{r\times n}$, $\boldsymbol{L}$ 为 r 阶正线下三角阵, 故 $\boldsymbol{A}=\boldsymbol{U}\boldsymbol{R}\boldsymbol{L}\boldsymbol{V}$. □

例 1 求 $\boldsymbol{A}=\begin{bmatrix}0&2&1\\0&0&\mathrm{i}\\1&0&-\mathrm{i}\\0&1&0\end{bmatrix}$ 的 UR 分解.

解 设 $\boldsymbol{A}=[\boldsymbol{\alpha}_1,\boldsymbol{\alpha}_2,\boldsymbol{\alpha}_3]$, 易知 $\operatorname{rank}\boldsymbol{A}=3$, 将 $\boldsymbol{\alpha}_1,\boldsymbol{\alpha}_2,\boldsymbol{\alpha}_3$ 用施密特正交化方法正交化、单位化得

$$\boldsymbol{\xi}_1=\begin{bmatrix}0\\0\\1\\0\end{bmatrix},\quad \boldsymbol{\xi}_2=\begin{bmatrix}\dfrac{2}{\sqrt{5}}\\0\\0\\\dfrac{1}{\sqrt{5}}\end{bmatrix},\quad \boldsymbol{\xi}_3=\begin{bmatrix}\dfrac{1}{\sqrt{30}}\\\dfrac{5\mathrm{i}}{\sqrt{30}}\\0\\-\dfrac{2}{\sqrt{30}}\end{bmatrix},$$

令 $\boldsymbol{U}=[\boldsymbol{\xi}_1,\boldsymbol{\xi}_2,\boldsymbol{\xi}_3]$, 则 $\boldsymbol{U}\in\mathrm{U}_3^{4\times 3}$, 即 $\boldsymbol{U}^{\mathrm{H}}\boldsymbol{U}=\boldsymbol{E}_3$, 设 $\boldsymbol{A}=\boldsymbol{U}\boldsymbol{R}$, 两边同时左乘 $\boldsymbol{U}^{\mathrm{H}}$, 则

$$\boldsymbol{R}=\boldsymbol{U}^{\mathrm{H}}\boldsymbol{A}=\begin{bmatrix}1&0&-\mathrm{i}\\0&\sqrt{5}&\dfrac{2}{\sqrt{5}}\\0&0&\dfrac{6}{\sqrt{30}}\end{bmatrix}.$$

4.4 矩阵的奇异值分解

Jordan 标准形在矩阵分解中有重要的地位, 但它仅限于方阵的分解, 而且 Jordan 标准形是上三角阵, 不如对角阵使用方便. 这一节介绍秩为 r 的 $m\times n$

矩阵的奇异值分解. 矩阵的奇异值分解在线性动态系统的辨识、最佳逼近问题、实验数据处理、数字图像存储等方面有广泛应用的一种分解, 这节给出矩阵的奇异值概念和奇异值分解的有关结果.

在给出矩阵 $\boldsymbol{A} \in \mathbb{C}^{m\times n}$ 的奇异值分解之前, 我们先讨论 $\boldsymbol{A}^{\mathrm{H}}\boldsymbol{A}$ 和 $\boldsymbol{A}\boldsymbol{A}^{\mathrm{H}}$ 的有关性质.

定理 1 设 $\boldsymbol{A} \in \mathbb{C}_r^{m\times n}$, 则有

(1) $\boldsymbol{A}^{\mathrm{H}}\boldsymbol{A}$ 和 $\boldsymbol{A}\boldsymbol{A}^{\mathrm{H}}$ 的特征值均为非负实数;

(2) $\boldsymbol{A}^{\mathrm{H}}\boldsymbol{A}$ 和 $\boldsymbol{A}\boldsymbol{A}^{\mathrm{H}}$ 的非零特征值相同.

证明 (1) 由于 $(\boldsymbol{A}^{\mathrm{H}}\boldsymbol{A})^{\mathrm{H}} = \boldsymbol{A}^{\mathrm{H}}\boldsymbol{A}$, 所以 $\boldsymbol{A}^{\mathrm{H}}\boldsymbol{A}$ 是 Hermite 矩阵. 又因为对 $\forall \boldsymbol{x} \in \mathbb{C}^n$ 有 $\boldsymbol{x}^{\mathrm{H}}\boldsymbol{A}^{\mathrm{H}}\boldsymbol{A}\boldsymbol{x} = (\boldsymbol{A}\boldsymbol{x})^{\mathrm{H}}(\boldsymbol{A}\boldsymbol{x}) = \|\boldsymbol{A}\boldsymbol{x}\|^2 \geqslant 0$, 故 $\boldsymbol{A}^{\mathrm{H}}\boldsymbol{A}$ 是半正定矩阵, 从而得到 $\boldsymbol{A}^{\mathrm{H}}\boldsymbol{A}$ 的特征值 $\lambda \geqslant 0$, 所以 $\boldsymbol{A}^{\mathrm{H}}\boldsymbol{A}$ 的特征值均为非负实数.

同理可知 $\boldsymbol{A}\boldsymbol{A}^{\mathrm{H}}$ 的特征值也是非负实数.

(2) 设 $\boldsymbol{A}^{\mathrm{H}}\boldsymbol{A}\boldsymbol{x} = \lambda\boldsymbol{x}$, $\boldsymbol{0} \neq \boldsymbol{x} \in \mathbb{C}^n$, $0 \neq \lambda \in \mathbb{C}$, 则 $\boldsymbol{A}\boldsymbol{x} \neq \boldsymbol{0}$ (若 $\boldsymbol{A}\boldsymbol{x} = \boldsymbol{0}$, 则 $\lambda\boldsymbol{x} = \boldsymbol{0}$, 矛盾), $\boldsymbol{A}\boldsymbol{A}^{\mathrm{H}}(\boldsymbol{A}\boldsymbol{x}) = \lambda(\boldsymbol{A}\boldsymbol{x})$, 所以 λ 也是 $\boldsymbol{A}\boldsymbol{A}^{\mathrm{H}}$ 的特征值, $\boldsymbol{A}\boldsymbol{x}$ 为 $\boldsymbol{A}\boldsymbol{A}^{\mathrm{H}}$ 对应于 λ 的特征向量. 同理 $\boldsymbol{A}\boldsymbol{A}^{\mathrm{H}}$ 的非零特征值也是 $\boldsymbol{A}^{\mathrm{H}}\boldsymbol{A}$ 的特征值. 又由于 $\mathrm{rank}\boldsymbol{A}^{\mathrm{H}}\boldsymbol{A} = \mathrm{rank}\boldsymbol{A}\boldsymbol{A}^{\mathrm{H}} = \mathrm{rank}\boldsymbol{A}$, 故可设

$$\lambda_1 \geqslant \lambda_2 \geqslant \cdots \geqslant \lambda_r \geqslant \lambda_{r+1} = 0 = \cdots = 0,$$

$$\mu_1 \geqslant \mu_2 \geqslant \cdots \geqslant \mu_r \geqslant \mu_{r+1} = 0 = \cdots = 0,$$

其中 λ_i 是 $\boldsymbol{A}^{\mathrm{H}}\boldsymbol{A}$ 的特征值, μ_j 是 $\boldsymbol{A}\boldsymbol{A}^{\mathrm{H}}$ 的特征值.

又因为 $\boldsymbol{A}^{\mathrm{H}}\boldsymbol{A}$ 与 $\boldsymbol{A}\boldsymbol{A}^{\mathrm{H}}$ 的非零特征值相同, 所以对每个 λ_i, $i = 1, 2, \cdots, r$, 存在 μ_j, $j \in \{1, 2, \cdots, r\}$, 使得 $\lambda_i = \mu_j$. 只要证明 λ_i 与 μ_j 的代数重复度相同即可. 因为 $\boldsymbol{A}^{\mathrm{H}}\boldsymbol{A}$ 是单纯矩阵, 所以 $\boldsymbol{A}^{\mathrm{H}}\boldsymbol{A}$ 的代数重复度与几何重复度相等, 设 a_i 是 λ_i 的几何重复度, 则 $\boldsymbol{A}^{\mathrm{H}}\boldsymbol{A}$ 对应 λ_i 有 a_i 个线性无关的特征向量 $\boldsymbol{\xi}_1, \boldsymbol{\xi}_2, \cdots, \boldsymbol{\xi}_{a_i}$, 所以 $\boldsymbol{A}\boldsymbol{\xi}_i$ 也是 $\boldsymbol{A}\boldsymbol{A}^{\mathrm{H}}$ 对应 μ_j 的特征向量, $j = 1, 2, \cdots, r$. 令

$$k_1\boldsymbol{A}\boldsymbol{\xi}_1 + k_2\boldsymbol{A}\boldsymbol{\xi}_2 + \cdots + k_{a_i}\boldsymbol{A}\boldsymbol{\xi}_{a_i} = \boldsymbol{0},$$

$$k_1\boldsymbol{A}^{\mathrm{H}}\boldsymbol{A}\boldsymbol{\xi}_1 + k_2\boldsymbol{A}^{\mathrm{H}}\boldsymbol{A}\boldsymbol{\xi}_2 + \cdots + k_{a_i}\boldsymbol{A}^{\mathrm{H}}\boldsymbol{A}\boldsymbol{\xi}_{a_i} = \boldsymbol{0},$$

$$k_1\lambda_i\boldsymbol{\xi}_1 + k_2\lambda_i\boldsymbol{\xi}_2 + \cdots + k_{a_i}\lambda_i\boldsymbol{\xi}_{a_i} = \boldsymbol{0},$$

$$k_1\boldsymbol{\xi}_1 + k_2\boldsymbol{\xi}_2 + \cdots + k_{a_i}\boldsymbol{\xi}_{a_i} = \boldsymbol{0},$$

因为 $\boldsymbol{\xi}_1, \boldsymbol{\xi}_2, \cdots, \boldsymbol{\xi}_{a_i}$ 线性无关, $k_1 = k_2 = \cdots = k_{a_i} = 0$, 即 $\boldsymbol{A}\boldsymbol{\xi}_1, \boldsymbol{A}\boldsymbol{\xi}_2, \cdots, \boldsymbol{A}\boldsymbol{\xi}_{a_i}$ 是对应于 μ_j 的线性无关的特征向量, 所以 λ_i 的代数重复度不超过 μ_j 的代数重

复度, 同理 μ_j 的代数重复度不超过 λ_i 的代数重复度, 故 λ_i 与 μ_j 的代数重复度相同, 所以 $\lambda_i=\mu_j$, $i=1,2,\cdots,r$. □

定义 1 设 $\boldsymbol{A}\in\mathbb{C}_r^{m\times n}$, λ_i 是 $\boldsymbol{A}^{\mathrm{H}}\boldsymbol{A}$ (或$\boldsymbol{A}\boldsymbol{A}^{\mathrm{H}}$) 的非零特征值, 则称 $\sigma_i=\sqrt{\lambda_i}$ 为 $\boldsymbol{A}$ 的正奇异值, $i=1,2,\cdots,r$.

例 1 $\boldsymbol{A}=\begin{bmatrix}1&0&0\\2&0&0\end{bmatrix}$, 求 $\boldsymbol{A}$ 的正奇异值.

解

$$\boldsymbol{A}^{\mathrm{H}}\boldsymbol{A}=\begin{bmatrix}5&0&0\\0&0&0\\0&0&0\end{bmatrix},$$

故 $\boldsymbol{A}$ 的正奇异值为 $\sqrt{5}$.

例 2 $\boldsymbol{A}=\begin{bmatrix}1&0\\0&2\\0&0\end{bmatrix}$, 求 $\boldsymbol{A}$ 的正奇异值.

解

$$\boldsymbol{A}\boldsymbol{A}^{\mathrm{H}}=\begin{bmatrix}1&0&0\\0&4&0\\0&0&0\end{bmatrix},$$

故 $\boldsymbol{A}$ 的正奇异值为 1, 2.

注 由例 1 和例 2 可知, 求一个矩阵的正奇异值, 可通过求 $\boldsymbol{A}^{\mathrm{H}}\boldsymbol{A}$ 或 $\boldsymbol{A}\boldsymbol{A}^{\mathrm{H}}$ 的非零特征值得到.

定义 2 设 $\boldsymbol{A},\boldsymbol{B}\in\mathbb{C}^{m\times n}$, 若存在 $\boldsymbol{S}\in\mathrm{U}^{m\times m}$, $\boldsymbol{T}\in\mathrm{U}^{n\times n}$, 使得 $\boldsymbol{A}=\boldsymbol{SBT}$, 则称 $\boldsymbol{A}$ 与 $\boldsymbol{B}$ 酉等价.

定理 2 若 $\boldsymbol{A},\boldsymbol{B}\in\mathbb{C}^{m\times n}$ 且酉等价, 则 $\boldsymbol{A}$ 与 $\boldsymbol{B}$ 有相同的正奇异值.

证明 设 $\boldsymbol{A}$ 与 $\boldsymbol{B}$ 酉等价, 则存在 $\boldsymbol{S}\in\mathrm{U}^{m\times m}$, $\boldsymbol{T}\in\mathrm{U}^{n\times n}$, 使得

$$\boldsymbol{A}=\boldsymbol{SBT}.$$

则

$$\boldsymbol{A}\boldsymbol{A}^{\mathrm{H}}=\boldsymbol{SBT}\boldsymbol{T}^{\mathrm{H}}\boldsymbol{B}^{\mathrm{H}}\boldsymbol{S}^{\mathrm{H}}=\boldsymbol{SB}\boldsymbol{B}^{\mathrm{H}}\boldsymbol{S}^{\mathrm{H}},$$

所以 $\boldsymbol{A}\boldsymbol{A}^{\mathrm{H}}$, $\boldsymbol{B}\boldsymbol{B}^{\mathrm{H}}$ 相似, 故 $\boldsymbol{A}\boldsymbol{A}^{\mathrm{H}}$ 与 $\boldsymbol{B}\boldsymbol{B}^{\mathrm{H}}$ 有相同的特征值, 即 $\boldsymbol{A}$ 与 $\boldsymbol{B}$ 有相同的正奇异值. □

定理 3 (奇异值分解) 设 $\boldsymbol{A}\in\mathbb{C}_r^{m\times n}$, 则存在 $\boldsymbol{U}\in\mathrm{U}^{m\times m}$, $\boldsymbol{V}\in\mathrm{U}^{n\times n}$, 使得

$$\boldsymbol{A}=\boldsymbol{U}\begin{bmatrix}\boldsymbol{\Delta}&\boldsymbol{O}\\\boldsymbol{O}&\boldsymbol{O}\end{bmatrix}\boldsymbol{V}^{\mathrm{H}},$$

其中 $\boldsymbol{\Delta}=\operatorname{diag}[\sigma_1,\sigma_2,\cdots,\sigma_r]$, $\sigma_1\geqslant\sigma_2\geqslant\cdots\geqslant\sigma_r$ 为 $\boldsymbol{A}$ 的正奇异值.

证明 因为 $\boldsymbol{A}\boldsymbol{A}^{\mathrm{H}}$ 是正规阵, 所以存在 $\boldsymbol{U}\in\mathrm{U}^{m\times m}$, 使得

$$\boldsymbol{U}^{\mathrm{H}}\boldsymbol{A}\boldsymbol{A}^{\mathrm{H}}\boldsymbol{U}=\operatorname{diag}\left[\sigma_1^2,\sigma_2^2,\cdots,\sigma_r^2,0,\cdots,0\right]=\begin{bmatrix}\boldsymbol{\Delta}\boldsymbol{\Delta}^{\mathrm{H}} & \boldsymbol{O}\\ \boldsymbol{O} & \boldsymbol{O}\end{bmatrix},$$

且 $\sigma_1\geqslant\sigma_2\geqslant\cdots\geqslant\sigma_r>0$, 其中 $\boldsymbol{\Delta}=\operatorname{diag}[\sigma_1,\sigma_2,\cdots,\sigma_r]$.

设 $\boldsymbol{U}=\begin{bmatrix}\boldsymbol{U}_1 & \boldsymbol{U}_2\end{bmatrix}$, 则

$$\begin{aligned}\boldsymbol{U}^{\mathrm{H}}\boldsymbol{A}\boldsymbol{A}^{\mathrm{H}}\boldsymbol{U}&=\begin{bmatrix}\boldsymbol{U}_1^{\mathrm{H}}\\ \boldsymbol{U}_2^{\mathrm{H}}\end{bmatrix}\boldsymbol{A}\boldsymbol{A}^{\mathrm{H}}\begin{bmatrix}\boldsymbol{U}_1 & \boldsymbol{U}_2\end{bmatrix}\\&=\begin{bmatrix}\boldsymbol{U}_1^{\mathrm{H}}\boldsymbol{A}\boldsymbol{A}^{\mathrm{H}}\boldsymbol{U}_1 & \boldsymbol{U}_1^{\mathrm{H}}\boldsymbol{A}\boldsymbol{A}^{\mathrm{H}}\boldsymbol{U}_2\\ \boldsymbol{U}_2^{\mathrm{H}}\boldsymbol{A}\boldsymbol{A}^{\mathrm{H}}\boldsymbol{U}_1 & \boldsymbol{U}_2^{\mathrm{H}}\boldsymbol{A}\boldsymbol{A}^{\mathrm{H}}\boldsymbol{U}_2\end{bmatrix}\\&=\begin{bmatrix}\boldsymbol{\Delta}\boldsymbol{\Delta}^{\mathrm{H}} & \boldsymbol{O}\\ \boldsymbol{O} & \boldsymbol{O}\end{bmatrix},\end{aligned}$$

故有

$$\begin{aligned}\boldsymbol{U}_1^{\mathrm{H}}\boldsymbol{A}\boldsymbol{A}^{\mathrm{H}}\boldsymbol{U}_1&=\boldsymbol{\Delta}\boldsymbol{\Delta}^{\mathrm{H}},\\ \boldsymbol{U}_1^{\mathrm{H}}\boldsymbol{A}\boldsymbol{A}^{\mathrm{H}}\boldsymbol{U}_2&=\boldsymbol{O},\end{aligned}\tag{4-4}$$

$$\begin{aligned}\boldsymbol{U}_2^{\mathrm{H}}\boldsymbol{A}\boldsymbol{A}^{\mathrm{H}}\boldsymbol{U}_1&=\boldsymbol{O},\\ \boldsymbol{U}_2^{\mathrm{H}}\boldsymbol{A}\boldsymbol{A}^{\mathrm{H}}\boldsymbol{U}_2&=\boldsymbol{O}.\end{aligned}\tag{4-5}$$

令 $\boldsymbol{V}_1=\boldsymbol{A}^{\mathrm{H}}\boldsymbol{U}_1\boldsymbol{\Delta}^{-\mathrm{H}}$, 则 $\boldsymbol{V}_1^{\mathrm{H}}\boldsymbol{V}_1=\boldsymbol{\Delta}^{-1}\boldsymbol{U}_1^{\mathrm{H}}\boldsymbol{A}\boldsymbol{A}^{\mathrm{H}}\boldsymbol{U}_1\boldsymbol{\Delta}^{-\mathrm{H}}$, 由式 (4-4) 得

$$\boldsymbol{V}_1^{\mathrm{H}}\boldsymbol{V}_1=\boldsymbol{E}_r,$$

所以 $\boldsymbol{V}_1$ 为次酉阵, 即 $\boldsymbol{V}_1\in\mathrm{U}_r^{n\times r}$, 故存在 $\boldsymbol{V}_2\in\mathrm{U}_{n-r}^{n\times(n-r)}$, 使得 $\boldsymbol{V}=\begin{bmatrix}\boldsymbol{V}_1 & \boldsymbol{V}_2\end{bmatrix}\in\mathrm{U}^{n\times n}$, 所以

$$\boldsymbol{U}^{\mathrm{H}}\boldsymbol{A}\boldsymbol{V}=\begin{bmatrix}\boldsymbol{U}_1^{\mathrm{H}}\\ \boldsymbol{U}_2^{\mathrm{H}}\end{bmatrix}\boldsymbol{A}\begin{bmatrix}\boldsymbol{V}_1 & \boldsymbol{V}_2\end{bmatrix}=\begin{bmatrix}\boldsymbol{U}_1^{\mathrm{H}}\boldsymbol{A}\boldsymbol{V}_1 & \boldsymbol{U}_1^{\mathrm{H}}\boldsymbol{A}\boldsymbol{V}_2\\ \boldsymbol{U}_2^{\mathrm{H}}\boldsymbol{A}\boldsymbol{V}_1 & \boldsymbol{U}_2^{\mathrm{H}}\boldsymbol{A}\boldsymbol{V}_2\end{bmatrix},$$

由式 (4-4) 得

$$\boldsymbol{U}_1^{\mathrm{H}}\boldsymbol{A}\boldsymbol{V}_1=\boldsymbol{U}_1^{\mathrm{H}}\boldsymbol{A}\boldsymbol{A}^{\mathrm{H}}\boldsymbol{U}_1\boldsymbol{\Delta}^{-\mathrm{H}}=\boldsymbol{\Delta},$$

由式 (4-5) 得 $\boldsymbol{U}_2^{\mathrm{H}}\boldsymbol{A}\boldsymbol{A}^{\mathrm{H}}\boldsymbol{U}_2=(\boldsymbol{A}^{\mathrm{H}}\boldsymbol{U}_2)^{\mathrm{H}}(\boldsymbol{A}^{\mathrm{H}}\boldsymbol{U}_2)=\boldsymbol{O}$, 因此

$$\boldsymbol{A}^{\mathrm{H}}\boldsymbol{U}_2=\boldsymbol{O},\quad \boldsymbol{U}_2^{\mathrm{H}}\boldsymbol{A}=\boldsymbol{O},$$

所以 $\boldsymbol{U}_2^{\mathrm{H}}\boldsymbol{A}\boldsymbol{V}_1=\boldsymbol{O}$, $\boldsymbol{U}_2^{\mathrm{H}}\boldsymbol{A}\boldsymbol{V}_2=\boldsymbol{O}$. 又因为

$$\boldsymbol{V}_1=\boldsymbol{A}^{\mathrm{H}}\boldsymbol{U}_1\boldsymbol{\Delta}^{-\mathrm{H}}\Rightarrow \boldsymbol{V}_1\boldsymbol{\Delta}^{\mathrm{H}}=\boldsymbol{A}^{\mathrm{H}}\boldsymbol{U}_1\Rightarrow \boldsymbol{U}_1^{\mathrm{H}}\boldsymbol{A}=\boldsymbol{\Delta}\boldsymbol{V}_1^{\mathrm{H}},$$

所以 $\boldsymbol{U}_1^{\mathrm{H}}\boldsymbol{A}\boldsymbol{V}_2=\boldsymbol{\Delta}\boldsymbol{V}_1^{\mathrm{H}}\boldsymbol{V}_2=\boldsymbol{O}$. 故 $\boldsymbol{U}^{\mathrm{H}}\boldsymbol{A}\boldsymbol{V}=\begin{bmatrix}\boldsymbol{\Delta} & \boldsymbol{O}\\ \boldsymbol{O} & \boldsymbol{O}\end{bmatrix}$, 即

$$\boldsymbol{A}=\boldsymbol{U}\begin{bmatrix}\boldsymbol{\Delta} & \boldsymbol{O}\\ \boldsymbol{O} & \boldsymbol{O}\end{bmatrix}\boldsymbol{V}^{\mathrm{H}}.$$ □

从定理 3 的证明中可看出求矩阵 $\boldsymbol{A}$ 的奇异值分解分为下列几个步骤:

(1) 求出 $\boldsymbol{A}\boldsymbol{A}^{\mathrm{H}}$(或 $\boldsymbol{A}^{\mathrm{H}}\boldsymbol{A}$) 的全部非零特征值 λ_i, 记 $\boldsymbol{\Delta}=\mathrm{diag}\,[\sigma_1,\sigma_2,\cdots,\sigma_r]$, 且 $\sigma_1\geqslant\sigma_2\geqslant\cdots\geqslant\sigma_r$ 为 $\boldsymbol{A}$ 的正奇异值.

(2) 求酉矩阵 $\boldsymbol{U}\in\mathrm{U}^{m\times m}$(或 $\boldsymbol{V}\in\mathrm{U}^{n\times n}$), 使得

$$\boldsymbol{U}^{\mathrm{H}}\boldsymbol{A}\boldsymbol{A}^{\mathrm{H}}\boldsymbol{U}=\mathrm{diag}\left[\sigma_1^2,\sigma_2^2,\cdots,\sigma_r^2,0,\cdots,0\right]$$

(或 $\boldsymbol{V}^{\mathrm{H}}\boldsymbol{A}^{\mathrm{H}}\boldsymbol{A}\boldsymbol{V}=\mathrm{diag}\left[\sigma_1^2,\sigma_2^2,\cdots,\sigma_r^2,0,\cdots,0\right]$).

(3) 设 $\boldsymbol{U}=\begin{bmatrix}\boldsymbol{U}_1 & \boldsymbol{U}_2\end{bmatrix}$, 其中 $\boldsymbol{U}_1$ 为 $\boldsymbol{U}$ 的前 r 列, 令 $\boldsymbol{V}_1=\boldsymbol{A}^{\mathrm{H}}\boldsymbol{U}_1\boldsymbol{\Delta}^{-\mathrm{H}}$, 则 $\boldsymbol{V}_1$ 为次酉阵, 求 $\boldsymbol{V}_2\in\mathrm{U}_{n-r}^{n\times(n-r)}$, 使得 $\boldsymbol{V}=\begin{bmatrix}\boldsymbol{V}_1 & \boldsymbol{V}_2\end{bmatrix}\in\mathrm{U}^{n\times n}\Big($或设 $\boldsymbol{V}=\begin{bmatrix}\boldsymbol{V}_1 & \boldsymbol{V}_2\end{bmatrix}$, $\boldsymbol{V}_1$ 为 $\boldsymbol{V}$ 的前 r 列. 令 $\boldsymbol{U}_1=\boldsymbol{A}\boldsymbol{V}_1\boldsymbol{\Delta}^{-1}$, 则 $\boldsymbol{U}_1$ 为次酉阵, 求 $\boldsymbol{U}_2\in\mathrm{U}_{m-r}^{m\times(m-r)}$, 使得 $\boldsymbol{U}=\begin{bmatrix}\boldsymbol{U}_1 & \boldsymbol{U}_2\end{bmatrix}\in\mathrm{U}^{m\times m}\Big)$.

(4) $\boldsymbol{A}=\boldsymbol{U}\begin{bmatrix}\boldsymbol{\Delta} & \boldsymbol{O}\\ \boldsymbol{O} & \boldsymbol{O}\end{bmatrix}\boldsymbol{V}^{\mathrm{H}}$.

注　(1) 由定理 3 的证明过程可以看出, $\boldsymbol{A}$ 的奇异值由 $\boldsymbol{A}$ 唯一确定, 但是酉矩阵 $\boldsymbol{U}$ 和 $\boldsymbol{V}$ 一般不是唯一的, 因此, 矩阵 $\boldsymbol{A}$ 的奇异值分解一般也不是唯一的.

(2) 矩阵 $\boldsymbol{A}$ 的奇异值分解可通过两种方法得到, 下面两道例题分别来说明这两种方法.

例 3　求例 2 中 $\boldsymbol{A}$ 的奇异值分解.

解

$$\boldsymbol{A}\boldsymbol{A}^{\mathrm{H}}=\begin{bmatrix}1&0&0\\0&4&0\\0&0&0\end{bmatrix},$$

所以 $\boldsymbol{A}\boldsymbol{A}^{\mathrm{H}}$ 的特征值为 $\lambda_1=4,\ \lambda_2=1,\ \lambda_3=0$, 则矩阵 $\boldsymbol{A}$ 的正奇异值

$$\sigma_1=2,\quad \sigma_2=1,\quad \boldsymbol{\Delta}=\begin{bmatrix}2&0\\0&1\end{bmatrix}.$$

$\boldsymbol{A}\boldsymbol{A}^{\mathrm{H}}$ 的特征值 $\lambda_1,\ \lambda_2,\ \lambda_3$ 对应的特征向量为

$$\boldsymbol{\xi}_1=\begin{bmatrix}0\\1\\0\end{bmatrix},\quad \boldsymbol{\xi}_2=\begin{bmatrix}1\\0\\0\end{bmatrix},\quad \boldsymbol{\xi}_3=\begin{bmatrix}0\\0\\1\end{bmatrix},$$

且 $\boldsymbol{\xi}_1,\boldsymbol{\xi}_2,\boldsymbol{\xi}_3$ 相互正交并且是单位向量, 所以

$$\boldsymbol{U}=[\boldsymbol{\xi}_1,\boldsymbol{\xi}_2,\boldsymbol{\xi}_3],\quad 取\quad \boldsymbol{U}_1=\begin{bmatrix}0&1\\1&0\\0&0\end{bmatrix},$$

$$\boldsymbol{V}_1=\boldsymbol{A}^{\mathrm{H}}\boldsymbol{U}_1\boldsymbol{\Delta}^{-\mathrm{H}}=\begin{bmatrix}1&0&0\\0&2&0\end{bmatrix}\begin{bmatrix}0&1\\1&0\\0&0\end{bmatrix}\begin{bmatrix}2&0\\0&1\end{bmatrix}^{-1}=\begin{bmatrix}0&1\\1&0\end{bmatrix},$$

$\boldsymbol{V}_1$ 为酉矩阵, 所以

$$\boldsymbol{V}=\boldsymbol{V}_1,$$

则矩阵 $\boldsymbol{A}$ 的奇异值分解为

$$\boldsymbol{A}=\boldsymbol{U}\begin{bmatrix}\boldsymbol{\Delta}&\boldsymbol{O}\\\boldsymbol{O}&\boldsymbol{O}\end{bmatrix}\boldsymbol{V}^{\mathrm{H}}=\begin{bmatrix}0&1&0\\1&0&0\\0&0&1\end{bmatrix}\begin{bmatrix}2&0\\0&1\\0&0\end{bmatrix}\begin{bmatrix}0&1\\1&0\end{bmatrix}^{\mathrm{H}}.$$

例 4 求矩阵 $\boldsymbol{A}=\begin{bmatrix}0&1\\-1&0\\0&2\\1&0\end{bmatrix}$ 的奇异值分解.

解
$$\boldsymbol{A}^{\mathrm{H}}\boldsymbol{A}=\begin{bmatrix}2&0\\0&5\end{bmatrix},$$

所以 $\boldsymbol{A}^{\mathrm{H}}\boldsymbol{A}$ 的特征值为 $\lambda_1=5,\ \lambda_2=2$, 于是 $\boldsymbol{A}$ 的奇异值为

$$\sigma_1=\sqrt{5},\quad \sigma_2=\sqrt{2},\quad \boldsymbol{\Delta}=\begin{bmatrix}\sqrt{5}&0\\0&\sqrt{2}\end{bmatrix}.$$

矩阵 $\boldsymbol{A}^{\mathrm{H}}\boldsymbol{A}$ 的分别属于特征值 λ_1, λ_2 的标准正交特征向量为

$$\boldsymbol{v}_1 = [0,1]^{\mathrm{T}}, \quad \boldsymbol{v}_2 = [1,0]^{\mathrm{T}}.$$

记 $\boldsymbol{V} = [\boldsymbol{v}_1, \boldsymbol{v}_2]$, 取 $\boldsymbol{V}_1 = \boldsymbol{V}$, 计算

$$\boldsymbol{U}_1 = \boldsymbol{A}\boldsymbol{V}_1\boldsymbol{\Delta}^{-1} = \begin{bmatrix} 0 & 1 \\ -1 & 0 \\ 0 & 2 \\ 1 & 0 \end{bmatrix} \begin{bmatrix} 0 & 1 \\ 1 & 0 \end{bmatrix} \begin{bmatrix} \frac{1}{\sqrt{5}} & 0 \\ 0 & \frac{1}{\sqrt{2}} \end{bmatrix} = \begin{bmatrix} \frac{1}{\sqrt{5}} & 0 \\ 0 & -\frac{1}{\sqrt{2}} \\ \frac{2}{\sqrt{5}} & 0 \\ 0 & \frac{1}{\sqrt{2}} \end{bmatrix}.$$

取

$$\boldsymbol{U}_2 = \begin{bmatrix} -\frac{2}{\sqrt{5}} & 0 \\ 0 & \frac{1}{\sqrt{2}} \\ \frac{1}{\sqrt{5}} & 0 \\ 0 & \frac{1}{\sqrt{2}} \end{bmatrix},$$

使

$$\boldsymbol{U} = \begin{bmatrix} \frac{1}{\sqrt{5}} & 0 & -\frac{2}{\sqrt{5}} & 0 \\ 0 & -\frac{1}{\sqrt{2}} & 0 & \frac{1}{\sqrt{2}} \\ \frac{2}{\sqrt{5}} & 0 & \frac{1}{\sqrt{5}} & 0 \\ 0 & \frac{1}{\sqrt{2}} & 0 & \frac{1}{\sqrt{2}} \end{bmatrix}$$

为酉矩阵, 于是矩阵 $\boldsymbol{A}$ 的奇异值分解为

$$\boldsymbol{A} = \begin{bmatrix} \frac{1}{\sqrt{5}} & 0 & -\frac{2}{\sqrt{5}} & 0 \\ 0 & -\frac{1}{\sqrt{2}} & 0 & \frac{1}{\sqrt{2}} \\ \frac{2}{\sqrt{5}} & 0 & \frac{1}{\sqrt{5}} & 0 \\ 0 & \frac{1}{\sqrt{2}} & 0 & \frac{1}{\sqrt{2}} \end{bmatrix} \begin{bmatrix} \sqrt{5} & 0 \\ 0 & \sqrt{2} \\ 0 & 0 \\ 0 & 0 \end{bmatrix} \begin{bmatrix} 0 & 1 \\ 1 & 0 \end{bmatrix}^{\mathrm{H}}.$$

4.5 单纯矩阵的谱分解

单纯矩阵 $\boldsymbol{A}$ 是可以对角化的矩阵, 设 $\lambda_1,\lambda_2,\cdots,\lambda_n$ 为矩阵 $\boldsymbol{A}$ 的 n 个特征值. $\boldsymbol{A}$ 互异的特征值的集合 $\{\lambda_1,\lambda_2,\cdots,\lambda_\sigma\}$ 称为矩阵 $\boldsymbol{A}$ 的谱. 单纯矩阵的谱分解是依单纯矩阵的谱 (特征值) 把它分解为矩阵和的一种分解.

定理 1 设 $\boldsymbol{A}\in\mathbb{C}^{n\times n}$ 为单纯矩阵, $\lambda_1,\lambda_2,\cdots,\lambda_\sigma$ 是 $\boldsymbol{A}$ 的相异特征值, 则存在 $\boldsymbol{H}_i\in\mathbb{C}^{n\times n}(i=1,2,\cdots,\sigma)$, 满足

(1) $\boldsymbol{H}_i\boldsymbol{H}_j=\delta_{ij}\boldsymbol{H}_i$;

(2) $\sum\limits_{i=1}^{\sigma}\boldsymbol{H}_i=\boldsymbol{E}_n$;

(3) $\boldsymbol{H}_i\boldsymbol{A}=\boldsymbol{A}\boldsymbol{H}_i=\lambda_i\boldsymbol{H}_i$;

(4) $\operatorname{rank}\boldsymbol{H}_i=m_i$, 其中 m_i 为 λ_i 的代数重复度;

(5) $\boldsymbol{H}_i$ 唯一, 即 $\boldsymbol{A}$ 的谱族唯一,

则称 $\boldsymbol{A}=\sum\limits_{i=1}^{\sigma}\lambda_i\boldsymbol{H}_i$ 为矩阵 $\boldsymbol{A}$ 的谱分解, 称 $\boldsymbol{H}_1,\boldsymbol{H}_2,\cdots,\boldsymbol{H}_\sigma$ 为 $\boldsymbol{A}$ 的谱族.

证明 设 m_i 为 λ_i 的代数重复度 $(i=1,2,\cdots,\sigma)$, 则

$$\boldsymbol{A}=\boldsymbol{P}\operatorname{diag}[\underbrace{\lambda_1,\cdots,\lambda_1}_{m_1},\underbrace{\lambda_2,\cdots,\lambda_2}_{m_2},\cdots,\underbrace{\lambda_\sigma,\cdots,\lambda_\sigma}_{m_\sigma}]\boldsymbol{P}^{-1},$$

设 $\boldsymbol{P}=\begin{bmatrix}\boldsymbol{P}_1 & \boldsymbol{P}_2 & \cdots & \boldsymbol{P}_\sigma\end{bmatrix}$, $\boldsymbol{P}^{-1}=\begin{bmatrix}\tilde{\boldsymbol{P}}_1\\ \tilde{\boldsymbol{P}}_2\\ \vdots\\ \tilde{\boldsymbol{P}}_\sigma\end{bmatrix}$, 其中 $\boldsymbol{P}_i\in\mathbb{C}^{n\times m_i}$, $\tilde{\boldsymbol{P}}_i\in\mathbb{C}^{m_i\times n}$ $(i=1,2,\cdots,\sigma)$, 则

$$\begin{aligned}\boldsymbol{A}&=\begin{bmatrix}\boldsymbol{P}_1 & \boldsymbol{P}_2 & \cdots & \boldsymbol{P}_\sigma\end{bmatrix}\begin{bmatrix}\lambda_1\boldsymbol{E}_{m_1} & & & \\ & \lambda_2\boldsymbol{E}_{m_2} & & \\ & & \ddots & \\ & & & \lambda_\sigma\boldsymbol{E}_{m_\sigma}\end{bmatrix}\begin{bmatrix}\tilde{\boldsymbol{P}}_1\\ \tilde{\boldsymbol{P}}_2\\ \vdots\\ \tilde{\boldsymbol{P}}_\sigma\end{bmatrix}\\ &=\sum_{i=1}^{\sigma}\lambda_i\boldsymbol{P}_i\tilde{\boldsymbol{P}}_i,\end{aligned}$$

记 $\boldsymbol{H}_i=\boldsymbol{P}_i\tilde{\boldsymbol{P}}_i(i=1,2,\cdots,\sigma)$, 则 $\boldsymbol{A}=\sum\limits_{i=1}^{\sigma}\lambda_i\boldsymbol{H}_i$.

(1) 因为 $\boldsymbol{P}^{-1}\boldsymbol{P}=\begin{bmatrix}\tilde{\boldsymbol{P}}_1\\ \tilde{\boldsymbol{P}}_2\\ \vdots\\ \tilde{\boldsymbol{P}}_\sigma\end{bmatrix}\begin{bmatrix}\boldsymbol{P}_1 & \boldsymbol{P}_2 & \cdots & \boldsymbol{P}_\sigma\end{bmatrix}=\boldsymbol{E}_n$, 则

$$\tilde{\boldsymbol{P}}_i\boldsymbol{P}_j=\begin{cases}\boldsymbol{E}_{m_i}, & i=j,\\ \boldsymbol{O}, & i\neq j,\end{cases}$$

所以

$$\boldsymbol{H}_i\boldsymbol{H}_j=\boldsymbol{P}_i\tilde{\boldsymbol{P}}_i\boldsymbol{P}_j\tilde{\boldsymbol{P}}_j=\boldsymbol{P}_i(\tilde{\boldsymbol{P}}_i\boldsymbol{P}_j)\tilde{\boldsymbol{P}}_j=\begin{cases}\boldsymbol{H}_i, & i=j,\\ \boldsymbol{O}, & i\neq j\end{cases}=\delta_{ij}\boldsymbol{H}_i.$$

(2) $$\sum_{i=1}^{\sigma}\boldsymbol{H}_i=\boldsymbol{P}_1\tilde{\boldsymbol{P}}_1+\boldsymbol{P}_2\tilde{\boldsymbol{P}}_2+\cdots+\boldsymbol{P}_\sigma\tilde{\boldsymbol{P}}_\sigma=\begin{bmatrix}\boldsymbol{P}_1 & \boldsymbol{P}_2 & \cdots & \boldsymbol{P}_\sigma\end{bmatrix}\begin{bmatrix}\tilde{\boldsymbol{P}}_1\\ \tilde{\boldsymbol{P}}_2\\ \vdots\\ \tilde{\boldsymbol{P}}_\sigma\end{bmatrix}$$

$$=\boldsymbol{P}\boldsymbol{P}^{-1}=\boldsymbol{E}_n.$$

(3) 由 (1) 得

$$\boldsymbol{H}_i\boldsymbol{A}=\boldsymbol{H}_i\sum_{i=1}^{\sigma}\lambda_i\boldsymbol{H}_i=\lambda_i\boldsymbol{H}_i,$$

同理 $\boldsymbol{A}\boldsymbol{H}_i=\lambda_i\boldsymbol{H}_i$.

(4) 因为

$$n=\mathrm{rank}\boldsymbol{E}_n=\mathrm{rank}\left(\sum_{i=1}^{\sigma}\boldsymbol{H}_i\right)\leqslant\sum_{i=1}^{\sigma}\mathrm{rank}\boldsymbol{H}_i\leqslant\sum_{i=1}^{\sigma}m_i=n,$$

即

$$\sum_{i=1}^{\sigma}\mathrm{rank}\boldsymbol{H}_i=\sum_{i=1}^{\sigma}m_i,$$

又由 $\mathrm{rank}\boldsymbol{H}_i\leqslant m_i$, 所以

$$\mathrm{rank}\boldsymbol{H}_i=m_i,\quad i=1,2,\cdots,\sigma.$$

(5) 设 $\boldsymbol{A}$ 另有谱分解 $\boldsymbol{A}=\sum\limits_{i=1}^{\sigma}\lambda_i\boldsymbol{G}_i$, 由 (3) 得

$$\lambda_i\boldsymbol{H}_i=\boldsymbol{A}\boldsymbol{H}_i,\quad \lambda_j\boldsymbol{G}_j=\boldsymbol{A}\boldsymbol{G}_j\quad (i\neq j),$$

故

$$\lambda_i\boldsymbol{H}_i\boldsymbol{G}_j=\boldsymbol{A}\boldsymbol{H}_i\boldsymbol{G}_j,\quad \lambda_j\boldsymbol{H}_i\boldsymbol{G}_j=\boldsymbol{A}\boldsymbol{H}_i\boldsymbol{G}_j,$$

所以

$$\lambda_i\boldsymbol{H}_i\boldsymbol{G}_j=\lambda_j\boldsymbol{H}_i\boldsymbol{G}_j.$$

由 $i\neq j$ 得 $\boldsymbol{H}_i\boldsymbol{G}_j=\boldsymbol{O}$, 同理 $\boldsymbol{G}_j\boldsymbol{H}_i=\boldsymbol{O}$. 所以

$$\boldsymbol{G}_i=\boldsymbol{E}_n\boldsymbol{G}_i=\left(\sum_{i=1}^{\sigma}\boldsymbol{H}_i\right)\boldsymbol{G}_i=\boldsymbol{H}_i\boldsymbol{G}_i,$$

$$\boldsymbol{H}_i=\boldsymbol{H}_i\boldsymbol{E}_n=\boldsymbol{H}_i\left(\sum_{i=1}^{\sigma}\boldsymbol{G}_i\right)=\boldsymbol{H}_i\boldsymbol{G}_i,$$

故 $\boldsymbol{H}_i=\boldsymbol{G}_i$, 即 $\boldsymbol{H}_i$ 唯一. □

推论 1 设 $\boldsymbol{A}\in\mathbb{C}^{n\times n}$ 为单纯矩阵, $\boldsymbol{A}=\sum\limits_{i=1}^{\sigma}\lambda_i\boldsymbol{H}_i$ 是 $\boldsymbol{A}$ 的谱分解, 对任意多项式 $f(\lambda)=\sum\limits_{k=0}^{m}a_k\lambda^k$, 则 $f(\boldsymbol{A})=\sum\limits_{i=1}^{\sigma}f(\lambda_i)\boldsymbol{H}_i$.

证明 设 m_i 是 λ_i 的代数重复度, $i=1,2,\cdots,\sigma$, 则

$$\boldsymbol{A}=\boldsymbol{P}\boldsymbol{\Lambda}\boldsymbol{P}^{-1}\boldsymbol{P}\mathrm{diag}[\underbrace{\lambda_1,\cdots,\lambda_1}_{m_1},\underbrace{\lambda_2,\cdots,\lambda_2}_{m_2},\cdots,\underbrace{\lambda_\sigma,\cdots,\lambda_\sigma}_{m_\sigma}]\boldsymbol{P}^{-1}$$

$$=\begin{bmatrix}\boldsymbol{P}_1 & \boldsymbol{P}_2 & \cdots & \boldsymbol{P}_\sigma\end{bmatrix}\begin{bmatrix}\lambda_1\boldsymbol{E}_{m_1} & & & \\ & \lambda_2\boldsymbol{E}_{m_2} & & \\ & & \ddots & \\ & & & \lambda_\sigma\boldsymbol{E}_{m_\sigma}\end{bmatrix}\begin{bmatrix}\boldsymbol{P}_1\\ \boldsymbol{P}_2\\ \vdots\\ \boldsymbol{P}_\sigma\end{bmatrix}$$

$$=\lambda_1\boldsymbol{P}_1\boldsymbol{P}_1+\cdots+\lambda_\sigma\boldsymbol{P}_\sigma\tilde{\boldsymbol{P}}_\sigma=\lambda_1\boldsymbol{H}_1+\cdots+\lambda_\sigma\boldsymbol{H}_\sigma,$$

$$f(\boldsymbol{A})=\sum_{k=0}^{m}a_k\boldsymbol{A}^k=\sum_{k=0}^{m}a_k\boldsymbol{P}\boldsymbol{\Lambda}^k\boldsymbol{P}^{-1}=\boldsymbol{P}\left(\sum_{k=0}^{m}a_k\boldsymbol{\Lambda}^k\right)\boldsymbol{P}^{-1}=\begin{bmatrix}\boldsymbol{P}_1 & \boldsymbol{P}_2 & \cdots & \boldsymbol{P}_\sigma\end{bmatrix}$$

$$\begin{bmatrix} \left(\sum_{k=0}^{m} a_k\lambda_1^k\right)\boldsymbol{E}_{m_1} & & & \\ & \left(\sum_{k=0}^{m} a_k\lambda_2^k\right)\boldsymbol{E}_{m_2} & & \\ & & \ddots & \\ & & & \left(\sum_{k=0}^{m} a_k\lambda_\sigma^k\right)\boldsymbol{E}_{m_\sigma} \end{bmatrix}$$

$$\cdot\begin{bmatrix} \boldsymbol{P}_1 \\ \boldsymbol{P}_2 \\ \vdots \\ \boldsymbol{P}_\sigma \end{bmatrix}$$

$$=\left(\sum_{k=0}^{m} a_k\lambda_1^k\right)\boldsymbol{P}_1\tilde{\boldsymbol{P}}_1+\cdots+\left(\sum_{k=0}^{m} a_k\lambda_\sigma^k\right)\boldsymbol{P}_\sigma\tilde{\boldsymbol{P}}_\sigma$$

$$=\left(\sum_{k=0}^{m} a_k\lambda_1^k\right)\boldsymbol{H}_1+\cdots+\left(\sum_{k=0}^{m} a_k\lambda_\sigma^k\right)\boldsymbol{H}_\sigma$$

$$=f(\lambda_1)\boldsymbol{H}_1+\cdots+f(\lambda_\sigma)\boldsymbol{H}_\sigma=\sum_{i=1}^{\sigma} f(\lambda_i)\boldsymbol{H}_i.$$ □

例 1　设矩阵 $\boldsymbol{A}=\begin{bmatrix} 1 & -1 & 1 \\ 2 & 4 & -2 \\ -3 & -3 & 5 \end{bmatrix}$, 求

(1) $\boldsymbol{A}$ 的谱分解;

(2) $f(\boldsymbol{A})=\boldsymbol{A}^3-2\boldsymbol{A}^2+\boldsymbol{A}+\boldsymbol{E}$ 的谱分解.

解　(1)
$$|\lambda\boldsymbol{E}-\boldsymbol{A}|=\begin{vmatrix} \lambda-1 & 1 & -1 \\ -2 & \lambda-4 & 2 \\ 3 & 3 & \lambda-5 \end{vmatrix}=(\lambda-2)^2(\lambda-6),$$

所以矩阵 $\boldsymbol{A}$ 的特征值为

$$\lambda_1=\lambda_2=2,\quad \lambda_3=6.$$

对于特征值 $\lambda_1=\lambda_2=2$, 求得其对应的特征向量为

$$\boldsymbol{\alpha}_1=[1,-1,0]^{\mathrm{T}},\quad \boldsymbol{\alpha}_2=[1,0,1]^{\mathrm{T}};$$

对应特征值 $\lambda_3 = 6$, 求得其对应的特征向量为

$$\boldsymbol{\alpha}_3 = [1, -2, 3]^{\mathrm{T}}.$$

于是

$$\boldsymbol{P} = [\boldsymbol{\alpha}_1, \boldsymbol{\alpha}_2, \boldsymbol{\alpha}_3] = \begin{bmatrix} 1 & 1 & 1 \\ -1 & 0 & -2 \\ 0 & 1 & 3 \end{bmatrix},$$

而且有

$$\boldsymbol{P}^{-1}\boldsymbol{A}\boldsymbol{P} = \begin{bmatrix} 2 & 0 & 0 \\ 0 & 2 & 0 \\ 0 & 0 & 6 \end{bmatrix},$$

其中

$$\boldsymbol{P}^{-1} = \begin{bmatrix} \frac{1}{2} & -\frac{1}{2} & -\frac{1}{2} \\ \frac{3}{4} & \frac{3}{4} & \frac{1}{4} \\ -\frac{1}{4} & -\frac{1}{4} & \frac{1}{4} \end{bmatrix},$$

取

$$\boldsymbol{H}_1 = \begin{bmatrix} 1 & 1 \\ -1 & 0 \\ 0 & 1 \end{bmatrix} \begin{bmatrix} \frac{1}{2} & -\frac{1}{2} & -\frac{1}{2} \\ \frac{3}{4} & \frac{3}{4} & \frac{1}{4} \end{bmatrix} = \begin{bmatrix} \frac{5}{4} & \frac{1}{4} & -\frac{1}{4} \\ -\frac{1}{2} & \frac{1}{2} & \frac{1}{2} \\ \frac{3}{4} & \frac{3}{4} & \frac{1}{4} \end{bmatrix},$$

$$\boldsymbol{H}_2 = \begin{bmatrix} 1 \\ -2 \\ 3 \end{bmatrix} \begin{bmatrix} -\frac{1}{4} & -\frac{1}{4} & \frac{1}{4} \end{bmatrix} = \begin{bmatrix} -\frac{1}{4} & -\frac{1}{4} & \frac{1}{4} \\ \frac{1}{2} & \frac{1}{2} & -\frac{1}{2} \\ -\frac{3}{4} & -\frac{3}{4} & \frac{3}{4} \end{bmatrix}.$$

故

$$\boldsymbol{A} = 2\boldsymbol{H}_1 + 6\boldsymbol{H}_2$$

为矩阵 $\boldsymbol{A}$ 的谱分解表达式.

(2) 由矩阵 $\boldsymbol{A}$ 的谱分解 $\boldsymbol{A}=2\boldsymbol{H}_1+6\boldsymbol{H}_2$, 则 $f(\boldsymbol{A})$ 的谱分解为

$$f(\boldsymbol{A})=f(2)\boldsymbol{H}_1+f(6)\boldsymbol{H}_2=3\boldsymbol{H}_1+151\boldsymbol{H}_2.$$

推论 2 设 $\boldsymbol{A}\in\mathbb{C}^{n\times n}$ 为正规阵, $\boldsymbol{A}=\sum\limits_{i=1}^{\sigma}\lambda_i\boldsymbol{H}_i$ 是 $\boldsymbol{A}$ 的谱分解, 则 $\boldsymbol{A}$ 的谱族 $\boldsymbol{H}_1,\boldsymbol{H}_2,\cdots,\boldsymbol{H}_\sigma$ 不仅满足定理 1 的 5 条性质, 且有 $\boldsymbol{H}_i=\boldsymbol{H}_i^2=\boldsymbol{H}_i^{\mathrm{H}}$ (即 $\boldsymbol{H}_i$ 为幂等阵).

证明 因为 $\boldsymbol{A}$ 为正规阵, 故 $\boldsymbol{A}$ 酉相似于对角阵, 即存在酉矩阵 $\boldsymbol{U}\in\mathrm{U}^{n\times n}$, 使得

$$\boldsymbol{A}=\boldsymbol{U}\mathrm{diag}[\underbrace{\lambda_1,\cdots,\lambda_1}_{m_1},\underbrace{\lambda_2,\cdots,\lambda_2}_{m_2},\cdots,\underbrace{\lambda_\sigma,\cdots,\lambda_\sigma}_{m_\sigma}]\boldsymbol{U}^{\mathrm{H}}.$$

由定理 1 的证明不难证明此推论, 上述 $\boldsymbol{H}_i$ 也为正交投影. □

例 2 求正规阵 $\boldsymbol{A}=\begin{bmatrix}0&1&1&-1\\1&0&-1&1\\1&-1&0&1\\-1&1&1&0\end{bmatrix}$ 的谱分解.

解 **方法 1** 因为 $\boldsymbol{A}$ 是实对称阵, 故是正规矩阵, 可作谱分解.

求 $\boldsymbol{A}$ 的特征值和特征向量

$$|\lambda\boldsymbol{E}-\boldsymbol{A}|=(\lambda-1)^3(\lambda+3),$$

故 $\boldsymbol{A}$ 的特征值为 $\lambda_1=\lambda_2=\lambda_3=1,\lambda_4=-3$.

对于 $\lambda_1=\lambda_2=\lambda_3=1$, 求得特征向量为 $\boldsymbol{\xi}_1=\begin{bmatrix}1\\1\\0\\0\end{bmatrix},\boldsymbol{\xi}_2=\begin{bmatrix}1\\0\\1\\0\end{bmatrix},\boldsymbol{\xi}_3=\begin{bmatrix}-1\\0\\0\\1\end{bmatrix}$;

对于 $\lambda_4=-3$, 求得特征向量为 $\boldsymbol{\xi}_4=\begin{bmatrix}1\\-1\\-1\\1\end{bmatrix}$.

把 $\boldsymbol{\xi}_1,\boldsymbol{\xi}_2,\boldsymbol{\xi}_3$ 正交化、单位化得 $\boldsymbol{P}_1=\begin{bmatrix}\frac{1}{\sqrt{2}}\\\frac{1}{\sqrt{2}}\\0\\0\end{bmatrix},\boldsymbol{P}_2=\begin{bmatrix}\frac{1}{\sqrt{6}}\\-\frac{1}{\sqrt{6}}\\\frac{2}{\sqrt{6}}\\0\end{bmatrix},\boldsymbol{P}_3=\begin{bmatrix}-\frac{1}{\sqrt{12}}\\\frac{1}{\sqrt{12}}\\\frac{1}{\sqrt{12}}\\\frac{3}{\sqrt{12}}\end{bmatrix}$，

把 $\boldsymbol{\xi}_4$ 单位化得 $\boldsymbol{P}_4=\begin{bmatrix}\frac{1}{2}\\-\frac{1}{2}\\-\frac{1}{2}\\\frac{1}{2}\end{bmatrix}$.

记 $\boldsymbol{U}_1=[\boldsymbol{P}_1,\boldsymbol{P}_2,\boldsymbol{P}_3],\boldsymbol{U}_2=\boldsymbol{P}_4$, 则 $\boldsymbol{U}=[\boldsymbol{U}_1,\boldsymbol{U}_2]=[\boldsymbol{P}_1,\boldsymbol{P}_2,\boldsymbol{P}_3,\boldsymbol{P}_4],\boldsymbol{U}^{\mathrm{H}}=\begin{bmatrix}\boldsymbol{P}_1^{\mathrm{H}}\\\boldsymbol{P}_2^{\mathrm{H}}\\\boldsymbol{P}_3^{\mathrm{H}}\\\boldsymbol{P}_4^{\mathrm{H}}\end{bmatrix}$, 构造 $\boldsymbol{H}_1,\boldsymbol{H}_2$ 为

$$\boldsymbol{H}_1=\boldsymbol{U}_1\boldsymbol{U}_1^{\mathrm{H}}=[\boldsymbol{P}_1,\boldsymbol{P}_2,\boldsymbol{P}_3]\begin{bmatrix}\boldsymbol{P}_1^{\mathrm{H}}\\\boldsymbol{P}_2^{\mathrm{H}}\\\boldsymbol{P}_3^{\mathrm{H}}\end{bmatrix}=\begin{bmatrix}\frac{3}{4}&\frac{1}{4}&\frac{1}{4}&-\frac{1}{4}\\\frac{1}{4}&\frac{3}{4}&-\frac{1}{4}&\frac{1}{4}\\\frac{1}{4}&-\frac{1}{4}&\frac{3}{4}&\frac{1}{4}\\-\frac{1}{4}&\frac{1}{4}&\frac{1}{4}&\frac{3}{4}\end{bmatrix},$$

$$H_2=U_2U_2^{\mathrm{H}}=P_4P_4^{\mathrm{H}}=\begin{bmatrix}\frac{1}{4}&-\frac{1}{4}&-\frac{1}{4}&\frac{1}{4}\\-\frac{1}{4}&\frac{1}{4}&\frac{1}{4}&-\frac{1}{4}\\-\frac{1}{4}&\frac{1}{4}&\frac{1}{4}&-\frac{1}{4}\\\frac{1}{4}&-\frac{1}{4}&-\frac{1}{4}&\frac{1}{4}\end{bmatrix},$$

则正规矩阵的谱分解为 $A=\lambda_1H_1+\lambda_2H_2=H_1-3H_2$.

方法 2 因为正规矩阵也是单纯矩阵, 所以不同于第一种方法, 我们把矩阵 A 只看成单纯矩阵, 利用例 1 的方法对其进行谱分解.

由方法 1 可知, 存在矩阵 $P=\begin{bmatrix}1&1&-1&1\\1&0&0&-1\\0&1&0&-1\\0&0&1&1\end{bmatrix}$, 使得

$$P^{-1}AP=\begin{bmatrix}1&&&\\&1&&\\&&1&\\&&&-3\end{bmatrix},$$

其中 $P^{-1}=\dfrac{1}{4}\begin{bmatrix}1&3&-1&1\\1&-1&3&1\\-1&1&1&3\\1&-1&-1&1\end{bmatrix}$. 则取

$$H_1=\frac{1}{4}\begin{bmatrix}1&1&-1\\1&0&0\\0&1&0\\0&0&1\end{bmatrix}\begin{bmatrix}1&3&-1&1\\1&-1&3&1\\-1&1&1&3\end{bmatrix}=\begin{bmatrix}\frac{3}{4}&\frac{1}{4}&\frac{1}{4}&-\frac{1}{4}\\\frac{1}{4}&\frac{3}{4}&-\frac{1}{4}&\frac{1}{4}\\\frac{1}{4}&-\frac{1}{4}&\frac{3}{4}&\frac{1}{4}\\-\frac{1}{4}&\frac{1}{4}&\frac{1}{4}&\frac{3}{4}\end{bmatrix},$$

$$
\boldsymbol{H}_2=\frac{1}{4}\begin{bmatrix}1\\-1\\-1\\1\end{bmatrix}\begin{bmatrix}1 & -1 & -1 & 1\end{bmatrix}=\begin{bmatrix}\frac{1}{4} & -\frac{1}{4} & -\frac{1}{4} & \frac{1}{4}\\ -\frac{1}{4} & \frac{1}{4} & \frac{1}{4} & -\frac{1}{4}\\ -\frac{1}{4} & \frac{1}{4} & \frac{1}{4} & -\frac{1}{4}\\ \frac{1}{4} & -\frac{1}{4} & -\frac{1}{4} & \frac{1}{4}\end{bmatrix},
$$

则矩阵 $\boldsymbol{A}$ 的谱分解为 $\boldsymbol{A}=\lambda_1\boldsymbol{H}_1+\lambda_2\boldsymbol{H}_2=\boldsymbol{H}_1-3\boldsymbol{H}_2$.

习 题 4

1. 验证下列矩阵的顺序主子式都不等于零, 并求矩阵的 Crout 分解和 $\tilde{\mathrm{L}}\mathrm{D}\tilde{\mathrm{U}}$ 分解:

(1) $\boldsymbol{A}=\begin{bmatrix}1 & 2 & 1 & 1\\0 & 1 & 1 & 1\\0 & 3 & 2 & 1\\2 & 0 & 2 & 2\end{bmatrix}$; (2) $\boldsymbol{A}=\begin{bmatrix}2 & 1 & 5 & 2\\1 & 2 & 2 & 2\\0 & 1 & 5 & 5\\1 & 0 & 2 & 1\end{bmatrix}$.

2. 求下列正定 Hermite 矩阵的 Cholesky 分解:

(1) $\boldsymbol{A}=\begin{bmatrix}1 & 2 & 1 & -3\\2 & 5 & 0 & -5\\1 & 0 & 14 & 1\\-3 & -5 & 1 & 15\end{bmatrix}$; (2) $\boldsymbol{A}=\begin{bmatrix}2 & -1 & 0 & 1\\-1 & 1 & 0 & -1\\0 & 0 & 2 & 1\\1 & -1 & 1 & 3\end{bmatrix}$;

(3) $\boldsymbol{A}=\begin{bmatrix}5 & 2 & -4\\2 & 1 & -2\\-4 & -2 & 5\end{bmatrix}$.

3. 求下列矩阵的满秩分解:

(1) $\boldsymbol{A}=\begin{bmatrix}1 & 2 & 3 & 0\\0 & 2 & 1 & -1\\1 & 0 & 2 & 1\end{bmatrix}$; (2) $\boldsymbol{A}=\begin{bmatrix}1 & 0 & 2\\2 & 1 & 5\\-1 & 4 & 2\\3 & 0 & 6\end{bmatrix}$;

(3) $\boldsymbol{A}=\begin{bmatrix}1 & 2 & 1 & 0 & 1\\0 & 1 & 1 & 0 & 1\\1 & 3 & 2 & 0 & 2\\1 & 2 & 1 & 1 & 1\end{bmatrix}$.

4. 求下列矩阵的 UR 分解:

(1) $\boldsymbol{A}=\begin{bmatrix}1&1&0\\1&0&1\\1&2&1\\1&1&0\end{bmatrix}$;　　(2) $\boldsymbol{A}=\begin{bmatrix}1&2&1&0\\-1&2&1&-1\\2&2&0&-1\end{bmatrix}$;

(3) $\boldsymbol{A}=\begin{bmatrix}0&3&1\\0&4&-2\\2&1&2\end{bmatrix}$;　　(4) $\boldsymbol{A}=\begin{bmatrix}1&1&2\\1&2&1\\1&1&3\\2&3&3\end{bmatrix}$.

5. 求下列矩阵的奇异值分解:

(1) $\boldsymbol{A}=\begin{bmatrix}1&0&0&-1\\0&1&0&1\\0&0&0&0\end{bmatrix}$;　　(2) $\boldsymbol{A}=\begin{bmatrix}1&0&0\\0&0&1\\0&-1&0\\0&1&0\end{bmatrix}$;

(3) $\boldsymbol{A}=\begin{bmatrix}1&0&0\\0&1&0\\1&1&0\end{bmatrix}$.

6. 求下列单纯矩阵的谱分解:

(1) $\boldsymbol{A}=\begin{bmatrix}-29&6&18\\-20&5&12\\-40&8&25\end{bmatrix}$;　　(2) $\boldsymbol{A}=\begin{bmatrix}-1&2&-2\\-1&-2&0\\-1&-1&-2\end{bmatrix}$;

(3) $\boldsymbol{A}=\begin{bmatrix}3&-2&2\\0&1&0\\-1&1&0\end{bmatrix}$.

7. 求下列正规矩阵的谱分解:

(1) $\boldsymbol{A}=\begin{bmatrix}0&1&1\\1&0&1\\1&1&0\end{bmatrix}$;　　(2) $\boldsymbol{A}=\begin{bmatrix}3&0&0\\0&2&-1\\0&-1&2\end{bmatrix}$;

(3) $\boldsymbol{A}=\begin{bmatrix}1&\mathrm{i}&-1\\-\mathrm{i}&1&\mathrm{i}\\-1&-\mathrm{i}&1\end{bmatrix}$.

第 5 章 矩阵函数

在线性空间中定义内积之后, 便得到了内积空间. 此时, 可以利用内积给出任意两个向量之间的一种距离 (范数). 本章将首先从更广泛的角度给出距离 (范数) 的概念, 定义一个从线性空间 V 到实数 $\mathbb{R}$ 上的一个实值函数, 即范数. 在线性空间中定义了范数, 便得到赋范线性空间, 从而可以给出任意一个向量的度量, 以及任意两个向量之间的距离. 接下来, 本章将介绍矩阵序列和矩阵级数的定义与收敛性判断, 并最终给出矩阵函数的定义和计算方法.

5.1 向量范数

前面我们利用内积定义了向量的范数 (或长度), 显然这样定义的向量长度是对实数的绝对值、复数的模的一种推广, 而且这三者具有共同的性质——非负性、齐次性与满足三角不等式, 这说明同时具备这三个属性是 "长度" 概念的根本内涵. 据此, 我们可以将 "长度" 概念进一步推广, 给出向量范数的一般性定义.

5.1.1 向量范数的概念与性质

定义 1 设 V 是数域 $\mathbb{F}$($\mathbb{R}$ 或 $\mathbb{C}$) 上的线性空间. 如果对于 V 中任意一个向量 $\boldsymbol{x}$, 都有一个实数 $\|\boldsymbol{x}\|$ 与之对应, 且满足

(1) **正定性** $\|\boldsymbol{x}\| \geqslant 0$, 当且仅当 $\boldsymbol{x}=\boldsymbol{\theta}$ 时, $\|\boldsymbol{x}\|=0$;

(2) **齐次性** $\|k\boldsymbol{x}\|=|k|\,\|\boldsymbol{x}\|, \forall k \in \mathbb{F}$;

(3) **三角不等式** $\|\boldsymbol{x}+\boldsymbol{y}\| \leqslant \|\boldsymbol{x}\|+\|\boldsymbol{y}\|, \forall \boldsymbol{x}, \boldsymbol{y} \in V$.

则称 $\|\cdot\|$ 为线性空间 V 上的向量范数, 赋予了向量范数的线性空间 V 称为赋范线性空间, 记为 $(V, \|\cdot\|)$. 赋范线性空间是一大类应用广泛的抽象空间.

由向量范数的定义可以看出, 向量范数是一种更抽象意义下的 "长度", 它仍然具有如下几何性质:

(1) $\|\boldsymbol{\theta}\|=0$;

(2) 当 $\boldsymbol{x} \neq \boldsymbol{\theta}$ 时, $\left\|\dfrac{1}{\|\boldsymbol{x}\|} \cdot \boldsymbol{x}\right\|=1$;

(3) $\forall \boldsymbol{x} \in V$, 有 $\|\boldsymbol{x}\|=\|-\boldsymbol{x}\|$;

(4) $\forall \boldsymbol{x}, \boldsymbol{y} \in V$, $\big|\,\|\boldsymbol{x}\|-\|\boldsymbol{y}\|\,\big| \leqslant \|\boldsymbol{x}-\boldsymbol{y}\|$.

下面仅证明性质 (4).

证明 由向量范数满足三角不等式得

$$\|\boldsymbol{x}\| = \|\boldsymbol{x}-\boldsymbol{y}+\boldsymbol{y}\| \leqslant \|\boldsymbol{x}-\boldsymbol{y}\| + \|\boldsymbol{y}\|,$$

即

$$\|\boldsymbol{x}\| - \|\boldsymbol{y}\| \leqslant \|\boldsymbol{x}-\boldsymbol{y}\|,$$

同理可得

$$\|\boldsymbol{y}\| - \|\boldsymbol{x}\| \leqslant \|\boldsymbol{x}-\boldsymbol{y}\|.$$

综上有

$$\big|\,\|\boldsymbol{x}\| - \|\boldsymbol{y}\|\,\big| \leqslant \|\boldsymbol{x}-\boldsymbol{y}\|.$$ □

例 1 设 $\boldsymbol{x}=[x_1,x_2,\cdots,x_n]^{\mathrm{T}}$ 是向量空间 $\mathbb{C}^n$ 中的任一向量, 定义 $\|\boldsymbol{x}\|_1 = \sum_{i=1}^{n}|x_i|$, 则 $\|\boldsymbol{x}\|_1$ 是 $\mathbb{C}^n$ 上的一个向量范数.

证明 由于 $\|\boldsymbol{x}\|_1 = \sum_{i=1}^{n}|x_i| = |x_1|+|x_2|+\cdots+|x_n|$, 则它满足

(1) 正定性: $\|\boldsymbol{x}\|_1 \geqslant 0$, 当且仅当 $\boldsymbol{x}=\boldsymbol{\theta}$ 时, $x_i=0\ (i=1,2,\cdots,n)$, 所以 $\|\boldsymbol{x}\|_1=0$;

(2) 齐次性: $\forall k\in\mathbb{C}, \forall \boldsymbol{x}\in\mathbb{C}^n$, 有

$$\begin{aligned}\|k\boldsymbol{x}\|_1 &= |kx_1|+|kx_2|+\cdots+|kx_n| \\ &= |k|\left(|x_1|+|x_2|+\cdots+|x_n|\right) = |k|\|\boldsymbol{x}\|_1.\end{aligned}$$

(3) 三角不等式: $\forall \boldsymbol{x},\ \boldsymbol{y}\in\mathbb{C}^n$, 有

$$\begin{aligned}\|\boldsymbol{x}+\boldsymbol{y}\|_1 &= |x_1+y_1|+|x_2+y_2|+\cdots+|x_n+y_n| \\ &\leqslant (|x_1|+|y_1|)+(|x_2|+|y_2|)+\cdots+(|x_n|+|y_n|) \\ &= (|x_1|+|x_2|+\cdots+|x_n|)+(|y_1|+|y_2|+\cdots+|y_n|) \\ &= \|\boldsymbol{x}\|_1+\|\boldsymbol{y}\|_1,\end{aligned}$$

所以 $\|\boldsymbol{x}\|_1$ 是 $\mathbb{C}^n$ 上的一个向量范数.

例 2 设 $\|\cdot\|_{\boldsymbol{\alpha}}$ 为 $\mathbb{F}^m(\mathbb{F}=\mathbb{C}$ 或 $\mathbb{R})$ 上的一种向量范数, $\boldsymbol{A}\in\mathbb{F}^{m\times n}$ 是一个给定的矩阵, 且矩阵 $\boldsymbol{A}$ 的 n 个列向量线性无关, 定义

$$\|\boldsymbol{x}\|_{\boldsymbol{\beta}} = \|\boldsymbol{A}\boldsymbol{x}\|_{\boldsymbol{\alpha}},$$

则 $\|\cdot\|_{\boldsymbol{\beta}}$ 为 $\mathbb{F}^m$ 上的一个向量范数.

证明 (1) 由已知, $\|\boldsymbol{x}\|_{\boldsymbol{\beta}}=\|\boldsymbol{Ax}\|_{\boldsymbol{\alpha}}\geqslant 0$. 又设矩阵 $\boldsymbol{A}$ 的 n 个列向量为 $\boldsymbol{A}^{(1)},\boldsymbol{A}^{(2)},\cdots,\boldsymbol{A}^{(n)}$, 由 $\boldsymbol{A}^{(1)},\boldsymbol{A}^{(2)},\cdots,\boldsymbol{A}^{(n)}$ 的线性无关性, 可知

$$\forall\boldsymbol{x}=[x_1,x_2,\cdots,x_n]^{\mathrm{T}}\neq\boldsymbol{\theta},$$

有

$$\begin{aligned}\boldsymbol{Ax}&=(\boldsymbol{A}^{(1)},\boldsymbol{A}^{(2)},\cdots,\boldsymbol{A}^{(n)})\begin{bmatrix}x_1\\x_2\\\vdots\\x_n\end{bmatrix}\\&=\boldsymbol{A}^{(1)}x_1+\boldsymbol{A}^{(2)}x_2+\cdots+\boldsymbol{A}^{(n)}x_n\neq\boldsymbol{\theta},\end{aligned}$$

所以当且仅当 $\boldsymbol{x}=\boldsymbol{\theta}$ 时, $\boldsymbol{Ax}=\boldsymbol{\theta}$, 从而 $\|\boldsymbol{x}\|_{\boldsymbol{\beta}}=\|\boldsymbol{Ax}\|_{\boldsymbol{\alpha}}=\|\boldsymbol{\theta}\|_{\boldsymbol{\alpha}}=0$.

(2) $\forall k\in\mathbb{F}$, $\forall\boldsymbol{x}\in\mathbb{F}^n$, 有

$$\|k\boldsymbol{x}\|_{\boldsymbol{\beta}}=\|k\boldsymbol{Ax}\|_{\boldsymbol{\alpha}}=|k|\cdot\|\boldsymbol{Ax}\|_{\boldsymbol{\alpha}}=|k|\cdot\|\boldsymbol{x}\|_{\boldsymbol{\beta}}.$$

(3) $\forall\boldsymbol{x},\ \boldsymbol{y}\in\mathbb{F}^n$, 有

$$\|\boldsymbol{x}+\boldsymbol{y}\|_{\boldsymbol{\beta}}=\|\boldsymbol{A}(\boldsymbol{x}+\boldsymbol{y})\|_{\boldsymbol{\alpha}}\leqslant\|\boldsymbol{Ax}\|_{\boldsymbol{\alpha}}+\|\boldsymbol{Ay}\|_{\boldsymbol{\alpha}}=\|\boldsymbol{x}\|_{\boldsymbol{\beta}}+\|\boldsymbol{y}\|_{\beta}.$$

综上, $\|\cdot\|_{\boldsymbol{\beta}}$ 为 $\mathbb{F}^m$ 上的一个向量范数.

由上面的例子可以知道在同一个线性空间中可以构造出无穷多种范数, 但是并不是任何一个从线性空间到非负实数的映射都是范数.

例 3 在 n 维向量空间 $\mathbb{C}^n$(或 $\mathbb{R}^n$) 中, 对任一向量 $\boldsymbol{x}=[x_1,x_2,\cdots,x_n]^{\mathrm{T}}$, 规定下面的实数与之对应

$$\|\boldsymbol{x}\|=\sum_{k=1}^{n}\frac{1}{2^k}\cdot\frac{|x_k|}{1+|x_k|},$$

验证 $\|\boldsymbol{x}\|$ 是否是 $\mathbb{C}^n$(或 $\mathbb{R}^n$) 上的向量范数?

解 取 $\boldsymbol{x}=[1,0,\cdots,0]^{\mathrm{T}}$, 则 $2\boldsymbol{x}=[2,0,\cdots,0]^{\mathrm{T}}$, 且

$$\|\boldsymbol{x}\|=\sum_{k=1}^{n}\frac{1}{2^k}\cdot\frac{|x_k|}{1+|x_k|}=\frac{1}{2}\cdot\frac{1}{1+1}=\frac{1}{4},$$

$$\|2\boldsymbol{x}\|=\sum_{k=1}^{n}\frac{1}{2^k}\cdot\frac{|2x_k|}{1+|2x_k|}=\frac{1}{2}\cdot\frac{2}{1+2}=\frac{1}{3},$$

说明 $\|2\boldsymbol{x}\| \neq 2\|\boldsymbol{x}\|$, 也就是 $\|\boldsymbol{x}\|$ 不满足范数定义中的齐次性, 因此不是 $\mathbb{C}^n$(或 $\mathbb{R}^n$) 上的向量范数.

一般地, 在无穷维线性空间中也可以定义不同的范数.

例 4　在闭区间 $[a,b]$ 上的连续函数全体 $C[a,b]$, 按照通常意义下的加法和数乘构成线性空间, 则下面给出的三种形式是 $C[a,b]$ 中的常用的范数.

(1) $\|f(t)\|_1 = \int_a^b |f(t)|\,\mathrm{d}t,\ f(t) \in C[a,b]$;

(2) $\|f(t)\|_p = \left(\int_a^b |f(t)|^p\,\mathrm{d}t\right)^{\frac{1}{p}},\ f(t) \in C[a,b]$;

(3) $\|f(t)\|_\infty = \max\limits_{a \leqslant t \leqslant b} |f(t)|, f(t) \in C[a,b]$, $\|f(t)\|_1, \|f(t)\|_p$ 和 $\|f(t)\|_\infty$ 分别称为函数的 1-范数、p-范数和 ∞-范数.

证明略.

5.1.2　$\mathbb{C}^n$ 上的常用范数

n 维线性空间 $\mathbb{C}^n$(或 $\mathbb{R}^n$) 中常用的向量范数有: $\forall \boldsymbol{x} = [x_1, x_2, \cdots, x_n]^{\mathrm{T}} \in \mathbb{C}^n$(或 $\mathbb{R}^n$)

$$\text{1-范数}\quad \|\boldsymbol{x}\|_1 = \sum_{i=1}^n |x_i| = |x_1| + |x_2| + \cdots + |x_n|;$$

$$\text{2-范数}\quad \|\boldsymbol{x}\|_2 = \left(\sum_{i=1}^n |x_i|^2\right)^{\frac{1}{2}} = \sqrt{|x_1|^2 + |x_2|^2 + \cdots + |x_n|^2};$$

$$\infty\text{-范数}\quad \|\boldsymbol{x}\|_\infty = \max_i |x_i|;$$

$$p\text{-范数}\quad \|\boldsymbol{x}\|_p = \left(\sum_{i=1}^n |x_i|^p\right)^{\frac{1}{p}}\ (p \geqslant 1). \tag{5-1}$$

显然在 p-范数中, 令 $p=1$ 或 $p=2$, 则它分别对应了向量的 1-范数和 2-范数; 当 $p \to \infty$ 时, 它就是向量的 ∞-范数. 此外由于向量的 2-范数还可以表示为 $\|\boldsymbol{x}\|_2 = \left(\boldsymbol{x}^{\mathrm{H}}\boldsymbol{x}\right)^{\frac{1}{2}}$, 因此也经常称之为**欧氏范数**.

下面我们仅证明 $\|\boldsymbol{x}\|_p$ 是 $\mathbb{C}^n$(或 $\mathbb{R}^n$) 中向量范数. 证明前, 我们先引入两个不等式.

赫尔德 (Hölder) 不等式　$\forall a_i, b_i \in \mathbb{C}, i = 1, 2, \cdots, n$, 有

$$\sum_{i=1}^n |a_i b_i| \leqslant \left(\sum_{i=1}^n |a_i|^p\right)^{\frac{1}{p}} \left(\sum_{i=1}^n |b_i|^q\right)^{\frac{1}{q}},$$

其中 $p>1, q>1$, 且 $\dfrac{1}{p}+\dfrac{1}{q}=1$. 特别地, $p=q=2$ 时, Hölder 不等式为著名的 Cauchy-Schwarz 不等式.

闵可夫斯基 (Minkowski) **不等式** $\forall a_i, b_i \in \mathbb{C}, i=1,2,\cdots,n$, 对任何 $p \geqslant 1$ 有

$$\left(\sum_{i=1}^{n}|a_i+b_i|^p\right)^{\frac{1}{p}} \leqslant \left(\sum_{i=1}^{n}|a_i|^p\right)^{\frac{1}{p}}+\left(\sum_{i=1}^{n}|b_i|^p\right)^{\frac{1}{p}}.$$

下面证明 (5-1) 式是 $\mathbb{C}^n$(或 $\mathbb{R}^n$) 中的向量范数.

证明 (1) 由 $\|\boldsymbol{x}\|_p$ 的定义, 正定性显然成立.

(2) **齐次性** $\forall k \in \mathbb{C}, \forall \boldsymbol{x} \in \mathbb{C}^n$, 有

$$\|k\boldsymbol{x}\|_p=\left(\sum_{i=1}^{n}|k\boldsymbol{x}_i|^p\right)^{\frac{1}{p}}=\left(|k|^p\sum_{i=1}^{n}|\boldsymbol{x}_i|^p\right)^{\frac{1}{p}}=|k|\,\|\boldsymbol{x}\|_p.$$

(3) **三角不等式** $\forall \boldsymbol{x}, \boldsymbol{y} \in \mathbb{C}^n$, 由 Minkowski 不等式, 有

$$\begin{aligned}\|\boldsymbol{x}+\boldsymbol{y}\|_p&=\left(\sum_{i=1}^{n}|\boldsymbol{x}_i+\boldsymbol{y}_i|^p\right)^{\frac{1}{p}} \leqslant \left(\sum_{i=1}^{n}|\boldsymbol{x}_i|^p\right)^{\frac{1}{p}}+\left(\sum_{i=1}^{n}|\boldsymbol{y}_i|^p\right)^{\frac{1}{p}}\\&=\|\boldsymbol{x}\|_p+\|\boldsymbol{y}\|_p.\end{aligned}$$

因此 $\|\boldsymbol{x}\|_p (p \geqslant 1)$ 为 $\mathbb{C}^n$ 上的一个向量范数.

需要指出的是, 当 $0<p<1$ 时, $\|\boldsymbol{x}\|_p=\left(\sum\limits_{i=1}^{n}|x_i|^p\right)^{\frac{1}{p}}$ 不是 $\mathbb{C}^n$ 上的向量范数, 因为此时 Minkowski 不等式不成立.

例如, 当 $p=\dfrac{1}{2}$ 时, 在 $\mathbb{R}^2$ 中, 取 $\boldsymbol{x}=[1,0]^{\mathrm{T}}, \boldsymbol{y}=[0,1]^{\mathrm{T}}$, 则 $\|\boldsymbol{x}+\boldsymbol{y}\|_p=(1^{\frac{1}{2}}+1^{\frac{1}{2}})^2=4$, 而 $\|\boldsymbol{x}\|_p=1, \|\boldsymbol{y}\|_p=1$, 因此 $\|\boldsymbol{x}+\boldsymbol{y}\|_p>\|\boldsymbol{x}\|_p+\|\boldsymbol{y}\|_p$. 此时 $\|\boldsymbol{x}\|_p$ 不是 $\mathbb{R}^2$ 上的范数.

此外, 我们知道线性空间 $\mathbb{C}^2$(或 $\mathbb{C}^3$) 对应了几何上的二维 (或三维) 空间, 当采用不同的范数时, 平面 (或空间) 上的单位圆盘 (或单位球体)$\{\boldsymbol{x} \in \mathbb{C}^2 \mid \|\boldsymbol{x}\|_p \leqslant 1\}$ (或 $\{\boldsymbol{x} \in \mathbb{C}^3 \mid \|\boldsymbol{x}\|_p \leqslant 1\}$) 就呈现出不同的形状, 如图 5-1 所示.

由图 5-1 可以看到在同一个线性空间, 定义不同的范数, 实际上就是采用了不同的度量方式, 因此其对应的图形不同, 但是尽管度量方式不同, 其本质上是等价的.

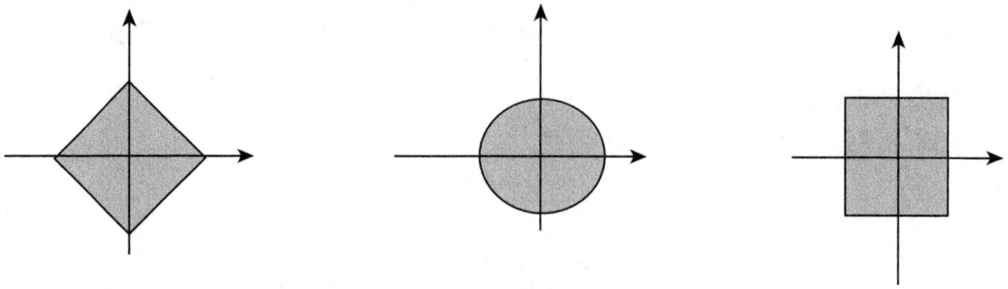

(a) $\|\boldsymbol{x}\|_1 \leqslant 1$ (b) $\|\boldsymbol{x}\|_2 \leqslant 1$ (c) $\|\boldsymbol{x}\|_\infty \leqslant 1$

图 5-1 不同范数的单位圆

5.1.3 向量范数的等价性

定义 2 设线性空间 $V(\mathbb{F})$ 上定义了两种向量范数 $\|\cdot\|_{\boldsymbol{\alpha}}$ 和 $\|\cdot\|_{\boldsymbol{\beta}}$, 若存在实常数 $m>0, M>0$, 使得

$$m\|\boldsymbol{x}\|_{\boldsymbol{\beta}} \leqslant \|\boldsymbol{x}\|_{\boldsymbol{\alpha}} \leqslant M\|\boldsymbol{x}\|_{\boldsymbol{\beta}}, \quad \forall \boldsymbol{x} \in V(\mathbb{F}),$$

则称 $V(\mathbb{F})$ 的两个向量范数 $\|\cdot\|_{\boldsymbol{\alpha}}$ 与 $\|\cdot\|_{\boldsymbol{\beta}}$ 等价.

显然向量范数等价具有自反性、对称性和传递性.

例 5 验证 $\mathbb{C}^n$ 中向量范数 $\|\boldsymbol{x}\|_1, \|\boldsymbol{x}\|_2$ 与 $\|\boldsymbol{x}\|_\infty$ 两两等价.

解 (1) 设 $\boldsymbol{x}=[x_1, x_2, \cdots, x_n]^{\mathrm{T}} \in \mathbb{C}^n$, 则

$$\|\boldsymbol{x}\|_1=\sum_{i=1}^n |x_i| \leqslant n \cdot \max_{1 \leqslant j \leqslant n} |x_j|=n\|\boldsymbol{x}\|_\infty,$$

且 $\|\boldsymbol{x}\|_1 \geqslant \max\limits_{1 \leqslant j \leqslant n} |\boldsymbol{x}_j|=\|\boldsymbol{x}\|_\infty$, 所以 $\|\boldsymbol{x}\|_1$ 与 $\|\boldsymbol{x}\|_\infty$ 等价, 即 $1 \cdot \|\boldsymbol{x}\|_\infty \leqslant \|\boldsymbol{x}\|_1 \leqslant n \cdot \|\boldsymbol{x}\|_\infty$.

(2) 因为 $\|\boldsymbol{x}\|_2^2=\sum\limits_{i=1}^n |x_i|^2 \leqslant n \cdot \max\limits_{1 \leqslant j \leqslant n} |x_j|^2=n\|\boldsymbol{x}\|_\infty^2$, 且 $\|\boldsymbol{x}\|_2^2 \geqslant \max\limits_{1 \leqslant j \leqslant n} |x_j|^2=\|\boldsymbol{x}\|_\infty^2$, 所以 $\|\boldsymbol{x}\|_2$ 与 $\|\boldsymbol{x}\|_\infty$ 等价, 即 $1 \cdot \|\boldsymbol{x}\|_\infty \leqslant \|\boldsymbol{x}\|_2 \leqslant \sqrt{n} \cdot \|\boldsymbol{x}\|_\infty$.

(3) 由上面结果易知 $\dfrac{1}{n} \cdot \|\boldsymbol{x}\|_1 \leqslant \|\boldsymbol{x}\|_2 \leqslant \sqrt{n} \cdot \|\boldsymbol{x}\|_1$, 所以 $\mathbb{C}^n$ 中向量范数 $\|\boldsymbol{x}\|_1, \|\boldsymbol{x}\|_2$ 与 $\|\boldsymbol{x}\|_\infty$ 两两等价.

事实上, 可以证明 n 维线性空间中任意两种范数等价.

定理 1 设 $\|\boldsymbol{x}\|$ 是 $\mathbb{C}^n$(或 $\mathbb{R}^n$) 中的向量 $\boldsymbol{x}=[x_1, x_2, \cdots, x_n]^{\mathrm{T}}$ 的范数, 则 $\|\boldsymbol{x}\|$ 是其分量 $x_1, x_2, \cdots, x_n$ 的连续函数.

证明 $\forall \boldsymbol{x}=[x_1, x_2, \cdots, x_n]^{\mathrm{T}} \in \mathbb{C}^n$, 记 $\|\boldsymbol{x}\|=\varphi(x_1, x_2, \cdots, x_n)$.

若令 $\boldsymbol{\varepsilon}_1,\boldsymbol{\varepsilon}_2,\cdots,\boldsymbol{\varepsilon}_n$ 是 $\mathbb{C}^n$ 中自然基底, 则 $\boldsymbol{x}=x_1\boldsymbol{\varepsilon}_1+x_2\boldsymbol{\varepsilon}_2+\cdots+x_n\boldsymbol{\varepsilon}_n$. 于是 $\forall \boldsymbol{y}\neq\boldsymbol{x}$, $\boldsymbol{y}=y_1\boldsymbol{\varepsilon}_1+y_2\boldsymbol{\varepsilon}_2+\cdots+y_n\boldsymbol{\varepsilon}_n\in\mathbb{C}^n$ 有

$$\begin{aligned}&|\varphi(x_1,x_2,\cdots,x_n)-\varphi(y_1,y_2,\cdots,y_n)|=|\|\boldsymbol{x}\|-\|\boldsymbol{y}\||\leqslant\|\boldsymbol{x}-\boldsymbol{y}\|\\ =&\|(x_1-y_1)\boldsymbol{\varepsilon}_1+(x_2-y_2)\boldsymbol{\varepsilon}_2+\cdots+(x_n-y_n)\boldsymbol{\varepsilon}_n\|\\ \leqslant&|x_1-y_1|\|\boldsymbol{\varepsilon}_1\|+|x_2-y_2|\|\boldsymbol{\varepsilon}_2\|+\cdots+|x_n-y_n|\|\boldsymbol{\varepsilon}_n\|\end{aligned}$$

注意到 $\|\boldsymbol{\varepsilon}_i\|(i=1,2,\cdots,n)$ 是固定的常数, 所以当 $x_i\to y_i(i=1,2,\cdots,n)$ 时, 有

$$\varphi(x_1,x_2,\cdots,x_n)-\varphi(y_1,y_2,\cdots,y_n)\to 0.$$

这表明 $\|\boldsymbol{x}\|$ 是 $x_1,x_2,\cdots,x_n$ 的 n 元连续函数.

定理 2 n 维线性空间 $\mathbb{C}^n$(或 $\mathbb{R}^n$) 中任意两种向量范数等价.

证明 设 $\|\cdot\|_{\boldsymbol{\alpha}}$ 与 $\|\cdot\|_{\boldsymbol{\beta}}$ 是空间 $\mathbb{C}^n$(或 $\mathbb{R}^n$) 中任意两种向量范数. 对非零向量 $\boldsymbol{x}$, 构造函数 $\phi(\boldsymbol{x})$ 及有界闭集 S,

$$\phi(\boldsymbol{x})=\varphi(x_1,x_2,\cdots,x_n)=\frac{\|\boldsymbol{x}\|_{\boldsymbol{\alpha}}}{\|\boldsymbol{x}\|_{\boldsymbol{\beta}}},\quad S=\left\{\boldsymbol{x}=[x_1,x_2,\cdots,x_n]^{\mathrm{T}}\left|\sum_{i=1}^{n}|x_1|^2=1\right.\right\}.$$

由定理 1 可知, $\phi(x_1,x_2,\cdots,x_n)$ 是有界闭集 S 上的连续函数, 在 S 上能取到最大值与最小值, 设最大值为 M, 最小值为 m.

对 $\mathbb{C}^n$(或 $\mathbb{R}^n$) 中的零向量 $\boldsymbol{x}=\boldsymbol{\theta}$, 显然, $m\|\boldsymbol{x}\|_{\boldsymbol{\beta}}\leqslant\|\boldsymbol{x}\|_{\boldsymbol{\alpha}}\leqslant M\|\boldsymbol{x}\|_{\boldsymbol{\beta}}$ 成立;

对 $\mathbb{C}^n$(或 $\mathbb{R}^n$) 中任意非零向量 $\boldsymbol{x}\neq\boldsymbol{\theta}$, 令 $\boldsymbol{y}=\dfrac{\boldsymbol{x}}{\sqrt{|x_1|^2+|x_2|^2+\cdots+|x_n|^2}}$, 则 $\boldsymbol{y}\in S$, 且 $m\leqslant\ \phi(\boldsymbol{y})=\dfrac{\|\boldsymbol{y}\|_{\boldsymbol{\alpha}}}{\|\boldsymbol{y}\|_{\boldsymbol{\beta}}}\ \leqslant M$, 又由

$$\frac{\|\boldsymbol{y}\|_{\boldsymbol{\alpha}}}{\|\boldsymbol{y}\|_{\boldsymbol{\beta}}}=\frac{\dfrac{1}{\sqrt{|x_1|^2+|x_2|^2+\cdots+|x_n|^2}}\|\boldsymbol{x}\|_{\boldsymbol{\alpha}}}{\dfrac{1}{\sqrt{|x_1|^2+|x_2|^2+\cdots+|x_n|^2}}\|\boldsymbol{x}\|_{\boldsymbol{\beta}}}=\frac{\|\boldsymbol{x}\|_{\boldsymbol{\alpha}}}{\|\boldsymbol{x}\|_{\boldsymbol{\beta}}}.$$

因此, $m\|\boldsymbol{x}\|_{\boldsymbol{\beta}}\leqslant\|\boldsymbol{x}\|_{\boldsymbol{\alpha}}\leqslant M\|\boldsymbol{x}\|_{\boldsymbol{\beta}}$ 成立.

综上, 对 $\mathbb{C}^n$(或 $\mathbb{R}^n$) 中任意向量 $\boldsymbol{x}$, $m\|\boldsymbol{x}\|_{\boldsymbol{\beta}}\leqslant\|\boldsymbol{x}\|_{\boldsymbol{\alpha}}\leqslant M\|\boldsymbol{x}\|_{\boldsymbol{\beta}}$ 成立, 即 $\|\cdot\|_{\boldsymbol{\alpha}}$ 与 $\|\cdot\|_{\boldsymbol{\beta}}$ 等价. □

5.2 矩阵范数

5.2.1 $\mathbb{C}^{n\times n}$ 上的矩阵范数

线性空间 $\mathbb{C}^{m\times n}$(或 $\mathbb{R}^{m\times n}$) 中任意一个 $m\times n$ 的矩阵, 可以看作是一个 $m\times n$ 维的向量, 因此, 可以用定义向量范数的方法来定义 $\mathbb{C}^{m\times n}$(或 $\mathbb{R}^{m\times n}$) 中 $m\times n$ 矩阵的范数.

但是, 我们知道矩阵之间具有向量所没有的乘法运算, 而且如果对于某种范数, 可以满足性质

$$\|\boldsymbol{A}\boldsymbol{B}\|\leqslant\|\boldsymbol{A}\|\cdot\|\boldsymbol{B}\|,$$

其中 $\boldsymbol{A}\in\mathbb{C}^{m\times n}$, $\boldsymbol{B}\in\mathbb{C}^{n\times k}$, $\boldsymbol{AB}\in\mathbb{C}^{m\times k}$, $\|\cdot\|$ 是 $\mathbb{C}^{m\times n}$, $\mathbb{C}^{n\times k}$ 以及 $\mathbb{C}^{m\times k}$ 上的同一类范数, 那么在计算上能带来许多方便, 因此通常我们要求矩阵范数满足这样的性质, 并称此性质为相容性.

本章中我们仅在 $\mathbb{C}^{n\times n}$(或 $\mathbb{R}^{n\times n}$) 上研究方阵的范数.

定义 1 设 $\mathbb{F}^{n\times n}$ 是数域 $\mathbb{F}$($\mathbb{R}$ 或 $\mathbb{C}$) 上所有 $n\times n$ 矩阵全体构成的线性空间, 如果对于 $\mathbb{F}^{n\times n}$ 中任意一个矩阵 $\boldsymbol{A}$, 都有一个实数 $\|\boldsymbol{A}\|$ 与之对应, 且满足

(1) **正定性** $\|\boldsymbol{A}\|\geqslant 0$, 当且仅当 $\boldsymbol{A}=\boldsymbol{O}$ 时, $\|\boldsymbol{A}\|=0$;

(2) **齐次性** $\|k\boldsymbol{A}\|=|k|\,\|\boldsymbol{A}\|$, $\forall k\in\mathbb{F}$, $\forall\boldsymbol{A}\in\mathbb{F}^{n\times n}$;

(3) **三角不等式** $\|\boldsymbol{A}+\boldsymbol{B}\|\leqslant\|\boldsymbol{A}\|+\|\boldsymbol{B}\|$, $\forall\boldsymbol{A},\boldsymbol{B}\in\mathbb{F}^{n\times n}$;

(4) **相容性** $\|\boldsymbol{A}\cdot\boldsymbol{B}\|\leqslant\|\boldsymbol{A}\|\cdot\|\boldsymbol{B}\|$, $\forall\boldsymbol{A},\boldsymbol{B}\in\mathbb{F}^{n\times n}$,

那么称 $\|\cdot\|$ 为线性空间 $\mathbb{F}^{n\times n}$ 上的矩阵范数, 赋予了矩阵范数线性空间 $\mathbb{F}^{n\times n}$ 称为赋范线性空间, 记为 $(\mathbb{F}^{n\times n},\|\cdot\|)$.

例 1 设 $\mathbb{F}^{n\times n}$ 是数域 $\mathbb{F}$($\mathbb{R}$ 或 $\mathbb{C}$) 上所有 $n\times n$ 矩阵全体构成的线性空间. $\forall\boldsymbol{A}=(a_{ij})\in\mathbb{F}^{n\times n}$, 验证 $\|\boldsymbol{A}\|_{m_1}=\sum\limits_{i=1}^{n}\sum\limits_{j=1}^{n}|a_{ij}|$ 是 $\mathbb{F}^{n\times n}$ 上的矩阵范数.

证明 只需验证 $\|\boldsymbol{A}\|_{m_1}$ 满足矩阵范数定义中的 4 个性质即可.

(1) 显然 $\|\boldsymbol{A}\|_{m_1}\geqslant 0$, 而且当且仅当 $\boldsymbol{A}=\boldsymbol{O}$ 时, $a_{ij}=0\ (i,j=1,2,\cdots,n)$, $\|A\|_{m_1}=0$;

(2) $\forall k\in\mathbb{F}$, $\forall\boldsymbol{A}\in\mathbb{F}^{n\times n}$, 有

$$\|k\boldsymbol{A}\|_{m_1}=\sum_{i=1}^{n}\sum_{j=1}^{n}|ka_{ij}|=|k|\sum_{i=1}^{n}\sum_{j=1}^{n}|a_{ij}|=|k|\,\|\boldsymbol{A}\|_{m_1};$$

(3) $\forall\boldsymbol{A}=(a_{ij})\in\mathbb{F}^{n\times n}$,$\forall\boldsymbol{B}=(b_{ij})\in\mathbb{F}^{n\times n}$, 有

$$\|\boldsymbol{A}+\boldsymbol{B}\|_{m_1}=\sum_{i=1}^{n}\sum_{j=1}^{n}|a_{ij}+b_{ij}|\leqslant\sum_{i=1}^{n}\sum_{j=1}^{n}(|a_{ij}|+|b_{ij}|)$$

$$= \sum_{i=1}^{n}\sum_{j=1}^{n}|a_{ij}| + \sum_{i=1}^{n}\sum_{j=1}^{n}|b_{ij}| = \|\boldsymbol{A}\|_{m_1} + \|\boldsymbol{B}\|_{m_1};$$

(4) $\forall \boldsymbol{A} = (a_{ij}) \in \mathbb{F}^{n\times n}, \forall \boldsymbol{B} = (b_{ij}) \in \mathbb{F}^{n\times n}$, 有

$$\begin{aligned}\|\boldsymbol{A}\cdot\boldsymbol{B}\|_{m_1} &= \sum_{i=1}^{n}\sum_{j=1}^{n}\left|\sum_{k=1}^{n}a_{ik}b_{kj}\right| \leqslant \sum_{i=1}^{n}\sum_{j=1}^{n}\left(\sum_{k=1}^{n}|a_{ik}||b_{kj}|\right)\\ &\leqslant \sum_{i=1}^{n}\sum_{j=1}^{n}\left(\sum_{k=1}^{n}|a_{ik}|\cdot\sum_{k=1}^{n}|b_{kj}|\right)\\ &\leqslant \left(\sum_{i=1}^{n}\sum_{k=1}^{n}|a_{ik}|\right)\left(\sum_{j=1}^{n}\sum_{k=1}^{n}|b_{kj}|\right) = \|\boldsymbol{A}\|_{m_1}\cdot\|\boldsymbol{B}\|_{m_1}.\end{aligned}$$

综上, $\|\boldsymbol{A}\|_{m_1}$ 是 $\mathbb{F}^{n\times n}$ 上的矩阵范数.

通常称上例中的范数为矩阵的 m_1-范数. 此外, $\mathbb{C}^{n\times n}$ 上常用的矩阵范数还有 m_2-范数与 m_∞-范数.

例 2 设 $\mathbb{F}^{n\times n}$ 是数域 $\mathbb{F}$ ($\mathbb{R}$ 或 $\mathbb{C}$) 上所有 $n\times n$ 矩阵全体构成的线性空间. $\forall \boldsymbol{A} = (a_{ij}) \in \mathbb{F}^{n\times n}$, 则

$$\|\boldsymbol{A}\|_{m_2} = \left(\sum_{i=1}^{n}\sum_{j=1}^{n}|a_{ij}|^2\right)^{\frac{1}{2}} \quad 与 \quad \|\boldsymbol{A}\|_{m_\infty} = n\cdot\max_{i,j}|a_{ij}|$$

都是 $\mathbb{F}^{n\times n}$ 上的矩阵范数. 它们分别称为矩阵的 m_2-范数与 m_∞-范数.

证明 容易证明上述形式满足正定性、齐次性与三角不等式, 下面仅证明其满足相容性. $\forall \boldsymbol{A} = (a_{ij}) \in \mathbb{F}^{n\times n}, \forall \boldsymbol{B} = (b_{ij}) \in \mathbb{F}^{n\times n}$, 有

$$(1)\ \|\boldsymbol{AB}\|_{m_2} = \left(\sum_{i=1}^{n}\sum_{j=1}^{n}\left|\sum_{k=1}^{n}a_{ik}b_{kj}\right|^2\right)^{\frac{1}{2}} \leqslant \left[\sum_{i=1}^{n}\sum_{j=1}^{n}\left(\sum_{k=1}^{n}|a_{ik}|\cdot|b_{kj}|\right)^2\right]^{\frac{1}{2}}.$$

由 Hölder 不等式得

$$\left(\sum_{k=1}^{n}|a_{ik}|\cdot|b_{kj}|\right)^2 \leqslant \left(\sum_{k=1}^{n}|a_{ik}|^2\right)\cdot\left(\sum_{k=1}^{n}|b_{kj}|^2\right).$$

于是

$$\|\boldsymbol{AB}\|_{m_2} \leqslant \left[\sum_{i=1}^{n}\sum_{j=1}^{n}\left(\sum_{k=1}^{n}|a_{ik}|^2\right)\cdot\left(\sum_{k=1}^{n}|b_{kj}|^2\right)\right]^{\frac{1}{2}}$$

$$= \left[\sum_{i=1}^{n}\left(\sum_{k=1}^{n}|a_{ik}|^2\right)\right]^{\frac{1}{2}} \cdot \left[\sum_{j=1}^{n}\left(\sum_{k=1}^{n}|b_{kj}|^2\right)\right]^{\frac{1}{2}}$$

$$= \|\boldsymbol{A}\|_{m_2} \cdot \|\boldsymbol{B}\|_{m_2}.$$

(2) $\|\boldsymbol{AB}\|_{m_\infty} = n\max\limits_{i,j}\left|\sum_{k=1}^{n} a_{ik}b_{kj}\right| \leqslant n\max\limits_{i,j}\sum_{k=1}^{n}|a_{ik}||b_{kj}|$

$$\leqslant n \cdot n\max_{i,k}|a_{ik}| \cdot \max_{k,j}|b_{kj}|$$

$$= n\max_{i,k}|a_{ik}| \cdot n\max_{k,j}|b_{kj}|$$

$$= \|\boldsymbol{A}\|_{m_\infty}\|\boldsymbol{B}\|_{m_\infty}.$$

值得注意的是, 在上面定义的三种矩阵范数中, 矩阵的 m_1-范数与 m_2-范数可以视为向量 1-范数与 2-范数的直接推广, 而矩阵的 m_∞-范数与向量的 ∞-范数却并不相同, 这是因为如果矩阵的 m_∞-范数也定义为 $\|\boldsymbol{A}\| = \max\limits_{i,j}|a_{ij}|$, 那么这种范数就不满足矩阵范数的相容性. 例如, 对

$$\boldsymbol{A} = \begin{bmatrix} 1 & 1 \\ 0 & 1 \end{bmatrix}, \quad \boldsymbol{B} = \begin{bmatrix} 1 & 0 \\ 1 & 1 \end{bmatrix}$$

按此定义则有 $\|\boldsymbol{A}\| = 1$, $\|\boldsymbol{B}\| = 1$, $\|\boldsymbol{AB}\| = 2$, 故 $\|\boldsymbol{AB}\| > \|\boldsymbol{A}\| \cdot \|\boldsymbol{B}\|$, 从而相容性不成立.

5.2.2 $\mathbb{F}$-范数的性质

方阵 $\boldsymbol{A} = (a_{ij})_{n\times n} \in \mathbb{C}^{n\times n}$ 的 m_2 范数又被称为 Frobenious **范数**, 简称 $\mathbb{F}$-范数. $\mathbb{F}$-范数有许多好的性质, 使用起来非常方便.

定理 1 $\forall \boldsymbol{A} = (a_{ij})_{n\times n} \in \mathbb{C}^{n\times n}$, 则 $\|\boldsymbol{A}\|_{\mathbb{F}}$ 满足

(1) $\|\boldsymbol{A}\|_{\mathbb{F}}^2 = \sum\limits_{j=1}^{n}\|\boldsymbol{\alpha}_j\|_2^2$, 其中 $\boldsymbol{\alpha}_j$ 为 $\boldsymbol{A}$ 的第 j 列, $j = 1, 2, \cdots, n$;

(2) $\|\boldsymbol{A}\|_{\mathbb{F}} = \left\|\boldsymbol{A}^{\mathrm{H}}\right\|_{\mathbb{F}}$;

(3) $\|\boldsymbol{A}\|_{\mathbb{F}}^2 = \mathrm{tr}(\boldsymbol{A}^{\mathrm{H}}\boldsymbol{A}) = \sum\limits_{i=1}^{n}\lambda_i(\boldsymbol{A}^{\mathrm{H}}\boldsymbol{A})$, 其中 $\mathrm{tr}(\boldsymbol{A}^{\mathrm{H}}\boldsymbol{A})$ 是 $\boldsymbol{A}^{\mathrm{H}}\boldsymbol{A}$ 的迹, $\lambda_i(\boldsymbol{A}^{\mathrm{H}}\boldsymbol{A})$ 是 $\boldsymbol{A}^{\mathrm{H}}\boldsymbol{A}$ 的第 i 个特征值.

证明 (1) 由向量 2-范数定义知 $\|\boldsymbol{\alpha}_j\|_2^2=\sum\limits_{i=1}^{n}|a_{ij}|^2$, 故

$$\sum_{j=1}^{n}\|\boldsymbol{\alpha}_j\|_2^2=\sum_{j=1}^{n}\sum_{i=1}^{n}|a_{ij}|^2=\|\boldsymbol{A}\|_{\mathbb{F}}^2;$$

(2) $\|\boldsymbol{A}\|_{\mathbb{F}}=\left(\sum\limits_{i=1}^{n}\sum\limits_{j=1}^{n}|a_{ij}|^2\right)^{\frac{1}{2}}=\|\boldsymbol{A}^{\mathrm{H}}\|_{\mathbb{F}};$

(3)

$$\boldsymbol{A}^{\mathrm{H}}\boldsymbol{A}=\begin{bmatrix}\bar{a}_{11}&\bar{a}_{21}&\cdots&\bar{a}_{n1}\\\bar{a}_{12}&\bar{a}_{22}&\cdots&\bar{a}_{n2}\\\vdots&\vdots&&\vdots\\\bar{a}_{1n}&\bar{a}_{2n}&\cdots&\bar{a}_{nn}\end{bmatrix}\begin{bmatrix}a_{11}&a_{12}&\cdots&a_{1n}\\a_{21}&a_{22}&\cdots&a_{2n}\\\vdots&\vdots&&\vdots\\a_{n1}&a_{n2}&\cdots&a_{nn}\end{bmatrix}$$

$$=\begin{bmatrix}\sum\limits_{i=1}^{n}|a_{i1}|^2&&&*\\&\sum\limits_{i=1}^{n}|a_{i2}|^2&&\\&&\ddots&\\*&&&\sum\limits_{i=1}^{n}|a_{in}|^2\end{bmatrix},$$

所以 $\operatorname{tr}(\boldsymbol{A}^{\mathrm{H}}\boldsymbol{A})=\sum\limits_{i=1}^{n}\sum\limits_{j=1}^{n}|a_{ij}|^2=\|\boldsymbol{A}\|_{\mathbb{F}}^2$.

又 $\boldsymbol{A}^{\mathrm{H}}\boldsymbol{A}$ 的迹 $\operatorname{tr}(\boldsymbol{A}^{\mathrm{H}}\boldsymbol{A})$ 是 $\boldsymbol{A}^{\mathrm{H}}\boldsymbol{A}$ 的 n 个特征值的和, 故 $\operatorname{tr}(\boldsymbol{A}^{\mathrm{H}}\boldsymbol{A})=\sum\limits_{i=1}^{n}\lambda_i(\boldsymbol{A}^{\mathrm{H}}\boldsymbol{A})$. □

由 1.4 节例 3 知 $(\boldsymbol{A},\boldsymbol{B})=\operatorname{tr}(\boldsymbol{A}^{\mathrm{H}}\boldsymbol{B})$ 是 $\mathbb{C}^{n\times n}$ 上的一种内积, 所以矩阵 $\mathbb{F}$-范数可以理解为向量欧氏范数的一种推广.

定理 2 $\forall\boldsymbol{A}=(a_{ij})_{n\times n}\in\mathbb{C}^{n\times n}$, $\boldsymbol{U}$ 与 $\boldsymbol{V}$ 是 $\mathbb{C}^{n\times n}$ 中的酉矩阵, 则

$$\|\boldsymbol{A}\|_{\mathbb{F}}=\|\boldsymbol{U}\boldsymbol{A}\|_{\mathbb{F}}=\|\boldsymbol{A}\boldsymbol{V}\|_{\mathbb{F}}=\|\boldsymbol{U}\boldsymbol{A}\boldsymbol{V}\|_{\mathbb{F}}.$$

证明　由已知有 $\boldsymbol{U}^{\mathrm{H}}\boldsymbol{U}=\boldsymbol{U}\boldsymbol{U}^{\mathrm{H}}=\boldsymbol{E}$, 因此

$$\|\boldsymbol{UA}\|_{\mathbb{F}}^2=\operatorname{tr}\left[(\boldsymbol{UA})^{\mathrm{H}}(\boldsymbol{UA})\right]=\operatorname{tr}\left[\boldsymbol{A}^{\mathrm{H}}\boldsymbol{U}^{\mathrm{H}}\boldsymbol{UA}\right]=\operatorname{tr}\left[\boldsymbol{A}^{\mathrm{H}}\boldsymbol{A}\right]=\|\boldsymbol{A}\|_{\mathbb{F}}^2,$$

即

$$\|\boldsymbol{UA}\|_{\mathbb{F}}=\|\boldsymbol{A}\|_{\mathbb{F}}.$$

又 $\boldsymbol{V}$ 也是 $\mathbb{C}^{n\times n}$ 中的酉矩阵, 同理有

$$\left\|\boldsymbol{V}^{\mathrm{H}}\boldsymbol{A}^{\mathrm{H}}\right\|_{\mathbb{F}}=\left\|\boldsymbol{A}^{\mathrm{H}}\right\|_{\mathbb{F}},$$

而

$$\left\|\boldsymbol{V}^{\mathrm{H}}\boldsymbol{A}^{\mathrm{H}}\right\|_{\mathbb{F}}=\left\|(\boldsymbol{AV})^{\mathrm{H}}\right\|_{\mathbb{F}}=\|\boldsymbol{AV}\|_{\mathbb{F}},$$

$$\left\|\boldsymbol{A}^{\mathrm{H}}\right\|_{\mathbb{F}}=\|\boldsymbol{A}\|_{\mathbb{F}},$$

所以

$$\|\boldsymbol{AV}\|_{\mathbb{F}}=\|\boldsymbol{A}\|_{\mathbb{F}},$$

从而

$$\|\boldsymbol{A}\|_{\mathbb{F}}=\|\boldsymbol{UA}\|_{\mathbb{F}}=\|\boldsymbol{AV}\|_{\mathbb{F}}=\|\boldsymbol{UAV}\|_{\mathbb{F}}.$$ □

定理 2 说明 $\mathbb{F}$-范数是酉变换下的不变量.

5.2.3　矩阵范数的性质

我们知道, $\mathbb{C}^{n\times n}$ 上的矩阵范数满足向量范数定义中的三条, 因此矩阵范数当然有与向量范数类似的一些性质.

定理 3　设 $\boldsymbol{A},\boldsymbol{B}\in\mathbb{C}^{n\times n}$ (或 $\mathbb{R}^{n\times n}$), 则

(1) $\|\boldsymbol{O}_{n\times n}\|=0$;

(2) $\|\boldsymbol{A}-\boldsymbol{B}\|\geqslant|\,\|\boldsymbol{A}\|-\|\boldsymbol{B}\|\,|$;

(3) $\|\boldsymbol{A}\|$ 是关于矩阵 $\boldsymbol{A}$ 各元素 a_{ij} 的连续函数.

证明略.

同样地, 可以定义矩阵范数等价.

定义 2　$\|\cdot\|_{\boldsymbol{\alpha}},\|\cdot\|_{\boldsymbol{\beta}}$ 是 $\mathbb{C}^{n\times n}$(或 $\mathbb{R}^{n\times n}$) 上任意两个范数, 如果 $\forall\boldsymbol{A}\in\mathbb{C}^{n\times n}$ (或 $\mathbb{R}^{n\times n}$) 都存在两个正数 d_1, d_2 使得

$$d_1\|\boldsymbol{A}\|_{\boldsymbol{\beta}}\leqslant\|\boldsymbol{A}\|_a\leqslant d_2\|\boldsymbol{A}\|_{\boldsymbol{\beta}}$$

成立, 则称范数 $\|\cdot\|_{\boldsymbol{\alpha}}$ 与 $\|\cdot\|_{\boldsymbol{\beta}}$ 等价.

与向量范数类似, $\mathbb{C}^{n\times n}$(或 $\mathbb{R}^{n\times n}$) 上任意两个矩阵范数等价. 该结论证明与向量范数相应定理的证明类似, 请读者自行完成.

另外, $\mathbb{C}^{n\times n}$ (或 $\mathbb{R}^{n\times n}$) 上仍然可以根据已知的矩阵范数构造出新的矩阵范数.

例 3 设 $\|\boldsymbol{x}\|_{\boldsymbol{\alpha}}$, $\|\boldsymbol{x}\|_{\boldsymbol{\beta}}$ 是线性空间 $\mathbb{C}^{n\times n}$ 上的两个矩阵范数, 证明

$$\|\boldsymbol{A}\| = k_1\|\boldsymbol{A}\|_{\boldsymbol{\alpha}} + k_2\|\boldsymbol{A}\|_{\boldsymbol{\beta}}, \quad k_1 > 1, k_2 > 1$$

也是 $\mathbb{C}^{n\times n}$ 上的矩阵范数.

证明 正定性、齐次性和三角不等式的成立是显然的, 下面只要证明相容性成立即可.

$$\begin{aligned}\|\boldsymbol{AB}\| &= k_1\|\boldsymbol{AB}\|_{\boldsymbol{\alpha}} + k_2\|\boldsymbol{AB}\|_{\boldsymbol{\beta}}\\ &\leqslant k_1\|\boldsymbol{A}\|_{\boldsymbol{\alpha}}\|\boldsymbol{B}\|_{\boldsymbol{\alpha}} + k_2\|\boldsymbol{A}\|_{\boldsymbol{\beta}}\|\boldsymbol{B}\|_{\boldsymbol{\beta}}\\ &\leqslant (k_1\|\boldsymbol{A}\|_{\boldsymbol{\alpha}} + k_2\|\boldsymbol{A}\|_{\boldsymbol{\beta}})\cdot(k_1\|\boldsymbol{B}\|_{\boldsymbol{\alpha}} + k_2\|\boldsymbol{B}\|_{\boldsymbol{\beta}})\\ &= \|\boldsymbol{A}\|\cdot\|\boldsymbol{B}\|,\end{aligned}$$

所以 $\|\boldsymbol{A}\|$ 是矩阵范数.

矩阵范数和向量范数一样, 仍然是一种度量性质, 在 5.4 节我们将看到利用矩阵范数可以定义矩阵间的距离, 从而可以研究矩阵序列的收敛性, 而且由于线性空间 $\mathbb{C}^{n\times n}$ 中任意两种矩阵范数等价, 当使用不同的矩阵范数研究矩阵序列收敛性时, 其收敛性是相同的.

5.3 矩阵范数与向量范数的相容性

我们知道, 不仅矩阵间有乘法运算, 矩阵与向量之间也有乘法运算, 为了使用上的方便, 往往也要求矩阵范数与向量范数满足相容性.

定义 1 $\|\cdot\|_{\boldsymbol{\alpha}}$ 是 $\mathbb{C}^n$ 上向量范数, $\|\cdot\|_{\boldsymbol{\beta}}$ 是 $\mathbb{C}^{n\times n}$ 上的矩阵范数, 如果 $\forall\boldsymbol{x}\in\mathbb{C}^n$, $\forall\boldsymbol{A}\in\mathbb{C}^{n\times n}$, 满足

$$\|\boldsymbol{Ax}\|_{\boldsymbol{\alpha}} \leqslant \|\boldsymbol{A}\|_{\boldsymbol{\beta}}\|\boldsymbol{x}\|_{\boldsymbol{\alpha}},$$

则称方阵范数 $\|\cdot\|_{\boldsymbol{\beta}}$ 与向量范数 $\|\cdot\|_{\boldsymbol{\alpha}}$ 是相容的.

那么对于给定的矩阵范数, 是否能找到与之相容的向量范数？又或者对于给定的向量范数, 是否能找到与之相容的矩阵范数呢？回答都是肯定的.

5.3.1 与已知矩阵范数相容的向量范数

定理 1 对于给定的矩阵范数, 一定存在与之相容的向量范数.

证明 设 $\|\cdot\|$ 是 $\mathbb{C}^{n\times n}$ 上的矩阵范数, $\boldsymbol{\alpha}$ 是任意一个非零常向量, $\forall\boldsymbol{x}\in\mathbb{C}^n$, 定义

$$\|\boldsymbol{x}\|_{\boldsymbol{v}} = \left\|\boldsymbol{x}\boldsymbol{\alpha}^{\mathrm{H}}\right\|,$$

则 $\|\cdot\|_{\boldsymbol{v}}$ 就是与 $\|\cdot\|$ 相容的向量范数. 下面先证明 $\|\cdot\|_{\boldsymbol{v}}$ 是向量范数.

显然 $\|\boldsymbol{x}\|_{\boldsymbol{v}} \geqslant 0$, 当且仅当 $\boldsymbol{x}=\boldsymbol{\theta}$ 时, $\boldsymbol{x}\boldsymbol{\alpha}^{\mathrm{H}}=\boldsymbol{O}$, 从而 $\|\boldsymbol{x}\|_{\boldsymbol{v}}=0$; 又 $\forall k \in \mathbb{C}$, $\forall \boldsymbol{x} \in \mathbb{C}^n$, 有

$$\|k\boldsymbol{x}\|_{\boldsymbol{v}}=\left\|k\boldsymbol{x}\boldsymbol{\alpha}^{\mathrm{H}}\right\|=|k|\left\|\boldsymbol{x}\boldsymbol{\alpha}^{\mathrm{H}}\right\|=|k|\|\boldsymbol{x}\|_{\boldsymbol{v}}.$$

又 $\forall \boldsymbol{x}, \boldsymbol{y} \in \mathbb{C}^n$, 有

$$\begin{aligned}\|\boldsymbol{x}+\boldsymbol{y}\|_{\boldsymbol{v}} &= \left\|(\boldsymbol{x}+\boldsymbol{y})\boldsymbol{\alpha}^{\mathrm{H}}\right\| = \left\|\boldsymbol{x}\boldsymbol{\alpha}^{\mathrm{H}}+\boldsymbol{y}\boldsymbol{\alpha}^{\mathrm{H}}\right\| \\ &\leqslant \left\|\boldsymbol{x}\boldsymbol{\alpha}^{\mathrm{H}}\right\|+\left\|\boldsymbol{y}\boldsymbol{\alpha}^{\mathrm{H}}\right\| = \|\boldsymbol{x}\|_{\boldsymbol{v}}+\|\boldsymbol{y}\|_{\boldsymbol{v}},\end{aligned}$$

所以 $\|\cdot\|_{\boldsymbol{v}}$ 是 $\mathbb{C}^n$ 上的一个向量范数.

又由矩阵范数 $\|\cdot\|$ 的相容性得

$$\|\boldsymbol{A}\boldsymbol{x}\|_{\boldsymbol{v}}=\left\|\boldsymbol{A}\boldsymbol{x}\boldsymbol{\alpha}^{\mathrm{H}}\right\| \leqslant \|\boldsymbol{A}\| \cdot \left\|\boldsymbol{x}\boldsymbol{\alpha}^{\mathrm{H}}\right\|=\|\boldsymbol{A}\| \cdot \|\boldsymbol{x}\|_{\boldsymbol{v}},$$

综上, $\|\cdot\|_{\boldsymbol{v}}$ 是与 $\|\cdot\|$ 相容的向量范数. □

在定理 1 的证明中, 若取定 $\boldsymbol{\alpha}=[1,0,\cdots,0]^{\mathrm{T}}$, 当矩阵范数取 m_1-范数时, $\|\boldsymbol{x}\|_{\boldsymbol{v}}=\|\boldsymbol{x}\|_1$; 当矩阵范数取 m_2 范数时, $\|\boldsymbol{x}\|_v=\|\boldsymbol{x}\|_2$, 因此矩阵的 m_1-范数与向量的 1-范数相容; 矩阵 m_2-范数与向量的 2-范数相容.

此外, 利用方阵范数与向量范数相容的定义, 还可以证明矩阵的 m_∞-范数与向量的 1-范数、2-范数以及 ∞-范数都相容. 证明留给读者练习.

5.3.2 由已知向量范数生成的与其相容的矩阵范数 (算子范数)

定理 2 设 $\|\cdot\|_v$ 是 $\mathbb{C}^n$ 上的一个向量范数, $\forall \boldsymbol{A} \in \mathbb{C}^{n\times n}$, 定义

$$\|\boldsymbol{A}\|=\max_{\boldsymbol{x}\neq\boldsymbol{\theta}} \frac{\|\boldsymbol{A}\boldsymbol{x}\|_{\boldsymbol{v}}}{\|\boldsymbol{x}\|_{\boldsymbol{v}}},$$

则 $\|\boldsymbol{A}\|$ 是与向量范数 $\|\cdot\|_{\boldsymbol{v}}$ 相容的矩阵范数. 通常称 $\|\boldsymbol{A}\|$ 为由向量范数 $\|\cdot\|_{\boldsymbol{v}}$ 导出的**算子范数或从属于向量范数 $\|\cdot\|_{\boldsymbol{v}}$ 的矩阵范数**.

证明 (1) $\forall \boldsymbol{A} \in \mathbb{C}^{n\times n}$, 当 $\boldsymbol{A} \neq \boldsymbol{O}$ 时, 必存在 n 维向量 $\boldsymbol{x} \neq \boldsymbol{\theta}$ 使 $\boldsymbol{A}\boldsymbol{x} \neq \boldsymbol{\theta}$, 从而

$$\|\boldsymbol{A}\|=\max_{\boldsymbol{x}\neq\boldsymbol{\theta}} \frac{\|\boldsymbol{A}\boldsymbol{x}\|_{\boldsymbol{v}}}{\|\boldsymbol{x}\|_{\boldsymbol{v}}}>0$$

又当 $\boldsymbol{A}=\boldsymbol{O}$ 时, $\forall \boldsymbol{x} \in \mathbb{C}^n$, 都有 $\boldsymbol{A}\boldsymbol{x}=\boldsymbol{\theta}$, 因此 $\|\boldsymbol{A}\|=0$, 反之亦然. 所以 $\|\boldsymbol{A}\|$ 满足正定性.

(2) $\forall k \in \mathbb{C}$, 有

$$\|k\boldsymbol{A}\|=\max_{\boldsymbol{x}\neq\boldsymbol{\theta}} \frac{\|k\boldsymbol{A}\boldsymbol{x}\|_{\boldsymbol{v}}}{\|\boldsymbol{x}\|_{\boldsymbol{v}}}=|k| \max_{\boldsymbol{x}\neq\boldsymbol{\theta}} \frac{\|\boldsymbol{A}\boldsymbol{x}\|_{\boldsymbol{v}}}{\|\boldsymbol{x}\|_{\boldsymbol{v}}}=|k|\|\boldsymbol{A}\|,$$

因此 $\| \boldsymbol{A} \|$ 满足齐次性.

(3) $\forall \boldsymbol{A}, \boldsymbol{B} \in \mathbb{C}^{n\times n}$, 有

$$\begin{aligned}\|\boldsymbol{A}+\boldsymbol{B}\| &= \max_{\boldsymbol{x}\neq\boldsymbol{\theta}} \frac{\|(\boldsymbol{A}+\boldsymbol{B})\boldsymbol{x}\|_v}{\|\boldsymbol{x}\|_v} \\ &\leqslant \max_{\boldsymbol{x}\neq\boldsymbol{\theta}} \left(\frac{\|\boldsymbol{A}\boldsymbol{x}\|_v}{\|\boldsymbol{x}\|_v} + \frac{\|\boldsymbol{B}\boldsymbol{x}\|_v}{\|\boldsymbol{x}\|_v}\right) \\ &\leqslant \max_{\boldsymbol{x}\neq\boldsymbol{\theta}} \frac{\|\boldsymbol{A}\boldsymbol{x}\|_v}{\|\boldsymbol{x}\|_v} + \max_{\boldsymbol{x}\neq\boldsymbol{\theta}} \frac{\|\boldsymbol{B}\boldsymbol{x}\|_v}{\|\boldsymbol{x}\|_v} = \|\boldsymbol{A}\| + \|\boldsymbol{B}\|,\end{aligned}$$

因此 $\| \boldsymbol{A} \|$ 满足三角不等式.

(4) $\forall \boldsymbol{A}, \boldsymbol{B} \in \mathbb{C}^{n\times n}$, 若 $\boldsymbol{A}, \boldsymbol{B}$ 中有一个是零矩阵, 则 $\|\boldsymbol{A}\boldsymbol{B}\| = \|\boldsymbol{A}\|\,\|\boldsymbol{B}\| = 0$; 若 $\boldsymbol{A}, \boldsymbol{B}$ 都不是零矩阵, 则

$$\begin{aligned}\|\boldsymbol{A}\boldsymbol{B}\| &= \max_{\boldsymbol{x}\neq\boldsymbol{\theta}} \frac{\|\boldsymbol{A}\boldsymbol{B}\boldsymbol{x}\|_v}{\|\boldsymbol{x}\|_v} = \max_{\boldsymbol{x}\neq\boldsymbol{\theta}} \left(\frac{\|\boldsymbol{A}(\boldsymbol{B}\boldsymbol{x})\|_v}{\|\boldsymbol{B}\boldsymbol{x}\|_v} \cdot \frac{\|\boldsymbol{B}\boldsymbol{x}\|_v}{\|\boldsymbol{x}\|_v}\right) \\ &\leqslant \max_{\boldsymbol{B}\boldsymbol{x}\neq\boldsymbol{\theta}} \frac{\|\boldsymbol{A}\boldsymbol{B}\boldsymbol{x}\|_v}{\|\boldsymbol{B}\boldsymbol{x}\|_v} \cdot \max_{\boldsymbol{x}\neq\boldsymbol{\theta}} \frac{\|\boldsymbol{B}\boldsymbol{x}\|_v}{\|\boldsymbol{x}\|_v}, \\ &= \|\boldsymbol{A}\| \cdot \|\boldsymbol{B}\|,\end{aligned}$$

因此 $\| \boldsymbol{A} \|$ 满足相容性.

综上所述, $\|\boldsymbol{A}\|$ 是矩阵范数. 下面证明 $\|\boldsymbol{A}\|$ 是与向量范数 $\|\cdot\|_v$ 相容的矩阵范数. 由于

$$\|\boldsymbol{A}\| = \max_{\boldsymbol{x}\neq\boldsymbol{\theta}} \frac{\|\boldsymbol{A}\boldsymbol{x}\|_v}{\|\boldsymbol{x}\|_v} \geqslant \frac{\|\boldsymbol{A}\boldsymbol{x}\|_v}{\|\boldsymbol{x}\|_v}$$

必成立, 所以 $\|\boldsymbol{A}\boldsymbol{x}\|_v \leqslant \|\boldsymbol{A}\| \cdot \|\boldsymbol{x}\|_v$ 成立. □

由定理 2, 对于给定的向量范数一定存在与之相容的矩阵范数. 另外定理 2 中的定义方式还有如下的书写形式.

定理 3 设 $\|\cdot\|_v$ 是 $\mathbb{C}^n$ 上的向量范数, 则由 $\|\cdot\|_v$ 诱导的矩阵范数还可以表示为

$$\|\boldsymbol{A}\| = \max_{\|\boldsymbol{x}\|_v=1} \|\boldsymbol{A}\boldsymbol{x}\|_v = \max_{\|\boldsymbol{x}\|_v\leqslant 1} \|\boldsymbol{A}\boldsymbol{x}\|_v .$$

证明 (1)

$$\|\boldsymbol{A}\| = \max_{\boldsymbol{x}\neq\boldsymbol{\theta}} \frac{\|\boldsymbol{A}\boldsymbol{x}\|_v}{\|\boldsymbol{x}\|_v} = \max_{\boldsymbol{x}\neq\boldsymbol{\theta}} \left\|\boldsymbol{A}\frac{\boldsymbol{x}}{\|\boldsymbol{x}\|_v}\right\|_v,$$

令 $\boldsymbol{y} = \dfrac{\boldsymbol{x}}{\|\boldsymbol{x}\|_v}$, 则 $\|\boldsymbol{y}\|_v = 1$, 且 $\|\boldsymbol{A}\| = \max\limits_{\|\boldsymbol{y}\|\neq 1} \|\boldsymbol{A}\boldsymbol{y}\|_v = \max\limits_{\|\boldsymbol{x}\|\neq 1} \|\boldsymbol{A}\boldsymbol{x}\|_v$.

(2) 又因为

$$\|\boldsymbol{A}\| = \max_{\|\boldsymbol{x}\|_{\boldsymbol{v}}=1} \|\boldsymbol{A}\boldsymbol{x}\|_{\boldsymbol{v}} \leqslant \max_{\|\boldsymbol{x}\|_{\boldsymbol{v}}\leqslant 1} \|\boldsymbol{A}\boldsymbol{x}\|_{\boldsymbol{v}} \leqslant \max_{\|\boldsymbol{x}\|_{\boldsymbol{v}}\leqslant 1} \frac{\|\boldsymbol{A}\boldsymbol{x}\|_{\boldsymbol{v}}}{\|\boldsymbol{x}\|_{\boldsymbol{v}}} \leqslant \max_{\boldsymbol{x}\neq\boldsymbol{\theta}} \frac{\|\boldsymbol{A}\boldsymbol{x}\|_{\boldsymbol{v}}}{\|\boldsymbol{x}\|_{\boldsymbol{v}}} = \|\boldsymbol{A}\|,$$

所以结论成立. □

下面我们利用定理 3 中的形式研究几种算子范数.

例 1 证明由 n 维向量的 1-范数所诱导的算子范数 (或称为从属于向量 1-范数的矩阵范数) 是 $\|\boldsymbol{A}\|_1 = \max\limits_{1\leqslant j\leqslant n} \sum\limits_{i=1}^{n} |a_{ij}|$, $\forall \boldsymbol{A} \in \mathbb{C}^{n\times n}$. 该范数也称为**矩阵的 1-范数或列和范数**.

证明 令 $\boldsymbol{A}$ 的各列向量为 $\boldsymbol{\alpha}_i(i=1,2,\cdots,n)$, $\boldsymbol{x}=[x_1,x_2,\cdots,x_n]^{\mathrm{T}}$ 且 $\|\boldsymbol{x}\|_1 = \sum\limits_{i=1}^{n}|x_i| = 1$, 则 $\boldsymbol{A}\boldsymbol{x} = x_1\boldsymbol{\alpha}_1 + x_2\boldsymbol{\alpha}_2 + \cdots + x_n\boldsymbol{\alpha}_n$

$$\begin{aligned}\|\boldsymbol{A}\boldsymbol{x}\|_1 &\leqslant |x_1|\,\|\boldsymbol{\alpha}_1\|_1 + |x_2|\,\|\boldsymbol{\alpha}_2\|_1 + \cdots + |x_n|\,\|\boldsymbol{\alpha}_n\|_1 \\ &\leqslant (|x_1|+|x_2|+\cdots+|x_n|)\max_{1\leqslant j\leqslant n}\|\boldsymbol{\alpha}_j\|_1 = \max_{1\leqslant j\leqslant n}\|\boldsymbol{\alpha}_j\|_1 .\end{aligned}$$

若设 $\max\limits_{1\leqslant j\leqslant n}\|\boldsymbol{\alpha}_j\|_1 = \|\boldsymbol{\alpha}_k\|_1$, 当取 $\boldsymbol{x}_0 = [0,\cdots,0,\underset{\underset{k}{\uparrow}}{1},0,\cdots,0]^{\mathrm{T}}$ 时, 显然 $\boldsymbol{A}\boldsymbol{x}_0 = \boldsymbol{\alpha}_k$, 于是 $\|\boldsymbol{A}\boldsymbol{x}_0\|_1 = \|\boldsymbol{\alpha}_k\|_1$. 这说明不仅 $\|\boldsymbol{A}\boldsymbol{x}\|_1 \leqslant \|\boldsymbol{\alpha}_k\|_1$ 成立, 而且确实存在 $\boldsymbol{x}_0$, 使 $\|\boldsymbol{A}\boldsymbol{x}_0\|_1 = \|\boldsymbol{\alpha}_k\|_1$, 因此有

$$\|\boldsymbol{A}\|_1 = \max_{\|\boldsymbol{x}\|_1=1}\|\boldsymbol{A}\boldsymbol{x}\|_1 = \max_{1\leqslant j\leqslant n}\|\boldsymbol{\alpha}_j\|_1 = \max_{1\leqslant j\leqslant n}\sum_{i=1}^{n}|a_{ij}|.$$

例 2 证明由 n 维向量 ∞-范数所诱导的算子范数 (或称为从属于向量 ∞-范数的矩阵范数) 是

$$\|\boldsymbol{A}\|_\infty = \max_{1\leqslant i\leqslant n}\sum_{j=1}^{n}|a_{ij}|, \quad \forall \boldsymbol{A}\in\mathbb{C}^{n\times n}.$$

该范数也称为**矩阵的 ∞-范数或行和范数**.

证明 令 $\boldsymbol{x}=[x_1,x_2,\cdots,x_n]^{\mathrm{T}}$ 且 $\|\boldsymbol{x}\|_\infty = \max\limits_{1\leqslant i\leqslant n}|x_i| = 1$, 则 $\forall \boldsymbol{A}=(a_{ij})\in\mathbb{C}^{n\times n}$, 有

$$\boldsymbol{A}\boldsymbol{x}=\begin{bmatrix}\sum\limits_{j=1}^{n}a_{1j}x_j\\ \sum\limits_{j=1}^{n}a_{2j}x_j\\ \vdots\\ \sum\limits_{j=1}^{n}a_{nj}x_j\end{bmatrix},$$

于是

$$\begin{aligned}\|\boldsymbol{A}\boldsymbol{x}\|_\infty&=\max_{1\leqslant i\leqslant n}\left|\sum_{j=1}^{n}a_{ij}x_j\right|\leqslant\max_{1\leqslant i\leqslant n}\sum_{j=1}^{n}|a_{ij}||x_j|\leqslant\max_{1\leqslant i\leqslant n}\sum_{j=1}^{n}|a_{ij}|\cdot\max_{1\leqslant j\leqslant n}|x_j|\\&=\max_{1\leqslant i\leqslant n}\sum_{j=1}^{n}|a_{ij}|.\end{aligned}$$

若设 $\max\limits_{1\leqslant i\leqslant n}\sum\limits_{j=1}^{n}|a_{ij}|=\sum\limits_{j=1}^{n}|a_{kj}|$, 当取定 $\boldsymbol{x}=\boldsymbol{x}_0$ 时, 其中 $\boldsymbol{x}_0$ 的第 j 个分量 x_j 为

$$x_j=\begin{cases}\dfrac{|a_{kj}|}{a_{kj}}, & a_{kj}\neq 0,\\ 1, & a_{kj}=0,\end{cases}$$

显然 $\|\boldsymbol{x}_0\|_\infty=1$, 且 $\boldsymbol{A}\boldsymbol{x}_0$ 的第 k 个分量为 $\sum\limits_{j=1}^{n}a_{kj}x_j=\sum\limits_{j=1}^{n}|a_{kj}|$, 此时 $\|\boldsymbol{A}\boldsymbol{x}_0\|_\infty=\sum\limits_{j=1}^{n}|a_{kj}|$. 所以不仅 $\|\boldsymbol{A}\boldsymbol{x}\|_\infty\leqslant\max\limits_{1\leqslant i\leqslant n}\sum\limits_{j=1}^{n}|a_{ij}|$ 成立, 而且 $\|\boldsymbol{A}\boldsymbol{x}\|_\infty$ 确实能取到 $\max\limits_{1\leqslant i\leqslant n}\sum\limits_{j=1}^{n}|a_{ij}|$, 即

$$\|\boldsymbol{A}\|_\infty=\max_{\|\boldsymbol{x}\|_\infty=1}\|\boldsymbol{A}\boldsymbol{x}\|_\infty=\max_{1\leqslant i\leqslant n}\sum_{j=1}^{n}|a_{ij}|.$$

故所证成立.

例 3 证明由 n 维向量 2-范数所诱导的算子范数 (或称为从属于向量 2-范数的矩阵范数) 是

$$\|\boldsymbol{A}\|_2=\sqrt{\lambda_M},\quad \forall\boldsymbol{A}\in\mathbb{C}^{n\times n},$$

其中 λ_M 是 $\boldsymbol{A}^{\mathrm{H}}\boldsymbol{A}$ 的最大特征值. 该范数也称为**矩阵的 2-范数或谱范数**.

证明　若 $\boldsymbol{A}=\boldsymbol{O}$, 结论显然成立.

若 $\boldsymbol{A}\neq\boldsymbol{O}$, 任取 $\boldsymbol{x}=[x_1,x_2,\cdots,x_n]^{\mathrm{T}}$, 且 $\|\boldsymbol{x}\|_2=1$, 则

$$\|\boldsymbol{Ax}\|_2^2=(\boldsymbol{Ax})^{\mathrm{H}}(\boldsymbol{Ax})=\boldsymbol{x}^{\mathrm{H}}\boldsymbol{A}^{\mathrm{H}}\boldsymbol{Ax},$$

由于 $\boldsymbol{A}^{\mathrm{H}}\boldsymbol{A}$ 为 Hermite 阵, 故必酉相似于对角阵 (见 3.1 节定理 6), 即 $\boldsymbol{A}^{\mathrm{H}}\boldsymbol{A}=\boldsymbol{U}^{\mathrm{H}}\boldsymbol{DU}$, 其中 $\boldsymbol{U}$ 是酉矩阵, $\boldsymbol{D}$ 是对角阵. 又 $\boldsymbol{A}^{\mathrm{H}}\boldsymbol{A}$ 是半正定的, 其特征值必为非负实数 (见 3.2 节定理 5), 设其对角线元素为 $\sigma_1^2,\sigma_2^2,\cdots,\sigma_n^2$, 且 $\sigma_1^2\geqslant\sigma_2^2\geqslant\cdots\geqslant\sigma_n^2\geqslant 0$, 于是

$$\|\boldsymbol{Ax}\|_2^2=\boldsymbol{x}^{\mathrm{H}}\boldsymbol{U}^{\mathrm{H}}\boldsymbol{DUx}.$$

令 $\boldsymbol{y}=\boldsymbol{Ux}=[\eta_1,\eta_2,\cdots,\eta_n]^{\mathrm{T}}$, 则 $\|\boldsymbol{y}\|_2^2=\|\boldsymbol{Ux}\|_2^2=\boldsymbol{x}^{\mathrm{H}}\boldsymbol{U}^{\mathrm{H}}\boldsymbol{Ux}=\|\boldsymbol{x}\|_2^2=1$, 且

$$\|\boldsymbol{Ax}\|_2^2=\boldsymbol{y}^{\mathrm{H}}\boldsymbol{Dy}=\sum_{i=1}^{n}\sigma_i^2|\eta_i|^2\leqslant\sigma_1^2\sum_{i=1}^{n}|\eta_i|^2=\sigma_1^2\|\boldsymbol{y}\|_2^2=\sigma_1^2,$$

即 $\|\boldsymbol{Ax}\|_2\leqslant\sigma_1$, 从而 $\max\limits_{\|\boldsymbol{x}\|_2=1}\|\boldsymbol{Ax}\|_2\leqslant\sigma_1$.

又当取 $\boldsymbol{x}_0=\boldsymbol{U}^{-1}\boldsymbol{y}_0$, 其中 $\boldsymbol{y}_0=[1,0,\cdots,0]^{\mathrm{T}}$ 时, $\|\boldsymbol{Ax}_0\|_2=\sigma_1$, 所以

$$\|\boldsymbol{A}\|_2=\max_{\|\boldsymbol{x}\|_2=1}\|\boldsymbol{Ax}\|_2=\sigma_1=\sqrt{\lambda_M},$$

其中 λ_M 是 $\boldsymbol{A}^{\mathrm{H}}\boldsymbol{A}$ 的最大特征值.

从以上这几种算子范数的定义看, 矩阵的 2-范数不如 1-范数和 ∞-范数方便, 但由于它有许多比较好的性质, 而且与向量的欧氏范数是相容的, 因此它仍是常用的一种矩阵范数.

定理 4　设 $\boldsymbol{A}$ 为 n 阶方阵, 则

(1) $||\boldsymbol{A}||_2=\max\limits_{\boldsymbol{x},\boldsymbol{y}}\left\{|\boldsymbol{y}^{\mathrm{H}}\boldsymbol{Ax}|\,\big|\,||\boldsymbol{x}||_2=1,||\boldsymbol{y}||_2=1\right\}$;

(2) $||\boldsymbol{A}||_2=||\overline{\boldsymbol{A}}||_2=||\boldsymbol{A}^{\mathrm{T}}||_2=||\boldsymbol{A}^{\mathrm{H}}||_2$;

(3) $||\boldsymbol{A}^{\mathrm{H}}\boldsymbol{A}||_2=||\boldsymbol{A}||_2^2$;

(4) 对任意的 $\boldsymbol{U},\boldsymbol{V}\in\mathrm{U}^{n\times n}$, 有 $||\boldsymbol{A}||_2=||\boldsymbol{UAV}||_2$.

证明　(1) 若 $\boldsymbol{A}=\boldsymbol{O}$, 结论显然成立.

若 $\boldsymbol{A}\neq\boldsymbol{O}$, 当 $||\boldsymbol{x}||_2=1,||\boldsymbol{y}||_2=1$ 时, 有

$$|\boldsymbol{y}^{\mathrm{H}}\boldsymbol{Ax}|=|(\boldsymbol{y},\boldsymbol{Ax})|\leqslant||\boldsymbol{y}||_2||\boldsymbol{Ax}||_2\leqslant||\boldsymbol{y}||_2||\boldsymbol{A}||_2||\boldsymbol{x}||_2=||\boldsymbol{A}||_2,$$

即 $|\boldsymbol{y}^{\mathrm{H}}\boldsymbol{A}\boldsymbol{x}| \leqslant ||\boldsymbol{A}||_2$. 又 $\boldsymbol{A} \neq \boldsymbol{O}$, 因此存在 $\boldsymbol{x}_0$, 使得 $\|\boldsymbol{A}\|_2 = \|\boldsymbol{A}\boldsymbol{x}_0\|_2 > 0$, 若取 $\boldsymbol{y} = \dfrac{\boldsymbol{A}\boldsymbol{x}_0}{\|\boldsymbol{A}\boldsymbol{x}_0\|_2}$, 则 $|\boldsymbol{y}^{\mathrm{H}}\boldsymbol{A}\boldsymbol{x}_0| = \left|\dfrac{(\boldsymbol{A}\boldsymbol{x}_0)^{\mathrm{H}}}{\|\boldsymbol{A}\boldsymbol{x}_0\|_2}\boldsymbol{A}\boldsymbol{x}_0\right| = \|\boldsymbol{A}\boldsymbol{x}_0\|_2 = ||\boldsymbol{A}||_2$, 所以

$$||\boldsymbol{A}||_2 = \max_{\boldsymbol{x},\boldsymbol{y}}\{|\boldsymbol{y}^{\mathrm{H}}\boldsymbol{A}\boldsymbol{x}| \mid ||\boldsymbol{x}||_2 = 1, ||\boldsymbol{y}||_2 = 1\}.$$

(2) 因为 $|\boldsymbol{y}^{\mathrm{H}}\boldsymbol{A}\boldsymbol{x}| = |\overline{\boldsymbol{y}^{\mathrm{H}}\boldsymbol{A}\boldsymbol{x}}| = |\overline{\boldsymbol{y}}^{\mathrm{H}}\overline{\boldsymbol{A}}\overline{\boldsymbol{x}}|$,

$$||\boldsymbol{y}||_2 = ||\overline{\boldsymbol{y}}||_2, \quad ||\boldsymbol{x}||_2 = ||\overline{\boldsymbol{x}}||_2,$$

所以

$$\begin{aligned}
||\boldsymbol{A}||_2 &= \max_{\boldsymbol{x},\boldsymbol{y}}\{|\boldsymbol{y}^{\mathrm{H}}\boldsymbol{A}\boldsymbol{x}| \mid ||\boldsymbol{x}||_2 = 1, ||\boldsymbol{y}||_2 = 1\} \\
&= \max_{\boldsymbol{x},\boldsymbol{y}}\{|\overline{\boldsymbol{y}}^{\mathrm{H}}\overline{\boldsymbol{A}}\overline{\boldsymbol{x}}| \mid ||\overline{\boldsymbol{x}}||_2 = 1, ||\overline{\boldsymbol{y}}||_2 = 1\} \\
&= ||\bar{\boldsymbol{A}}||_2.
\end{aligned}$$

又由 $|\boldsymbol{y}^{\mathrm{H}}\boldsymbol{A}\boldsymbol{x}| = |(\boldsymbol{y}^{\mathrm{H}}\boldsymbol{A}\boldsymbol{x})^{\mathrm{H}}| = |\boldsymbol{x}^{\mathrm{H}}\boldsymbol{A}^{\mathrm{H}}\boldsymbol{y}|$, 得

$$\begin{aligned}
||\boldsymbol{A}||_2 &= \max_{\boldsymbol{x},\boldsymbol{y}}\{|\boldsymbol{y}^{\mathrm{H}}\boldsymbol{A}\boldsymbol{x}| \mid ||\boldsymbol{x}||_2 = 1, ||\boldsymbol{y}||_2 = 1\} \\
&= \max_{\boldsymbol{x},\boldsymbol{y}}\{||\boldsymbol{x}^{\mathrm{H}}\boldsymbol{A}^{\mathrm{H}}\boldsymbol{y}|| \mid ||\boldsymbol{x}||_2 = 1, ||\boldsymbol{y}||_2 = 1\} = ||\boldsymbol{A}^{\mathrm{H}}||_2,
\end{aligned}$$

因此有 $||\boldsymbol{A}||_2 = ||\boldsymbol{A}^{\mathrm{H}}||_2 = ||\overline{\boldsymbol{A}^{\mathrm{H}}}||_2 = ||\boldsymbol{A}^{\mathrm{T}}||_2$, 所证成立.

(3) 因为若 λ 是 $\boldsymbol{A}^{\mathrm{H}}\boldsymbol{A}$ 的特征值, 则 λ^2 是 $\left(\boldsymbol{A}^{\mathrm{H}}\boldsymbol{A}\right)^2$ 的特征值; 又由于 $\boldsymbol{A}^{\mathrm{H}}\boldsymbol{A}$ 为半正定的 Hermite 阵, 其特征值必为非负实数, 因此若 λ_M 是 $\boldsymbol{A}^{\mathrm{H}}\boldsymbol{A}$ 的最大特征值, 则 λ_M^2 是 $(\boldsymbol{A}^{\mathrm{H}}\boldsymbol{A})^2$ 的最大特征值, 而且由矩阵 2-范数定义知

$$\|\boldsymbol{A}\|_2 = \sqrt{\lambda_M}, \quad \left\|\boldsymbol{A}^{\mathrm{H}}\boldsymbol{A}\right\|_2 = \sqrt{\lambda_M^2} = \lambda_M.$$

所以 $||\boldsymbol{A}^{\mathrm{H}}\boldsymbol{A}||_2 = ||\boldsymbol{A}||_2^2$ 成立.

(4) 由已知可得 $(\boldsymbol{U}\boldsymbol{A})^{\mathrm{H}}\boldsymbol{U}\boldsymbol{A} = \boldsymbol{A}^{\mathrm{H}}\boldsymbol{U}^{\mathrm{H}}\boldsymbol{U}\boldsymbol{A} = \boldsymbol{A}^{\mathrm{H}}\boldsymbol{A}$, 所以若 λ_M 是 $\boldsymbol{A}^{\mathrm{H}}\boldsymbol{A}$ 的最大特征值, 那么它也是 $(\boldsymbol{U}\boldsymbol{A})^{\mathrm{H}}\boldsymbol{U}\boldsymbol{A}$ 的最大特征值. 于是

$$\|\boldsymbol{A}\|_2 = \|\boldsymbol{U}\boldsymbol{A}\|_2 = \sqrt{\lambda_M},$$

又由本定理结论 (2) 知 $||\boldsymbol{A}\boldsymbol{V}||_2 = ||(\boldsymbol{A}\boldsymbol{V})^{\mathrm{H}}||_2 = ||\boldsymbol{V}^{\mathrm{H}}\boldsymbol{A}^{\mathrm{H}}||_2 = ||\boldsymbol{A}^{\mathrm{H}}||_2 = ||\boldsymbol{A}||_2$, 综上 $||\boldsymbol{A}||_2 = ||\boldsymbol{U}\boldsymbol{A}\boldsymbol{V}||_2$ 成立. □

矩阵范数的一个重要用途就是给出矩阵的谱的范围.

定义 2 矩阵 $\boldsymbol{A}\in\mathbb{C}^{n\times n}$ 的谱半径 $\rho(\boldsymbol{A})$ 是

$$\rho(\boldsymbol{A})=\max\{|\lambda|:\ \lambda \text{ 是 } \boldsymbol{A} \text{ 的特征值}\}.$$

定理 5 $\forall\boldsymbol{A}\in\mathbb{C}^{n\times n}$, 且 $\|\boldsymbol{A}\|$ 是任意的一种矩阵范数, 那么 $\rho(\boldsymbol{A})\leqslant\|\boldsymbol{A}\|$.

证明 设 λ 为矩阵 $\boldsymbol{A}$ 的一个特征值, 相应的特征向量为 $\boldsymbol{x}\neq\boldsymbol{\theta}$, 则 $\boldsymbol{Ax}=\lambda\boldsymbol{x}$, 且

$$|\lambda|\ \|\boldsymbol{x}\|=\|\lambda\boldsymbol{x}\|=\|\boldsymbol{Ax}\|\leqslant\|\boldsymbol{A}\|\ \|\boldsymbol{x}\|,$$

从而 $|\lambda|\leqslant\|\boldsymbol{A}\|$, 再由 $\rho(\boldsymbol{A})$ 的定义可知必有 $\rho(\boldsymbol{A})\leqslant\|\boldsymbol{A}\|$ 成立. □

从定理 5 看到, 矩阵的特征值不大于任何一种矩阵范数, 事实上谱半径就是 $\boldsymbol{A}$ 的所有矩阵范数的最大下界.

5.4 矩阵序列

本书关于矩阵序列、矩阵函数的内容中数域 $\mathbb{F}$ 均指 $\mathbb{R}$(或 $\mathbb{C}$), 所讨论矩阵均为方阵, 非方阵的情况按照相应的范数也可类似定义.

5.4.1 矩阵序列和极限

矩阵序列指无穷多个依次排列的同阶矩阵. 我们把 $n\times n$ 矩阵序列 $\boldsymbol{A}_1,\boldsymbol{A}_2,\cdots,\boldsymbol{A}_k,\cdots$, 简记为 $\{\boldsymbol{A}_k\}$, 其中

$$\boldsymbol{A}_k=\begin{bmatrix} a_{11}^{(k)} & a_{12}^{(k)} & \cdots & a_{1n}^{(k)}\\ a_{21}^{(k)} & a_{22}^{(k)} & \cdots & a_{2n}^{(k)}\\ \vdots & \vdots & & \vdots\\ a_{n1}^{(k)} & a_{n2}^{(k)} & \cdots & a_{nn}^{(k)} \end{bmatrix},\quad k=1,2,\cdots.$$

显然, 一个 $n\times n$ 矩阵序列 $\{\boldsymbol{A}_k\}$ $\left(\boldsymbol{A}_k\in\mathbb{C}^{n\times n}\right)$ 中各矩阵的所有对应位置构成 $n\times n$ 个数列 $\left\{a_{ij}^{(k)}\right\}$, 其中 $a_{ij}^{(k)}\in\mathbb{C}$ $(i,j=1,2,\cdots,n)$.

例 1 设 2×2 矩阵序列 $\{\boldsymbol{A}_k\}$, 其中

$$\boldsymbol{A}_k=\begin{bmatrix} \dfrac{1}{k} & e^k\\ (0.5)^k & \dfrac{2^k+1}{2^k-1} \end{bmatrix},\quad k=1,2,\cdots,$$

则显然矩阵序列 $\{\boldsymbol{A}_k\}$ 对应 4 个数列:$\left\{\dfrac{1}{k}\right\}$, $\{e^k\}$, $\{(0.5)^k\}$, $\left\{\dfrac{2^k+1}{2^k-1}\right\}$, $k=1,2,\cdots$, 且除数列 $\{e^k\}$ 之外, 其他数列都收敛. 下面给出矩阵序列与对应数列敛散性之间的关系.

定义 1 设有 $n\times n$ 矩阵序列 $\{\boldsymbol{A}_k\}$, 其中 $\boldsymbol{A}_k=(a_{ij}^{(k)})\in\mathbb{C}^{n\times n}$, $k=1,2,\cdots$. 若 $n\times n$ 个数列 $\{a_{ij}^{(k)}\}$ $(i,j=1,2,\cdots,n)$ 都收敛, 即存在数 $a_{ij}\in\mathbb{C}$, 使得

$$\lim_{k\to\infty}a_{ij}^{(k)}=a_{ij},\quad i,j=1,2,\cdots,n,$$

则称矩阵序列 $\{\boldsymbol{A}_k\}$ 是收敛的, 并把矩阵 $\boldsymbol{A}=(a_{ij})\in\mathbb{C}^{n\times n}$ 称为 $\{\boldsymbol{A}_k\}$ 的极限, 或称矩阵序列 $\{\boldsymbol{A}_k\}$ 收敛于 $\boldsymbol{A}$, 简记为

$$\lim_{k\to\infty}\boldsymbol{A}_k=\boldsymbol{A}\quad 或\quad \boldsymbol{A}_k\to\boldsymbol{A}\quad (k\to\infty).$$

若这 $n\times n$ 个数列 $\{a_{ij}^{(k)}\}$ $(i,j=1,2,\cdots,n)$ 中至少有一个不收敛, 则称矩阵序列 $\{\boldsymbol{A}_k\}$ 是发散的. 显然, 例 1 中所示矩阵序列 $\{\boldsymbol{A}_k\}$ 为发散的矩阵序列.

例 2 讨论 2×2 矩阵序列 $\{\boldsymbol{A}_k\}$ 和 $\{\boldsymbol{B}_k\}$ 的敛散性, 其中

$$\boldsymbol{A}_k=\begin{bmatrix}\cos\left(\dfrac{1}{2^k}\right) & \dfrac{1}{k}\\ \dfrac{(-1)^k}{k} & 0\end{bmatrix},\quad \boldsymbol{B}_k=\begin{bmatrix}(0.5)^{\frac{1}{k}} & \dfrac{1}{k}\\ 0 & (-1)^k\end{bmatrix},\quad k=1,2,\cdots.$$

解 因 $\lim\limits_{k\to\infty}\cos\left(\dfrac{1}{2^k}\right)=1$, $\lim\limits_{k\to\infty}\dfrac{1}{k}=0$, $\lim\limits_{k\to\infty}\dfrac{(-1)^k}{k}=0$, 故有 $\lim\limits_{k\to\infty}\boldsymbol{A}_k=\begin{bmatrix}1&0\\0&0\end{bmatrix}$, 即矩阵序列 $\{\boldsymbol{A}_k\}$ 是收敛的. 又因为数列 $\{(-1)^k\}$ 的极限不存在, 故矩阵序列 $\{\boldsymbol{B}_k\}$ 是发散的.

由定义 1 可知, 一个 $n\times n$ 矩阵序列的收敛等价于 n^2 个数列的同时收敛, 但通过这样的方法来研究矩阵序列的敛散性未免有些烦琐. 下面借助矩阵范数将矩阵序列的敛散性与某一数列敛散性之间建立起联系.

定理 1 $n\times n$ 矩阵序列 $\{\boldsymbol{A}_k\}$ 收敛于矩阵 $\boldsymbol{A}\in\mathbb{C}^{n\times n}$ 的充要条件是

$$\lim_{k\to\infty}\|\boldsymbol{A}_k-\boldsymbol{A}\|=0,$$

其中, $\|\cdot\|$ 为任意一种矩阵范数.

证明 由矩阵范数的等价性可知, 必存在实数 $k_2\geqslant k_1>0$, 使得

$$k_1\|\boldsymbol{A}_k-\boldsymbol{A}\|_{m_1}\leqslant\|\boldsymbol{A}_k-\boldsymbol{A}\|\leqslant k_2\|\boldsymbol{A}_k-\boldsymbol{A}\|_{m_1}\tag{5-2}$$

成立. 因此, 要证明对任意的矩阵范数 $\lim\limits_{k\to\infty}\|\boldsymbol{A}_k-\boldsymbol{A}\|=0$ 都成立, 可通过证明该结论对矩阵的 m_1-范数成立来实现.

必要性: 设 $\lim\limits_{k\to\infty}\boldsymbol{A}_k=\boldsymbol{A}$, 由定义 1 可知, 对于任意的 i,j 都有 $\lim\limits_{k\to\infty}a_{ij}^{(k)}=a_{ij}$, 即

$$\lim_{k\to\infty}|a_{ij}^{(k)}-a_{ij}|=0\ ,\quad i,j=1,2,\cdots,n,$$

于是

$$\lim_{k\to\infty}\sum_{i=1}^{n}\sum_{j=1}^{n}|a_{ij}^{(k)}-a_{ij}|=0,$$

即

$$\lim_{k\to\infty}\|\boldsymbol{A}_k-\boldsymbol{A}\|_{m_1}=0,$$

进而由 (5-2) 式可得 $\lim\limits_{k\to\infty}\|\boldsymbol{A}_k-\boldsymbol{A}\|=0$, 其中, $\|\cdot\|$ 为任意一种矩阵范数.

充分性: 由 $\lim\limits_{k\to\infty}\|\boldsymbol{A}_k-\boldsymbol{A}\|=0$, 利用 (5-2) 式可得 $\lim\limits_{k\to\infty}\|\boldsymbol{A}_k-\boldsymbol{A}\|_{m_1}=0$ 成立. 由矩阵 m_1-范数的定义可知, 对于每一个 i,j 都有

$$\lim_{k\to\infty}|a_{ij}^{(k)}-a_{ij}|=0,$$

即

$$\lim_{k\to\infty}a_{ij}^{(k)}=a_{ij},\quad i,j=1,2,\cdots,n,$$

进而由定义 1 有

$$\lim_{k\to\infty}\boldsymbol{A}_k=\boldsymbol{A}.$$

□

5.4.2　收敛矩阵序列的性质

定理 2　若矩阵序列 $\{\boldsymbol{A}_k\}$ 收敛, 则其极限是唯一的.

证明　假设矩阵序列收敛, 但极限不唯一.

不妨设 $n\times n$ 矩阵序列 $\{\boldsymbol{A}_k\}$ 收敛于矩阵 $\boldsymbol{A}=(a_{ij})\in\mathbb{C}^{n\times n}$, 同时收敛于矩阵 $\boldsymbol{B}=(b_{ij})\in\mathbb{C}^{n\times n}$, 且 $\boldsymbol{A}\neq\boldsymbol{B}$, 即至少存在一组 i,j $(i,j=1,2,\cdots,n)$, 使得 $a_{ij}\neq b_{ij}$.

由假设可知, 对于矩阵序列 $\{\boldsymbol{A}_k\}$ 的 i,j 所对应的数列 $\left\{a_{ij}^{(k)}\right\}$ 来说, 有

$$\lim_{k\to\infty}a_{ij}^{(k)}=a_{ij}\quad 且\quad \lim_{k\to\infty}a_{ij}^{(k)}=b_{ij},$$

这与收敛数列极限的唯一性相悖, 故假设不成立, 得证矩阵序列收敛极限唯一. □

由定义 1 可知, 矩阵序列收敛的充分必要条件是各位置元素组成的数列都收敛, 而数列的极限是唯一的, 因此矩阵序列的极限也是唯一的.

定理 3 若矩阵序列 $\{\boldsymbol{A}_k\}$ 收敛, 则此矩阵序列有界, 即对任意矩阵范数 $\|\cdot\|$, 存在正数 M, 使得对任意的 k 都有 $\|\boldsymbol{A}_k\| \leqslant M$.

证明 设序列 $\{\boldsymbol{A}_k\}$ 收敛于 $\boldsymbol{A}$, 即 $\lim\limits_{k\to\infty} \|\boldsymbol{A}_k - \boldsymbol{A}\| = 0$, 亦即对 $\forall \varepsilon_0 > 0$, 存在 $N > 0$, 使得 $k > N$ 时, 有

$$\|\boldsymbol{A}_k - \boldsymbol{A}\| < \varepsilon_0,$$

从而

$$\begin{aligned}\|\boldsymbol{A}_k\| &= \|\boldsymbol{A}_k - \boldsymbol{A} + \boldsymbol{A}\| \leqslant \|\boldsymbol{A}_k - \boldsymbol{A}\| + \|\boldsymbol{A}\| \\ &< \varepsilon_0 + \|\boldsymbol{A}\|,\end{aligned}$$

其中, $k \geqslant N+1$. 取 $M = \max\{\|\boldsymbol{A}_1\|, \|\boldsymbol{A}_2\|, \cdots, \|\boldsymbol{A}_N\|, \|\boldsymbol{A}\| + \varepsilon_0\}$, 即有

$$\|\boldsymbol{A}_k\| \leqslant M.$$ □

利用数列收敛的概念和定理 1—定理 3, 容易得到矩阵序列如下的性质.

(1) 设 $\lim\limits_{k\to\infty} \boldsymbol{A}_k = \boldsymbol{A}$, $\lim\limits_{k\to\infty} \boldsymbol{B}_k = \boldsymbol{B}$, 其中 $\boldsymbol{A}_k \in \mathbb{C}^{n\times n}$, $\boldsymbol{B}_k \in \mathbb{C}^{n\times n}$, 则

$$\lim_{k\to\infty} (\alpha \boldsymbol{A}_k + \beta \boldsymbol{B}_k) = \alpha \boldsymbol{A} + \beta \boldsymbol{B}, \quad \alpha, \beta \in \mathbb{C}.$$

(2) 设 $\lim\limits_{k\to\infty} \boldsymbol{A}_k = \boldsymbol{A}$, $\lim\limits_{k\to\infty} \boldsymbol{B}_k = \boldsymbol{B}$, 其中 $\boldsymbol{A}_k \in \mathbb{C}^{n\times n}$, $\boldsymbol{B}_k \in \mathbb{C}^{n\times n}$, 则

$$\lim_{k\to\infty} \boldsymbol{A}_k \boldsymbol{B}_k = \boldsymbol{A}\boldsymbol{B}.$$

(3) 设 $\lim\limits_{k\to\infty} \boldsymbol{A}_k = \boldsymbol{A}$, 且 $\boldsymbol{A}_k \in \mathbb{C}^{n\times n}$, $\boldsymbol{P}, \boldsymbol{Q} \in \mathbb{C}^{n\times n}$,

$$\lim_{k\to\infty} \boldsymbol{P}\boldsymbol{A}_k\boldsymbol{Q} = \boldsymbol{P}\boldsymbol{A}\boldsymbol{Q}.$$

(4) 设 $\lim\limits_{k\to\infty} \boldsymbol{A}_k = \boldsymbol{A}$, 且 $\boldsymbol{A}_k, \boldsymbol{A}$ 均可逆, 则矩阵序列 $\{\boldsymbol{A}_k^{-1}\}$ 也收敛, 且

$$\lim_{k\to\infty} \boldsymbol{A}_k^{-1} = \boldsymbol{A}^{-1}.$$

证明 (1) 因为

$$\|(\alpha \boldsymbol{A}_k + \beta \boldsymbol{B}_k) - (\alpha \boldsymbol{A} + \beta \boldsymbol{B})\| = \|\alpha(\boldsymbol{A}_k - \boldsymbol{A}) + \beta(\boldsymbol{B}_k - \boldsymbol{B})\|$$

$$\leqslant |\alpha| \, \|\boldsymbol{A}_k - \boldsymbol{A}\| + |\beta| \, \|\boldsymbol{B}_k - \boldsymbol{B}\| \to 0 \quad (k \to \infty),$$

故

$$\lim_{k\to\infty} (\alpha \boldsymbol{A}_k + \beta \boldsymbol{B}_k) = \alpha \boldsymbol{A} + \beta \boldsymbol{B}, \quad \alpha, \beta \in \mathbb{C},$$

(2) 由于

$$\begin{aligned}\|\boldsymbol{A}_k\boldsymbol{B}_k - \boldsymbol{A}\boldsymbol{B}\| &= \|\boldsymbol{A}_k\boldsymbol{B}_k - \boldsymbol{A}\boldsymbol{B}_k + \boldsymbol{A}\boldsymbol{B}_k - \boldsymbol{A}\boldsymbol{B}\| \\ &\leqslant \|\boldsymbol{A}_k - \boldsymbol{A}\| \, \|\boldsymbol{B}_k\| + \|\boldsymbol{A}\| \, \|\boldsymbol{B}_k - \boldsymbol{B}\|,\end{aligned}$$

又由已知条件可知 $\lim\limits_{k\to\infty} ||\boldsymbol{A}_k - \boldsymbol{A}|| = 0$, $\lim\limits_{k\to\infty} ||\boldsymbol{B}_k - \boldsymbol{B}|| = 0$, 再由 $||\boldsymbol{B}_k||$ 有界知

$$\lim_{k\to\infty} ||\boldsymbol{A}_k\boldsymbol{B}_k - \boldsymbol{A}\boldsymbol{B}|| = 0,$$

即

$$\lim_{k\to\infty} \boldsymbol{A}_k\boldsymbol{B}_k = \boldsymbol{A}\boldsymbol{B}.$$

(3) 由 (2), 令 $\boldsymbol{B}_k = \boldsymbol{Q}$, 则 $\lim\limits_{k\to\infty} \boldsymbol{B}_k = \boldsymbol{Q}$, 故有 $\lim\limits_{k\to\infty} (\boldsymbol{A}_k\boldsymbol{Q}) = \boldsymbol{A}\boldsymbol{Q}$. 再将 $\boldsymbol{P}$ 看成 $\boldsymbol{A}_k$, $\boldsymbol{A}_k\boldsymbol{Q}$ 看成 $\boldsymbol{B}_k$, 则有 $\lim\limits_{k\to\infty} \boldsymbol{P}\boldsymbol{A}_k\boldsymbol{Q} = \boldsymbol{P}\boldsymbol{A}\boldsymbol{Q}$.

(4) 由 $\boldsymbol{A}_k, \boldsymbol{A}$ 均可逆, 则有 $|\boldsymbol{A}_k| \neq 0 \ (k = 1, 2, \cdots)$, $|\boldsymbol{A}| \neq 0$. 设 $\boldsymbol{A}^*$ 为 $\boldsymbol{A}$ 的伴随矩阵, 则有

$$\lim_{k\to\infty} |\boldsymbol{A}_k| = |\boldsymbol{A}|,$$

$$\lim_{k\to\infty} \boldsymbol{A}_k^* = \boldsymbol{A}^*,$$

故

$$\lim_{k\to\infty} \boldsymbol{A}_k^{-1} = \lim_{k\to\infty} \frac{\boldsymbol{A}_k^*}{|\boldsymbol{A}_k|} = \frac{\boldsymbol{A}^*}{|\boldsymbol{A}|} = \boldsymbol{A}^{-1}. \qquad \square$$

注 性质 (4) 中 $\boldsymbol{A}$ 的可逆性必不可少, 因为 $\boldsymbol{A}_k$ 的可逆不能保证 $\boldsymbol{A}$ 一定可逆.

例 3 讨论矩阵序列 $\{\boldsymbol{A}_k\}$ 的敛散性, 其中 $\boldsymbol{A}_k = \begin{bmatrix} \dfrac{1}{k+1} & \dfrac{1}{k} \\ 0 & 1 + \dfrac{1}{k} \end{bmatrix}$, $k = 1, 2, \cdots$. 若 $\{\boldsymbol{A}_k\}$ 收敛讨论矩阵序列 $\{\boldsymbol{A}_k^{-1}\}$ 的敛散性.

解 显然, 序列 $\{\boldsymbol{A}_k\}$ 对应的 4 个数列都有极限, 故有序列 $\{\boldsymbol{A}_k\}$ 收敛, 且

$$\lim_{k\to\infty} \boldsymbol{A}_k = \begin{bmatrix} 0 & 0 \\ 0 & 1 \end{bmatrix} = \boldsymbol{A}.$$

对任意 $k=1,2,\cdots$, $\boldsymbol{A}_k$ 都是可逆的, 且

$$\boldsymbol{A}_k^{-1}=\begin{bmatrix} k+1 & -1 \\ 0 & \dfrac{k}{k+1} \end{bmatrix}.$$

由于数列 $\{k+1\}$ 发散, 故矩阵序列 $\{\boldsymbol{A}_k^{-1}\}$ 发散. 与性质 (4) 对比, 可知, 虽然矩阵序列 $\{\boldsymbol{A}_k\}$ 收敛, 且对每一个 $\boldsymbol{A}_k$ 都是可逆, 但 $\{\boldsymbol{A}_k\}$ 的极限 $\boldsymbol{A}=\begin{bmatrix} 0 & 0 \\ 0 & 1 \end{bmatrix}$ 不可逆, 因此不能保证序列 $\{\boldsymbol{A}_k^{-1}\}$ 收敛.

定理 4 设 $\boldsymbol{A}_k=\boldsymbol{A}_k^{\mathrm{T}}$, $\boldsymbol{P}=\boldsymbol{P}^{\mathrm{T}}\in\mathbb{R}^{n\times n}$, 且 $\boldsymbol{A}_k\geqslant\boldsymbol{A}_{k+1}\geqslant\boldsymbol{P}$, 则矩阵序列 $\{\boldsymbol{A}_k\}$ 收敛.

证明 首先证明对角线上元素构成数列的收敛性. 由已知条件有, 对任意的 $\boldsymbol{x}\in\mathbb{R}^n$, 有

$$\boldsymbol{x}^{\mathrm{T}}\boldsymbol{A}_k\boldsymbol{x}\geqslant\boldsymbol{x}^{\mathrm{T}}\boldsymbol{A}_{k+1}\boldsymbol{x}\geqslant\boldsymbol{x}^{\mathrm{T}}\boldsymbol{P}\boldsymbol{x}. \tag{5-3}$$

设 $\boldsymbol{A}_k=(a_{ij}^{(k)}),\boldsymbol{P}=(p_{ij})$, 取 $\boldsymbol{x}=\boldsymbol{e}_i=(0,0,\cdots,0,1,0,\cdots,0)^{\mathrm{T}}(i=1,2,\cdots)$, 即第 i 个位置为 1, 其余位置均为 0 的单位向量, 代入 (5-3) 式得

$$a_{ii}^{(k)}\geqslant a_{ii}^{(k+1)}\geqslant p_{ii},$$

即矩阵序列 $\{\boldsymbol{A}_k\}$ 对角线上对应的数列 $\{a_{ii}^{(k)}\}$ 为单调递减有下界的数列, 故 $\{a_{ii}^{(k)}\}$ 的极限存在.

再证非对角线元素构成数列 $\{a_{ij}^{(k)}\}(i\neq j)$ 的收敛性. 取 $x=e_i+e_j$ $(i,j=1,2,\cdots,n)$, 得

$$\begin{aligned}
&a_{ij}^{(k)}+a_{ii}^{(k)}+a_{ji}^{(k)}+a_{jj}^{(k)}\\
=\ &a_{ii}^{(k)}+a_{jj}^{(k)}+2a_{ij}^{(k)}\\
\geqslant\ &a_{ii}^{(k+1)}+a_{jj}^{(k+1)}+2a_{ij}^{(k+1)}\\
\geqslant\ &p_{ii}+p_{jj}+2p_{ij}\quad(k=1,2,\cdots).
\end{aligned}$$

故数列 $\{a_{ii}^{(k)}+a_{jj}^{(k)}+2a_{ij}^{(k)}\}$ 收敛 $(i,j=1,2,\cdots,n,\ i\neq j)$. 再由 $\{a_{ii}^{(k)}\}$ 和 $\{a_{jj}^{(k)}\}$ 都收敛知 $\{a_{ij}^{(k)}\}$ 收敛.

综上, 得证矩阵序列 $\{\boldsymbol{A}_k\}$ 收敛. □

定理 5 设矩阵 $\boldsymbol{A}\in\mathbb{C}^{n\times n}$, 则 $\lim\limits_{k\to\infty}\boldsymbol{A}^k=\boldsymbol{O}_{n\times n}$ 的充要条件是 $\rho(\boldsymbol{A})<1$.

证明 设 $\boldsymbol{A}$ 的 Jordan 标准形为

$$\boldsymbol{J} = \mathrm{diag}(\boldsymbol{J}_1(\lambda_1), \boldsymbol{J}_2(\lambda_2), \cdots, \boldsymbol{J}_r(\lambda_r)),$$

且存在可逆变换 $\boldsymbol{T}$, 使得 $\boldsymbol{A} = \boldsymbol{T}\boldsymbol{J}\boldsymbol{T}^{-1}$. 其中特征值 λ_i 所对应的 Jordan 块 $\boldsymbol{J}_i(\lambda_i)$ 具有如下形式

$$\boldsymbol{J}_i(\lambda_i) = \begin{bmatrix} \boldsymbol{J}_{i1}(\lambda_i) & & & \\ & \boldsymbol{J}_{i2}(\lambda_i) & & \\ & & \ddots & \\ & & & \boldsymbol{J}_{ia_i}(\lambda_i) \end{bmatrix}_{m_i \times m_i} \quad (i = 1, 2, \cdots, r),$$

且

$$\boldsymbol{J}_{ij}(\lambda_i) = \begin{bmatrix} \lambda_i & 1 & & & \\ & \lambda_i & 1 & & \\ & & \ddots & \ddots & \\ & & & \ddots & 1 \\ & & & & \lambda_i \end{bmatrix}_{d_{ij} \times d_{ij}} \quad (j = 1, 2, \cdots, a_i),$$

其中, r 表示矩阵 $\boldsymbol{A}$ 的互异特征值的个数; m_i 表示特征值 λ_i 所对应的代数重复度, 且有 $\sum\limits_{i=1}^{r} m_i = n$; a_i 表示特征值 λ_i 所对应的 Jordan 子块的个数; d_{ij} 表示特征值 λ_i 所对应的第 j 个 Jordan 子块的维数.

于是

$$\boldsymbol{A}^k = \boldsymbol{T}\mathrm{diag}(\boldsymbol{J}_1^k(\lambda_1), \boldsymbol{J}_2^k(\lambda_2), \cdots, \boldsymbol{J}_r^k(\lambda_r))\boldsymbol{T}^{-1}.$$

显然, $\lim\limits_{k\to\infty} \boldsymbol{A}^k = \boldsymbol{O}_{n\times n}$ 的充要条件是 $\lim\limits_{k\to\infty} \boldsymbol{J}_i^k(\lambda_i) = 0,\ \ i = 1, 2, \cdots, r$. 又因为

$$\boldsymbol{J}_i^k(\lambda_i) = \begin{bmatrix} \boldsymbol{J}_{i1}^k(\lambda_i) & & & \\ & \boldsymbol{J}_{i2}^k(\lambda_i) & & \\ & & \ddots & \\ & & & \boldsymbol{J}_{ia_i}^k(\lambda_i) \end{bmatrix}.$$

我们把 Jordan 子块 $\boldsymbol{J}_{ij}(\lambda_i)$ 分解成两项

$$\boldsymbol{J}_{ij}(\lambda_i) = \lambda_i \boldsymbol{E}_{d_{ij}} + \boldsymbol{U}_{ij}, \tag{5-4}$$

其中

$$
\boldsymbol{U}_{ij}=\boldsymbol{J}_{ij}(0)=\begin{bmatrix} 0 & 1 & & & \\ & 0 & 1 & & \\ & & \ddots & \ddots & \\ & & & \ddots & 1 \\ & & & & 0 \end{bmatrix}_{d_{ij}\times d_{ij}}
$$

$$
(i=1,2,\cdots,r,j=1,2,\cdots,d_i),
$$

这个矩阵有一个很好的性质, 即 $\boldsymbol{U}_{ij}$ 的幂次每增加 1 次, 主对角线上方这些 1 就向右上方平移一次, 特别有

$$
\boldsymbol{U}_{ij}^{d_{ij}-1}=\begin{bmatrix} 0 & 0 & 0 & \cdots & 1 \\ & 0 & 0 & \cdots & 0 \\ & & \ddots & \ddots & \vdots \\ & & & \ddots & 0 \\ & & & & 0 \end{bmatrix},
$$

于是由二项式定理有

$$
\begin{aligned}
\boldsymbol{J}_{ij}^{k}(\lambda_i)&=\left[\lambda_i\boldsymbol{E}_{d_y}+\boldsymbol{U}_{ij}\right]^k\\
&=\begin{bmatrix} \lambda_i^k & \mathrm{C}_k^1\lambda_i^{k-1} & \mathrm{C}_k^2\lambda_i^{k-2} & \cdots & \mathrm{C}_k^{d_{ij}-1}\lambda_i^{k-d_{ij}+1} \\ & \lambda_i^k & \mathrm{C}_k^1\lambda_i^{k-1} & \cdots & \mathrm{C}_k^{d_{ij}-2}\lambda_i^{k-d_{ij}+2} \\ & & \ddots & \ddots & \vdots \\ & & & \ddots & \mathrm{C}_k^1\lambda_i^{k-1} \\ & & & & \lambda_i^k \end{bmatrix}_{d_{ij}\times d_{ij}},
\end{aligned}
\tag{5-5}
$$

其中

$$
\begin{aligned}
&\mathrm{C}_k^l=\frac{k(k-1)\cdots(k-l+1)}{l!}, && l\leqslant k,\\
&\mathrm{C}_k^l=0, && l>k,\\
&i=1,2,\cdots,r;\quad j=1,2,\cdots,a_i,
\end{aligned}
$$

于是 $\lim\limits_{k\to\infty}\boldsymbol{J}_i^k(\lambda_i)=\boldsymbol{O}_{m_i\times m_i}$ 的充要条件是 $\lim\limits_{k\to\infty}\boldsymbol{J}_{ij}^k(\lambda_i)=\boldsymbol{O}_{d_{ij}\times d_{ij}}, i=1,2,\cdots,r$, $j=1,2,\cdots,a_i$, 而 $\lim\limits_{k\to\infty}\boldsymbol{J}_{ij}^k(\lambda_i)=\boldsymbol{O}_{d_{ij}\times d_{ij}}$ 的充要条件是 $|\lambda_i|<1$. 因此 $\lim\limits_{k\to\infty}\boldsymbol{A}^k=\boldsymbol{O}_{n\times n}$ 的充要条件是 $\rho(\boldsymbol{A})<1$. □

例 4 设矩阵 $\boldsymbol{A}=\begin{bmatrix} a & 0 & 0 \\ 2a & \dfrac{1}{2}a & 0 \\ a & 0 & -3a \end{bmatrix}$, 则 a 取何值时 $\lim\limits_{k\to\infty}\boldsymbol{A}^k=\boldsymbol{O}$.

解 求得矩阵 $\boldsymbol{A}$ 的特征值分别为 $\lambda_1=a,\ \lambda_2=\dfrac{1}{2}a, \lambda_3=-3a$, 故有 $\boldsymbol{A}$ 的谱半径 $\rho(\boldsymbol{A})=3|a|$. 由本节定理 5 有, 当 $|a|<\dfrac{1}{3}$ 时 $\lim\limits_{k\to\infty}\boldsymbol{A}^k=\boldsymbol{O}$, 即矩阵序列 $\boldsymbol{A}^k$ 收敛于 $\boldsymbol{O}_{3\times 3}$.

推论 1 设矩阵 $\boldsymbol{A}\in\mathbb{C}^{n\times n}$, 若存在矩阵范数 $\|\cdot\|$, 使得 $\|\boldsymbol{A}\|<1$, 则 $\lim\limits_{k\to\infty}\boldsymbol{A}^k=\boldsymbol{O}$.

例 5 判断对如下矩阵 $\boldsymbol{A}$, 是否有 $\lim\limits_{k\to\infty}\boldsymbol{A}^k=\boldsymbol{O}$ 成立.

(1) $\boldsymbol{A}=\begin{bmatrix} \dfrac{1}{2} & \dfrac{1}{2} \\ \dfrac{1}{3} & \dfrac{1}{6} \end{bmatrix}$; (2) $\boldsymbol{A}=\begin{bmatrix} 4 & 6 & 0 \\ -3 & -5 & 0 \\ -3 & -6 & 1 \end{bmatrix}$; (3) $\boldsymbol{A}=\begin{bmatrix} 1 & 1 & 0 \\ 0 & 1 & 0 \\ 0 & -1 & 1 \end{bmatrix}$.

解 (1) 求矩阵 $\boldsymbol{A}$ 的特征值有时计算并不那么简单, 不妨尝试使用推论 1 来判断. 由于 $\|\boldsymbol{A}\|_1=\dfrac{5}{6}<1$, 由推论 1 知 $\lim\limits_{k\to\infty}\boldsymbol{A}^k=\boldsymbol{O}$.

注 推论 1 是 $\lim\limits_{k\to\infty}\boldsymbol{A}^k=\boldsymbol{O}$ 的一个充分条件.

(2) 简单求解得矩阵 $\boldsymbol{A}$ 的特征值分别为 $\lambda_1=\lambda_2=1, \lambda_3=-2$, 因此有 $\rho(\boldsymbol{A})=2>1$. 所以序列 $\boldsymbol{A}^k$ 发散.

由定理 5 的证明过程, 不难得出当 $\rho(\boldsymbol{A})>1$ 时, 矩阵序列 $\boldsymbol{A}^k$ 发散. 因为 $\rho(\boldsymbol{A})>1$, 则至少存在一个 $\lambda_i>1$, 则由 $\boldsymbol{J}_i^k(\lambda_i)(i=1,2,\cdots,r)$ 的具体形式可知其对角线元素构成的数列 λ_i^k 发散, 故矩阵序列 $\boldsymbol{J}_i^k(\lambda_i)$ 发散, 从而 $\boldsymbol{A}^k$ 发散.

(3) 简单求解得矩阵 $\boldsymbol{A}$ 的特征值分别为 $\lambda_1=\lambda_2=\lambda_3=1$, 则有矩阵 $\boldsymbol{A}$ 的谱半径 $\rho(\boldsymbol{A})=1$, 此时利用定理 5 无法判断序列 $\boldsymbol{A}^k$ 的敛散性. 下面按照定理 5 的证明思路来分析. 首先求得矩阵 $\boldsymbol{A}$ 的 Jordan 标准形为

$$\boldsymbol{J}=\begin{bmatrix} 1 & & \\ & 1 & 1 \\ & & 1 \end{bmatrix},$$

即存在可逆阵 $\boldsymbol{T}$, 使得 $\boldsymbol{A}=\boldsymbol{T}\boldsymbol{J}\boldsymbol{T}^{-1}$, 从而有

$$\boldsymbol{A}^k=\boldsymbol{T}\begin{bmatrix} 1 & & \\ & 1 & k \\ & & 1 \end{bmatrix}\boldsymbol{T}^{-1},$$

因此有

$$\lim_{k\to+\infty} \boldsymbol{A}^k = \boldsymbol{T} \lim_{k\to+\infty} \begin{bmatrix} 1 & & \\ & 1 & k \\ & & 1 \end{bmatrix} \boldsymbol{T}^{-1} \to \infty,$$

所以 $\boldsymbol{A}^k$ 发散.

注 定理 5 揭示了若矩阵 $\boldsymbol{A}$ 的特征值模都小于 1, 则矩阵序列 $\{\boldsymbol{A}^k\}$ 收敛, 且 $\lim\limits_{k\to\infty} \boldsymbol{A}^k = \boldsymbol{O}$; 若 $\boldsymbol{A}$ 的特征值中至少有一个模大于 1, 则由定理 5 证明过程中 (5-5) 式可知矩阵序列 $\{\boldsymbol{A}^k\}$ 不收敛; 若 $\boldsymbol{A}$ 的特征值模都为 1, 则需要进行具体分析.

5.5 矩阵幂级数

矩阵级数在研究矩阵函数以及线性微分方程组解的表示时具有重要的作用, 尤其是矩阵幂级数. 矩阵函数是由一个收敛的矩阵幂级数的和来定义的. 本节我们将给出矩阵级数的定义, 并利用矩阵序列极限的概念讨论级数收敛及其相应的性质.

5.5.1 矩阵级数的概念

定义 1 设矩阵序列 $\{\boldsymbol{A}_k\} \in \mathbb{C}^{n\times n}$, 称其无穷项和式

$$\sum_{k=1}^{+\infty} \boldsymbol{A}_k = \boldsymbol{A}_1 + \boldsymbol{A}_2 + \cdots + \boldsymbol{A}_n + \cdots$$

为矩阵级数, 简记为 $\sum\limits_{k=1}^{+\infty} \boldsymbol{A}_k$. 对任意正整数 $n \in \mathbb{N}$, 定义矩阵级数的前 n 项部分和为

$$\boldsymbol{S}_n = \sum_{k=1}^{n} \boldsymbol{A}_k = \boldsymbol{A}_1 + \boldsymbol{A}_2 + \cdots + \boldsymbol{A}_n.$$

若由 $\boldsymbol{S}_n (n = 1, 2, \cdots)$ 构成的矩阵序列 $\{\boldsymbol{S}_n\}$ 收敛, 且 $\lim\limits_{n\to\infty} \boldsymbol{S}_n = \boldsymbol{S}$, 则称矩阵级数 $\sum\limits_{k=1}^{+\infty} \boldsymbol{A}_k$ 收敛, 且有和 $\boldsymbol{S}$, 记为

$$\boldsymbol{S} = \sum_{k=1}^{+\infty} \boldsymbol{A}_k,$$

否则, 称矩阵级数 $\sum_{k=1}^{+\infty} \boldsymbol{A}_k$ 发散.

在定义 1 中, 若设 $\boldsymbol{A}_k=(a_{ij}^{(k)})_{n\times n}$, $\boldsymbol{S}=(s_{ij})_{n\times n}$, 则显然 $\boldsymbol{S}=\sum_{k=1}^{+\infty} \boldsymbol{A}_k$ 等价于

$$\sum_{k=1}^{+\infty} a_{ij}^{(k)} = s_{ij} \quad (i,j=1,2,\cdots,n),$$

即矩阵级数 $\sum_{k=1}^{+\infty} \boldsymbol{A}_k$ 收敛等价于 $n\times n$ 个数项级数 $\sum_{k=1}^{+\infty} a_{ij}^{(k)}$ 都收敛. 此描述可以作为矩阵级数收敛的另一种定义和一个判断条件.

例 1　设 $\boldsymbol{A}_k=\begin{bmatrix} 0 & \dfrac{1}{k!} \\ \dfrac{1}{k(k+1)} & \dfrac{1}{2^k} \end{bmatrix}$, 判断矩阵级数 $\sum_{k=1}^{+\infty} \boldsymbol{A}_k$ 的敛散性.

解　因为数项级数 $\sum_{k=1}^{+\infty} \dfrac{1}{k!}=e-1$, $\sum_{k=1}^{+\infty} \dfrac{1}{k(k+1)}=1$, $\sum_{k=1}^{+\infty} \dfrac{1}{2^k}=1$, 故矩阵级数 $\sum_{k=1}^{+\infty} \boldsymbol{A}_k$ 收敛, 且有 $\sum_{k=1}^{+\infty} \boldsymbol{A}_k=\begin{bmatrix} 0 & e-1 \\ 1 & 1 \end{bmatrix}$.

定义 2　设 $\sum_{k=1}^{+\infty} \boldsymbol{A}_k$ 为 $\mathbb{C}^{n\times n}$ 中的矩阵级数, 若对某矩阵范数 $\|\cdot\|$, 正项数项级数

$$\sum_{k=1}^{+\infty} \|\boldsymbol{A}_k\| = \|\boldsymbol{A}_1\|+\|\boldsymbol{A}_2\|+\cdots+\|\boldsymbol{A}_k\|+\cdots$$

收敛, 则称矩阵级数 $\sum_{k=1}^{+\infty} \boldsymbol{A}_k$ 绝对收敛.

根据矩阵范数的等价性可知, 这里的矩阵范数 $\|\cdot\|$ 可以取任意的.

定理 1　矩阵级数 $\sum_{k=1}^{+\infty} \boldsymbol{A}_k$ 绝对收敛的充分必要条件是 $n\times n$ 个数项级数 $\sum_{k=1}^{+\infty} a_{ij}^{(k)} (i,j=1,2,\cdots,n)$ 都绝对收敛.

证明　必要性: 设 $\sum_{k=1}^{+\infty} \boldsymbol{A}_k$ 绝对收敛, 即 $\sum_{k=1}^{+\infty} \|\boldsymbol{A}_k\|$ 收敛, 由矩阵范数的等价性

知 $\sum\limits_{k=1}^{+\infty}||\boldsymbol{A}_k||_\infty$ 收敛, 而

$$|a_{ij}^{(k)}|\leqslant \max_i\sum_{j=1}^{n}|a_{ij}^{(k)}|=\|A_k\|_\infty .$$

由正项级数的比较判别法得 $\sum\limits_{k=1}^{+\infty}|a_{ij}^{(k)}|$ 收敛.

充分性: 设对任意的 i,j, $\sum\limits_{k=1}^{+\infty}|a_{ij}^{(k)}|$ 收敛, 则对任意的 $\varepsilon>0$, 存在 $N>0$, 使得当 $m_1>m>N$ 时, 有

$$|a_{ij}^{(m+1)}|+\cdots+|a_{ij}^{(m_1)}|<\frac{\varepsilon}{n^2},$$

故

$$\begin{aligned}\|\boldsymbol{A}_{m+1}\|_\infty+\cdots+\|\boldsymbol{A}_{m_1}\|_\infty&=\max_i\sum_{j=1}^{n}|a_{ij}^{(m+1)}|+\cdots+\max_i\sum_{j=1}^{n}|a_{ij}^{(m_1)}|\\&\leqslant\sum_{i=1}^{n}\sum_{j=1}^{n}[|a_{ij}^{(m+1)}|+\cdots+|a_{ij}^{(m_1)}|]<\varepsilon,\end{aligned}$$

因此 $\sum\limits_{k=1}^{+\infty}||\boldsymbol{A}_k||_\infty$ 收敛, 所以 $\sum\limits_{k=1}^{+\infty}\boldsymbol{A}_k$ 绝对收敛. □

推论 1 若矩阵级数 $\sum\limits_{k=1}^{+\infty}\boldsymbol{A}_k$ 绝对收敛, 则 $\sum\limits_{k=1}^{+\infty}\boldsymbol{A}_k$ 收敛.

例 2 设 $\boldsymbol{A}_k=\begin{bmatrix}(-1)^k\dfrac{3^{2k}}{(2k)!} & 0\\ (-1)^k\dfrac{3^{2k+1}}{(2k+1)!} & 0.5^k\end{bmatrix}$, 判断矩阵级数 $\sum\limits_{k=0}^{+\infty}\boldsymbol{A}_k$ 的敛散性.

解 因为 $\sum\limits_{k=0}^{+\infty}\boldsymbol{A}_k$ 每个位置所确定的数项级数都绝对收敛, 且有

$$\sum_{k=0}^{+\infty}(-1)^k\frac{3^{2k}}{(2k)!}=\cos 3,\quad \sum_{k=0}^{+\infty}(-1)^k\frac{3^{2k+1}}{(2k+1)!}=\sin 3,\quad \sum_{k=0}^{+\infty}0.5^k=2,$$

故有矩阵级数 $\sum\limits_{k=1}^{+\infty} \boldsymbol{A}_k$ 绝对收敛, 且

$$\sum_{k=0}^{+\infty} \boldsymbol{A}_k = \begin{bmatrix} \cos 3 & 0 \\ \sin 3 & 2 \end{bmatrix}.$$

5.5.2 矩阵级数的性质

矩阵级数也有和矩阵序列极限类似的运算性质, 具体如下.

(1) 收敛矩阵级数的和唯一;

(2) 若矩阵级数 $\sum\limits_{k=1}^{+\infty} \boldsymbol{A}_k$ 收敛, 则 $\lim\limits_{k\to\infty} \boldsymbol{A}_k = \boldsymbol{O}$;

(3) 若 $\sum\limits_{k=1}^{+\infty} \boldsymbol{A}_k = \boldsymbol{A}$, $\sum\limits_{k=1}^{+\infty} \boldsymbol{B}_k = \boldsymbol{B}$, 其中 $\boldsymbol{A}_k, \boldsymbol{B}_k, \boldsymbol{A}, \boldsymbol{B} \in \mathbb{C}^{n\times n}(k = 1, 2, \cdots)$, 则

$$\sum_{k=1}^{\infty} (\boldsymbol{\alpha} \boldsymbol{A}_k + \boldsymbol{\beta} \boldsymbol{B}_k) = \boldsymbol{\alpha} \boldsymbol{A} + \boldsymbol{\beta} \boldsymbol{B}, \quad \boldsymbol{\alpha}, \boldsymbol{\beta} \in \mathbb{C};$$

(4) 若 $\sum\limits_{k=1}^{+\infty} \boldsymbol{A}_k$ 收敛 (或绝对收敛), 矩阵 $\boldsymbol{A}_k, \boldsymbol{P}, \boldsymbol{Q} \in \mathbb{C}^{n\times n}$, 则 $\sum\limits_{k=1}^{+\infty} \boldsymbol{P}\boldsymbol{A}_k\boldsymbol{Q}$ 也收敛 (或绝对收敛), 并且有

$$\sum_{k=1}^{+\infty} (\boldsymbol{P}\boldsymbol{A}_k\boldsymbol{Q}) = \boldsymbol{P} \left(\sum_{k=1}^{+\infty} \boldsymbol{A}_k \right) \boldsymbol{Q};$$

(5) 设矩阵级数 $\sum\limits_{k=1}^{+\infty} \boldsymbol{A}_k$ 和 $\sum\limits_{k=1}^{+\infty} \boldsymbol{B}_k$ 分别绝对收敛于矩阵 $\boldsymbol{A}$ 和 $\boldsymbol{B}$, 其中 $\boldsymbol{A}_k, \boldsymbol{B}_k, \boldsymbol{A}, \boldsymbol{B} \in \mathbb{C}^{n\times n}(k = 1, 2, \cdots)$, 则这两个矩阵级数的积

$$\boldsymbol{A}_1\boldsymbol{B}_1 + (\boldsymbol{A}_1\boldsymbol{B}_2 + \boldsymbol{A}_2\boldsymbol{B}_1) + \cdots + (\boldsymbol{A}_1\boldsymbol{B}_k + \cdots + \boldsymbol{A}_k\boldsymbol{B}_1) + \cdots$$

也绝对收敛, 且其和为 $\boldsymbol{AB}$.

性质 (1)—(3) 的证明, 请读者参考矩阵序列极限性质的证明, 自行完成. 下面给出性质 (4) 和 (5) 的证明.

证明 (4) 若 $\sum_{k=1}^{+\infty}\boldsymbol{A}_k$ 收敛, 不妨设 $\boldsymbol{S}=\sum_{k=1}^{+\infty}\boldsymbol{A}_k$, 记其前 n 项部分和为 $\boldsymbol{S}_n=\sum_{k=1}^{n}\boldsymbol{A}_k$, 则 $\lim_{n\to\infty}\boldsymbol{S}_n=\boldsymbol{S}$. 从而有

$$\lim_{n\to\infty}\boldsymbol{P}\boldsymbol{S}_n\boldsymbol{Q}=\boldsymbol{P}\left(\lim_{n\to\infty}\sum_{k=1}^{n}\boldsymbol{A}_k\right)\boldsymbol{Q}=\boldsymbol{P}\boldsymbol{S}\boldsymbol{Q}.$$

因此性质 (4) 成立.

若 $\sum_{k=1}^{+\infty}\boldsymbol{A}_k$ 绝对收敛, 即正项级数 $\sum_{k=1}^{+\infty}\|\boldsymbol{A}_k\|$ 收敛. 由

$$\|\boldsymbol{P}\boldsymbol{A}_k\boldsymbol{Q}\|\leqslant\|\boldsymbol{P}\|\,\|\boldsymbol{A}_k\|\,\|\boldsymbol{Q}\|\leqslant a\,\|\boldsymbol{A}_k\|,$$

其中 a 为与 k 无关的正数. 故有正项级数 $\sum_{k=1}^{+\infty}\|\boldsymbol{P}\boldsymbol{A}_k\boldsymbol{Q}\|$ 收敛, 即 $\sum_{k=1}^{+\infty}\boldsymbol{P}\boldsymbol{A}_k\boldsymbol{Q}$ 绝对收敛.

(5) 由 $\sum_{k=1}^{+\infty}\boldsymbol{A}_k$ 和 $\sum_{k=1}^{+\infty}\boldsymbol{B}_k$ 绝对收敛, 有正项数项级数 $\sum_{k=1}^{+\infty}||\boldsymbol{A}_k||$ 和 $\sum_{k=1}^{+\infty}||\boldsymbol{B}_k||$ 收敛, 故级数

$$||\boldsymbol{A}_1||||\boldsymbol{B}_1||+(||\boldsymbol{A}_1||||\boldsymbol{B}_2||+||\boldsymbol{A}_2||||\boldsymbol{B}_1||)+\cdots+(||\boldsymbol{A}_1||||\boldsymbol{B}_k||+\cdots+||\boldsymbol{A}_k||||\boldsymbol{B}_1||)+\cdots$$

收敛, 又由于

$$||\boldsymbol{A}_1||||\boldsymbol{B}_k||+\cdots+||\boldsymbol{A}_k||||\boldsymbol{B}_1||\geqslant||\boldsymbol{A}_1\boldsymbol{B}_k+\cdots+\boldsymbol{A}_k\boldsymbol{B}_1||.$$

由比较判别法知

$$\boldsymbol{A}_1\boldsymbol{B}_1+(\boldsymbol{A}_1\boldsymbol{B}_2+\boldsymbol{A}_2\boldsymbol{B}_1)+\cdots+(\boldsymbol{A}_1\boldsymbol{B}_k+\cdots+\boldsymbol{A}_k\boldsymbol{B}_1)+\cdots$$

绝对收敛. 记 $\boldsymbol{S}_1^{(m)}=\sum_{k=1}^{m}\boldsymbol{A}_k$, $\boldsymbol{S}_2^{(m)}=\sum_{k=1}^{m}\boldsymbol{B}_k$, $\boldsymbol{S}_3^{(m)}=\sum_{k=1}^{m}\sum_{p=1}^{k}\boldsymbol{A}_p\boldsymbol{B}_{k-p+1}$, 则

$$\begin{aligned}||\boldsymbol{S}_1^{(m)}\boldsymbol{S}_2^{(m)}-\boldsymbol{S}_3^{(m)}||&=||(\boldsymbol{A}_2\boldsymbol{B}_m+\cdots+\boldsymbol{A}_m\boldsymbol{B}_2)\\&\quad+(\boldsymbol{A}_3\boldsymbol{B}_m+\cdots+\boldsymbol{A}_m\boldsymbol{B}_3)+\boldsymbol{A}_m\boldsymbol{B}_m||\\&\leqslant(||\boldsymbol{A}_2||||\boldsymbol{B}_m||+\cdots+||\boldsymbol{A}_m||||\boldsymbol{B}_2||)+\cdots+||\boldsymbol{A}_m||||\boldsymbol{B}_m||,\end{aligned}$$

于是由

$$\lim_{m\to\infty} \boldsymbol{S}_1^{(m)}\boldsymbol{S}_2^{(m)} = \boldsymbol{AB}$$

和

$$\lim_{m\to\infty} (||\boldsymbol{A}_2||||\boldsymbol{B}_m|| + \cdots + ||\boldsymbol{A}_m||||\boldsymbol{B}_2|| + \cdots + ||\boldsymbol{A}_m||||\boldsymbol{B}_m||) = 0$$

知 $\lim\limits_{m\to\infty} \boldsymbol{S}_3^{(m)} = \boldsymbol{AB}$. □

5.5.3 矩阵幂级数

下面对矩阵幂级数作深入讨论, 它是研究矩阵函数的重要工具.

定义 3 设矩阵 $\boldsymbol{A} \in \mathbb{C}^{n\times n}$, 则称形如

$$\sum_{k=0}^{+\infty} c_k\boldsymbol{A}^k = c_0\boldsymbol{E} + c_1\boldsymbol{A} + c_2\boldsymbol{A}^2 + \cdots + c_k\boldsymbol{A}^k + \cdots$$

的矩阵级数为方阵 $\boldsymbol{A}$ 的幂级数.

定理 2 (Abel 定理) 设变量 $z \in \mathbb{C}$, 数项幂级数 $\sum\limits_{k=0}^{+\infty} c_k z^k$ 的收敛半径为 R; $\boldsymbol{A}$ 为 n 阶方阵, 则若 $\rho(\boldsymbol{A}) < R$, 则矩阵幂级数 $\sum\limits_{k=0}^{+\infty} c_k\boldsymbol{A}^k$ 绝对收敛; 若 $\rho(\boldsymbol{A}) > R$, 则幂级数 $\sum\limits_{k=0}^{+\infty} c_k\boldsymbol{A}^k$ 发散.

证明 设 $\boldsymbol{J}$ 是方阵 $\boldsymbol{A}$ 的 Jordan 标准形, 则存在可逆矩阵 $\boldsymbol{T}$, 使得

$$\boldsymbol{A} = \boldsymbol{TJT}^{-1} = \boldsymbol{T}\mathrm{diag}(\boldsymbol{J}_1(\lambda_1), \boldsymbol{J}_2(\lambda_2), \cdots, \boldsymbol{J}_r(\lambda_r))\boldsymbol{T}^{-1},$$

其中

$$\boldsymbol{J}_i(\lambda_i) = \begin{bmatrix} \lambda_i & 1 & & & \\ & \lambda_i & 1 & & \\ & & \ddots & \ddots & \\ & & & \ddots & 1 \\ & & & & \lambda_i \end{bmatrix}_{d_i\times d_i} \qquad (i = 1, 2, \cdots, r),$$

r 表示矩阵 $\boldsymbol{A}$ 的 Jordan 标准形中 Jordan 子块的个数, d_i 表示 $\boldsymbol{A}$ 的 Jordan 标准形中第 i 个 Jordan 子块的维数.

于是

$$A^k = T\mathrm{diag}(J_1^k(\lambda_1), J_2^k(\lambda_2), \cdots, J_r^k(\lambda_r))T^{-1},$$

且由 (5-4) 至 (5-5) 的推导有

$$J_i^k(\lambda_i) = \begin{bmatrix} \lambda_i^k & \mathrm{C}_k^1\lambda_i^{k-1} & \mathrm{C}_k^2\lambda_i^{k-2} & \cdots & \mathrm{C}_k^{d_i-1}\lambda_i^{k-d_i+1} \\ & \lambda_i^k & \mathrm{C}_k^1\lambda_i^{k-1} & \cdots & \mathrm{C}_k^{d_i-2}\lambda^{k-d_i+2} \\ & & \ddots & \ddots & \vdots \\ & & & \ddots & \mathrm{C}_k^1\lambda_i^{k-1} \\ & & & & \lambda_i^k \end{bmatrix}_{d_i\times d_i}.$$

所以

$$\begin{aligned}\sum_{k=0}^{+\infty} c_k A^k &= \sum_{k=0}^{+\infty} c_k(TJ^kT^{-1}) = T\left(\sum_{k=0}^{+\infty} c_k J^k\right)T^{-1} \\ &= T\mathrm{diag}\left(\sum_{k=0}^{+\infty} c_k J_1^k(\lambda_1), \sum_{k=0}^{+\infty} c_k J_2^k(\lambda_2), \cdots, \sum_{k=0}^{+\infty} c_k J_r^k(\lambda_r)\right)T^{-1},\end{aligned}$$

且

$$\sum_{k=0}^{+\infty} c_k J_i^k(\lambda_i) = \begin{bmatrix} \sum\limits_{k=0}^{+\infty} c_k\lambda_i^k & \sum\limits_{k=0}^{+\infty} c_k\mathrm{C}_k^1\lambda_i^{k-1} & \cdots & \sum\limits_{k=0}^{+\infty} c_k\mathrm{C}_k^{d_i-1}\lambda_i^{k-d_i+1} \\ & \sum\limits_{k=0}^{+\infty} c_k\lambda_i^k & \cdots & \sum\limits_{k=0}^{+\infty} c_k\mathrm{C}_k^{d_i-2}\lambda_i^{k-d_i+2} \\ & \ddots & \ddots & \vdots \\ & & \ddots & \sum\limits_{k=0}^{+\infty} c_k\mathrm{C}_k^1\lambda_i^{k-1} \\ & & & \sum\limits_{k=0}^{+\infty} c_k\lambda_i^k \end{bmatrix}_{d_i\times d_i}, \tag{5-6}$$

其中

$$\begin{aligned}&\mathrm{C}_k^l = \frac{k(k-1)\cdots(k-l+1)}{l!}, \quad l \leqslant k, \\ &\mathrm{C}_k^l = 0, \quad l > k,\end{aligned}$$

则当 $\rho(A) < R$ 时, 数项幂级数 $\sum\limits_{k=0}^{+\infty} c_k\lambda_i^k, \sum\limits_{k=0}^{+\infty} c_k\mathrm{C}_k^1\lambda_i^{k-1}, \cdots, \sum\limits_{k=0}^{+\infty} c_k\mathrm{C}_k^{d_i-1}\lambda_i^{k-d_i+1}$

都绝对收敛, 故矩阵幂级数 $\sum_{k=0}^{+\infty} c_k \boldsymbol{A}^k$ 绝对收敛. 当 $\rho(\boldsymbol{A}) > R$ 时, 数项幂级数 $\sum_{k=0}^{+\infty} c_k \lambda_i^k$ 发散, 故 $\sum_{k=0}^{+\infty} c_k \boldsymbol{A}^k$ 发散. □

推论 2 设数项幂级数

$$\sum_{k=0}^{+\infty} c_k z^k = c_0 + c_1 z + c_2 z^2 + \cdots + c_k z^k + \cdots$$

的收敛半径为 R, 则若存在某一矩阵范数使得 $\| \boldsymbol{A} \| < R$, 则矩阵幂级数 $\sum_{k=0}^{+\infty} c_k \boldsymbol{A}^k$ 绝对收敛.

推论 3 若数项幂级数 $\sum_{k=0}^{+\infty} c_k z^k$ 在整个复平面上都是收敛的, 则对任意的方阵 $\boldsymbol{A}$, 矩阵幂级数 $\sum_{k=0}^{+\infty} c_k \boldsymbol{A}^k$ 都绝对收敛.

例 3 证明对任意 $\boldsymbol{A} \in \mathbb{C}^{n\times n}$ (或 $\mathbb{R}^{n\times n}$), 如下三个矩阵幂级数都绝对收敛.

$$\sum_{k=0}^{+\infty} \frac{\boldsymbol{A}^k}{k!} = \boldsymbol{E}_n + \frac{\boldsymbol{A}}{1!} + \frac{\boldsymbol{A}^2}{2!} + \cdots + \frac{\boldsymbol{A}^k}{k!} + \cdots,$$

$$\sum_{k=0}^{+\infty} (-1)^k \frac{\boldsymbol{A}^{2k+1}}{(2k+1)!} = \boldsymbol{A} - \frac{\boldsymbol{A}^3}{3!} + \frac{\boldsymbol{A}^5}{5!} - \cdots + (-1)^{k-1} \frac{\boldsymbol{A}^{2k-1}}{(2k-1)!} + \cdots,$$

$$\sum_{k=0}^{+\infty} (-1)^k \frac{\boldsymbol{A}^{2k}}{(2k)!} = \boldsymbol{E}_n - \frac{\boldsymbol{A}^2}{2!} + \frac{\boldsymbol{A}^4}{4!} - \cdots + (-1)^k \frac{\boldsymbol{A}^{2k}}{(2k)!} + \cdots.$$

证明 由于 $z \in \mathbb{C}$ 的数项幂级数 $\sum_{k=0}^{+\infty} \frac{z^k}{k!}$, $\sum_{k=0}^{+\infty} (-1)^k \frac{z^{2k+1}}{(2k+1)!}$ 和 $\sum_{k=0}^{+\infty} (-1)^k \frac{z^{2k}}{(2k)!}$ 都为整个复平面上收敛的级数, 因此由推论 3 可知对任意 $\boldsymbol{A} \in \mathbb{C}^{n\times n}$ 都有矩阵幂级数 $\sum_{k=0}^{+\infty} \frac{\boldsymbol{A}^k}{k!}$, $\sum_{k=0}^{+\infty} (-1)^k \frac{\boldsymbol{A}^{2k+1}}{(2k+1)!}$ 和 $\sum_{k=0}^{+\infty} (-1)^k \frac{\boldsymbol{A}^{2k}}{(2k)!}$ 绝对收敛.

以后记例 3 中三个矩阵幂级数的和分别为 $e^{\boldsymbol{A}}$, $\sin \boldsymbol{A}$ 和 $\cos \boldsymbol{A}$, 并称 $e^{\boldsymbol{A}}$ 为矩阵指数函数, $\sin \boldsymbol{A}$ 和 $\cos \boldsymbol{A}$ 为矩阵三角函数.

定理 3 设 $\boldsymbol{A} \in \mathbb{C}^{n\times n}$, 则矩阵幂级数

$$\boldsymbol{E}_n + \boldsymbol{A} + \boldsymbol{A}^2 + \cdots + \boldsymbol{A}^k + \cdots = \sum_{k=0}^{\infty} \boldsymbol{A}^k$$

绝对收敛的充要条件是 $\rho(\boldsymbol{A}) < 1$, 且收敛时其和为 $(\boldsymbol{E}_n - \boldsymbol{A})^{-1}$.

证明 充分性: 因为数项幂级数 $\sum\limits_{k=0}^{\infty} z^k$ 的收敛半径 $R = 1$, 所以由本节定理 2 知, 当 $\rho(\boldsymbol{A}) < 1$ 时, 矩阵幂级数 $\sum\limits_{k=0}^{\infty} \boldsymbol{A}^k$ 绝对收敛.

必要性: 由于矩阵幂级数 $\sum\limits_{k=0}^{\infty} \boldsymbol{A}^k$ 绝对收敛, 知 $\sum\limits_{k=0}^{\infty} \boldsymbol{A}^k$ 收敛, 故有 $\lim\limits_{k\to\infty} \boldsymbol{A}^k = \boldsymbol{O}$, 即矩阵序列 $\{\boldsymbol{A}^k\} \to \boldsymbol{O}$. 由 5.4 节定理 5 可知, $\rho(\boldsymbol{A}) < 1$.

当 $\sum\limits_{k=0}^{\infty} \boldsymbol{A}^k$ 收敛时, 有 $\rho(\boldsymbol{A}) < 1$, 因此, 矩阵 $\boldsymbol{E} - \boldsymbol{A}$ 非奇异. 令

$$\boldsymbol{S}_n = \boldsymbol{E}_n + \boldsymbol{A} + \boldsymbol{A}^2 + \cdots + \boldsymbol{A}^n \quad (k = 1, 2, \cdots),$$

则

$$\boldsymbol{S}_n(\boldsymbol{E} - \boldsymbol{A}) = \boldsymbol{E} - \boldsymbol{A}^{n+1},$$

从而

$$\lim_{n\to\infty} \boldsymbol{S}_n(\boldsymbol{E} - \boldsymbol{A}) = \lim_{n\to\infty} (\boldsymbol{E} - \boldsymbol{A}^{n+1}) = \boldsymbol{E}.$$

设 $\sum\limits_{k=0}^{\infty} \boldsymbol{A}^k$ 的和为 $\boldsymbol{S}$, 则有 $\lim\limits_{n\to\infty} \boldsymbol{S}_n = \boldsymbol{S}$, 代入上式有

$$\boldsymbol{S}(\boldsymbol{E} - \boldsymbol{A}) = \boldsymbol{E},$$

故有 $\sum\limits_{k=0}^{\infty} \boldsymbol{A}^k$ 的和为 $\boldsymbol{S} = (\boldsymbol{E}_n - \boldsymbol{A})^{-1}$ 成立. □

例 4 求矩阵幂级数 $\sum\limits_{k=0}^{\infty} \boldsymbol{A}^k$ 的和, 其中

$$\boldsymbol{A} = \begin{bmatrix} 0.5 & 0 & 0.1 \\ 0 & 0.7 & -0.1 \\ 0 & 0.1 & 0.2 \end{bmatrix}.$$

解　由于 $\|\boldsymbol{A}\|_1 = 0.8 < 1$, 故有 $\rho(\boldsymbol{A}) < 1$, 由定理 3 知幂级数 $\sum\limits_{k=0}^{\infty} \boldsymbol{A}^k$ 绝对收敛, 且有

$$\sum_{k=0}^{\infty} \boldsymbol{A}^k = (\boldsymbol{E}-\boldsymbol{A})^{-1} = \begin{bmatrix} 2 & 0.08 & 0.24 \\ 0 & 3.2 & -0.4 \\ 0 & 0.4 & 1.2 \end{bmatrix}.$$

5.6　矩阵多项式

矩阵多项式与矩阵函数均为矩阵理论中非常重要的概念. 矩阵的最小多项式在矩阵相似、Jordan 标准形、矩阵函数和矩阵方程中都有很重要的应用, 本节将给出矩阵多项式和最小多项式的概念和一些性质, 并给出 Cayley-Hamilton 定理. 以下讨论的矩阵 $\boldsymbol{A}$ 都是复数域 $\mathbb{C}$ 上的 n 阶方阵.

5.6.1　矩阵的化零多项式

定义 1　设 $p(z) = a_m z^m + a_{m-1} z^{m-1} + \cdots + a_1 z + a_0$ 为复多项式, 则对任意方阵 $\boldsymbol{A} \in \mathbb{C}^{n\times n}$, 称 $p(\boldsymbol{A}) = a_m \boldsymbol{A}^m + a_{m-1}\boldsymbol{A}^{m-1} + \cdots + a_1\boldsymbol{A} + a_0\boldsymbol{E}_n$ 是关于方阵 $\boldsymbol{A}$ 的矩阵多项式. 若 $a_m \neq 0$, 称 m 为矩阵多项式 $p(\boldsymbol{A})$ 的次数, 记为 $\deg p(\boldsymbol{A}) = m$.

显然 $p(\boldsymbol{A})$ 的值也为复数域 $\mathbb{C}$ 上的 n 阶方阵. 下面给出矩阵多项式的几个性质.

性质 1　设 $f(x)$, $g(x)$ 分别为复多项式, 则对任意的方阵 $\boldsymbol{A} \in \mathbb{C}^{n\times n}$ 有

$$f(\boldsymbol{A}) + g(\boldsymbol{A}) = g(\boldsymbol{A}) + f(\boldsymbol{A});$$

$$f(\boldsymbol{A})g(\boldsymbol{A}) = g(\boldsymbol{A})f(\boldsymbol{A}).$$

性质 2　设 $f(x)$ 为复多项式, 则对任意的可逆阵 $\boldsymbol{T} \in \mathbb{C}_n^{n\times n}$, 有

$$f(\boldsymbol{T}\boldsymbol{A}\boldsymbol{T}^{-1}) = \boldsymbol{T} f(\boldsymbol{A}) \boldsymbol{T}^{-1}.$$

性质 3　设 $f(x)$ 为复多项式, 若方阵 $\boldsymbol{A}$ 为分块对角阵, 即有

$$\boldsymbol{A} = \operatorname{diag}(\boldsymbol{A}_1, \boldsymbol{A}_2, \cdots, \boldsymbol{A}_s),$$

其中, $\boldsymbol{A}_1, \boldsymbol{A}_2, \cdots, \boldsymbol{A}_s$ 分别为较 $\boldsymbol{A}$ 更低阶的方阵, 则有

$$f(\boldsymbol{A}) = \operatorname{diag}(f(\boldsymbol{A}_1), f(\boldsymbol{A}_2), \cdots, f(\boldsymbol{A}_s)).$$

性质 4 设 $f(x)$ 为复多项式, 若 $\boldsymbol{\alpha} \in \mathbb{C}^n$ 为方阵 $\boldsymbol{A}$ 关于特征值 λ_0 的特征向量, 即 $\boldsymbol{A}\boldsymbol{\alpha} = \lambda_0\boldsymbol{\alpha}$, 则 $\boldsymbol{\alpha}$ 也为 $f(\boldsymbol{A})$ 的关于 $f(\lambda_0)$ 的特征向量, 即 $f(\boldsymbol{A})\boldsymbol{\alpha} = f(\lambda_0)\boldsymbol{\alpha}$.

定义 2 设 $\boldsymbol{A} \in \mathbb{C}^{n\times n}$, $p(x)$ 为复多项式, 则若 $p(\boldsymbol{A}) = \boldsymbol{O}$, 则称 $p(x)$ 是矩阵 $\boldsymbol{A}$ 的化零多项式.

例 1 设多项式 $f(z) = z^2 - 2z + 1$, 矩阵 $\boldsymbol{A} = \begin{bmatrix} 1 & 1 \\ 0 & 1 \end{bmatrix}$, 则有 $f(\boldsymbol{A}) = \boldsymbol{A}^2 - 2\boldsymbol{A} + \boldsymbol{E} = \boldsymbol{O}$, 即 $f(z)$ 为 $\boldsymbol{A}$ 的化零多项式.

容易看出, 如果 $f(\boldsymbol{A}) = \boldsymbol{O}$, 则对任意的多项式 $g(x)$, 令 $F(x) = f(x)g(x)$, 都满足 $F(\boldsymbol{A}) = f(\boldsymbol{A})g(\boldsymbol{A}) = \boldsymbol{O}$, 可见化零多项式不唯一.

定理 1 任意方阵 $\boldsymbol{A} \in \mathbb{C}^{n\times n}$ 都存在化零多项式.

证明 设 $\boldsymbol{A} \in \mathbb{C}^{n\times n}$, 由于 $\mathbb{C}^{n\times n}$ 的维数为 n^2, 所以 $\boldsymbol{E}, \boldsymbol{A}, \boldsymbol{A}^2, \cdots, \boldsymbol{A}^{n^2}$ 这 n^2+1 个向量必线性相关, 即存在一组不全为零的数: $k_0, k_1, \cdots, k_{n^2}$, 使得

$$k_0\boldsymbol{E} + k_1\boldsymbol{A} + \cdots + k_{n^2}\boldsymbol{A}^{n^2} = \boldsymbol{O},$$

设多项式 $f(x) = k_0 + k_1 x + \cdots + k_{n^2}x^{n^2}$, 显然 $f(x)$ 不恒为零, 且有 $f(\boldsymbol{A}) = \boldsymbol{O}$, 即证毕. □

定理 2 (Cayley-Hamilton 定理) 设方阵 $\boldsymbol{A} \in \mathbb{C}^{n\times n}$ 的特征多项式为

$$\phi(\lambda) = |\lambda\boldsymbol{E}_n - \boldsymbol{A}| = a_n\lambda^n + a_{n-1}\lambda^{n-1} + \cdots + a_1\lambda + a_0,$$

则 $\phi(\lambda)$ 为方阵 $\boldsymbol{A}$ 的化零多项式, 即 $\phi(\boldsymbol{A}) = \boldsymbol{O}$.

证明 设矩阵 $\boldsymbol{A}$ 的 Jordan 分解为

$$\boldsymbol{A} = \boldsymbol{T}\boldsymbol{J}\boldsymbol{T}^{-1} = \boldsymbol{T}\mathrm{diag}(\boldsymbol{J}_1(\lambda_1), \boldsymbol{J}_2(\lambda_2), \cdots, \boldsymbol{J}_r(\lambda_r))\boldsymbol{T}^{-1},$$

于是

$$\phi(\boldsymbol{A}) = \boldsymbol{T}\phi(\boldsymbol{J})\boldsymbol{T}^{-1} = \boldsymbol{T}\mathrm{diag}(\phi(\boldsymbol{J}_1), \phi(\boldsymbol{J}_2), \cdots, \phi(\boldsymbol{J}_r))\boldsymbol{T}^{-1}.$$

由 5.5 节定理 2 证明中 (5-6) 式, 直接将 $\phi(\lambda) = a_n\lambda^n + a_{n-1}\lambda^{n-1} + \cdots + a_1\lambda + a_0$ 代入, 可得

$$\phi(\boldsymbol{J}_i) = \begin{bmatrix} \phi(\lambda_i) & \phi'(\lambda_i) & \dfrac{\phi''(\lambda_i)}{2!} & \cdots & \dfrac{\phi^{(d_i-1)}(\lambda_i)}{(d_i-1)!} \\ & \phi(\lambda_i) & \phi'(\lambda_i) & \cdots & \dfrac{\phi^{(d_i-2)}(\lambda_i)}{(d_i-2)!} \\ & & \phi(\lambda_i) & \ddots & \vdots \\ & & & \ddots & \dfrac{\phi''(\lambda_i)}{2!} \\ & & & \ddots & \phi'(\lambda_i) \\ & & & & \phi(\lambda_i) \end{bmatrix}_{d_i\times d_i},$$

其中 d_i 为特征值 λ_i 所对应 Jordan 块 $\boldsymbol{J}_i$ 的阶数, 由于 λ_i 所对应的 Jordan 块不一定只有 $\boldsymbol{J}_i$ 一个, 因此, 特征值 λ_i 的代数重复度 $m_i \geqslant d_i$, 故有

$$\phi(\lambda_i) = \phi'(\lambda_i) = \cdots = \phi^{(d_i-1)}(\lambda_i) = 0,$$

从而 $\phi(\boldsymbol{J}_i) = \boldsymbol{O}$ $(i = 1, 2, 3, \cdots, r)$, 故 $\phi(\boldsymbol{J}) = \boldsymbol{O}$ 推出 $\phi(\boldsymbol{A}) = \boldsymbol{O}$. □

由本节定理 1 可知任意矩阵 $\boldsymbol{A} \in \mathbb{C}^{n\times n}$, 都存在次数不高于 n^2 的化零多项式, 而 Cayley-Hamilton 定理将这个阶数降到了 n, 并且给出了一个化零多项式具体形式. 基于这个具体的化零多项式, 可以应用到矩阵求逆, 以及矩阵多项式甚至是级数的化简运算中.

例 2 已知 $\boldsymbol{A} = \begin{bmatrix} 1 & 0 & 0 \\ 0 & 2 & 1 \\ 1 & 0 & 2 \end{bmatrix}$, 利用 Cayley-Hamilton 定理求 $\boldsymbol{A}^{-1}$.

解 矩阵 $\boldsymbol{A}$ 的特征多项式为

$$\det(\lambda\boldsymbol{E} - \boldsymbol{A}) = f(\lambda) = \begin{vmatrix} \lambda-1 & 0 & 0 \\ 0 & \lambda-2 & -1 \\ -1 & 0 & \lambda-2 \end{vmatrix} = \lambda^3 - 5\lambda^2 + 8\lambda - 4,$$

由 Cayley-Hamilton 定理有 $\boldsymbol{A}^3 - 5\boldsymbol{A}^2 + 8\boldsymbol{A} - 4\boldsymbol{E} = \boldsymbol{O}$, 故有

$$\boldsymbol{A}^{-1} = \frac{1}{4}(\boldsymbol{A}^2 - 5\boldsymbol{A} + 8\boldsymbol{E}).$$

例 3 设矩阵 $\boldsymbol{A} = \begin{bmatrix} 2 & 0 & 1 \\ 0 & 1 & 0 \\ 1 & 0 & 3 \end{bmatrix}$, 试计算矩阵多项式 $h(\boldsymbol{A})$ 的值, 其中

$$h(\boldsymbol{A}) = \boldsymbol{A}^6 - 6\boldsymbol{A}^5 + 12\boldsymbol{A}^4 - 16\boldsymbol{A}^3 + 14\boldsymbol{A}^2 + \boldsymbol{A} - 4\boldsymbol{E}.$$

解 由题设可知矩阵 $\boldsymbol{A}$ 的特征多项式为

$$|\lambda\boldsymbol{E} - \boldsymbol{A}| = f(\lambda) = \lambda^3 - 6\lambda^2 + 10\lambda - 5,$$

则由 Cayley-Hamilton 定理有 $f(\boldsymbol{A}) = \boldsymbol{O}$. 又因多项式

$$\begin{aligned} h(\lambda) &= \lambda^6 - 6\lambda^5 + 12\lambda^4 - 16\lambda^3 + 14\lambda^2 + \lambda - 4 \\ &= \left(\lambda^3 + 2\lambda + 1\right)\left(\lambda^3 - 6\lambda^2 + 10\lambda - 5\right) + \lambda + 1 \\ &= \left(\lambda^3 + 2\lambda + 1\right) f(\lambda) + \lambda + 1, \end{aligned}$$

所以, $h(\boldsymbol{A})=(\boldsymbol{A}^3+2\boldsymbol{A}+\boldsymbol{E})f(\boldsymbol{A})+\boldsymbol{A}+\boldsymbol{E}=\boldsymbol{A}+\boldsymbol{E}$.

如例 3, 利用方阵的化零多项式可以简化矩阵多项式的计算. 对 $\boldsymbol{A}\in\mathbb{C}^{n\times n}$ 的任意次数大于或等于 n 次的多项式 $f(\boldsymbol{A})$, 都可以利用方阵 $\boldsymbol{A}$ 的特征多项式 $\phi(\lambda)$ 和多项式的带余除法将 $f(\lambda)$ 转化为

$$f(\lambda)=g(\lambda)\phi(\lambda)+r(\lambda),$$

其中, $r(\lambda)$ 为阶数小于 n 的余式. 则由 Cayley-Hamilton 定理有

$$f(\boldsymbol{A})=g(\boldsymbol{A})\phi(\boldsymbol{A})+r(\boldsymbol{A})=r(\boldsymbol{A}),$$

即利用矩阵的化零多项式可以将 n 阶方阵 $\boldsymbol{A}$ 的多项式 $f(\boldsymbol{A})$ 的次数降为不超过 $n-1$ 阶的多项式, 简化计算. 那么是否存在阶数比 n 还小的方阵 $\boldsymbol{A}$ 的化零多项式呢? 这就是下面我们要研究的.

5.6.2 矩阵的最小多项式

定义 3 设方阵 $\boldsymbol{A}\in\mathbb{C}^{n\times n}$, 则在 $\boldsymbol{A}$ 的所有化零多项式中, 次数最低的首一多项式称为 $\boldsymbol{A}$ 的**最小多项式** (minimal polynomial), 记为 $m_{\boldsymbol{A}}(x)$.

定理 3 设方阵 $\boldsymbol{A}\in\mathbb{C}^{n\times n}$, 则有

(1) 矩阵 $\boldsymbol{A}$ 的任一化零多项式 $p(x)$ 都能被其最小多项式 $m_{\boldsymbol{A}}(x)$ 整除;

(2) 矩阵 $\boldsymbol{A}$ 的最小多项式是唯一的.

证明 (1) 由多项式的带余除法有

$$p(x)=q(x)m_{\boldsymbol{A}}(x)+r(x),$$

其中, $r(x)=0$ 或 $\deg r(x)<\deg m_{\boldsymbol{A}}(x)$. 因为 $p(x)$ 是 $\boldsymbol{A}$ 的化零多项式, 故

$$p(\boldsymbol{A})=q(\boldsymbol{A})m_{\boldsymbol{A}}(\boldsymbol{A})+r(\boldsymbol{A})=\boldsymbol{O},$$

因此, 有 $r(\boldsymbol{A})=\boldsymbol{O}$, 即 $r(x)$ 也是 $\boldsymbol{A}$ 的化零多项式. 又因为 $m_{\boldsymbol{A}}(x)$ 是 $\boldsymbol{A}$ 的最小多项式, 可知 $m_{\boldsymbol{A}}(x)$ 是 $\boldsymbol{A}$ 的所有化零多项式中次数最低的, 故有 $r(x)=0$, 即 $m_{\boldsymbol{A}}(x)\mid p(x)$.

(2) 设 $m_1(x),m_2(x)$ 都是 $\boldsymbol{A}$ 的最小多项式, 则 $m_1(x),m_2(x)$ 都是 $\boldsymbol{A}$ 的化零多项式, 由 (1) 可知

$$m_2(x)\mid m_1(x) \quad 且 \quad m_1(x)\mid m_2(x),$$

故有 $m_1(x)=cm_2(x), c\neq 0$ 为常数. 又由于 $m_1(x),m_2(x)$ 都是首一多项式, 所以 $c=1$, 即 $m_1(x)=m_2(x)$. □

定理 4　设矩阵 $\boldsymbol{A}$ 为分块矩阵, 不妨设 $\boldsymbol{A}=\mathrm{diag}(\boldsymbol{A}_1,\boldsymbol{A}_2,\cdots,\boldsymbol{A}_r)$, 且 $\boldsymbol{A}_1,\boldsymbol{A}_2,\cdots,\boldsymbol{A}_r$ 的最小多项式分别为 $m_{\boldsymbol{A}_1}(x),m_{\boldsymbol{A}_2}(x),\cdots,m_{\boldsymbol{A}_r}(x)$, 则 $\boldsymbol{A}$ 的最小多项式 $m_{\boldsymbol{A}}(x)$ 是这些 $m_{\boldsymbol{A}_i}(x)$ 的最小公倍式.

证明　设 $m_{\boldsymbol{A}_i}(x)$ $(i=1,2,\cdots,r)$ 的最小公倍式是 $g(x)$, 由 $m_{\boldsymbol{A}_i}(x)$ 整除 $g(x)$ 知 $g(\boldsymbol{A}_i)=0$ $(i=1,2,\cdots,s)$. 因此 $g(\boldsymbol{A})=\mathrm{diag}(g(\boldsymbol{A}_1),g(\boldsymbol{A}_2),\cdots,g(\boldsymbol{A}_r))=\boldsymbol{O}$, 即 $g(x)$ 为 $\boldsymbol{A}$ 的化零多项式, 故 $m_{\boldsymbol{A}}(x)$ 整除 $g(x)$.

由 $m_{\boldsymbol{A}}(x)$ 为 $\boldsymbol{A}$ 的最小多项式, 故 $m_{\boldsymbol{A}}(\boldsymbol{A})=\mathrm{diag}(m_{\boldsymbol{A}}(\boldsymbol{A}_1),m_{\boldsymbol{A}}(\boldsymbol{A}_2),\cdots,m_{\boldsymbol{A}}(\boldsymbol{A}_r))=\boldsymbol{O}$. 则对于每一个 i 必有 $m_{\boldsymbol{A}}(\boldsymbol{A}_i)=\boldsymbol{O}$ $(i=1,2,\cdots,r)$, 即 $m_{\boldsymbol{A}}(x)$ 为 $\boldsymbol{A}_i$ $(i=1,2,\cdots,r)$ 的化零多项式, 故有 $m_{\boldsymbol{A}_i}(x)$ 整除 $m_{\boldsymbol{A}}(x)$. 而 $g(x)$ 是 $m_{\boldsymbol{A}_i}(x)$ 的最小公倍式, 故 $g(x)$ 整除 $m_{\boldsymbol{A}}(x)$.

综上有 $m_{\boldsymbol{A}}(x)=g(x)$. □

定理 5　m 阶 Jordan 块

$$\boldsymbol{J}_m(a)=\begin{bmatrix} a & 1 & & & \\ & a & 1 & & \\ & & a & \ddots & \\ & & & \ddots & 1 \\ & & & & a \end{bmatrix}_{m\times m}$$

的最小多项式是 $(\lambda-a)^m$.

证明　显然 $\boldsymbol{J}_m(a)$ 的特征多项式为 $\phi(\lambda)=|\lambda\boldsymbol{E}-\boldsymbol{J}_m(a)|=(\lambda-a)^m$, 由 Cayley-Hamilton 定理知 $\phi(\lambda)$ 为矩阵 $\boldsymbol{J}_m(a)$ 的化零多项式, 且首项系数为 1. 则由本节定理 3(1) 可知最小多项式必是 $\phi(\lambda)=(\lambda-a)^m$ 的一个因子, 注意到

$$\boldsymbol{J}_m(a)-a\boldsymbol{E}=\begin{bmatrix} 0 & 1 & & & \\ & 0 & 1 & & \\ & & 0 & \ddots & \\ & & & \ddots & 1 \\ & & & & 0 \end{bmatrix}\neq\boldsymbol{O},\cdots,$$

$$(\boldsymbol{J}_m(a)-a\boldsymbol{E})^{m-1}=\begin{bmatrix} 0 & 0 & \cdots & 1 \\ 0 & 0 & \cdots & 0 \\ \vdots & \vdots & & \vdots \\ 0 & 0 & \cdots & 0 \end{bmatrix}\neq\boldsymbol{O},$$

而

$$(\boldsymbol{J}_m(a)-a\boldsymbol{E})^m=\begin{bmatrix}0&0&\cdots&0\\0&0&\cdots&0\\\vdots&\vdots&&\vdots\\0&0&\cdots&0\end{bmatrix}=\boldsymbol{O},$$

所以 $\boldsymbol{J}_m(a)$ 的最小多项式为 $(\lambda-a)^m$. □

定理 6 设 $\boldsymbol{A}\in\mathbb{C}^{n\times n}$, 则 $\boldsymbol{A}$ 的最小多项式 $m_{\boldsymbol{A}}(x)$ 是 $\boldsymbol{A}$ 的最后一个不变因子.

证明 因为 $\boldsymbol{A}$ 与 Jordan 矩阵 $\boldsymbol{J}$ 相似, 所以, 存在可逆矩阵 $\boldsymbol{P}$, 使得

$$\boldsymbol{P}^{-1}\boldsymbol{A}\boldsymbol{P}=\boldsymbol{J}=\begin{bmatrix}\boldsymbol{J}_1&&&\\&\boldsymbol{J}_2&&\\&&\ddots&\\&&&\boldsymbol{J}_s\end{bmatrix},$$

其中

$$\boldsymbol{J}_i=\begin{bmatrix}\lambda_i&1&&&\\&\lambda_i&1&&\\&&\lambda_i&\ddots&\\&&&\ddots&1\\&&&&\lambda_i\end{bmatrix}_{m_i},\quad i=1,2,\cdots,s.$$

由本节定理 4 知, $\boldsymbol{J}$ 的最小多项式为 $\boldsymbol{J}_i$ 的最小多项式的公倍式, 且由本节定理 5 知 $\boldsymbol{J}_i$ 的最小多项式为 $(x-\lambda_i)^{m_i}(i=1,2,\cdots,s)$, 即

$$m_{\boldsymbol{J}}(x)=\operatorname{lcm}\Big[\ (x-\lambda_1)^{m_1},\quad(x-\lambda_2)^{m_2},\quad\cdots,\quad(x-\lambda_s)^{m_s}\ \Big].$$

这里 lcm 表示最小公倍数, 由 $\boldsymbol{P}^{-1}\boldsymbol{A}\boldsymbol{P}=\boldsymbol{J}$, 则显然有 $\boldsymbol{J}$ 的最小多项式 $m_{\boldsymbol{J}}(x)$ 就是 $\boldsymbol{A}$ 的最小多项式 $m_{\boldsymbol{A}}(x)$, 即 $m_{\boldsymbol{A}}(x)=m_{\boldsymbol{J}}(x)$. 这个最小公倍数 $m_J(x)$ 刚好是矩阵 $\boldsymbol{A}$ 的每一个特征值所对应的幂次最高的初等因子之积，即为 $\boldsymbol{A}$ 的最后一个不变因子. □

推论 1 设矩阵 $\boldsymbol{A}$ 有 s 个不同特征值分别为 $\lambda_1,\lambda_2,\cdots,\lambda_s$, 相应的几何重复度分别为 $a_i(i=1,2,\cdots,s)$, λ_i 所对应的各初等因子的幂次分别为 n_{ik} $(k=1,2,\cdots,a_i)$, 若记 $d_i=\max\limits_{1\leqslant k\leqslant a_i}n_{ik}$, 则 $\boldsymbol{A}$ 的最小多项式为

$$m_{\boldsymbol{A}}(x)=(x-\lambda_1)^{d_1}(x-\lambda_2)^{d_2}\cdots(x-\lambda_s)^{d_s}.$$

推论 2 相似矩阵具有相同的最小多项式.

证明 设 $\boldsymbol{A},\boldsymbol{B}\in\mathbb{C}^{n\times n}$, 且 $\boldsymbol{A}$ 与 $\boldsymbol{B}$ 相似, $m_{\boldsymbol{A}}(x), m_{\boldsymbol{B}}(x)$ 分别是 $\boldsymbol{A}$ 与 $\boldsymbol{B}$ 的最小多项式. 由 $\boldsymbol{A}$ 与 $\boldsymbol{B}$ 相似, 即存在可逆矩阵 $\boldsymbol{T}$ 使得 $\boldsymbol{B}=\boldsymbol{T}^{-1}\boldsymbol{A}\boldsymbol{T}$, 则有 $\boldsymbol{A}$ 与 $\boldsymbol{B}$ 具有相同的 Jordan 标准形. 综合本节定理 6 可知 $\boldsymbol{A}$ 与 $\boldsymbol{B}$ 具有相同的最小多项式. □

需要指出的是, 虽然相似矩阵有相同的最小多项式, 但最小多项式相同的矩阵不一定相似.

例如

$$\boldsymbol{A}=\begin{bmatrix}1&1&0&0\\0&1&0&0\\0&0&1&0\\0&0&0&2\end{bmatrix},\quad \boldsymbol{B}=\begin{bmatrix}1&1&0&0\\0&1&0&0\\0&0&2&0\\0&0&0&2\end{bmatrix}.$$

此时, $\boldsymbol{A}$ 与 $\boldsymbol{B}$ 的最小多项式都等于 $(\lambda-1)^2(\lambda-2)$, 但是它们的特征多项式不同, 因此 $\boldsymbol{A}$ 与 $\boldsymbol{B}$ 不是相似的.

推论 3 矩阵 $\boldsymbol{A}$ 与对角矩阵相似的充分必要条件是 $\boldsymbol{A}$ 的最小多项式没有重根.

例 4 设矩阵 $\boldsymbol{A}=\begin{bmatrix}a&0&0\\0&a&1\\0&0&a\end{bmatrix}$, 其中 $a\in\mathbb{C}$, 求 $\boldsymbol{A}$ 的最小多项式 $m_{\boldsymbol{A}}(x)$.

解 显然, 矩阵 $\boldsymbol{A}$ 的 Jordan 标准形 $\boldsymbol{J}=\boldsymbol{A}$, 因此 $\boldsymbol{A}$ 有两个初等因子, 分别为 $\lambda-a$ 和 $(\lambda-a)^2$, 由本节推论 1 有 $\boldsymbol{A}$ 的最小多项式为 $m_{\boldsymbol{A}}(x)=(x-a)^2$.

例 5 设矩阵 $\boldsymbol{A}=\begin{bmatrix}-1&1&0\\-4&3&0\\1&0&2\end{bmatrix}$, 求矩阵 $\boldsymbol{A}$ 的最小多项式 $m_{\boldsymbol{A}}(x)$.

解 首先求出矩阵 $\boldsymbol{A}$ 的 Smith 标准形:

$$\lambda\boldsymbol{E}-\boldsymbol{A}=\begin{bmatrix}\lambda+1&-1&0\\4&\lambda-3&0\\-1&0&\lambda-2\end{bmatrix}\rightarrow\begin{bmatrix}1&0&-(\lambda-2)\\0&\lambda-3&4(\lambda-2)\\0&-1&(\lambda-2)(\lambda+1)\end{bmatrix}$$

$$\rightarrow\begin{bmatrix}1&0&0\\0&1&-(\lambda-2)(\lambda+1)\\0&\lambda-3&4(\lambda-2)\end{bmatrix}\rightarrow\begin{bmatrix}1&0&0\\0&1&0\\0&0&(\lambda-2)(\lambda-1)^2\end{bmatrix},$$

所以, 由定理 6 知 $\boldsymbol{A}$ 的最小多项式为 $m_{\boldsymbol{A}}(\lambda)=(\lambda-2)(\lambda-1)^2$.

例 6 设矩阵 $\boldsymbol{A}=\begin{bmatrix}5&0&0&0&0\\0&5&0&0&0\\0&0&0&0&1\\0&0&2&-1&2\\0&0&-1&0&-2\end{bmatrix}$, 试求 $\boldsymbol{A}$ 的最小多项式 $m_{\boldsymbol{A}}(x)$.

解 显然矩阵的最小多项式是其化零多项式的因式, 故可利用矩阵的特征多项式来求解. 经过简单运算可得矩阵 $\boldsymbol{A}$ 的特征多项式为

$$\phi(\lambda)=|\lambda\boldsymbol{E}-\boldsymbol{A}|=(\lambda-5)^2(\lambda+1)^3,$$

因此, $\boldsymbol{A}$ 的最小多项式有如下六种可能

$$\begin{aligned}&(\lambda-5)(\lambda+1), \quad (\lambda-5)^2(\lambda+1),\\&(\lambda-5)(\lambda+1)^2, \quad (\lambda-5)^2(\lambda+1)^2,\\&(\lambda-5)(\lambda+1)^3, \quad (\lambda-5)^2(\lambda+1)^3,\end{aligned}$$

将 $\boldsymbol{A}$ 代入上述六式得

$$(\boldsymbol{A}-5\boldsymbol{E})(\boldsymbol{A}+\boldsymbol{E})\neq\boldsymbol{O}, \quad (\boldsymbol{A}-5\boldsymbol{E})^2(\boldsymbol{A}+\boldsymbol{E})\neq\boldsymbol{O}, \quad (\boldsymbol{A}-5\boldsymbol{E})(\boldsymbol{A}+\boldsymbol{E})^2=\boldsymbol{O},$$

所以 $\boldsymbol{A}$ 的最小多项式为 $m_{\boldsymbol{A}}(\lambda)=(\lambda+1)^2(\lambda-5)$.

例 7 设 n 阶方阵 $\boldsymbol{A}$ 的一个化零多项式为 $g(\lambda)=\lambda^3-6\lambda^2+11\lambda-6$, 即有

$$\boldsymbol{A}^3-6\boldsymbol{A}^2+11\boldsymbol{A}-6\boldsymbol{E}=\boldsymbol{O},$$

试证明方阵 $\boldsymbol{A}$ 可对角化.

证明 显然多项式 $g(\lambda)$ 有如下因式分解形式

$$g(\lambda)=(\lambda-1)(\lambda-2)(\lambda-3),$$

则可知 $\boldsymbol{A}$ 的最小多项式 $m_{\boldsymbol{A}}(\lambda)$ 为 $g(\lambda)$ 的因式, 因为 $g(\lambda)$ 没有重根, 故 $m_{\boldsymbol{A}}(\lambda)$ 也没有重根, 由本节推论 3 可知矩阵 $\boldsymbol{A}$ 可对角化.

5.7 矩阵函数的定义及计算

矩阵函数的概念与微积分学的函数概念类似, 是以 n 阶方阵为自变量和因变量的一种函数, 是 $\mathbb{C}^{n\times n}\to\mathbb{C}^{n\times n}$ 的一映射. 本节将利用矩阵幂级数给出矩阵函数的定义, 并给出矩阵函数 $f(\boldsymbol{A})$ 的 Jordan 表示和多项式表示.

5.7.1 矩阵函数的幂级数定义

定义 1 设数项幂级数 $\sum\limits_{k=0}^{+\infty} a_k z^k$ 的收敛半径为 R $(R > 0)$, 且在收敛域内该幂级数收敛于函数 $f(z)$, 即

$$f(z) = \sum_{k=0}^{+\infty} a_k z^k, \quad |z| < R.$$

若矩阵 $\boldsymbol{A} \in \mathbb{C}^{n\times n}$ 的谱半径 $\rho(\boldsymbol{A}) < R$, 则矩阵幂级数 $\sum\limits_{k=0}^{+\infty} a_k \boldsymbol{A}^k$ 收敛, 且称其和函数为**矩阵函数**, 记为 $f(\boldsymbol{A})$, 即

$$f(\boldsymbol{A}) = \sum_{k=0}^{+\infty} a_k \boldsymbol{A}^k.$$

根据定义, 可以得到在形式上和微积分中的一些函数类似的矩阵函数.

数项幂级数	收敛半径	矩阵函数	定义域
$e^z = \sum\limits_{k=0}^{+\infty} \dfrac{z^k}{k!}$	$R = +\infty$	$e^{\boldsymbol{A}} = \sum\limits_{k=0}^{+\infty} \dfrac{\boldsymbol{A}^k}{k!}$	$\forall \boldsymbol{A} \in \mathbb{C}^{n\times n}$
$\sin z = \sum\limits_{k=0}^{+\infty} \dfrac{(-1)^k}{(2k+1)!} z^{2k+1}$	$R = +\infty$	$\sin\boldsymbol{A} = \sum\limits_{k=0}^{+\infty} \dfrac{(-1)^k}{(2k+1)!} \boldsymbol{A}^{2k+1}$	$\forall \boldsymbol{A} \in \mathbb{C}^{n\times n}$
$\cos z = \sum\limits_{k=0}^{+\infty} \dfrac{(-1)^k}{(2k)!} z^{2k}$	$R = +\infty$	$\cos \boldsymbol{A} = \sum\limits_{k=0}^{+\infty} \dfrac{(-1)^k}{(2k)!} \boldsymbol{A}^{2k}$	$\forall \boldsymbol{A} \in \mathbb{C}^{n\times n}$
$(1-z)^{-1} = \sum\limits_{k=0}^{+\infty} z^k$	$R = 1$	$(\boldsymbol{E} - \boldsymbol{A})^{-1} = \sum\limits_{k=0}^{+\infty} \boldsymbol{A}^k$	$\rho(\boldsymbol{A}) < 1$
$\ln(1+z) = \sum\limits_{k=0}^{+\infty} \dfrac{(-1)^k}{k+1} z^{k+1}$	$R = 1$	$\ln(\boldsymbol{E} + \boldsymbol{A}) = \sum\limits_{k=0}^{+\infty} \dfrac{(-1)^k}{k+1} \boldsymbol{A}^{k+1}$	$\rho(\boldsymbol{A}) < 1$

上述矩阵函数 $e^{\boldsymbol{A}}, \sin \boldsymbol{A}, \cos \boldsymbol{A}$ 分别称为矩阵指数函数、矩阵正弦函数和矩阵余弦函数.

定理 1 矩阵指数函数、三角函数具有如下基本性质.

(1) 若 $\boldsymbol{AB} = \boldsymbol{BA}$, 则有

$$e^{\boldsymbol{A}+\boldsymbol{B}} = e^{\boldsymbol{A}} e^{\boldsymbol{B}} = e^{\boldsymbol{B}} e^{\boldsymbol{A}};$$

(2) 对于任意的 $\boldsymbol{A} \in \mathbb{C}^{n\times n}$, 矩阵 $e^{\boldsymbol{A}}$ 可逆, 且有 $\left(e^{\boldsymbol{A}}\right)^{-1} = e^{-\boldsymbol{A}}$;

(3) $\left|e^{\boldsymbol{A}}\right| = e^{\mathrm{tr}\boldsymbol{A}}$;

(4) Euler 公式:

$$e^{\mathrm{i}\boldsymbol{A}}=\cos\boldsymbol{A}+\mathrm{i}\sin\boldsymbol{A},\quad \cos\boldsymbol{A}=\frac{1}{2}\left(e^{\mathrm{i}\boldsymbol{A}}+e^{-\mathrm{i}\boldsymbol{A}}\right),\quad \sin\boldsymbol{A}=\frac{1}{2\mathrm{i}}\left(e^{\mathrm{i}\boldsymbol{A}}-e^{-\mathrm{i}\boldsymbol{A}}\right);$$

(5) 三角函数的奇偶性:

$$\cos(-\boldsymbol{A})=\cos\boldsymbol{A},\quad \sin(-\boldsymbol{A})=-\sin\boldsymbol{A}.$$

证明 (1) 根据矩阵指数函数的表达式可得

$$\begin{aligned}e^{\boldsymbol{A}}e^{\boldsymbol{B}}&=\left(\boldsymbol{E}+\boldsymbol{A}+\frac{1}{2!}\boldsymbol{A}^2+\cdots\right)\left(\boldsymbol{E}+\boldsymbol{B}+\frac{1}{2!}\boldsymbol{B}^2+\cdots\right)\\&=\boldsymbol{E}+(\boldsymbol{A}+\boldsymbol{B})+\frac{1}{2!}\left(\boldsymbol{A}^2+\boldsymbol{AB}+\boldsymbol{BA}+\boldsymbol{B}^2\right)\\&\quad+\frac{1}{3!}\left(\boldsymbol{A}^3+3\boldsymbol{A}^2\boldsymbol{B}+3\boldsymbol{AB}^2+\boldsymbol{B}^3\right)+\cdots\\&=\boldsymbol{E}+(\boldsymbol{A}+\boldsymbol{B})+\frac{1}{2!}(\boldsymbol{A}+\boldsymbol{B})^2+\frac{1}{3!}(\boldsymbol{A}+\boldsymbol{B})^3+\cdots\\&=\boldsymbol{e}^{\boldsymbol{A}+\boldsymbol{B}}.\end{aligned}$$

因为矩阵加法满足交换律, 有 $e^{\boldsymbol{A}+\boldsymbol{B}}=e^{\boldsymbol{B}+\boldsymbol{A}}=e^{\boldsymbol{B}}e^{\boldsymbol{A}}$. □

(2) 在 (1) 中令 $\boldsymbol{B}=-\boldsymbol{A}$, 则得 $e^{\boldsymbol{A}}e^{-\boldsymbol{A}}=e^{-\boldsymbol{A}}e^{\boldsymbol{A}}=\boldsymbol{E}$, 故 $\left(e^{\boldsymbol{A}}\right)^{-1}=e^{-\boldsymbol{A}}$.

(3) 设 $\boldsymbol{A}$ 的特征值为 $\lambda_1,\lambda_2,\cdots,\lambda_n$, 则 $e^{\boldsymbol{A}}$ 的特征值为 $e^{\lambda_1},e^{\lambda_2},\cdots,e^{\lambda_n}$, 因此 $\left|e^{\boldsymbol{A}}\right|=e^{\lambda_1}e^{\lambda_2}\cdots e^{\lambda_n}=e^{\lambda_1+\lambda_2+\cdots+\lambda_n}=e^{\mathrm{tr}\boldsymbol{A}}$.

(4) 由矩阵指数函数定义有

$$\begin{aligned}e^{\mathrm{i}\boldsymbol{A}}=\sum_{k=0}^{+\infty}\frac{\mathrm{i}^k}{k!}\boldsymbol{A}^k&=\sum_{k=0}^{+\infty}\frac{\mathrm{i}^{2k}}{(2k)!}\boldsymbol{A}^{2k}+\sum_{k=0}^{+\infty}\frac{\mathrm{i}^{2k+1}}{(2k+1)!}\boldsymbol{A}^{2k+1}\\&=\sum_{k=0}^{+\infty}\frac{(-1)^k}{(2k)!}\boldsymbol{A}^{2k}+\mathrm{i}\sum_{k=0}^{+\infty}\frac{(-1)^k}{(2k+1)!}\boldsymbol{A}^{2k+1}\\&=\cos\boldsymbol{A}+\mathrm{i}\sin\boldsymbol{A}.\end{aligned}$$

同证可得 $e^{-\mathrm{i}\boldsymbol{A}}=\cos\boldsymbol{A}-\mathrm{i}\sin\boldsymbol{A}$, 两式相加得 $\cos\boldsymbol{A}=\dfrac{1}{2}\left(e^{\mathrm{i}\boldsymbol{A}}+e^{-\mathrm{i}\boldsymbol{A}}\right)$, 两式相减得 $\sin\boldsymbol{A}=\dfrac{1}{2\mathrm{i}}\left(e^{\mathrm{i}\boldsymbol{A}}-e^{-\mathrm{i}\boldsymbol{A}}\right)$.

(5) 因为 $\sin \boldsymbol{A}=\sum_{k=0}^{+\infty} \frac{(-1)^k}{(2k+1)!}\boldsymbol{A}^{2k+1}$, 所以

$$\sin(-\boldsymbol{A})=\sum_{k=0}^{+\infty} \frac{(-1)^k}{(2k+1)!}(-\boldsymbol{A})^{2k+1}=-\sum_{k=0}^{+\infty} \frac{(-1)^k}{(2k+1)!}\boldsymbol{A}^{2k+1}=-\sin \boldsymbol{A}.$$

又因为 $\cos \boldsymbol{A}=\sum_{k=0}^{+\infty} \frac{(-1)^k}{(2k)!}\boldsymbol{A}^{2k}$, 所以

$$\cos(-\boldsymbol{A})=\sum_{k=0}^{+\infty} \frac{(-1)^k}{(2k)!}(-\boldsymbol{A})^{2k}=\sum_{k=0}^{+\infty} \frac{(-1)^k}{(2k)!}\boldsymbol{A}^{2k}=\cos \boldsymbol{A}.$$ □

由定理 1 不难得到如下结论:

(i) $\sin^2 \boldsymbol{A}+\cos^2 \boldsymbol{A}=\boldsymbol{E}$;

(ii) 若 $\boldsymbol{AB}=\boldsymbol{BA}$, 则有和差化积公式

$$\cos(\boldsymbol{A}+\boldsymbol{B})=\cos \boldsymbol{A}\cos \boldsymbol{B}-\sin \boldsymbol{A}\sin \boldsymbol{B},$$
$$\cos(\boldsymbol{A}-\boldsymbol{B})=\cos \boldsymbol{A}\cos \boldsymbol{B}+\sin \boldsymbol{A}\sin \boldsymbol{B},$$
$$\sin(\boldsymbol{A}+\boldsymbol{B})=\sin \boldsymbol{A}\cos \boldsymbol{B}+\cos \boldsymbol{A}\sin \boldsymbol{B},$$
$$\sin(\boldsymbol{A}-\boldsymbol{B})=\sin \boldsymbol{A}\cos \boldsymbol{B}-\cos \boldsymbol{A}\sin \boldsymbol{B}.$$

证明　(i) 由 $e^{i\boldsymbol{A}}=\cos \boldsymbol{A}+\mathrm{i}\sin \boldsymbol{A}$, 有 $e^{\mathrm{i}(-\boldsymbol{A})}=\cos \boldsymbol{A}-\mathrm{i}\sin \boldsymbol{A}$, 故有

$$\sin^2 \boldsymbol{A}+\cos^2 \boldsymbol{A}=(\cos \boldsymbol{A}+\mathrm{i}\sin \boldsymbol{A})(\cos \boldsymbol{A}-\mathrm{i}\sin \boldsymbol{A})=e^{\mathrm{i}\boldsymbol{A}}\cdot e^{\mathrm{i}(-\boldsymbol{A})}=e^{\boldsymbol{O}}=\boldsymbol{E}.$$

(ii) 由 Euler 公式有

$$\begin{aligned}\cos(\boldsymbol{A}+\boldsymbol{B})&=\frac{1}{2}\left(e^{\mathrm{i}(\boldsymbol{A}+\boldsymbol{B})}+e^{-\mathrm{i}(\boldsymbol{A}+\boldsymbol{B})}\right)=\frac{1}{2}\left(e^{\mathrm{i}\boldsymbol{A}}e^{\mathrm{i}\boldsymbol{B}}+e^{-\mathrm{i}\boldsymbol{A}}e^{-\mathrm{i}\boldsymbol{B}}\right)\\&=\frac{1}{2}\left(\frac{\left(e^{\mathrm{i}\boldsymbol{A}}+e^{-\mathrm{i}\boldsymbol{A}}\right)\left(e^{\mathrm{i}\boldsymbol{B}}+e^{-\mathrm{i}\boldsymbol{B}}\right)}{2}+\frac{\left(e^{\mathrm{i}\boldsymbol{A}}-e^{-\mathrm{i}\boldsymbol{A}}\right)\left(e^{\mathrm{i}\boldsymbol{B}}-e^{-\mathrm{i}\boldsymbol{B}}\right)}{2}\right)\\&=\frac{e^{\mathrm{i}\boldsymbol{A}}+e^{-\mathrm{i}\boldsymbol{A}}}{2}\frac{e^{\mathrm{i}\boldsymbol{B}}+e^{-\mathrm{i}\boldsymbol{B}}}{2}-\frac{e^{\mathrm{i}\boldsymbol{A}}-e^{-\mathrm{i}\boldsymbol{A}}}{2\mathrm{i}}\frac{e^{\mathrm{i}\boldsymbol{B}}-e^{-\mathrm{i}\boldsymbol{B}}}{2\mathrm{i}}\\&=\cos \boldsymbol{A}\cos \boldsymbol{B}-\sin \boldsymbol{A}\sin \boldsymbol{B}.\end{aligned}$$

同理可证得其他结论. □

5.7.2 矩阵函数的计算

5.7.1 节利用矩阵幂级数给出了矩阵函数的定义, 但是对于矩阵函数的应用来说, 一个关键问题就是矩阵函数的计算. 本节将介绍基于矩阵的 Jordan 标准形和最小多项式求解矩阵函数的方法.

不管是哪一种矩阵函数 $f(A)$ 的表示形式, 都要求函数 $f(x)$ 首先要在矩阵 $\boldsymbol{A}$ 的谱上有定义, 具体见定义 2.

定义 2 设 $\boldsymbol{A} \in \mathbb{C}^{n\times n}$ 的最小多项式为

$$m_{\boldsymbol{A}}(\lambda) = (\lambda-\lambda_1)^{d_1}(\lambda-\lambda_2)^{d_2}\cdots(\lambda-\lambda_r)^{d_r},$$

其中, $\lambda_1,\lambda_2,\cdots,\lambda_r$ 为 $\boldsymbol{A}$ 的 r 个互异特征值, $d_i \geqslant 1(i=1,2,\cdots,r)$, 且 $\sum\limits_{i=1}^{r} d_i = m$. 对于任意的特征值 λ_i, 若

$$f(\lambda_i), f'(\lambda_i), \cdots, f^{(d_i-1)}(\lambda_i) \quad (i=1,2,\cdots,r)$$

都存在, 则称 $f(x)$ 在矩阵 $\boldsymbol{A}$ 的谱上有定义, 并称这些值为 $f(x)$ 在 $\boldsymbol{A}$ 上的谱值.

例 1 设 $f(x) = \dfrac{1}{(x-1)(x-3)}$, 判断 $f(x)$ 在下列矩阵的谱上是否有定义.

(1) $\boldsymbol{A} = \begin{bmatrix} 2 & 0 & 0 \\ 1 & 1 & 1 \\ 1 & -1 & 3 \end{bmatrix}$; (2) $\boldsymbol{B} = \begin{bmatrix} 3 & 0 & 0 \\ 0 & 2 & 1 \\ 0 & 0 & 2 \end{bmatrix}$.

解 (1) 先求出矩阵 $\boldsymbol{A}$ 的最小多项式 $m_{\boldsymbol{A}}(\lambda) = (\lambda-2)^2$, 且有 $f'(2) = 0$, $f(2) = -1$, 故知 $f(x)$ 在 $\boldsymbol{A}$ 的谱上有定义;

(2) 矩阵 $\boldsymbol{B}$ 的最小多项式 $m_{\boldsymbol{B}}(\lambda) = (\lambda-3)(\lambda-2)^2$, $f(3)$ 不存在, 故 $f(x)$ 在 $\boldsymbol{B}$ 的谱上无定义.

下面将 $f(x)$ 在矩阵 $\boldsymbol{A}$ 的谱上有定义的概念用于矩阵函数的计算中.

方法 1 Jordan 标准形法

定理 2 设 $\boldsymbol{A} \in \mathbb{C}^{n\times n}$, $\boldsymbol{J} = \mathrm{diag}(\boldsymbol{J}_1, \boldsymbol{J}_2, \cdots, \boldsymbol{J}_r)$ 为矩阵 $\boldsymbol{A}$ 的 Jordan 标准形, $\boldsymbol{T}$ 为对应的相似变换矩阵, 且满足 $\boldsymbol{A} = \boldsymbol{TJT}^{-1}$, 如果 $f(x)$ 在 $\boldsymbol{A}$ 的谱上有定义, 则

$$f(\boldsymbol{A}) = \boldsymbol{T}f(\boldsymbol{J})\boldsymbol{T}^{-1} = \boldsymbol{T}\mathrm{diag}(f(\boldsymbol{J}_1), f(\boldsymbol{J}_2), \cdots, f(\boldsymbol{J}_r))\boldsymbol{T}^{-1},$$

其中

$$f(\boldsymbol{J}_i)=\begin{bmatrix} f(\lambda_i) & f'(\lambda_i) & \frac{1}{2!}f''(\lambda_i) & & \cdots & \frac{1}{(d_i-1)!}f^{(d_i-1)}(\lambda_i) \\ & f(\lambda_i) & f'(\lambda_i) & & \cdots & \frac{1}{(d_i-2)!}f^{(d_i-2)}(\lambda) \\ & & \ddots & \ddots & \ddots & \vdots \\ & & & \ddots & \ddots & \frac{1}{2!}f''(\lambda_i) \\ & & & & & f'(\lambda_i) \\ & & & & & f(\lambda_i) \end{bmatrix}_{d_i\times d_i},$$

称此表达式为矩阵函数 $f(\boldsymbol{A})$ 的 Jordan 表示.

证明　由题设有 $\boldsymbol{A}$ 的 Jordan 分解可表示为

$$\boldsymbol{A}=\boldsymbol{T}\boldsymbol{J}\boldsymbol{T}^{-1}=\boldsymbol{T}\mathrm{diag}(\boldsymbol{J}_1(\lambda_1),\boldsymbol{J}_2(\lambda_2),\cdots,\boldsymbol{J}_r(\lambda_r))\boldsymbol{T}^{-1},$$

其中 $\boldsymbol{J}_i(\lambda_i)$ 为特征值 λ_i 对应的 d_i 阶 Jordan 块, 且有

$$\boldsymbol{J}_i(\lambda_i)=\begin{bmatrix} \lambda_i & 1 & & & \\ & \lambda_i & 1 & & \\ & & \lambda_i & \ddots & \\ & & & \ddots & 1 \\ & & & & \lambda_i \end{bmatrix}_{d_i\times d_i} \qquad (i=1,2,\cdots,r).$$

若设 $f(x)$ 幂级数形式为 $f(x)=\sum\limits_{k=0}^{+\infty}c_kx^k$, 且收敛半径为 R, 则有

$$\begin{aligned} f(\boldsymbol{A})&=\sum_{k=0}^{+\infty}c_k\boldsymbol{A}^k=\sum_{k=0}^{+\infty}c_k\left(\boldsymbol{T}\boldsymbol{J}^k\boldsymbol{T}^{-1}\right)=\boldsymbol{T}\left(\sum_{k=0}^{+\infty}c_k\boldsymbol{J}^k\right)\boldsymbol{T}^{-1} \\ &=\boldsymbol{T}\,\mathrm{diag}\left(\sum_{k=0}^{+\infty}c_k\boldsymbol{J}_1^k\left(\lambda_1\right),\sum_{k=0}^{+\infty}c_k\boldsymbol{J}_2^k\left(\lambda_2\right),\cdots,\sum_{k=0}^{+\infty}c_k\boldsymbol{J}_r^k\left(\lambda_r\right)\right)\boldsymbol{T}^{-1}. \end{aligned} \tag{5-7}$$

同式 (5-4) 和式 (5-5) 的推导, 有

$$\sum_{k=0}^{+\infty} c_k \boldsymbol{J}_i^k(\lambda_i) = \begin{bmatrix} \sum\limits_{k=0}^{+\infty} c_k \lambda_i^k & \sum\limits_{k=0}^{+\infty} c_k \mathrm{C}_k^1 \lambda_i^{k-1} & \cdots & \sum\limits_{k=0}^{+\infty} c_k \mathrm{C}_k^{d_i-1} \lambda_i^{k-d_i+1} \\ & \sum\limits_{k=0}^{+\infty} c_k \lambda_i^k & \cdots & \sum\limits_{k=0}^{+\infty} c_k \mathrm{C}_k^{d_i-2} \lambda_i^{k-d_i+2} \\ & & \ddots & \vdots \\ & & & \sum\limits_{k=0}^{+\infty} c_k \mathrm{C}_k^1 \lambda_i^{k-1} \\ & & & \sum\limits_{k=0}^{+\infty} c_k \lambda_i^k \end{bmatrix}_{d_i \times d_i}. \tag{5-8}$$

由幂级数 $\sum\limits_{k=0}^{+\infty} c_k x^k$ 的收敛半径为 R, 即当 $|x| < R$ 时, 级数 $\sum\limits_{k=0}^{+\infty} c_k x^k$ 收敛到函数 $f(x)$, 则若 $\boldsymbol{A}$ 的谱半径 $\rho(\boldsymbol{A}) < R$ 时, 矩阵幂级数 $\sum\limits_{k=0}^{+\infty} c_k \boldsymbol{A}^k$ 收敛到 $f(\boldsymbol{A})$; 同理矩阵幂级数 $\sum\limits_{k=0}^{+\infty} c_k \boldsymbol{J}_i^k(\lambda_i)$ 收敛到矩阵函数 $f(\boldsymbol{J}_i)$, 其中 $i = 1, 2, \cdots, r$. 因此

$$f(\boldsymbol{A}) = \boldsymbol{T} f(\boldsymbol{J}) \boldsymbol{T}^{-1} = \boldsymbol{T} \mathrm{diag}(f(\boldsymbol{J}_1), f(\boldsymbol{J}_2), \cdots, f(\boldsymbol{J}_r)) \boldsymbol{T}^{-1}. \tag{5-9}$$

另外, 在式 (5-8) 中由 $\boldsymbol{A}$ 的特征值 $|\lambda_i| < R$, 则幂级数 $\sum\limits_{k=0}^{+\infty} c_k \lambda_i^k$ 是绝对收敛的, 且其和为 $f(\lambda_i)$. 同理, 当 $|\lambda_i| < R$ 时, 级数 $\sum\limits_{k=0}^{+\infty} c_k \mathrm{C}_k^1 \lambda_i^{k-1}, \cdots, \sum\limits_{k=0}^{+\infty} c_k \mathrm{C}_k^{d_i-1} \lambda_i^{k-d_i+1}$ 都绝对收敛, 且有其和分别为

$$f'(\lambda_i) = \sum_{k=1}^{+\infty} c_k \mathrm{C}_k^1 \lambda_i^{k-1},$$

$$\frac{f''(\lambda_i)}{2!} = \sum_{k=2}^{+\infty} c_k \mathrm{C}_k^2 \lambda_i^{k-2},$$

$$\cdots\cdots$$

$$\frac{f^{(d_i-1)}(\lambda_i)}{(d_i-1)!}=\sum_{k=d_i-1}^{+\infty}c_k\mathrm{C}_k^{d_i-1}\lambda_i^{k-d_i+1},$$

其中, $i=1,2,\cdots,r$. 故有

$$f(\boldsymbol{J}_i)=\begin{bmatrix} f(\lambda_i) & f'(\lambda_i) & \frac{1}{2!}f''(\lambda_i) & \cdots & \frac{1}{(d_i-1)!}f^{(d_i-1)}(\lambda_i)\\ & f(\lambda_i) & f'(\lambda_i) & \cdots & \frac{1}{(d_i-2)!}f^{(d_i-2)}(\lambda_i)\\ & & \ddots & \ddots\quad\ddots & \vdots\\ & & & \ddots\quad\ddots & \frac{1}{2!}f''(\lambda_i)\\ & & & & f'(\lambda_i)\\ & & & & f(\lambda_i)\end{bmatrix}_{d_i\times d_i}. \tag{5-10}$$

□

例 2 设 $\boldsymbol{A}=\begin{bmatrix}2&-4&3\\0&0&1\\0&-2&3\end{bmatrix}$, 求 $f(\boldsymbol{A})$ 的 Jordan 表示, 并计算矩阵函数 $e^{\boldsymbol{A}}$, $e^{t\boldsymbol{A}}$, $\sin\boldsymbol{A}$, $\cos\boldsymbol{A}t$.

解 方法 1 首先求出 $\boldsymbol{A}$ 的 Smith 标准形为

$$\lambda\boldsymbol{E}-\boldsymbol{A}\to\begin{bmatrix}1&0&0\\0&1&0\\0&0&(\lambda-1)(\lambda-2)^2\end{bmatrix},$$

故有 $\boldsymbol{A}$ 的 Jordan 标准形 $\boldsymbol{J}$ 为

$$\boldsymbol{J}=\begin{bmatrix}2&1&0\\0&2&0\\0&0&1\end{bmatrix},$$

并求解 $\boldsymbol{A}=\boldsymbol{TJT}^{-1}$, 得可逆阵

$$\boldsymbol{T}=\begin{bmatrix}1&0&1\\0&\frac{1}{2}&1\\0&1&1\end{bmatrix},\quad \boldsymbol{T}^{-1}=\begin{bmatrix}1&-2&1\\0&-2&2\\0&2&-1\end{bmatrix}.$$

从而 $f(\boldsymbol{A})$ 的 Jordan 表示为

$$\begin{aligned}f(\boldsymbol{A}) &= \boldsymbol{T}f(\boldsymbol{J})\boldsymbol{T}^{-1}\\ &= \boldsymbol{T}\begin{bmatrix} f(2) & f'(2) & 0\\ 0 & f(2) & 0\\ 0 & 0 & f(1)\end{bmatrix}\boldsymbol{T}^{-1}\\ &= \begin{bmatrix} f(2) & -2f(2)-2f'(2)+2f(1) & f(2)+2f'(2)-f(1)\\ 0 & -f(2)+2f(1) & f(2)-f(1)\\ 0 & -2f(2)+2f(1) & 2f(2)-f(1)\end{bmatrix}.\end{aligned}$$

当 $f(x)=e^x$ 时, 可得 $f(1)=e^1, f(2)=e^2, f'(2)=e^2$,

$$e^{\boldsymbol{A}} = \begin{bmatrix} e^2 & -4e^2+2e & 3e^2-e\\ 0 & -e^2+2e & e^2-e\\ 0 & -2e^2+2e & 2e^2-e\end{bmatrix}.$$

当 $f(x)=e^{tx}$ 时, 可得 $f(1)=e^t, f(2)=e^{2t}, f'(2)=te^{2t}$,

$$e^{t\boldsymbol{A}} = \begin{bmatrix} e^{2t} & -2e^{2t}-2te^{2t}+2e^t & e^{2t}+2te^{2t}-e^t\\ 0 & -e^{2t}+2e^t & e^{2t}-e^t\\ 0 & -2e^{2t}+2e^t & 2e^{2t}-e^t\end{bmatrix}.$$

当 $f(x)=\sin x$ 时, 可得 $f(1)=\sin(1), f(2)=\sin(2), f'(2)=\cos(2)$,

$$\sin\boldsymbol{A} = \begin{bmatrix} \sin 2 & -2\sin 2-2\cos 2+2\sin 1 & \sin 2+2\cos 2-\sin 1\\ 0 & -\sin 2+2\sin 1 & \sin 2-\sin 1\\ 0 & -2\sin 2+2\sin 1 & 2\sin 2-\sin 1\end{bmatrix}.$$

当 $f(x)=\cos xt$ 时, 可得 $f(1)=\cos t, f(2)=\cos 2t, f'(2)=-t\sin(2t)$,

$$\cos\boldsymbol{A}t = \begin{bmatrix} \cos 2t & -2\cos 2t+2t\sin(2t)+2\cos t & \cos 2t-2t\sin(2t)-\cos t\\ 0 & -\cos 2t+2\cos t & \cos 2t-\cos t\\ 0 & -2\cos 2t+2\cos t & 2\cos 2t-\cos t\end{bmatrix}.$$

用 Jordan 标准形法求矩阵函数的步骤如下:

(1) 求矩阵 $\boldsymbol{A}$ 的 Jordan 分解, 即找到 Jordan 阵 $\boldsymbol{J}$ 和可逆阵 $\boldsymbol{T}$, 使得 $\boldsymbol{A}=\boldsymbol{T}\boldsymbol{J}\boldsymbol{T}^{-1}$;

(2) 计算 $f(\boldsymbol{J})=\operatorname{diag}(f(\boldsymbol{J}_1),f(\boldsymbol{J}_2),\cdots,f(\boldsymbol{J}_k))$, 其中

$$f(\boldsymbol{J}_i)=\begin{bmatrix} f(\lambda_i) & f'(\lambda_i) & \dfrac{f''(\lambda_i)}{2!} & \cdots & \dfrac{f^{(D=d_i-1)}(\lambda_i)}{(d_i-1)!} \\ 0 & f(\lambda_i) & f'(\lambda_i) & \cdots & \dfrac{f^{(d_i-2)}(\lambda_i)}{(d_i-2)!} \\ \vdots & \vdots & \vdots & & \vdots \\ 0 & 0 & 0 & \cdots & f(\lambda_i) \end{bmatrix};$$

(3) 计算 $f\left(\boldsymbol{A}\right)=\boldsymbol{T}^{-1}f\left(\boldsymbol{J}\right)\boldsymbol{T}$.

利用 Jordan 标准形的方法计算矩阵函数 $f(\boldsymbol{A})$, 首先要求得方阵 $\boldsymbol{A}$ 的 Jordan 标准形及相似矩阵 $\boldsymbol{T}$, 一般计算量较大. 下面介绍另一种计算矩阵函数 $f(\boldsymbol{A})$ 的方法.

方法 2 待定系数法

基于矩阵化零多项式的知识可知, 若设方阵 $\boldsymbol{A}\in\mathbb{C}^{n\times n}$ 的最小多项式 $m_{\boldsymbol{A}}(\lambda)$ 的次数为 $m(m\leqslant n)$, 则矩阵 $\boldsymbol{A}$ 的任意次数大于或等于 m 的多项式可以用一个次数不超过 $m-1$ 的多项式来表示, 同样不难理解可以用 $\boldsymbol{A}$ 的次数不超过 $m-1$ 的多项式来计算矩阵函数 $f(\boldsymbol{A})$.

接下来我们来讨论方阵 $\boldsymbol{A}\in\mathbb{C}^{n\times n}$ 的某一函数是否可以用 $\boldsymbol{A}$ 的次数不超过 $m-1$ 次的多项式来表示.

显然利用特殊矩阵 $\boldsymbol{U}_i$ 可以将式 (5-10) 变成更紧凑的形式

$$f(\boldsymbol{J}_i)=\sum_{k=0}^{d_i-1}\frac{f^{(k)}(\lambda_i)}{k!}\boldsymbol{U}_i^k,$$

其中 $\boldsymbol{U}_i$ 满足 $\boldsymbol{J}_i(\lambda_i)=\lambda_i\boldsymbol{E}_{d_i}+\boldsymbol{U}_i$, 且

$$\boldsymbol{U}_i=\boldsymbol{J}_i(0)=\begin{bmatrix} 0 & 1 & & & \\ & 0 & 1 & & \\ & & \ddots & \ddots & \\ & & & \ddots & 1 \\ & & & & 0 \end{bmatrix}_{d_i\times d_i}\quad(i=1,2,\cdots,r),$$

故式 (5-9) 所描述的矩阵函数又可以表示为

$$\begin{aligned}f(\boldsymbol{A})&=\boldsymbol{T}\mathrm{diag}\left(f\left(\boldsymbol{J}_1\right),f\left(\boldsymbol{J}_2\right),\cdots,f\left(\boldsymbol{J}_r\right)\right)\boldsymbol{T}^{-1}\\&=\boldsymbol{T}\mathrm{diag}\left(\sum_{k=0}^{d_1-1}\frac{f^{(k)}\left(\lambda_1\right)}{k!}\boldsymbol{U}_1^k,\sum_{k=0}^{d_2-1}\frac{f^{(k)}\left(\lambda_2\right)}{k!}\boldsymbol{U}_2^k,\cdots,\sum_{k=0}^{d_r-1}\frac{f^{(k)}\left(\lambda_r\right)}{k!}\boldsymbol{U}_r^k\right)\boldsymbol{T}^{-1},\end{aligned}\tag{5-11}$$

故对给定的矩阵 $\boldsymbol{A}\in\mathbb{C}^{n\times n}$, $f(\boldsymbol{A})$ 的值完全由如下 m 个值决定:

$$f^{(k)}(\lambda_i),\quad k=0,1,2,\cdots,d_i-1,\quad i=1,2,\cdots,r,\quad \sum_{i=1}^{r}d_i=m.$$

因此若多项式 $g(x)$ 满足

$$f^{(k)}(\lambda_i)=g^{(k)}(\lambda_i),\quad i=1,2,\cdots,r,\quad k=0,1,2,\cdots,d_i-1,$$

则显然由 (5-11) 和

$$g(\boldsymbol{A})=\boldsymbol{T}\,\mathrm{diag}\left(\sum_{k=0}^{d_1-1}\frac{g^{(k)}\left(\lambda_1\right)}{k!}\boldsymbol{U}_1^k,\sum_{k=0}^{d_2-1}\frac{g^{(k)}\left(\lambda_2\right)}{k!}\boldsymbol{U}_2^k,\cdots,\sum_{k=0}^{d_r-1}\frac{g^{(k)}\left(\lambda_r\right)}{k!}\boldsymbol{U}_r^k\right)\boldsymbol{T}^{-1}\tag{5-12}$$

可得 $g(\boldsymbol{A})=f(\boldsymbol{A})$.

反之, 若多项式 $g(x)$ 满足 $f(\boldsymbol{A})=g(\boldsymbol{A})$, 由 (5-11) 和 (5-12) 显然可得

$$f^{(k)}(\lambda_i)=g^{(k)}(\lambda_i),\quad i=1,2,\cdots,r,\quad k=0,1,2,\cdots,d_i-1.$$

定理 3 设 $\boldsymbol{A}\in\mathbb{C}^{n\times n}$ 的最小多项式为 $m(\lambda)=(\lambda-\lambda_1)^{d_1}(\lambda-\lambda_2)^{d_2}\cdots(\lambda-\lambda_r)^{d_r}$, 函数 $f(x)$ 在矩阵 $\boldsymbol{A}$ 的谱上有定义, 如果存在 $g(x)$ 在 $\boldsymbol{A}$ 的谱上也有定义, 则 $f(\boldsymbol{A})=g(\boldsymbol{A})$ 的充要条件为

$$f^{(k)}(\lambda_i)=g^{(k)}(\lambda_i),$$

其中, $k=0,1,2,\cdots,d_i-1$, $i=1,2,\cdots,r$.

定理 4 设函数 $f(x)$ 在矩阵 $\boldsymbol{A}$ 的谱上有定义, 且 $\boldsymbol{A}\in\mathbb{C}^{n\times n}$ 的最小多项式为 m 次多项式, 且 $m(\lambda)=(\lambda-\lambda_1)^{d_1}(\lambda-\lambda_2)^{d_2}\cdots(\lambda-\lambda_r)^{d_r}$, 则若 $m-1$ 次多项式 $p(x)$ 满足

$$f^{(k)}(\lambda_i)=p^{(k)}(\lambda_i),\quad k=0,1,2,\cdots,d_i-1,\quad i=1,2,\cdots,r,$$

则有 $f(\boldsymbol{A})=p(\boldsymbol{A})$.

定理 4 说明可以用矩阵 $\boldsymbol{A}\in\mathbb{C}^{n\times n}$ 的 $m-1$ 次多项式来计算矩阵函数 $f(\boldsymbol{A})$, 那么如何来寻找这个 $m-1$ 次多项式 $p(x)$ 呢? 下面给出具体作法.

设矩阵 $\boldsymbol{A}\in\mathbb{C}^{n\times n}$ 的最小多项式为 $m_{\boldsymbol{A}}(\lambda)=(\lambda-\lambda_1)^{d_1}(\lambda-\lambda_2)^{d_2}\cdots(\lambda-\lambda_r)^{d_r}$, 其中 $\lambda_1,\lambda_2,\cdots,\lambda_r$ 为矩阵 $\boldsymbol{A}$ 的 r 个互异特征值, 且 $d_i\geqslant 1(i=1,2,\cdots,r)$, $\sum\limits_{i=1}^{r}d_i=m$, 设 $m-1$ 次多项式 $p(x)$ 为

$$p(x)=a_{m-1}x^{m-1}+a_{m-2}x^{m-2}+\cdots+a_1x+a_0 \tag{5-13}$$

且满足

$$p^{(k)}(\lambda_i)=f^{(k)}(\lambda_i)\quad(i=1,2,\cdots,r;\ k=0,1,2,\cdots,d_i-1). \tag{5-14}$$

这样, 多项式 (5-13) 的系数 $a_{m-1},a_{m-2},\cdots,a_1,a_0$ 完全可由 (5-14) 确定, 则称

$$f(\boldsymbol{A})=a_{m-1}\boldsymbol{A}^{m-1}+a_{m-2}\boldsymbol{A}^{m-2}+\cdots+a_1\boldsymbol{A}+a_0\boldsymbol{E}$$

为函数 $f(\boldsymbol{A})$ 的多项式表示.

例 3 设 $\boldsymbol{A}=\begin{bmatrix}2&2&1\\1&3&1\\1&2&2\end{bmatrix}$, 求 $f(\boldsymbol{A})$ 的多项式表示, 并求 $e^{t\boldsymbol{A}}$, $\sin\dfrac{\pi}{4}\boldsymbol{A}$, $\cos\dfrac{\pi}{4}\boldsymbol{A}$.

解 首先求矩阵 $\boldsymbol{A}$ 的 Smith 标准形, 由

$$\lambda\boldsymbol{E}-\boldsymbol{A}=\begin{bmatrix}\lambda-2&-2&-1\\-1&\lambda-3&-1\\-1&-2&\lambda-2\end{bmatrix}\to\begin{bmatrix}1&2&-(\lambda-2)\\0&\lambda-1&-(\lambda-1)\\0&-2\lambda+2&(\lambda-1)(\lambda-3)\end{bmatrix}$$

$$\to\begin{bmatrix}1&0&0\\0&\lambda-1&0\\0&0&(\lambda-1)(\lambda-5)\end{bmatrix}.$$

故 $\boldsymbol{A}$ 的最小多项式为 $m_{\boldsymbol{A}}(x)=(x-1)(x-5)$, 设

$$p(x)=a_1x+a_0,$$

由 $p(1)=f(1)$, $p(5)=f(5)$, 解得

$$\begin{cases}a_0=\dfrac{1}{4}(5f(1)-f(5)),\\[2mm] a_1=\dfrac{1}{4}(f(5)-f(1)),\end{cases}$$

所以, $f(\boldsymbol{A})$ 的多项式表示为

$$f(\boldsymbol{A})=a_1\boldsymbol{A}+a_0\boldsymbol{E}=\frac{1}{4}\begin{bmatrix} f(5)+3f(1) & 2f(5)-2f(1) & f(5)-f(1) \\ f(5)-f(1) & 2f(5)+2f(1) & f(5)-f(1) \\ f(5)-f(1) & 2f(5)-2f(1) & f(5)+3f(1) \end{bmatrix},$$

当 $f(x)=e^{tx}$ 时, 可得 $f(1)=e^t$, $f(5)=e^{5t}$, 于是有

$$e^{t\boldsymbol{A}}=\frac{1}{4}\begin{bmatrix} e^{5t}+3e^t & 2e^{5t}-2e^t & e^{5t}-e^t \\ e^{5t}-e^t & 2e^{5t}+2e^t & e^{5t}-e^t \\ e^{5t}-e^t & 2e^{5t}-2e^t & e^{5t}+3e^t \end{bmatrix}.$$

当 $f(x)=\sin\frac{\pi}{4}x$ 时, 可得 $f(1)=\frac{\sqrt{2}}{2}$, $f(5)=-\frac{\sqrt{2}}{2}$, 于是有

$$\sin\frac{\pi}{4}\boldsymbol{A}=\frac{1}{4}\begin{bmatrix} \sqrt{2} & -2\sqrt{2} & -\sqrt{2} \\ -\sqrt{2} & 0 & -\sqrt{2} \\ -\sqrt{2} & -2\sqrt{2} & \sqrt{2} \end{bmatrix},$$

同理可得

$$\cos\frac{\pi}{4}\boldsymbol{A}=\frac{1}{4}\begin{bmatrix} \sqrt{2} & -2\sqrt{2} & -\sqrt{2} \\ -\sqrt{2} & 0 & -\sqrt{2} \\ -\sqrt{2} & -2\sqrt{2} & \sqrt{2} \end{bmatrix}.$$

用待定系数法求矩阵函数的步骤如下:

(1) 求矩阵 $\boldsymbol{A}$ 的最小多项式: $m_{\boldsymbol{A}}(\lambda)=(\lambda-\lambda_1)^{d_1}(\lambda-\lambda_2)^{d_2}\cdots(\lambda-\lambda_r)^{d_r}$, 其中 $\lambda_1,\lambda_2,\cdots,\lambda_r$ 为矩阵 $\boldsymbol{A}$ 的 r 个互异特征值, 且 $d_i\geqslant 1$ $(i=1,2,\cdots,r)$, $\sum\limits_{i=1}^{r}d_i=m$;

(2) 构造多项式 $p(x)=a_{m-1}x^{m-1}+a_{m-2}x^{m-2}+\cdots+a_1x+a_0$;

(3) 利用 $p^{(k)}(\lambda_i)=f^{(k)}(\lambda_i)$ $(i=1,2,\cdots,r;\ k=1,2,\cdots,d_i-1)$ 确定多项式 $p(x)$ 的系数 $a_{m-1},a_{m-2},\cdots,a_1,a_0$;

(4) 计算 $f(\boldsymbol{A})=a_{m-1}\boldsymbol{A}^{m-1}+a_{m-2}\boldsymbol{A}^{m-2}+\cdots+a_1\boldsymbol{A}+a_0\boldsymbol{E}$.

习 题 5

1. 讨论下列所给映射是否为相应空间中的范数, 并说明理由.

(1) 在实数空间 $\mathbb{R}$ 中, $\|\boldsymbol{x}\|=\boldsymbol{x}^2$;

(2) 设 $\boldsymbol{S}\in\mathbb{C}^{n\times n}$ 可逆, 给定 $\mathbb{C}^n$ 中某向量范数 $||\boldsymbol{x}||_{\boldsymbol{v}}$, 对 $\mathbb{C}^n$ 中的向量, 定义映射 $||\boldsymbol{x}||=||\boldsymbol{S}\boldsymbol{x}||_{\boldsymbol{v}}$;

(3) 在 $\mathbb{C}^2$ 上, 对任意的 $\boldsymbol{x}=[x_1,x_2]^{\mathrm{T}}\in\mathbb{C}^2$, $||\boldsymbol{x}||=(|2x_1-3x_2|^2+|x_2|^2)^{\frac{1}{2}}$;

(4) 在区间 $[a,b]$ 上全体实值连续函数的集合, 按照通常函数的加法和数乘构成 $\mathbb{R}$ 上线性空间, 对任意 $f(t)\in[a,b]$, $||f(t)||_1=\displaystyle\int_a^b|f(t)|\mathrm{d}t$;

(5) 在 (4) 条件下, 定义 $||f(t)||_\infty=\max\limits_{t\in[a,b]}|f(t)|$;

(6) 设 $\boldsymbol{A}\in\mathbb{R}^{n\times n}$ 对称正定, 对于 $\mathbb{R}^n$ 中的向量 $\boldsymbol{\alpha}$, 定义 $||\boldsymbol{\alpha}||_{\boldsymbol{A}}=\sqrt{\boldsymbol{\alpha}^{\mathrm{T}}\boldsymbol{A}\boldsymbol{\alpha}}$.

2. 设 $\|\boldsymbol{x}\|_{\boldsymbol{\alpha}}, \|\boldsymbol{x}\|_{\boldsymbol{\beta}}$ 是线性空间 V 上的两个向量范数, 则对于任意的 $\forall\boldsymbol{x}\in V$, 有

(1) $\|\boldsymbol{x}\|=\max\{\|\boldsymbol{x}\|_{\boldsymbol{\alpha}},\|\boldsymbol{x}\|_{\boldsymbol{\beta}}\}$ 是 V 上的向量范数;

(2) $\|\boldsymbol{x}\|=k_1\|\boldsymbol{x}\|_{\boldsymbol{\alpha}}+k_2\|\boldsymbol{x}\|_{\boldsymbol{\beta}}$ 是 V 上的向量范数, $k_1,k_2\in\mathbb{R}^+$.

3. 利用向量范数定义证明

$$\|\boldsymbol{x}\|_\infty=\max_i|x_i|,\quad \forall\boldsymbol{x}=[x_1,x_2,\cdots,x_n]^{\mathrm{T}}\in\mathbb{C}^n$$

是向量空间 $\mathbb{C}^n$ 上的一个向量范数.

4. 已知对称正定矩阵 $\boldsymbol{A}=\begin{bmatrix}2&1\\1&2\end{bmatrix}$, 直接验证, $\mathbb{R}^2$ 中的向量范数 $||\boldsymbol{x}||_{\boldsymbol{A}}=\sqrt{\boldsymbol{x}^{\mathrm{T}}\boldsymbol{A}\boldsymbol{x}}$ 与 $||\boldsymbol{x}||_2$ 的等价性, 并求等价定义中的系数 m 和 M.

5. 设 $\boldsymbol{S}\in\mathbb{C}^{n\times n}$ 可逆, $\|\cdot\|_{\boldsymbol{\alpha}}$ 为给定的 $\mathbb{C}^{n\times n}$ 中的矩阵范数, 对于任意的 $\boldsymbol{A}\in\mathbb{C}^{n\times n}$, 定义函数 $\|\boldsymbol{A}\|=\left\|\boldsymbol{S}^{-1}\boldsymbol{A}\boldsymbol{S}\right\|_{\boldsymbol{\alpha}}$, 证明 $\|\boldsymbol{A}\|$ 也是 $\mathbb{C}^{n\times n}$ 中的矩阵范数.

6. 给定 $\mathbb{C}^{n\times n}$ 中的两种矩阵范数 $||\cdot||_M$ 与 $||\cdot||_S$, 证明 $||\boldsymbol{A}||=||\boldsymbol{A}||_M+2||\boldsymbol{A}||_S$ 也是 $\mathbb{C}^{n\times n}$ 中的矩阵范数.

7. 证明 $||\boldsymbol{A}||_{m_2}=(\mathrm{tr}\boldsymbol{A}^{\mathrm{H}}\boldsymbol{A})^{\frac{1}{2}}$.

8. 证明 $||\boldsymbol{A}\boldsymbol{B}||_{m_2}\leqslant\min(||\boldsymbol{A}||_2||\boldsymbol{B}||_{m_2},||\boldsymbol{A}||_{m_2}||\boldsymbol{B}||_2)$.

9. 证明矩阵范数 $||\boldsymbol{A}||_{m_1}$ 与向量范数 $||\boldsymbol{x}||_1$ 相容.

10. 证明方阵范数 $\|\boldsymbol{A}\|_{m_2}=\left(\displaystyle\sum_{i=1}^n\sum_{j=1}^n|a_{ij}|^2\right)^{\frac{1}{2}}$ 与向量范数 $\|\boldsymbol{x}\|_2=\left(\displaystyle\sum_{i=1}^n|x_i|^2\right)^{\frac{1}{2}}$ 是相容的.

11. 证明

(1) 若 $\boldsymbol{A}\in\mathbb{C}^{n\times n}$, 且 $\boldsymbol{A}^{\mathrm{H}}\boldsymbol{A}=\boldsymbol{E}_n$, 则 $||\boldsymbol{A}||_2=1$, $||\boldsymbol{A}||_{m_2}=\sqrt{n}$.

(2) 若 $||\boldsymbol{A}||$ 与 $||\boldsymbol{x}||$ 是相容的, 则 $||\boldsymbol{E}||\geqslant 1$.

(3) 若 $||\cdot||$ 是算子范数, 则

① $||\boldsymbol{E}||=1$;

② $||\boldsymbol{A}^{-1}||\geqslant||\boldsymbol{A}||^{-1}$;

③ $||\boldsymbol{A}^{-1}||^{-1}=\min\limits_{\boldsymbol{x}\neq\boldsymbol{\theta}}\dfrac{||\boldsymbol{A}\boldsymbol{x}||}{||\boldsymbol{x}||}$.

12. 设 $||\boldsymbol{A}||_{\boldsymbol{v}}, ||\boldsymbol{A}||_{\boldsymbol{\mu}}$ 是对应于两个向量范数 $||\boldsymbol{x}||_{\boldsymbol{v}}$, $||\boldsymbol{x}||_{\boldsymbol{\mu}}=||\boldsymbol{B}\boldsymbol{x}||_{\boldsymbol{v}}$ 的算子范数, $\boldsymbol{B}$ 可逆, 则 $||\boldsymbol{A}||_{\boldsymbol{\mu}}=||\boldsymbol{B}\boldsymbol{A}\boldsymbol{B}^{-1}||_{\boldsymbol{v}}$.

13. 设 $\boldsymbol{A}=\begin{bmatrix}1 & \mathrm{i} & 0\\ 0 & 0 & 2\\ \mathrm{i} & 1 & 0\end{bmatrix}$, 求 $\|\boldsymbol{A}\|_{m_1}$, $\|\boldsymbol{A}\|_{m_2}$, $\|\boldsymbol{A}\|_{m_\infty}$, $\|\boldsymbol{A}\|_1$, $\|\boldsymbol{A}\|_\infty$, $\|\boldsymbol{A}\|_2$.

14. 设 $\boldsymbol{A},\boldsymbol{B}\in\mathbb{C}^{n\times n}$, 且均为对称矩阵, 试证 $\rho(\boldsymbol{A}+\boldsymbol{B})\leqslant\rho(\boldsymbol{A})+\rho(\boldsymbol{B})$.

15. 设矩阵序列 $\{\boldsymbol{x}_k\}=\left\{\left[\dfrac{1}{2^k},\dfrac{1}{3^k},\cdots,\dfrac{1}{(n+1)^k}\right]^{\mathrm{T}}\right\}\subset\mathbb{R}^n$, 证明该序列 $\{\boldsymbol{x}_k\}$ 按 $\mathbb{R}^n$ 上的任何范数收敛到 $\boldsymbol{x}=[0,0,\cdots,0]^{\mathrm{T}}\in\mathbb{R}^n$.

16. 设 $\lim\limits_{k\to\infty}\boldsymbol{A}_k=\boldsymbol{A}$, 证明 $\lim\limits_{k\to\infty}\|\boldsymbol{A}_k\|=\|\boldsymbol{A}\|$, 其中 $\boldsymbol{A}_k,\boldsymbol{A}\in\mathbb{C}^{n\times n}$, $\|\cdot\|$ 是 $\mathbb{C}^{n\times n}$ 中任何一种矩阵范数.

17. 设 $\boldsymbol{A}\in\mathbb{C}^{n\times n}$, 证明 $\lim\limits_{k\to\infty}\boldsymbol{A}^k=\boldsymbol{E}_n$ 的充要条件是 $\boldsymbol{A}=\boldsymbol{E}_n$.

18. 已知 $\boldsymbol{A}=\begin{bmatrix}-2 & 1\\ -1 & 0\end{bmatrix}$, 分别讨论矩阵幂级数 $\sum\limits_{k=1}^{\infty}\dfrac{1}{k}\boldsymbol{A}^k$ 与 $\sum\limits_{k=1}^{\infty}\dfrac{1}{k^2}\boldsymbol{A}^k$ 的敛散性.

19. 求下列矩阵的最小多项式.

(1) $\boldsymbol{A}=\begin{bmatrix}-1 & -2 & 6\\ -1 & 0 & 3\\ -1 & -1 & 4\end{bmatrix}$; (2) $\boldsymbol{A}=\mathrm{diag}\left\{\begin{bmatrix}1 & 0\\ 0 & 1\end{bmatrix},\begin{bmatrix}2 & 1\\ 0 & 2\end{bmatrix},\begin{bmatrix}1 & 1\\ -2 & 4\end{bmatrix}\right\}$.

20. 证明 $\boldsymbol{A}=\begin{bmatrix}2 & & & \\ & 1 & 1 & \\ & & 1 & \\ & & & 1\end{bmatrix}$ 与 $\boldsymbol{B}=\begin{bmatrix}2 & & & \\ & 2 & & \\ & & 1 & 1\\ & & & 1\end{bmatrix}$ 最小多项式相同, 但两个矩阵不相似.

21. 设矩阵 $\boldsymbol{A}$ 的特征多项式是 $(\lambda+7)^2(\lambda-2)^3$, 最小多项式是 $(\lambda+7)(\lambda-2)^2$, 试求 $\boldsymbol{A}$ 的 Jordan 标准形.

22. 设矩阵 $\boldsymbol{A}=\begin{bmatrix}1 & 2 & 1\\ 0 & 2 & 0\\ 0 & 0 & 3\end{bmatrix}$, 试计算如下矩阵多项式 $h(\boldsymbol{A})$ 的值, 其中

$$h(\boldsymbol{A})=\boldsymbol{A}^6-6\boldsymbol{A}^5+11\boldsymbol{A}^4-5\boldsymbol{A}^3-6\boldsymbol{A}^2+13\boldsymbol{A}-5\boldsymbol{E}.$$

23. 已知 $\boldsymbol{A}=\begin{bmatrix}3 & 0 & 0\\ 0 & 2 & 1\\ 0 & 1 & 2\end{bmatrix}$, 试利用 Cayley-Hamilton 定理求 $\boldsymbol{A}^{-1}$.

24. 设 $\boldsymbol{A}$ 是 n 阶矩阵, $f(x)$ 是次数大于零的多项式, $m(x)$ 是 $\boldsymbol{A}$ 的最小多项式, 试证明:

(1) 如果 $f(x)$ 整除 $m(x)$, 则 $f(\boldsymbol{A})$ 不可逆;

(2) $d(x)$ 是 $f(x)$ 和 $m(x)$ 的最大公因式, 则 $f(\boldsymbol{A})$ 与 $d(\boldsymbol{A})$ 有相同的秩;

(3) $f(\boldsymbol{A})$ 可逆的充分必要条件是 $m(x)$ 和 $f(x)$ 互素.

25. 设 $\boldsymbol{A}=\begin{bmatrix} 3 & 0 & 8 \\ 3 & -1 & 6 \\ -2 & 0 & -5 \end{bmatrix}$, 求 $f(\boldsymbol{A})$ 的 Jordan 表示, 并计算矩阵函数 $e^{\boldsymbol{A}}$, $e^{t\boldsymbol{A}}$, $\sin\boldsymbol{A}$, $\cos\boldsymbol{A}t$.

26. 设 $\boldsymbol{A}=\begin{bmatrix} 1 & 0 & 0 \\ 0 & 2 & 0 \\ 0 & 0 & 3 \end{bmatrix}$, 求 $f(\boldsymbol{A})$ 的多项式表示, 并求 $e^{t\boldsymbol{A}}$, $\sin\dfrac{\pi}{4}\boldsymbol{A}$.

27. 设 $\boldsymbol{A}=\begin{bmatrix} -4 & 2 & 10 \\ -4 & 3 & 7 \\ -3 & 1 & 7 \end{bmatrix}$, 试用 Jordan 标准形法和待定系数法求 $\cos\boldsymbol{A}$.

28. 设 $f(x)=\sum\limits_{k=0}^{\infty}\left(\dfrac{1}{3}x\right)^{k}$, 试求矩阵函数 $f(\boldsymbol{J})$, 其中

$$\boldsymbol{J}=\begin{bmatrix} 2 & 1 & 0 & 0 \\ 0 & 2 & 1 & 0 \\ 0 & 0 & 2 & 1 \\ 0 & 0 & 0 & 2 \end{bmatrix}.$$

第 6 章　矩阵微积分

6.1　矩阵的 Kronecker 积

矩阵的 Kronecker 积, 也称为直积, 对参与运算的矩阵没有任何阶数限制, 在矩阵的理论研究和计算方法中都有十分重要的应用, 尤其是在矩阵代数方程求解和矩阵微分等运算中.

6.1.1　Kronecker 积的概念与性质

定义 1　设矩阵 $\boldsymbol{A}=(a_{ij})_{m\times n}\in\mathbb{C}^{m\times n}$, $\boldsymbol{B}=(b_{ij})_{p\times q}\in\mathbb{C}^{p\times q}$, 则称如下分块矩阵

$$\boldsymbol{A}\otimes\boldsymbol{B}=\begin{bmatrix} a_{11}\boldsymbol{B} & a_{12}\boldsymbol{B} & \cdots & a_{1n}\boldsymbol{B}\\ a_{21}\boldsymbol{B} & a_{22}\boldsymbol{B} & \cdots & a_{2n}\boldsymbol{B}\\ \vdots & \vdots & & \vdots\\ a_{m1}\boldsymbol{B} & a_{m2}\boldsymbol{B} & \cdots & a_{mn}\boldsymbol{B}\end{bmatrix}\in\mathbb{C}^{mp\times nq}$$

为矩阵 $\boldsymbol{A}$ 与 $\boldsymbol{B}$ 的 Kronecker 积或称 $\boldsymbol{A}$ 与 $\boldsymbol{B}$ 的直积, 记作 $\boldsymbol{A}\otimes\boldsymbol{B}$. 显然 $\boldsymbol{A}\otimes\boldsymbol{B}$ 是具有 $m\times n$ 个子块的分块矩阵, 每个子块都与矩阵 $\boldsymbol{B}$ 同阶, 所以 $\boldsymbol{A}\otimes\boldsymbol{B}$ 是 $mp\times nq$ 矩阵. 矩阵 Kronecker 积不满足交换律, 即在一般情况下, $\boldsymbol{A}\otimes\boldsymbol{B}\neq\boldsymbol{B}\otimes\boldsymbol{A}$, 因为

$$\boldsymbol{B}\otimes\boldsymbol{A}=\begin{bmatrix} b_{11}\boldsymbol{A} & b_{12}\boldsymbol{A} & \cdots & b_{1q}\boldsymbol{A}\\ b_{21}\boldsymbol{A} & b_{22}\boldsymbol{A} & \cdots & b_{2q}\boldsymbol{A}\\ \vdots & \vdots & & \vdots\\ b_{p1}\boldsymbol{A} & b_{p2}\boldsymbol{A} & \cdots & b_{pq}\boldsymbol{A}\end{bmatrix}\in\mathbb{C}^{pm\times qn}.$$

例 1　设 $\boldsymbol{A}=\begin{bmatrix}1&0&4\\5&2&0\end{bmatrix}$, $\boldsymbol{B}=\begin{bmatrix}2&1\\1&0\end{bmatrix}$, 则

$$\boldsymbol{A}\otimes\boldsymbol{B}=\begin{bmatrix}1\cdot\boldsymbol{B} & 0\cdot\boldsymbol{B} & 4\cdot\boldsymbol{B}\\ 5\cdot\boldsymbol{B} & 2\cdot\boldsymbol{B} & 0\cdot\boldsymbol{B}\end{bmatrix}=\begin{bmatrix}2&1&0&0&8&4\\1&0&0&0&4&0\\10&5&4&2&0&0\\5&0&2&0&0&0\end{bmatrix},$$

$$\boldsymbol{B}\otimes\boldsymbol{A}=\begin{bmatrix}2\cdot\boldsymbol{A} & 1\cdot\boldsymbol{A}\\ 1\cdot\boldsymbol{A} & 0\cdot\boldsymbol{A}\end{bmatrix}=\begin{bmatrix}2&0&8&1&0&4\\10&4&0&5&2&0\\1&0&4&0&0&0\\5&2&0&0&0&0\end{bmatrix},$$

显然, $\boldsymbol{A}\otimes\boldsymbol{B}\neq\boldsymbol{B}\otimes\mathrm{A}$.

定理 1 设 $\boldsymbol{A}=(a_{ij})_{m\times n}\in\mathbb{C}^{m\times n}$, $\boldsymbol{B}=(b_{ij})_{p\times q}\in\mathbb{C}^{p\times q}$, $\boldsymbol{D}=(d_{ij})_{r\times s}\in\mathbb{C}^{r\times s}$, $\boldsymbol{F}=(f_{ij})_{q\times l}\in\mathbb{C}^{q\times l}$, $k\in\mathbb{C}$, 由定义 1 可以直接得 Kronecker 积具有如下运算性质:

(1) $(k\boldsymbol{A})\otimes\boldsymbol{B}=\boldsymbol{A}\otimes(k\boldsymbol{B})=k(\boldsymbol{A}\otimes\boldsymbol{B})$;

(2) $\boldsymbol{A}\otimes(\boldsymbol{B}\otimes\boldsymbol{C})=(\boldsymbol{A}\otimes\boldsymbol{B})\otimes\boldsymbol{C}$;

(3) 当 $m=p, n=q$ 时, $(\boldsymbol{A}+\boldsymbol{B})\otimes\boldsymbol{D}=\boldsymbol{A}\otimes\boldsymbol{D}+\boldsymbol{B}\otimes\boldsymbol{D}$;

$$\boldsymbol{D}\otimes(\boldsymbol{A}+\boldsymbol{B})=\boldsymbol{D}\otimes\boldsymbol{A}+\boldsymbol{D}\otimes\boldsymbol{B};$$

(4) $(\boldsymbol{A}\otimes\boldsymbol{B})^{\mathrm{T}}=\boldsymbol{A}^{\mathrm{T}}\otimes\boldsymbol{B}^{\mathrm{T}}$, $(\boldsymbol{A}\otimes\boldsymbol{B})^{\mathrm{H}}=\boldsymbol{A}^{\mathrm{H}}\otimes\boldsymbol{B}^{\mathrm{H}}$.

证明略.

下面介绍 Kronecker 积的几个重要性质.

定理 2 设矩阵 $\boldsymbol{A}_1=(a_{ij}^{(1)})_{m\times n}\in\mathbb{C}^{m\times n}$, $\boldsymbol{A}_2=(a_{ij}^{(2)})_{n\times s}\in\mathbb{C}^{n\times s}$, $\boldsymbol{B}_1=(b_{ij}^{(1)})_{p\times q}\in\mathbb{C}^{p\times q}$, $\boldsymbol{B}_2=(b_{ij}^{(2)})_{q\times l}\in\mathbb{C}^{q\times l}$, 则

$$(\boldsymbol{A}_1\otimes\boldsymbol{B}_1)(\boldsymbol{A}_2\otimes\boldsymbol{B}_2)=(\boldsymbol{A}_1\boldsymbol{A}_2)\otimes(\boldsymbol{B}_1\boldsymbol{B}_2).$$

证明

$$\begin{aligned}&(\boldsymbol{A}_1\otimes\boldsymbol{B}_1)(\boldsymbol{A}_2\otimes\boldsymbol{B}_2)\\
=&\begin{bmatrix}a_{11}^{(1)}\boldsymbol{B}_1 & a_{12}^{(1)}\boldsymbol{B}_1 & \cdots & a_{1n}^{(1)}\boldsymbol{B}_1\\ a_{21}^{(1)}\boldsymbol{B}_1 & a_{22}^{(1)}\boldsymbol{B}_1 & \cdots & a_{2n}^{(1)}\boldsymbol{B}_1\\ \vdots & \vdots & & \vdots\\ a_{m1}^{(1)}\boldsymbol{B}_1 & a_{m2}^{(1)}\boldsymbol{B}_1 & \cdots & a_{mn}^{(1)}\boldsymbol{B}_1\end{bmatrix}\begin{bmatrix}a_{11}^{(2)}\boldsymbol{B}_2 & a_{12}^{(2)}\boldsymbol{B}_2 & \cdots & a_{1s}^{(2)}\boldsymbol{B}_2\\ a_{21}^{(2)}\boldsymbol{B}_2 & a_{22}^{(2)}\boldsymbol{B}_2 & \cdots & a_{2s}^{(2)}\boldsymbol{B}_2\\ \vdots & \vdots & & \vdots\\ a_{n1}^{(2)}\boldsymbol{B}_2 & a_{n2}^{(2)}\boldsymbol{B}_2 & \cdots & a_{ns}^{(2)}\boldsymbol{B}_2\end{bmatrix}\\
=&\begin{bmatrix}\sum\limits_{i=1}^{n}a_{1i}^{(1)}a_{i1}^{(2)}\boldsymbol{B}_1\boldsymbol{B}_2 & \sum\limits_{i=1}^{n}a_{1i}^{(1)}a_{i2}^{(2)}\boldsymbol{B}_1\boldsymbol{B}_2 & \cdots & \sum\limits_{i=1}^{n}a_{1i}^{(1)}a_{is}^{(2)}\boldsymbol{B}_1\boldsymbol{B}_2\\ \sum\limits_{i=1}^{n}a_{2i}^{(1)}a_{i1}^{(2)}\boldsymbol{B}_1\boldsymbol{B}_2 & \sum\limits_{i=1}^{n}a_{2i}^{(1)}a_{i2}^{(2)}\boldsymbol{B}_1\boldsymbol{B}_2 & \cdots & \sum\limits_{i=1}^{n}a_{2i}^{(1)}a_{is}^{(2)}\boldsymbol{B}_1\boldsymbol{B}_2\\ \vdots & \vdots & & \vdots\\ \sum\limits_{i=1}^{n}a_{mi}^{(1)}a_{i1}^{(2)}\boldsymbol{B}_1\boldsymbol{B}_2 & \sum\limits_{i=1}^{n}a_{mi}^{(1)}a_{i2}^{(2)}\boldsymbol{B}_1\boldsymbol{B}_2 & \cdots & \sum\limits_{i=1}^{n}a_{mi}^{(1)}a_{is}^{(2)}\boldsymbol{B}_1\boldsymbol{B}_2\end{bmatrix}\end{aligned}$$

$$= (\boldsymbol{A}_1\boldsymbol{A}_2) \otimes (\boldsymbol{B}_1\boldsymbol{B}_2).$$ □

推论 1 设 $\boldsymbol{A}$ 与 $\boldsymbol{B}$ 分别是 m 阶与 n 阶可逆矩阵, 则 $(\boldsymbol{A}\otimes\boldsymbol{B})^{-1} = \boldsymbol{A}^{-1}\otimes\boldsymbol{B}^{-1}$.

证明 $(\boldsymbol{A}\otimes\boldsymbol{B})(\boldsymbol{A}^{-1}\otimes\boldsymbol{B}^{-1}) = (\boldsymbol{A}\boldsymbol{A}^{-1})\otimes(\boldsymbol{B}\boldsymbol{B}^{-1}) = \boldsymbol{E}_m\otimes\boldsymbol{E}_n = \boldsymbol{E}_{mn}$,

即 $\boldsymbol{A}\otimes\boldsymbol{B}$ 也是可逆矩阵, 且 $(\boldsymbol{A}\otimes\boldsymbol{B})^{-1} = \boldsymbol{A}^{-1}\otimes\boldsymbol{B}^{-1}$. □

推论 2 设 $\boldsymbol{A} = (a_{ij})_{m\times m} \in \mathbb{C}^{m\times m}$, $\boldsymbol{B} = (b_{ij})_{n\times n} \in \mathbb{C}^{n\times n}$, 且 $\boldsymbol{A}$ 与 $\boldsymbol{B}$ 均为正规矩阵, 则 $\boldsymbol{A}\otimes\boldsymbol{B}$ 也为正规阵.

证明
$$\begin{aligned}(\boldsymbol{A}\otimes\boldsymbol{B})(\boldsymbol{A}\otimes\boldsymbol{B})^{\mathrm{H}} &= (\boldsymbol{A}\otimes\boldsymbol{B})(\boldsymbol{A}^{\mathrm{H}}\otimes\boldsymbol{B}^{\mathrm{H}}) = (\boldsymbol{A}\boldsymbol{A}^{\mathrm{H}})\otimes(\boldsymbol{B}\boldsymbol{B}^{\mathrm{H}})\\ &= (\boldsymbol{A}^{\mathrm{H}}\boldsymbol{A})\otimes(\boldsymbol{B}^{\mathrm{H}}\boldsymbol{B}) = (\boldsymbol{A}^{\mathrm{H}}\otimes\boldsymbol{B}^{\mathrm{H}})(\boldsymbol{A}\otimes\boldsymbol{B})\\ &= (\boldsymbol{A}\otimes\boldsymbol{B})^{\mathrm{H}}(\boldsymbol{A}\otimes\boldsymbol{B}).\end{aligned}$$ □

类似可以证明, 若 $\boldsymbol{A}$ 与 $\boldsymbol{B}$ 都是对角阵、上 (下) 三角阵、实对称阵 (或 Hermite 阵或酉矩阵), 则 $\boldsymbol{A}\otimes\boldsymbol{B}$ 也分别是相同类型的矩阵.

定理 3 若 $\boldsymbol{A}\in\mathbb{C}^{m\times n}$, $\boldsymbol{B}\in\mathbb{C}^{p\times q}$ 的奇异值分解分别为

$$\boldsymbol{A} = \boldsymbol{U}_1\boldsymbol{\Lambda}_1\boldsymbol{V}_1^{\mathrm{H}}, \quad \boldsymbol{B} = \boldsymbol{U}_2\boldsymbol{\Lambda}_2\boldsymbol{V}_2^{\mathrm{H}},$$

其中 $\boldsymbol{A}$ 和 $\boldsymbol{B}$ 的正奇异值分别为 $\boldsymbol{\alpha}_1,\boldsymbol{\alpha}_2,\cdots,\boldsymbol{\alpha}_r$ 和 $\boldsymbol{\beta}_1,\boldsymbol{\beta}_2,\cdots,\boldsymbol{\beta}_s$, 则 $\boldsymbol{A}\otimes\boldsymbol{B}$ 有如下分解形式

$$\boldsymbol{A}\otimes\boldsymbol{B} = (\boldsymbol{U}_1\otimes\boldsymbol{U}_2)(\boldsymbol{\Lambda}_1\otimes\boldsymbol{\Lambda}_2)(\boldsymbol{V}_1\otimes\boldsymbol{V}_2)^{\mathrm{H}},$$

其中, $\boldsymbol{U}_1\otimes\boldsymbol{U}_2$ 和 $\boldsymbol{V}_1\otimes\boldsymbol{V}_2$ 分别为 mp 阶和 nq 阶酉矩阵, 且 $\boldsymbol{A}\otimes\boldsymbol{B}$ 的正奇异值为 $\boldsymbol{\alpha}_1\boldsymbol{\beta}_1,\boldsymbol{\alpha}_1\boldsymbol{\beta}_2,\cdots,\boldsymbol{\alpha}_1\boldsymbol{\beta}_s,\boldsymbol{\alpha}_2\boldsymbol{\beta}_1,\cdots,\boldsymbol{\alpha}_2\boldsymbol{\beta}_s,\cdots,\boldsymbol{\alpha}_r\boldsymbol{\beta}_1,\cdots,\boldsymbol{\alpha}_r\boldsymbol{\beta}_s$.

证明略.

6.1.2 Kronecker 积的特征值与特征向量

定理 4 设矩阵 $\boldsymbol{A} = (a_{ij})_{m\times n}\in\mathbb{C}^{m\times n}$, $\boldsymbol{B} = (b_{ij})_{p\times q}\in\mathbb{C}^{p\times q}$, 则

$$\mathrm{rank}(\boldsymbol{A}\otimes\boldsymbol{B}) = \mathrm{rank}(\boldsymbol{A})\cdot\mathrm{rank}(\boldsymbol{B}).$$

证明 设 $\mathrm{rank}(\boldsymbol{A}) = r$, 则存在非奇异矩阵 $\boldsymbol{P},\boldsymbol{Q}$, 使得

$$\boldsymbol{A} = \boldsymbol{P}\begin{bmatrix}\boldsymbol{E}_r & \boldsymbol{O}\\ \boldsymbol{O} & \boldsymbol{O}\end{bmatrix}\boldsymbol{Q},$$

因此

$$\boldsymbol{A}\otimes\boldsymbol{B}=\left(\boldsymbol{P}\begin{bmatrix}\boldsymbol{E}_r & \boldsymbol{O}\\ \boldsymbol{O} & \boldsymbol{O}\end{bmatrix}\boldsymbol{Q}\right)\otimes(\boldsymbol{E}_p\boldsymbol{B}\boldsymbol{E}_q)$$

$$=(\boldsymbol{P}\otimes\boldsymbol{E}_p)\begin{bmatrix}\boldsymbol{E}_r\otimes\boldsymbol{B} & \boldsymbol{O}\\ \boldsymbol{O} & \boldsymbol{O}\end{bmatrix}_{mp\times nq}(\boldsymbol{Q}\otimes\boldsymbol{E}_q).$$

显然, $\boldsymbol{P}\otimes\boldsymbol{E}_p$ 和 $\boldsymbol{Q}\otimes\boldsymbol{E}_q$ 均为非奇异矩阵, 因此

$$\operatorname{rank}(\boldsymbol{A}\otimes\boldsymbol{B})=\operatorname{rank}\left(\begin{bmatrix}\boldsymbol{E}_r\otimes\boldsymbol{B} & \boldsymbol{O}\\ \boldsymbol{O} & \boldsymbol{O}\end{bmatrix}\right)$$

$$=r\cdot\operatorname{rank}(\boldsymbol{B})=\operatorname{rank}(\boldsymbol{A})\cdot\operatorname{rank}(\boldsymbol{B}).$$ □

定理 5　设 $\boldsymbol{x}_1,\boldsymbol{x}_2,\cdots,\boldsymbol{x}_n$ 是 n 个 m 维列向量, $\boldsymbol{y}_1,\boldsymbol{y}_2,\cdots,\boldsymbol{y}_q$ 是 q 个 p 维列向量, 则由 nq 个 mp 维向量 $\boldsymbol{x}_i\otimes\boldsymbol{y}_j(i=1,\cdots,n;\ j=1,\cdots,q)$ 构成的向量组线性无关当且仅当 $\boldsymbol{x}_1,\boldsymbol{x}_2,\cdots,\boldsymbol{x}_n$ 和 $\boldsymbol{y}_1,\boldsymbol{y}_2,\cdots,\boldsymbol{y}_q$ 都是线性无关的向量组.

证明　设

$$\boldsymbol{x}_j=[x_{1j},x_{2j},\cdots,x_{nj}]^{\mathrm{T}},$$

$$\boldsymbol{y}_j=[y_{1j},y_{2j},\cdots,y_{pj}]^{\mathrm{T}}.$$

令

$$\boldsymbol{A}=[\boldsymbol{x}_1,\boldsymbol{x}_2,\cdots,\boldsymbol{x}_n]=(a_{ij})_{m\times n},$$

$$\boldsymbol{B}=[\boldsymbol{y}_1,\boldsymbol{y}_2,\cdots,\boldsymbol{y}_q]=(b_{ij})_{p\times q}.$$

显然, $\operatorname{rank}(\boldsymbol{A})=n$, $\operatorname{rank}(\boldsymbol{B})=q$, 所以

$$\operatorname{rank}(\boldsymbol{A}\otimes\boldsymbol{B})=\operatorname{rank}(\boldsymbol{A})\cdot\operatorname{rank}(\boldsymbol{B})=nq.$$

由于 $\boldsymbol{A}\otimes\boldsymbol{B}\in\mathbb{C}^{mp\times nq}$, 故 $\boldsymbol{A}\otimes\boldsymbol{B}$ 列满秩, 即 $\boldsymbol{A}\otimes\boldsymbol{B}$ 的各列 $\boldsymbol{x}_i\otimes\boldsymbol{y}_j$ 线性无关.

反之, 若 $\boldsymbol{x}_i\otimes\boldsymbol{y}_j$ 线性无关, 则 $\boldsymbol{A}\otimes\boldsymbol{B}$ 列满秩, 故

$$nq=\operatorname{rank}(\boldsymbol{A})\cdot\operatorname{rank}(\boldsymbol{B})=\operatorname{rank}(\boldsymbol{A}\otimes\boldsymbol{B}),$$

因此, 若 $\operatorname{rank}(\boldsymbol{A})<n$, 则必有 $\operatorname{rank}(\boldsymbol{B})>q$, 而这是不可能的, 所以 $\operatorname{rank}(\boldsymbol{A})=n$, 同理 $\operatorname{rank}(\boldsymbol{B})=q$, 因此, $\boldsymbol{x}_1,\boldsymbol{x}_2,\cdots,\boldsymbol{x}_n$ 和 $\boldsymbol{y}_1,\boldsymbol{y}_2,\cdots,\boldsymbol{y}_q$ 均线性无关. □

定理 6 设 $f(x,y)=\sum\limits_{i,j=0}^{k}c_{ij}x^iy^j$ 是变量 x, y 的复系数二元多项式, 对矩阵 $\boldsymbol{A}\in\mathbb{C}^{m\times m}$ 和 $\boldsymbol{B}\in\mathbb{C}^{n\times n}$, 定义 mn 阶矩阵 $f(\boldsymbol{A},\boldsymbol{B})=\sum\limits_{i,j=0}^{k}c_{ij}\boldsymbol{A}^i\otimes\boldsymbol{B}^j$, 其中 $\boldsymbol{A}^0=\boldsymbol{E}_m$, $\boldsymbol{B}^0=\boldsymbol{E}_n$. 则有如下结论成立:

(1) 若设 $\lambda_1,\lambda_2,\cdots,\lambda_m$ 为 $\boldsymbol{A}$ 的特征值, $\mu_1,\mu_2,\cdots,\mu_n$ 为 $\boldsymbol{B}$ 的特征值, 那么 mn 个数 $f(\lambda_r,\mu_s)=\sum\limits_{i,j=0}^{k}c_{ij}\lambda_r^i\mu_s^j(r=1,\cdots,m,s=1,\cdots,n)$ 是矩阵 $f(\boldsymbol{A},\boldsymbol{B})=\sum\limits_{i,j=0}^{k}c_{ij}\boldsymbol{A}^i\otimes\boldsymbol{B}^j$ 的特征值;

(2) 若设向量 $\boldsymbol{x}_r$ 是 $\boldsymbol{A}$ 的属于特征值 λ_r 的特征向量, 向量 $\boldsymbol{y}_s$ 是 $\boldsymbol{B}$ 的属于特征值 μ_s 的特征向量, 则向量 $\boldsymbol{x}_r\otimes\boldsymbol{y}_s$ 就是 mn 阶方阵 $f(\boldsymbol{A},\boldsymbol{B})$ 属于特征值 $f(\lambda_r,\mu_s)(r=1,\cdots,m,s=1,\cdots,n)$ 的特征向量.

证明 由题设有 $\boldsymbol{A}\boldsymbol{x}_r=\lambda_r\boldsymbol{x}_r,\boldsymbol{B}\boldsymbol{y}_s=\mu_s\boldsymbol{y}_s$, 故有 $\boldsymbol{A}^i\boldsymbol{x}_r=\lambda_r^i\boldsymbol{x}_r,\boldsymbol{B}^i\boldsymbol{y}_s=\mu_s^i\boldsymbol{y}_s$, 进而有

$$\begin{aligned}
f(\boldsymbol{A},\boldsymbol{B})(\boldsymbol{x}_r\otimes\boldsymbol{y}_s)&=\left(\sum_{i,j=0}^{k}c_{ij}\boldsymbol{A}^i\otimes\boldsymbol{B}^j\right)(\boldsymbol{x}_r\otimes\boldsymbol{y}_s)\\
&=\sum_{i,j=0}^{k}c_{ij}(\boldsymbol{A}^i\otimes\boldsymbol{B}^j)(\boldsymbol{x}_r\otimes\boldsymbol{y}_s)\\
&=\sum_{i,j=0}^{k}c_{ij}(\boldsymbol{A}^i\boldsymbol{x}_r\otimes\boldsymbol{B}^j\boldsymbol{y}_s)\\
&=\sum_{i,j=0}^{k}c_{ij}\lambda_r^i\mu_s^j\boldsymbol{x}_r\otimes\boldsymbol{y}_s\\
&=f(\lambda_r,\mu_s)(\boldsymbol{x}_r\otimes\boldsymbol{y}_s).
\end{aligned}$$

□

推论 3 设 $\lambda_1,\lambda_2,\cdots,\lambda_m$ 为 $\boldsymbol{A}$ 的特征值, 且 $\boldsymbol{x}_r(r=1,\cdots,m)$ 为 λ_r 对应的特征向量; $\mu_1,\mu_2,\cdots,\mu_n$ 为 $\boldsymbol{B}$ 的特征值, 且 $\boldsymbol{y}_s(s=1,\cdots,n)$ 为 μ_s 对应的特征向量; 则 $\lambda_r\mu_s(r=1,\cdots,m,s=1,\cdots,n)$ 为 $\boldsymbol{A}\otimes\boldsymbol{B}$ 的 mn 个特征值, 且 $\boldsymbol{x}_r\otimes\boldsymbol{y}_s(r=1,\cdots,m,\ s=1,\cdots,n)$ 为 $\lambda_r\mu_s$ 对应的特征向量.

推论 4 设 $\boldsymbol{A}=(a_{ij})_{m\times m}\in\mathbb{C}^{m\times m}$, $\boldsymbol{B}=(b_{ij})_{n\times n}\in\mathbb{C}^{n\times n}$, 则 $\mathrm{tr}(\boldsymbol{A}\otimes\boldsymbol{B})=\mathrm{tr}(\boldsymbol{A})\cdot\mathrm{tr}(\boldsymbol{B})$.

证明 由推论 3 有 $\boldsymbol{A}\otimes\boldsymbol{B}$ 的 mn 个特征值为 $\lambda_r\mu_s\,(r=1,\cdots,m,\ s=1,\cdots,n)$, 则有

$$\begin{aligned}\operatorname{tr}(\boldsymbol{A}\otimes\boldsymbol{B})&=\lambda_1\mu_1+\lambda_1\mu_2+\cdots+\lambda_1\mu_n+\lambda_2\mu_1+\lambda_2\mu_2+\cdots+\lambda_2\mu_n+\cdots\\&\quad+\lambda_m\mu_1+\lambda_m\mu_2+\cdots+\lambda_m\mu_n\\&=(\lambda_1+\lambda_2+\cdots+\lambda_m)(\mu_1+\mu_2+\cdots+\mu_n)=\operatorname{tr}(\boldsymbol{A})\cdot\operatorname{tr}(\boldsymbol{B}).\end{aligned}$$ □

推论 5 设 $\boldsymbol{A}$ 与 $\boldsymbol{B}$ 分别是 m 阶与 n 阶矩阵, 则 $|\boldsymbol{A}\otimes\boldsymbol{B}|=|\boldsymbol{A}|^n|\boldsymbol{B}|^m$.

证明 由推论 3 有 $\boldsymbol{A}\otimes\boldsymbol{B}$ 的 mn 个特征值为 $\lambda_r\mu_s(r=1,\cdots,m,\ s=1,\cdots,n)$, 则有

$$\begin{aligned}|\boldsymbol{A}\otimes\boldsymbol{B}|&=\lambda_1\mu_1\cdot\lambda_1\mu_2\cdot\ \cdots\ \cdot\lambda_1\mu_n\cdot\lambda_2\mu_1\cdot\lambda_2\mu_2\cdot\ \cdots\ \cdot\lambda_2\mu_n\cdot\ \cdots\\&\quad\cdot\lambda_m\mu_1\cdot\lambda_m\mu_2\cdot\ \cdots\ \cdot\lambda_m\mu_n\\&=\prod_{i=1}^{m}\prod_{j=1}^{n}\lambda_i\mu_j=\lambda_1^n\cdot\prod_{j=1}^{n}\mu_j\cdot\lambda_2^n\cdot\prod_{j=1}^{n}\mu_j\cdot\ \cdots\ \cdot\lambda_m^n\cdot\prod_{j=1}^{n}\mu_j\\&=(\lambda_1\cdot\lambda_2\cdot\ \cdots\ \cdot\lambda_m)^n(\mu_1\cdot\mu_2\cdot\ \cdots\ \cdot\mu_n)^m\\&=|\boldsymbol{A}|^n|\boldsymbol{B}|^m.\end{aligned}$$ □

6.2 函数矩阵的微分

在研究多变量微分系统时, 矩阵微分的引入可以简化问题的表述及求解过程. 矩阵微分是将通常函数的导数的概念形式推广到矩阵, 在传统优化、动力学、系统控制等技术领域十分重要.

设矩阵 $\boldsymbol{A}=(a_{ij})_{m\times n}$, $\boldsymbol{X}=(x_{kl})_{p\times q}$, 且 $a_{ij}(i=1,2,\cdots,m;\ j=1,2,\cdots,n)$ 都是变量 $x_{kl}(k=1,2,\cdots,p;\ l=1,2,\cdots,q)$ 的多元函数, 则可以定义矩阵微分为

$$\frac{\mathrm{d}\boldsymbol{A}}{\mathrm{d}\boldsymbol{X}}$$

这里 $\mathrm{d}\boldsymbol{A}/\mathrm{d}\boldsymbol{X}$ 仍是一个矩阵, 且为 $mp\times nq$ 的矩阵. 本节我们将按照微分计算的复杂程度, 分三类来介绍矩阵微分:

第一类: 当矩阵变量 $\boldsymbol{X}$ 为 1×1 矩阵时, 即 $\boldsymbol{X}$ 为单变量时的矩阵微分;

第二类: 当矩阵函数 $\boldsymbol{A}$ 为 1×1 矩阵时, 即 $\boldsymbol{A}$ 为数量值函数时的矩阵微分;

第三类: 一般意义下的矩阵对矩阵的微分.

6.2.1 函数矩阵对变量的导数

定义 1 以变量 t 的函数为元素的矩阵

$$A(t)=\begin{bmatrix} a_{11}(t) & a_{12}(t) & \cdots & a_{1n}(t) \\ a_{21}(t) & a_{22}(t) & \cdots & a_{2n}(t) \\ \vdots & \vdots & & \vdots \\ a_{m1}(t) & a_{m2}(t) & \cdots & a_{mn}(t) \end{bmatrix}$$

称为函数矩阵, 其中元素 $a_{ij}(t)(i=1,2,\cdots,m;\ j=1,2,\cdots,n)$ 都是变量 t 的一元函数. 若每个 $a_{ij}(t)$ 在 $[a,b]$ 上都是连续可微的, 则称矩阵

$$A'(t)=\begin{bmatrix} a'_{11}(t) & a'_{12}(t) & \cdots & a'_{1n}(t) \\ a'_{21}(t) & a'_{22}(t) & \cdots & a'_{2n}(t) \\ \vdots & \vdots & & \vdots \\ a'_{m1}(t) & a'_{m2}(t) & \cdots & a'_{mn}(t) \end{bmatrix}$$

为函数矩阵 $A(t)$ 关于变量 t 的导数, 记为 $\dfrac{\mathrm{d}A(t)}{\mathrm{d}t}$ 或 $A'(t)$.

例 1 求函数矩阵

$$A(t)=\begin{bmatrix} e^t & \dfrac{1}{t} & 2^t \\ 1 & \sin 2t & t \\ t^2 & \cos t & 0 \end{bmatrix}$$

的导数.

解 由定义 1 有

$$A'(t)=\begin{bmatrix} e^t & -\dfrac{1}{t^2} & 2^t\ln 2 \\ 0 & 2\cos 2t & 1 \\ 2t & -\sin t & 0 \end{bmatrix}.$$

函数矩阵的加法、数量乘法、矩阵与矩阵的乘法与数量矩阵的运算完全相同, 这里仅给出函数矩阵可逆的定义.

定义 2 设 $A(t)=(a_{ij}(t))_{n\times n}$ 为 n 阶函数矩阵, 若存在 n 阶函数矩阵 $B(t)=(b_{ij}(t))_{n\times n}$, 使得对于任何 $t\in[a,b]$, 都有

$$A(t)B(t)=B(t)A(t)=E_n,$$

则称 $\boldsymbol{A}(t)$ 在 $[a,b]$ 上可逆, $\boldsymbol{B}(t)$ 为 $\boldsymbol{A}(t)$ 的逆矩阵, 记为 $\boldsymbol{A}^{-1}(t)$.

关于函数矩阵的导数, 有如下的求导法则.

定理 1　设 $\boldsymbol{A}(t)\in\mathbb{R}^{m\times n},\boldsymbol{B}(t)\in\mathbb{R}^{p\times q}$, $\lambda(t)\in\mathbb{R}$ 为 t 的一元函数, 且它们均关于 t 可导, 则

(1) $\dfrac{\mathrm{d}}{\mathrm{d}t}(\boldsymbol{A}(t)\pm\boldsymbol{B}(t))=\dfrac{\mathrm{d}}{\mathrm{d}t}\boldsymbol{A}(t)\pm\dfrac{\mathrm{d}}{\mathrm{d}t}\boldsymbol{B}(t)$, 当 $m=p,n=q$ 时;

(2) $\dfrac{\mathrm{d}}{\mathrm{d}t}(\lambda(t)\boldsymbol{A}(t))=\left(\dfrac{\mathrm{d}}{\mathrm{d}t}\lambda(t)\right)\boldsymbol{A}(t)+\lambda(t)\left(\dfrac{\mathrm{d}}{\mathrm{d}t}\boldsymbol{A}(t)\right)$;

(3) $\dfrac{\mathrm{d}}{\mathrm{d}t}(\boldsymbol{A}(t)\boldsymbol{B}(t))=\left(\dfrac{\mathrm{d}}{\mathrm{d}t}\boldsymbol{A}(t)\right)\boldsymbol{B}(t)+\boldsymbol{A}(t)\left(\dfrac{\mathrm{d}}{\mathrm{d}t}\boldsymbol{B}(t)\right)$, 当 $n=p$ 时;

(4) 当 $\boldsymbol{A}^{-1}(t)$ 存在 (当 $m=n$), 且关于变量 t 可导时, 有

$$\frac{\mathrm{d}\boldsymbol{A}^{-1}(t)}{\mathrm{d}t}=-\boldsymbol{A}^{-1}(t)\frac{\mathrm{d}\boldsymbol{A}(t)}{\mathrm{d}t}\boldsymbol{A}^{-1}(t).$$

证明　性质 (1) 和 (2) 由函数矩阵导数的定义很显然, 下面给出性质 (3) 和 (4) 的证明.

(3) 设 $\boldsymbol{A}(t)=(a_{ij}(t))_{m\times n}$, $\boldsymbol{B}(t)=(b_{ij}(t))_{n\times q}$, 则

$$\begin{aligned}
\frac{\mathrm{d}}{\mathrm{d}t}[\boldsymbol{A}(t)\boldsymbol{B}(t)]=&\frac{\mathrm{d}}{\mathrm{d}t}\left[\sum\nolimits_{k=1}^{n}a_{ik}(t)b_{kj}(t)\right]_{m\times q}\\
=&\frac{\mathrm{d}}{\mathrm{d}t}[a_{i1}(t)b_{1j}(t)+a_{i2}(t)b_{2j}(t)+\cdots+a_{in}(t)b_{nj}(t)]_{m\times q}\\
=&\left[\frac{\mathrm{d}}{\mathrm{d}t}(a_{i1}(t)b_{1j}(t))+\frac{\mathrm{d}}{\mathrm{d}t}(a_{i2}(t)b_{2j}(t))+\cdots+\frac{\mathrm{d}}{\mathrm{d}t}(a_{in}(t)b_{nj}(t))\right]_{m\times q}\\
=&\left[\frac{\mathrm{d}}{\mathrm{d}t}a_{i1}(t)\cdot b_{2j}(t)+\frac{\mathrm{d}}{\mathrm{d}t}a_{i2}(t)\cdot b_{2j}(t)+\cdots+\frac{\mathrm{d}}{\mathrm{d}t}a_{in}(t)\cdot b_{nj}(t)\right.\\
&\left.+a_{i1}(t)\cdot\frac{\mathrm{d}}{\mathrm{d}t}b_{1j}(t)+a_{i2}(t)\cdot\frac{\mathrm{d}}{\mathrm{d}t}b_{2j}(t)+\cdots+a_{in}(t)\cdot\frac{\mathrm{d}}{\mathrm{d}t}b_{1n}(t)\right]_{m\times q}\\
=&\left[\frac{\mathrm{d}}{\mathrm{d}t}\boldsymbol{A}(t)\right]\boldsymbol{B}(t)+\boldsymbol{A}(t)\left[\frac{\mathrm{d}}{\mathrm{d}t}\boldsymbol{B}(t)\right].
\end{aligned}$$

(4) 由 $\boldsymbol{A}(t)\cdot\boldsymbol{A}^{-1}(t)=\boldsymbol{E}_n$, 两边同时关于 t 求导, 得

$$\frac{\mathrm{d}}{\mathrm{d}t}(\boldsymbol{A}(t)\boldsymbol{A}^{-1}(t))=\left(\frac{\mathrm{d}}{\mathrm{d}t}\boldsymbol{A}(t)\right)\boldsymbol{A}^{-1}(t)+\boldsymbol{A}(t)\left(\frac{\mathrm{d}}{\mathrm{d}t}\boldsymbol{A}^{-1}(t)\right)=\boldsymbol{O}.$$

又因为 $\boldsymbol{A}^{-1}(t)$ 存在, 故有

$$\frac{\mathrm{d}\boldsymbol{A}^{-1}(t)}{\mathrm{d}t}=-\boldsymbol{A}^{-1}(t)\frac{\mathrm{d}\boldsymbol{A}(t)}{\mathrm{d}t}\boldsymbol{A}^{-1}(t).$$

□

例 2 设 $\boldsymbol{A}\in\mathbb{R}^{n\times n}$, 则有

(1) $\dfrac{\mathrm{d}}{\mathrm{d}t}e^{\boldsymbol{A}t}=\boldsymbol{A}e^{\boldsymbol{A}t}=e^{\boldsymbol{A}t}\boldsymbol{A}$;

(2) $\dfrac{\mathrm{d}}{\mathrm{d}t}\sin\boldsymbol{A}t=\boldsymbol{A}\cos\boldsymbol{A}t=(\cos\boldsymbol{A}t)\boldsymbol{A}$;

(3) $\dfrac{\mathrm{d}}{\mathrm{d}t}\cos\boldsymbol{A}t=-\boldsymbol{A}\sin\boldsymbol{A}t=-(\sin\boldsymbol{A}t)\boldsymbol{A}$.

证明 (1) 由 $e^{\boldsymbol{A}t}$ 的定义及绝对收敛级数可以逐项求导易知

$$\begin{aligned}\frac{\mathrm{d}}{\mathrm{d}t}e^{\boldsymbol{A}t}&=\frac{\mathrm{d}}{\mathrm{d}t}\left[\boldsymbol{E}_n+\frac{1}{1!}\boldsymbol{A}t+\frac{1}{2!}\boldsymbol{A}^2t^2+\cdots\right]\\&=\boldsymbol{A}+\frac{1}{1!}\boldsymbol{A}^2t+\frac{1}{2!}\boldsymbol{A}^3t^2+\cdots\\&=\boldsymbol{A}\left[\boldsymbol{E}_n+\frac{1}{1!}\boldsymbol{A}t+\frac{1}{2!}\boldsymbol{A}^2t^2+\cdots\right]\\&=\boldsymbol{A}e^{\boldsymbol{A}t}.\end{aligned}$$

又由于 $\boldsymbol{A}^{m+1}t^m=(\boldsymbol{A}^mt^m)\boldsymbol{A}$, 故又有 $\dfrac{\mathrm{d}}{\mathrm{d}t}e^{\boldsymbol{A}t}=e^{\boldsymbol{A}t}\boldsymbol{A}$ 成立. 综合得证.

(2)—(3) 证明类似 (1), 这里不赘述. □

例 3 设 $\boldsymbol{A}=\boldsymbol{A}^{\mathrm{T}}\in\mathbb{R}^{n\times n}$ 是常数矩阵, $\boldsymbol{x}=\boldsymbol{x}(t)$ 是 n 维向量函数. 试求函数矩阵 $\boldsymbol{x}^{\mathrm{T}}\boldsymbol{A}\boldsymbol{x}$ 关于 t 的导数.

解 根据定理 1 中的性质 (3), 有

$$\begin{aligned}\frac{\mathrm{d}(\boldsymbol{x}^{\mathrm{T}}\boldsymbol{A}\boldsymbol{x})}{\mathrm{d}t}&=\frac{\mathrm{d}\boldsymbol{x}^{\mathrm{T}}}{\mathrm{d}t}\boldsymbol{A}\boldsymbol{x}+\boldsymbol{x}^{\mathrm{T}}\frac{\mathrm{d}\boldsymbol{A}\boldsymbol{x}}{\mathrm{d}t}\\&=\frac{\mathrm{d}\boldsymbol{x}^{\mathrm{T}}}{\mathrm{d}t}\boldsymbol{A}\boldsymbol{x}+\boldsymbol{x}^{\mathrm{T}}\boldsymbol{A}\frac{\mathrm{d}\boldsymbol{x}}{\mathrm{d}t}\\&=2\frac{\mathrm{d}\boldsymbol{x}^{\mathrm{T}}}{\mathrm{d}t}\boldsymbol{A}\boldsymbol{x}.\end{aligned}$$

上面最后一步因为 $\boldsymbol{x}^{\mathrm{T}}\boldsymbol{A}\dfrac{\mathrm{d}\boldsymbol{x}}{\mathrm{d}t}$ 为一数量值函数, 故

$$\boldsymbol{x}^{\mathrm{T}}\boldsymbol{A}\frac{\mathrm{d}\boldsymbol{x}}{\mathrm{d}t}=\left(\boldsymbol{x}^{\mathrm{T}}\boldsymbol{A}\frac{\mathrm{d}\boldsymbol{x}}{\mathrm{d}t}\right)^{\mathrm{T}}=\left(\frac{\mathrm{d}\mathbf{x}}{\mathrm{d}t}\right)^{\mathrm{T}}\boldsymbol{A}^{\mathrm{T}}\boldsymbol{x}=\left(\frac{\mathrm{d}\boldsymbol{x}}{\mathrm{d}t}\right)^{\mathrm{T}}\boldsymbol{A}\boldsymbol{x}.$$

而

$$\left(\frac{\mathrm{d}\boldsymbol{x}}{\mathrm{d}t}\right)^{\mathrm{T}}=\left[\left(\frac{\mathrm{d}x_1}{\mathrm{d}t},\frac{\mathrm{d}x_2}{\mathrm{d}t},\cdots,\frac{\mathrm{d}x_n}{\mathrm{d}t}\right)^{\mathrm{T}}\right]^{\mathrm{T}}$$

$$=\left(\frac{\mathrm{d}x_1}{\mathrm{d}t},\frac{\mathrm{d}x_2}{\mathrm{d}t},\cdots,\frac{\mathrm{d}x_n}{\mathrm{d}t}\right)=\frac{\mathrm{d}\boldsymbol{x}^{\mathrm{T}}}{\mathrm{d}t},$$

故有

$$\boldsymbol{x}^{\mathrm{T}}\boldsymbol{A}\frac{\mathrm{d}\boldsymbol{x}}{\mathrm{d}t}=\frac{\mathrm{d}\boldsymbol{x}^{\mathrm{T}}}{\mathrm{d}t}\boldsymbol{A}\boldsymbol{x}.$$

例 4 设 $\boldsymbol{A}(t)$ 为 n 阶可微矩阵, 讨论

$$\frac{\mathrm{d}}{\mathrm{d}t}[\boldsymbol{A}(t)]^m=m[\boldsymbol{A}(t)]^{m-1}\frac{\mathrm{d}}{\mathrm{d}t}\boldsymbol{A}(t)$$

是否一定成立？何时成立.

解 先来看一个例子, 取 $m=2$, 且

$$\boldsymbol{A}(t)=\begin{bmatrix}1+t^2 & 1\\ 0 & t\end{bmatrix},$$

则

$$\boldsymbol{A}^2(t)=\begin{bmatrix}(1+t^2)^2 & 1+t+t^2\\ 0 & t^2\end{bmatrix},\quad \frac{\mathrm{d}}{\mathrm{d}t}\boldsymbol{A}^2(t)=\begin{bmatrix}2(1+t^2)\cdot 2t & 2t+1\\ 0 & 2t\end{bmatrix},$$

而

$$2\boldsymbol{A}(t)\frac{\mathrm{d}}{\mathrm{d}t}\boldsymbol{A}(t)=\begin{bmatrix}2(1+t^2)\cdot 2t & 2\\ 0 & 2t\end{bmatrix}\neq\frac{\mathrm{d}}{\mathrm{d}t}\boldsymbol{A}^2(t).$$

从这个例子可以看出, 题目所给公式一般不成立.

下面来看看满足什么条件时, 题目中公式成立. 当 $m=2$ 时, 有

$$\frac{\mathrm{d}}{\mathrm{d}t}[\boldsymbol{A}(t)]^2=\left[\frac{\mathrm{d}}{\mathrm{d}t}\boldsymbol{A}(t)\right]\boldsymbol{A}(t)+\boldsymbol{A}(t)\left[\frac{\mathrm{d}}{\mathrm{d}t}\boldsymbol{A}(t)\right],$$

则当 $\left[\frac{\mathrm{d}}{\mathrm{d}t}\boldsymbol{A}(t)\right]\boldsymbol{A}(t)=\boldsymbol{A}(t)\left[\frac{\mathrm{d}}{\mathrm{d}t}\boldsymbol{A}(t)\right]$ 时, 上述公式成立, 即

$$\frac{\mathrm{d}}{\mathrm{d}t}[\boldsymbol{A}(t)]^2=2\boldsymbol{A}(t)\left[\frac{\mathrm{d}}{\mathrm{d}t}\boldsymbol{A}(t)\right]$$

成立. 利用数学归纳法证明, 在此条件下等式成立. 首先有 $m=2$ 时等式成立. 假设当 $m=k-1$ 时等式成立, 则当 $m=k$ 时有

$$\frac{\mathrm{d}}{\mathrm{d}t}[\boldsymbol{A}(t)]^k=\frac{\mathrm{d}}{\mathrm{d}t}[\boldsymbol{A}(t)]^{k-1}\boldsymbol{A}(t)+[\boldsymbol{A}(t)]^{k-1}\frac{\mathrm{d}}{\mathrm{d}t}\boldsymbol{A}(t)$$

$$= (k-1)[\boldsymbol{A}(t)]^{k-2}\frac{\mathrm{d}}{\mathrm{d}t}[\boldsymbol{A}(t)]\boldsymbol{A}(t) + [\boldsymbol{A}(t)]^{k-1}\frac{\mathrm{d}}{\mathrm{d}t}\boldsymbol{A}(t)$$

$$= k[\boldsymbol{A}(t)]^{k-1}\frac{\mathrm{d}}{\mathrm{d}t}[\boldsymbol{A}(t)].$$

综上, 当 $\left[\frac{\mathrm{d}}{\mathrm{d}t}\boldsymbol{A}(t)\right]\boldsymbol{A}(t) = \boldsymbol{A}(t)\left[\frac{\mathrm{d}}{\mathrm{d}t}\boldsymbol{A}(t)\right]$ 时, 有

$$\frac{\mathrm{d}}{\mathrm{d}t}[\boldsymbol{A}(t)]^m = m[\boldsymbol{A}(t)]^{m-1}\frac{\mathrm{d}}{\mathrm{d}t}\boldsymbol{A}(t).$$

6.2.2 数量值函数对矩阵变量的导数

定义 3 设 $\boldsymbol{X} = (x_{ij}) \in \mathbb{C}^{m\times n}$, 则以 $\boldsymbol{X}$ 为变量的 $m \times n$ 元数量值函数为

$$f(\boldsymbol{X}) = f(x_{11}, x_{12}, \cdots, x_{1n}, x_{21}, x_{22}, \cdots, x_{2n}, \cdots, x_{m1}, x_{m2}, \cdots, x_{mn}).$$

若 $\frac{\partial f}{\partial x_{ij}}$ $(i = 1, \cdots, m, j = 1, \cdots, n)$ 都存在, 则称 $m \times n$ 矩阵

$$\frac{\mathrm{d}f}{\mathrm{d}\boldsymbol{X}} = \left(\frac{\partial f}{\partial x_{ij}}\right)_{m\times n} = \begin{bmatrix} \frac{\partial f}{\partial x_{11}} & \cdots & \frac{\partial f}{\partial x_{1n}} \\ \vdots & & \vdots \\ \frac{\partial f}{\partial x_{m1}} & \cdots & \frac{\partial f}{\partial x_{mn}} \end{bmatrix}$$

为数量值函数 $f(\boldsymbol{X})$ 关于矩阵变量 $\boldsymbol{X}$ 的导数, 记为 $\frac{\mathrm{d}f}{\mathrm{d}\boldsymbol{X}}$.

在定义 3 中, 当 $m = n = 1$, $\frac{\mathrm{d}f}{\mathrm{d}\boldsymbol{X}}$ 表示的是一般的一元函数的导数; 当 $m = 1$ 或 $n = 1$ 时, $\frac{\mathrm{d}f}{\mathrm{d}\boldsymbol{X}}$ 就是 n 元 (m 元) 函数的梯度.

例 5 设 $\boldsymbol{x} = [x_1, x_2, \cdots, x_n]^{\mathrm{T}}$ 为向量变量, $\boldsymbol{a} = [a_1, a_2, \cdots, a_n]^{\mathrm{T}}$ 为给定的常数向量, 函数 $f(\boldsymbol{x}) = \boldsymbol{x}^{\mathrm{T}}\boldsymbol{a}$, 求 $\frac{\mathrm{d}f}{\mathrm{d}\boldsymbol{x}}$.

解 由 $f(\boldsymbol{x}) = a_1x_1 + a_2x_2 + \cdots + a_nx_n$, 且 $\frac{\partial f}{\partial x_i} = a_i\,(i = 1, \cdots, n)$, 于是

$$\frac{\mathrm{d}f}{\mathrm{d}\boldsymbol{x}} = \begin{bmatrix} \frac{\partial f}{\partial x_1} \\ \vdots \\ \frac{\partial f}{\partial x_n} \end{bmatrix} = \begin{bmatrix} a_1 \\ \vdots \\ a_n \end{bmatrix} = \boldsymbol{a}.$$

矩阵 $\boldsymbol{A}$ 的数量值函数的导数有如下性质.

定理 2　设 $\boldsymbol{A} \in \mathbb{R}^{m\times n}$ 为矩阵型变量, $f(\boldsymbol{A})$, $g(\boldsymbol{A})$ 为 $\boldsymbol{A}$ 的数量值函数, 且都关于 $\boldsymbol{A}$ 可导, 则

(1) $\dfrac{\mathrm{d}f(\boldsymbol{A})g(\boldsymbol{A})}{\mathrm{d}\boldsymbol{A}} = \dfrac{\mathrm{d}f(\boldsymbol{A})}{\mathrm{d}\boldsymbol{A}}g(\boldsymbol{A}) + f(\boldsymbol{A})\dfrac{\mathrm{d}g(\boldsymbol{A})}{\mathrm{d}\boldsymbol{A}}$;

(2) $\dfrac{\mathrm{d}[f(\boldsymbol{A}) \pm g(\boldsymbol{A})]}{\mathrm{d}\boldsymbol{A}} = \dfrac{\mathrm{d}f(\boldsymbol{A})}{\mathrm{d}\boldsymbol{A}} \pm \dfrac{\mathrm{d}g(\boldsymbol{A})}{\mathrm{d}\boldsymbol{A}}$.

证明　(1) 设 $\boldsymbol{A} = (a_{ij})_{m\times n}$, 则

$$\begin{aligned}\frac{\mathrm{d}f(\boldsymbol{A})g(\boldsymbol{A})}{\mathrm{d}\boldsymbol{A}} &= \left(\frac{\partial f(\boldsymbol{A})g(\boldsymbol{A})}{\partial a_{ij}}\right)_{m\times n}\\ &= \left(\frac{\partial f(\boldsymbol{A})}{\partial a_{ij}}g(\boldsymbol{A}) + f(\boldsymbol{A})\frac{\partial g(\boldsymbol{A})}{\partial a_{ij}}\right)_{m\times n}\\ &= \frac{\mathrm{d}f(\boldsymbol{A})}{\mathrm{d}\boldsymbol{A}}g(\boldsymbol{A}) + f(\boldsymbol{A})\frac{\mathrm{d}g(\boldsymbol{A})}{\mathrm{d}\boldsymbol{A}}.\end{aligned}$$

(2) 读者可由定义直接验证.

例 6　设变量 $\boldsymbol{X} = (x_{ij})$ 为 $m \times n$ 实矩阵, 求函数 $f(\boldsymbol{X}) = \mathrm{tr}(\boldsymbol{X}^{\mathrm{T}}\boldsymbol{X})$ 的导数.

解　由矩阵乘法有

$$\boldsymbol{X}^{\mathrm{T}}\boldsymbol{X} = \begin{bmatrix} \sum\limits_{k=1}^{m} x_{k1}^2 & \sum\limits_{k=1}^{m} x_{k1}x_{k2} & \cdots & \sum\limits_{k=1}^{m} x_{k1}x_{kn} \\ \sum\limits_{k=1}^{m} x_{k2}x_{k1} & \sum\limits_{k=1}^{m} x_{k2}^2 & \cdots & \sum\limits_{k=1}^{m} x_{k2}x_{kn} \\ \vdots & \vdots & & \vdots \\ \sum\limits_{k=1}^{m} x_{kn}x_{k1} & \sum\limits_{k=1}^{m} x_{kn}x_{k2} & \cdots & \sum\limits_{k=1}^{m} x_{kn}^2 \end{bmatrix},$$

$\mathrm{tr}(\boldsymbol{X}^{\mathrm{T}}\boldsymbol{X}) = \sum\limits_{i=1}^{2}\sum\limits_{j=1}^{2} x_{ij}^2$, 因此

$$\frac{\partial(\mathrm{tr}(\boldsymbol{X}^{\mathrm{T}}\boldsymbol{X}))}{\partial x_{ij}} = \frac{\partial\left(\sum\limits_{i=1}^{2}\sum\limits_{j=1}^{2} x_{ij}^2\right)}{\partial x_{ij}} = 2x_{ij},$$

故有

$$\frac{\mathrm{d}f(\boldsymbol{X})}{\mathrm{d}\boldsymbol{X}}=2\boldsymbol{X}.$$

例 7 设 $\boldsymbol{X}\in\mathbb{R}^{n\times n}$, 求 $\dfrac{\mathrm{d}}{\mathrm{d}\boldsymbol{X}}|\boldsymbol{X}|$.

解 设 A_{ij} 表示矩阵 $\boldsymbol{X}$ 中元素 x_{ij} 的代数余子式, 因此

$$|\boldsymbol{X}|=\sum_{j=1}^{n}x_{ij}A_{ij}.$$

对任意的 $i=1,2,\cdots,n$ 成立. 于是

$$\frac{\partial}{\partial x_{ij}}|\boldsymbol{X}|=\frac{\partial}{\partial x_{ij}}\left(\sum_{j=1}^{n}x_{ij}A_{ij}\right)=A_{ij},$$

故有

$$\frac{\mathrm{d}}{\mathrm{d}\boldsymbol{X}}|\boldsymbol{X}|=[A_{ij}]_{n\times n}=(\boldsymbol{X}^*)^{\mathrm{T}},$$

其中 $\boldsymbol{X}^*$ 为 $\boldsymbol{X}$ 的伴随矩阵.

例 8 设 $\boldsymbol{x}=[x_1,x_2,x_3]^{\mathrm{T}}\in\mathbb{R}^3$ 为 3 维向量型变量, $\boldsymbol{A}=(a_{ij})\in\mathbb{R}^{3\times 3}$ 为给定的常数矩阵, 分别求 $f(\boldsymbol{x})=\boldsymbol{x}^{\mathrm{T}}\boldsymbol{A}\boldsymbol{x}$ 对 $\boldsymbol{x}$ 和 $\boldsymbol{x}^{\mathrm{T}}$ 的导数.

解

$$\begin{aligned}f(\boldsymbol{x})=\boldsymbol{x}^{\mathrm{T}}\boldsymbol{A}\boldsymbol{x}&=[x_1,x_2,x_3]\begin{bmatrix}a_{11}x_1+a_{12}x_2+a_{13}x_3\\a_{21}x_1+a_{22}x_2+a_{23}x_3\\a_{31}x_1+a_{32}x_2+a_{33}x_3\end{bmatrix}\\&=x_1(a_{11}x_1+a_{12}x_2+a_{13}x_3)+x_2(a_{21}x_1+a_{22}x_2+a_{23}x_3)\\&\quad+x_3(a_{31}x_1+a_{32}x_2+a_{33}x_3),\end{aligned}$$

于是

$$\frac{\partial f}{\partial x_1}=(a_{11}x_1+a_{12}x_2+a_{13}x_3)+x_1a_{11}+x_2a_{21}+x_3a_{31},$$

$$\frac{\partial f}{\partial x_2}=(a_{21}x_1+a_{22}x_2+a_{23}x_3)+x_1a_{12}+x_2a_{22}+x_3a_{32},$$

$$\frac{\partial f}{\partial x_3}=(a_{31}x_1+a_{32}x_2+a_{33}x_3)+x_1a_{13}+x_2a_{23}+x_3a_{33},$$

因此

$$\frac{\mathrm{d}f}{\mathrm{d}\boldsymbol{x}}=\begin{bmatrix}\dfrac{\partial f}{\partial x_1}\\\dfrac{\partial f}{\partial x_2}\\\dfrac{\partial f}{\partial x_3}\end{bmatrix}=\begin{bmatrix}\sum\limits_{i=1}^{3}a_{1i}x_i+\sum\limits_{i=1}^{3}a_{i1}x_i\\\sum\limits_{i=1}^{3}a_{2i}x_i+\sum\limits_{i=1}^{3}a_{i2}x_i\\\sum\limits_{i=1}^{3}a_{3i}x_i+\sum\limits_{i=1}^{3}a_{i3}x_i\end{bmatrix}$$

$$=\begin{bmatrix}\sum\limits_{i=1}^{3}a_{1i}x_i\\\sum\limits_{i=1}^{3}a_{2i}x_i\\\sum\limits_{i=1}^{3}a_{3i}x_i\end{bmatrix}+\begin{bmatrix}\sum\limits_{i=1}^{3}a_{i1}x_i\\\sum\limits_{i=1}^{3}a_{i2}x_i\\\sum\limits_{i=1}^{3}a_{i3}x_i\end{bmatrix}$$

$$=\boldsymbol{A}\boldsymbol{x}+\boldsymbol{A}^{\mathrm{T}}\boldsymbol{x}=(\boldsymbol{A}+\boldsymbol{A}^{\mathrm{T}})\boldsymbol{x},$$

类似地可算得 $\dfrac{\mathrm{d}f}{\mathrm{d}\boldsymbol{x}^{\mathrm{T}}}=\boldsymbol{x}^{\mathrm{T}}(\boldsymbol{A}+\boldsymbol{A}^{\mathrm{T}})$.

6.2.3 矩阵值函数对矩阵变量的导数与微分

定义 4 设 $\boldsymbol{X}=(x_{ij})_{m\times n}\in\mathbb{C}^{m\times n}$ 为矩阵型变量, $\boldsymbol{F}(\boldsymbol{X})=(f_{ij}(\boldsymbol{X}))\in\mathbb{C}^{p\times q}$, 其中每个 $f_{ij}(\boldsymbol{X})(i=1,2,\cdots,m,\ j=1,2,\cdots,n)$ 都为 $\boldsymbol{X}$ 的数量值函数, 则称

$$\boldsymbol{F}(\boldsymbol{X})=\begin{bmatrix}f_{11}(\boldsymbol{X}) & f_{12}(\boldsymbol{X}) & \cdots & f_{1q}(\boldsymbol{X})\\f_{21}(\boldsymbol{X}) & f_{22}(\boldsymbol{X}) & \cdots & f_{2q}(\boldsymbol{X})\\\vdots & \vdots & & \vdots\\f_{p1}(\boldsymbol{X}) & f_{p2}(\boldsymbol{X}) & \cdots & f_{pq}(\boldsymbol{X})\end{bmatrix}$$

为关于 $\boldsymbol{X}$ 的矩阵值函数. 若 $\boldsymbol{F}(\boldsymbol{X})$ 关于 x_{ij} 偏导都存在, 即

$$\frac{\partial\boldsymbol{F}}{\partial x_{ij}}=\begin{bmatrix}\dfrac{\partial f_{11}}{\partial x_{ij}} & \cdots & \dfrac{\partial f_{1q}}{\partial x_{ij}}\\\vdots & & \vdots\\\dfrac{\partial f_{p1}}{\partial x_{ij}} & \cdots & \dfrac{\partial f_{pq}}{\partial x_{ij}}\end{bmatrix},$$

则称

$$\frac{\mathrm{d}\boldsymbol{F}}{\mathrm{d}\boldsymbol{X}}=\begin{bmatrix}\dfrac{\partial \boldsymbol{F}}{\partial x_{11}} & \cdots & \dfrac{\partial \boldsymbol{F}}{\partial x_{1n}}\\ \vdots & & \vdots\\ \dfrac{\partial \boldsymbol{F}}{\partial x_{m1}} & \cdots & \dfrac{\partial \boldsymbol{F}}{\partial x_{mn}}\end{bmatrix}$$

为矩阵值函数 $\boldsymbol{F}(\boldsymbol{X})$ 关矩阵变量 $\boldsymbol{X}$ 的导数, 也可以表示为

$$\frac{\mathrm{d}\boldsymbol{F}}{\mathrm{d}\boldsymbol{X}}=\left(\frac{\partial \boldsymbol{F}}{\partial x_{ij}}\right)_{m\times n}=\nabla\otimes\boldsymbol{F},$$

其中

$$\nabla=\begin{bmatrix}\dfrac{\partial}{\partial x_{11}} & \cdots & \dfrac{\partial}{\partial x_{1n}}\\ \vdots & & \vdots\\ \dfrac{\partial}{\partial x_{m1}} & \cdots & \dfrac{\partial}{\partial x_{mn}}\end{bmatrix}$$

称为 Hamilton 算子矩阵.

例 9 设 $\boldsymbol{X}=\begin{bmatrix}x_{11} & x_{12} & x_{13}\\ x_{21} & x_{22} & x_{23}\end{bmatrix}$ 为矩阵型变量, 求函数 $\boldsymbol{F}(\boldsymbol{X})=\boldsymbol{X}^{\mathrm{T}}$ 对 $\boldsymbol{X}$ 的导数 $\dfrac{\mathrm{d}\boldsymbol{F}}{\mathrm{d}\boldsymbol{X}}$.

解 由定义 4 有

$$\frac{\mathrm{d}\boldsymbol{F}}{\mathrm{d}\boldsymbol{X}}=\begin{bmatrix}\dfrac{\partial \boldsymbol{F}}{\partial x_{11}} & \dfrac{\partial \boldsymbol{F}}{\partial x_{12}} & \dfrac{\partial \boldsymbol{F}}{\partial x_{13}}\\ \dfrac{\partial \boldsymbol{F}}{\partial x_{21}} & \dfrac{\partial \boldsymbol{F}}{\partial x_{22}} & \dfrac{\partial \boldsymbol{F}}{\partial x_{23}}\end{bmatrix}.$$

而

$$\frac{\partial \boldsymbol{F}}{\partial x_{11}}=\frac{\partial \boldsymbol{X}^{\mathrm{T}}}{\partial x_{11}}=\begin{bmatrix}\dfrac{\partial x_{11}}{\partial x_{11}} & \dfrac{\partial x_{21}}{\partial x_{11}}\\ \dfrac{\partial x_{12}}{\partial x_{11}} & \dfrac{\partial x_{22}}{\partial x_{11}}\\ \dfrac{\partial x_{13}}{\partial x_{11}} & \dfrac{\partial x_{23}}{\partial x_{11}}\end{bmatrix}=\begin{bmatrix}1 & 0\\ 0 & 0\\ 0 & 0\end{bmatrix},$$

$$\frac{\partial \boldsymbol{F}}{\partial x_{12}}=\frac{\partial \boldsymbol{X}^{\mathrm{T}}}{\partial x_{12}}=\begin{bmatrix}\frac{\partial x_{11}}{\partial x_{12}} & \frac{\partial x_{21}}{\partial x_{12}}\\ \frac{\partial x_{12}}{\partial x_{12}} & \frac{\partial x_{22}}{\partial x_{12}}\\ \frac{\partial x_{13}}{\partial x_{12}} & \frac{\partial x_{23}}{\partial x_{12}}\end{bmatrix}=\begin{bmatrix}0&0\\1&0\\0&0\end{bmatrix}.$$

同理得

$$\frac{\partial \boldsymbol{F}}{\partial x_{13}}=\begin{bmatrix}0&0\\0&0\\1&0\end{bmatrix},\quad \frac{\partial \boldsymbol{F}}{\partial x_{21}}=\begin{bmatrix}0&1\\0&0\\0&0\end{bmatrix},\quad \frac{\partial \boldsymbol{F}}{\partial x_{22}}=\begin{bmatrix}0&0\\0&1\\0&0\end{bmatrix},\quad \frac{\partial \boldsymbol{F}}{\partial x_{23}}=\begin{bmatrix}0&0\\0&0\\0&1\end{bmatrix}.$$

故有

$$\frac{\mathrm{d}\boldsymbol{F}}{\mathrm{d}\boldsymbol{X}}=\begin{bmatrix}1&0&0&0&0&0\\0&0&1&0&0&0\\0&0&0&0&1&0\\0&1&0&0&0&0\\0&0&0&1&0&0\\0&0&0&0&0&1\end{bmatrix}.$$

特别地, 如果设 $\boldsymbol{X}=[\ x_1\quad x_2\quad x_3\ ]$ 为变量, 且 $\boldsymbol{F}(\boldsymbol{X})=\boldsymbol{X}^{\mathrm{T}}$ 为矩阵值函数, 则有

$$\frac{\mathrm{d}\boldsymbol{F}}{\mathrm{d}\boldsymbol{X}}=\frac{\mathrm{d}\boldsymbol{X}^{\mathrm{T}}}{\mathrm{d}\boldsymbol{X}}=\begin{bmatrix}1&0&0\\0&1&0\\0&0&1\end{bmatrix}.$$

从定义 4 可知, 矩阵值函数 $\boldsymbol{F}(\boldsymbol{X})=(f_{ij}(\boldsymbol{X}))\in\mathbb{C}^{p\times q}$ 对矩阵变量 $\boldsymbol{X}\in\mathbb{C}^{m\times n}$ 的导数仍然是一个矩阵, 这个矩阵首先是一个 $m\times n$ 的分块矩阵 $\left(\frac{\partial \boldsymbol{F}}{\partial x_{ij}}\right)_{m\times n}$, 而每一子块 $\frac{\partial \boldsymbol{F}}{\partial x_{ij}}$ 又是一个 $p\times q$ 的矩阵 $\left(\frac{\partial f_{kl}}{\partial x_{ij}}\right)_{p\times q}$.

显然, 当 $m=n=1$ 时, 变量 X 为一个单变量, 不妨设为 $X=t\in\mathbb{C}$, 函数 $\boldsymbol{F}(\boldsymbol{X})\in\mathbb{C}^{p\times q}$ 是一个函数矩阵, 微分 $\frac{\mathrm{d}\boldsymbol{F}}{\mathrm{d}\boldsymbol{X}}=\frac{\mathrm{d}\boldsymbol{F}(t)}{\mathrm{d}t}\in\mathbb{C}^{p\times q}$ 为第一种微分;

当 $p=q=1$ 时, 函数 $\boldsymbol{F}(\boldsymbol{X})$ 为数量值函数, 不妨设 $\boldsymbol{F}(\boldsymbol{X})=f(\boldsymbol{X})\in\mathbb{C}$, 微分 $\frac{\mathrm{d}\boldsymbol{F}}{\mathrm{d}\boldsymbol{X}}=\frac{\mathrm{d}f(\boldsymbol{X})}{\mathrm{d}\boldsymbol{X}}\in\mathbb{C}^{m\times n}$ 为第二种微分.

因此说前两种微分是第三种微分的特例, 微分的计算方式一样, 只是表达形式和运算性质描述有些不同.

定理 3 设 $\boldsymbol{X}\in\mathbb{C}^{m\times n}$ 为矩阵型变量, $\boldsymbol{F}(\boldsymbol{X}),\boldsymbol{G}(\boldsymbol{X})\in\mathbb{C}^{p\times q}$, $\boldsymbol{H}(\boldsymbol{X})\in\mathbb{C}^{q\times k}$ 为矩阵值函数, $\lambda(\boldsymbol{X})\in\mathbb{C}$ 是数量值函数, 则

(1) $\dfrac{\mathrm{d}[\boldsymbol{F}(\boldsymbol{X})\pm\boldsymbol{G}(\boldsymbol{X})]}{\mathrm{d}\boldsymbol{X}}=\dfrac{\mathrm{d}\boldsymbol{F}(\boldsymbol{X})}{\mathrm{d}\boldsymbol{X}}\pm\dfrac{\mathrm{d}\boldsymbol{G}(\boldsymbol{X})}{\mathrm{d}\boldsymbol{X}}$;

(2) $\dfrac{\mathrm{d}[\lambda(\boldsymbol{X})\boldsymbol{F}(\boldsymbol{X})]}{\mathrm{d}\boldsymbol{X}}=\dfrac{\mathrm{d}\lambda(\boldsymbol{X})}{\mathrm{d}\boldsymbol{X}}\otimes\boldsymbol{F}(\boldsymbol{X})+\lambda(\boldsymbol{X})\dfrac{\mathrm{d}\boldsymbol{F}(\boldsymbol{X})}{\mathrm{d}\boldsymbol{X}}$;

(3) $\dfrac{\mathrm{d}[\boldsymbol{G}(\boldsymbol{X})\boldsymbol{H}(\boldsymbol{X})]}{\mathrm{d}\boldsymbol{X}}=\dfrac{\mathrm{d}\boldsymbol{G}(\boldsymbol{X})}{\mathrm{d}\boldsymbol{X}}(\boldsymbol{E}_n\otimes\boldsymbol{H}(\boldsymbol{X}))+(\boldsymbol{E}_m\otimes\boldsymbol{G}(\boldsymbol{X}))\dfrac{\mathrm{d}\boldsymbol{H}(\boldsymbol{X})}{\mathrm{d}\boldsymbol{X}}$.

证明 前两个性质请读者自己验证. 下面证明 (3).

因为

$$\frac{\mathrm{d}[\boldsymbol{G}(\boldsymbol{X})\boldsymbol{H}(\boldsymbol{X})]}{\mathrm{d}\boldsymbol{X}}=\left(\frac{\partial(\boldsymbol{GH})}{\partial x_{ij}}\right)_{pm\times qn}=\nabla\otimes(\boldsymbol{GH})=\begin{bmatrix}\dfrac{\partial(\boldsymbol{GH})}{\partial X_{11}} & \cdots & \dfrac{\partial(\boldsymbol{GH})}{\partial X_{1n}}\\ \vdots & & \vdots\\ \dfrac{\partial(\boldsymbol{GH})}{\partial X_{m1}} & \cdots & \dfrac{\partial(\boldsymbol{GH})}{\partial X_{mn}}\end{bmatrix},$$

其中

$$\frac{\partial(\boldsymbol{GH})}{\partial X_{ij}}=\frac{\partial\boldsymbol{G}}{\partial X_{ij}}\boldsymbol{H}+\boldsymbol{G}\frac{\partial\boldsymbol{H}}{\partial X_{ij}}\quad(i=1,\cdots,m,\ j=1,\cdots,n),$$

所以

$$\begin{aligned}\frac{\mathrm{d}[\boldsymbol{G}(\boldsymbol{X})\boldsymbol{H}(\boldsymbol{X})]}{\mathrm{d}\boldsymbol{X}}&=\begin{bmatrix}\dfrac{\partial\boldsymbol{G}}{\partial X_{11}}\boldsymbol{H} & \cdots & \dfrac{\partial\boldsymbol{G}}{\partial X_{1n}}\boldsymbol{H}\\ \vdots & & \vdots\\ \dfrac{\partial\boldsymbol{G}}{\partial X_{m1}}\boldsymbol{H} & \cdots & \dfrac{\partial\boldsymbol{G}}{\partial X_{mn}}\boldsymbol{H}\end{bmatrix}+\begin{bmatrix}\boldsymbol{G}\dfrac{\partial\boldsymbol{H}}{\partial X_{11}} & \cdots & \boldsymbol{G}\dfrac{\partial\boldsymbol{H}}{\partial X_{1n}}\\ \vdots & & \vdots\\ \boldsymbol{G}\dfrac{\partial\boldsymbol{H}}{\partial X_{m1}} & \cdots & \boldsymbol{G}\dfrac{\partial\boldsymbol{H}}{\partial X_{mn}}\end{bmatrix}\\&=\begin{bmatrix}\dfrac{\partial\boldsymbol{G}}{\partial X_{11}} & \cdots & \dfrac{\partial\boldsymbol{G}}{\partial X_{1n}}\\ \vdots & & \vdots\\ \dfrac{\partial\boldsymbol{G}}{\partial X_{m1}} & \cdots & \dfrac{\partial\boldsymbol{G}}{\partial X_{mn}}\end{bmatrix}\begin{bmatrix}\boldsymbol{H} & & & \\ & \boldsymbol{H} & & \\ & & \ddots & \\ & & & \boldsymbol{H}\end{bmatrix}_{nq\times nk}\\&\quad+\begin{bmatrix}\boldsymbol{G} & & & \\ & \boldsymbol{G} & & \\ & & \ddots & \\ & & & \boldsymbol{G}\end{bmatrix}_{mp\times mq}\begin{bmatrix}\dfrac{\partial\boldsymbol{H}}{\partial X_{11}} & \cdots & \dfrac{\partial\boldsymbol{H}}{\partial X_{1n}}\\ \vdots & & \vdots\\ \dfrac{\partial\boldsymbol{H}}{\partial X_{m1}} & \cdots & \dfrac{\partial\boldsymbol{H}}{\partial X_{mn}}\end{bmatrix}\end{aligned}$$

$$=\frac{\mathrm{d}\boldsymbol{G}(\boldsymbol{X})}{\mathrm{d}\boldsymbol{X}}(\boldsymbol{E}_n\otimes\boldsymbol{H}(\boldsymbol{X}))+(\boldsymbol{E}_m\otimes\boldsymbol{G}(\boldsymbol{X}))\frac{\mathrm{d}\boldsymbol{H}(\boldsymbol{X})}{\mathrm{d}\boldsymbol{X}}.\qquad\square$$

例 10　设 $\boldsymbol{A}\in\mathbb{R}^{n\times m}$ 为常数矩阵, $\boldsymbol{x}\in\mathbb{R}^n$ 为向量型变量, 求 $\dfrac{\mathrm{d}\boldsymbol{x}^{\mathrm{T}}\boldsymbol{A}}{\mathrm{d}\boldsymbol{x}}$.

解　设 $\boldsymbol{A}=(a_{ij})_{n\times m}=[\boldsymbol{a}_1,\cdots,\boldsymbol{a}_m]$, $\boldsymbol{a}_i\in\mathbb{R}^n(i=1,\cdots,m)$, 则有

$$\frac{\mathrm{d}\boldsymbol{x}^{\mathrm{T}}\boldsymbol{A}}{\mathrm{d}\boldsymbol{x}}=\begin{bmatrix}\dfrac{\partial\boldsymbol{x}^{\mathrm{T}}\boldsymbol{A}}{\partial x_1}\\ \vdots\\ \dfrac{\partial\boldsymbol{x}^{\mathrm{T}}\boldsymbol{A}}{\partial x_n}\end{bmatrix},$$

其中

$$\begin{aligned}\frac{\partial\boldsymbol{x}^{\mathrm{T}}\boldsymbol{A}}{\partial x_1}&=\frac{\partial[\ \boldsymbol{x}^{\mathrm{T}}\boldsymbol{a}_1\quad\boldsymbol{x}^{\mathrm{T}}\boldsymbol{a}_2\quad\cdots\quad\boldsymbol{x}^{\mathrm{T}}\boldsymbol{a}_m\ ]}{\partial x_1}\\&=\begin{bmatrix}\dfrac{\partial\left[\sum\limits_{i=1}^{n}x_ia_{i1}\right]}{\partial x_1}&\dfrac{\partial\left[\sum\limits_{i=1}^{n}x_ia_{i2}\right]}{\partial x_1}&\cdots&\dfrac{\partial\left[\sum\limits_{i=1}^{n}x_ia_{im}\right]}{\partial x_1}\end{bmatrix}\\&=\begin{bmatrix}a_{11}&a_{12}&\cdots&a_{1m}\end{bmatrix},\end{aligned}$$

同理可得 $\dfrac{\partial\boldsymbol{x}^{\mathrm{T}}\boldsymbol{A}}{\partial x_j}=\dfrac{\partial[\ \boldsymbol{x}^{\mathrm{T}}\boldsymbol{a}_1\quad\boldsymbol{x}^{\mathrm{T}}\boldsymbol{a}_2\quad\cdots\quad\boldsymbol{x}^{\mathrm{T}}\boldsymbol{a}_m\ ]}{\partial x_j}=\begin{bmatrix}a_{i1}&a_{i2}&\cdots&a_{im}\end{bmatrix}$, $j=1,\cdots,n$. 故有

$$\frac{\mathrm{d}\boldsymbol{x}^{\mathrm{T}}\boldsymbol{A}}{\mathrm{d}\boldsymbol{x}}=\begin{bmatrix}\dfrac{\partial\boldsymbol{x}^{\mathrm{T}}\boldsymbol{A}}{\partial x_1}\\ \vdots\\ \dfrac{\partial\boldsymbol{x}^{\mathrm{T}}\boldsymbol{A}}{\partial x_n}\end{bmatrix}=\begin{bmatrix}a_{11}&\cdots&a_{1m}\\ \vdots&&\vdots\\ a_{n1}&\cdots&a_{nm}\end{bmatrix}=\boldsymbol{A}.$$

此问题也可以利用定理 3 的性质 (3) 来计算. 此时, 矩阵值函数 $\boldsymbol{G}(\boldsymbol{x})=\boldsymbol{x}^{\mathrm{T}}\in\mathbb{C}^{n\times1}$, $\boldsymbol{H}(\boldsymbol{x})=\boldsymbol{A}\in\mathbb{C}^{n\times m}$, 矩阵向量 $\boldsymbol{X}=\boldsymbol{x}\in\mathbb{C}^{1\times n}$, 利用性质 (3) 公式则有

$$\begin{aligned}\frac{\mathrm{d}\boldsymbol{x}^{\mathrm{T}}\boldsymbol{A}}{\mathrm{d}\boldsymbol{x}}&=\frac{\mathrm{d}G(\boldsymbol{x})}{\mathrm{d}\boldsymbol{x}}(\boldsymbol{E}_1\otimes\boldsymbol{H}(\boldsymbol{x}))+(\boldsymbol{E}_n\otimes\boldsymbol{G}(\boldsymbol{x}))\frac{\mathrm{d}H(\boldsymbol{x})}{\mathrm{d}\boldsymbol{x}}\\&=\frac{\mathrm{d}\boldsymbol{x}^{\mathrm{T}}}{\mathrm{d}\boldsymbol{x}}(\boldsymbol{E}_1\otimes\boldsymbol{A})+(\boldsymbol{E}_n\otimes\boldsymbol{x}^{\mathrm{T}})\frac{\mathrm{d}\boldsymbol{A}}{\mathrm{d}\boldsymbol{x}}\end{aligned}$$

$$=\begin{bmatrix}1 & 0 & \cdots & 0\\ 0 & 1 & \cdots & 0\\ \vdots & \vdots & \ddots & \vdots\\ 0 & 0 & \cdots & 1\end{bmatrix}_{n\times n}\cdot \boldsymbol{A}=\boldsymbol{A}.$$

注 定理 3 性质 (3) 中两个 Kronecker 积中单位阵 $\boldsymbol{E}_n$ 和 $\boldsymbol{E}_m$ 的阶数分别和矩阵变量 $\boldsymbol{X}$ 的列与行的阶数相对应.

6.3 函数矩阵的积分

和矩阵的微分概念引出一样, 为了书写起来简单整齐, 本节我们要引进矩阵积分的概念. 事实上它就是将矩阵中各元素的积分统一起来表示的一种记法.

6.3.1 函数矩阵的连续性

定义 1 设函数矩阵 $\boldsymbol{A}(t)=(a_{ij}(t))_{n\times n}$, 其中位置元素 $a_{ij}(t)$ 在 $t=t_0$ 处的极限都存在, 且有 $\lim\limits_{t\to t_0}a_{ij}(t)=a_{ij}(i=1,2,\cdots,n;\ j=1,2,\cdots,n)$, 其中, a_{ij} 为确定的常数. 则称函数矩阵 $\boldsymbol{A}(t)$ 在 $t=t_0$ 处有极限, 且有

$$\lim_{t\to t_0}\boldsymbol{A}(t)=\begin{bmatrix}\lim\limits_{t\to t_0}a_{11}(t) & \lim\limits_{t\to t_0}a_{12}(t) & \cdots & \lim\limits_{t\to t_0}a_{1n}(t)\\ \lim\limits_{t\to t_0}a_{21}(t) & \lim\limits_{t\to t_0}a_{22}(t) & \cdots & \lim\limits_{t\to t_0}a_{2n}(t)\\ \vdots & \vdots & & \vdots\\ \lim\limits_{t\to t_0}a_{n1}(t) & \lim\limits_{t\to t_0}a_{n2}(t) & \cdots & \lim\limits_{t\to t_0}a_{nn}(t)\end{bmatrix}=\boldsymbol{A},$$

其中, $\boldsymbol{A}=(a_{ij})_{n\times n}$.

定义 2 设函数矩阵 $\boldsymbol{A}(t)=(a_{ij}(t))_{n\times n}$, 若 $\boldsymbol{A}(t)$ 在 $t=t_0$ 处有极限, 且有

$$\lim_{t\to t_0}\boldsymbol{A}(t)=\begin{bmatrix}a_{11}(t_0) & a_{12}(t_0) & \cdots & a_{1n}(t_0)\\ a_{21}(t_0) & a_{22}(t_0) & \cdots & a_{2n}(t_0)\\ \vdots & \vdots & & \vdots\\ a_{n1}(t_0) & a_{n2}(t_0) & \cdots & a_{nn}(t_0)\end{bmatrix}=\boldsymbol{A}(t_0),$$

则称函数矩阵 $\boldsymbol{A}(t)$ 在 $t=t_0$ 处连续. 显然 $\boldsymbol{A}(t)$ 在 $t=t_0$ 处连续等价于 $a_{ij}(t)$ 在 $t=t_0$ 处都连续, 即有 $\lim\limits_{t\to t_0}a_{ij}(t)=a_{ij}(t_0)(i=1,2,\cdots,n;\ j=1,2,\cdots,n)$.

从定义 1 和定义 2 可知, 函数矩阵 $\boldsymbol{A}(t)$ 的极限和连续性其实就是其各个位置元素 $a_{ij}(t)$ 的极限和连续性的一致表示. 因此, 函数矩阵的极限具有如下性质.

(1) 设函数矩阵 $\boldsymbol{A}(t),\boldsymbol{B}(t)\in\mathbb{C}^{n\times n}$, 常数 $\boldsymbol{\alpha},\boldsymbol{\beta}\in\mathbb{C}$, 若 $\lim\limits_{t\to t_0}\boldsymbol{A}(t)=\boldsymbol{A}(t_0)$, $\lim\limits_{t\to t_0}\boldsymbol{B}(t)=\boldsymbol{B}(t_0)$, 则有

$$\lim_{t\to t_0}[\boldsymbol{\alpha}\boldsymbol{A}(t)+\boldsymbol{\beta}\boldsymbol{B}(t)]=\boldsymbol{\alpha}\lim_{t\to t_0}\boldsymbol{A}(t)+\boldsymbol{\beta}\lim_{t\to t_0}\boldsymbol{B}(t)=\boldsymbol{\alpha}\boldsymbol{A}(t_0)+\boldsymbol{\beta}\boldsymbol{B}(t_0);$$

(2) 设函数矩阵 $\boldsymbol{A}(t),\boldsymbol{B}(t)\in\mathbb{C}^{n\times n}$, 且 $\lim\limits_{t\to t_0}\boldsymbol{A}(t)=\boldsymbol{A}(t_0)$, $\lim\limits_{t\to t_0}\boldsymbol{B}(t)=\boldsymbol{B}(t_0)$, 则有

$$\lim_{t\to t_0}[\boldsymbol{A}(t)\boldsymbol{B}(t)]=\lim_{t\to t_0}\boldsymbol{A}(t)\lim_{t\to t_0}\boldsymbol{B}(t)=\boldsymbol{A}(t_0)\boldsymbol{B}(t_0).$$

6.3.2 矩阵函数积分的定义

定义 3 设函数矩阵 $\boldsymbol{A}(t)=(a_{ij}(t))_{n\times n}$, 其中每个元素 $a_{ij}(t)(i=1,\cdots,n,\ j=1,\cdots,n)$ 都在闭区间 $[a,b]$ 上可积, 则称

$$\left(\int_a^b a_{ij}(t)\mathrm{d}t\right)_{n\times n}=\begin{bmatrix}\int_a^b a_{11}(t)\mathrm{d}t & \int_a^b a_{12}(t)\mathrm{d}t & \cdots & \int_a^b a_{1n}(t)\mathrm{d}t\\ \int_a^b a_{21}(t)\mathrm{d}t & \int_a^b a_{22}(t)\mathrm{d}t & \cdots & \int_a^b a_{2n}(t)\mathrm{d}t\\ \vdots & \vdots & & \vdots\\ \int_a^b a_{n1}(t)\mathrm{d}t & \int_a^b a_{n2}(t)\mathrm{d}t & \cdots & \int_a^b a_{nn}(t)\mathrm{d}t\end{bmatrix}$$

为 $\boldsymbol{A}(t)$ 在 $[a,b]$ 上的积分, 记为 $\displaystyle\int_a^b\boldsymbol{A}(t)\mathrm{d}t$. 同理, 函数矩阵 $\boldsymbol{A}(t)$ 对变量 t 的不定积分可类似定义.

由矩阵函数积分的定义可知, 函数矩阵 $\boldsymbol{A}(t)$ 在 $[a,b]$ 上的积分为数量 (常值) 矩阵. 矩阵积分本质上就是将高等数学中积分的某些概念与形式推广到函数矩阵. 因此, 矩阵积分具有如下运算性质.

定理 1 设 $\boldsymbol{A}(t),\boldsymbol{B}(t)\in\mathbb{R}^{n\times n}$ 都是在 $[a,b]$ 上可积的函数矩阵, $\boldsymbol{\alpha},\boldsymbol{\beta}\in\mathbb{R}$ 是任意常数, $\boldsymbol{P}\in\mathbb{R}^{n\times n}$, $\boldsymbol{Q}\in\mathbb{R}^{n\times n}$ 为常数矩阵, 则容易验证如下运算性质成立.

(1) $\displaystyle\int_a^b(\boldsymbol{\alpha}\boldsymbol{A}(t)+\boldsymbol{\beta}\boldsymbol{B}(t))\mathrm{d}t=\boldsymbol{\alpha}\int_a^b\boldsymbol{A}(t)\mathrm{d}t+\boldsymbol{\beta}\int_a^b\boldsymbol{B}(t)\mathrm{d}t$;

(2) $\displaystyle\int_a^b\boldsymbol{A}(t)\boldsymbol{P}\mathrm{d}t=\left(\int_a^b\boldsymbol{A}(t)\mathrm{d}t\right)\boldsymbol{P}$, 且 $\displaystyle\int_a^b\boldsymbol{Q}\boldsymbol{A}(t)\mathrm{d}t=\boldsymbol{Q}\left(\int_a^b\boldsymbol{A}(t)\mathrm{d}t\right)$. 此时, $\boldsymbol{P},\boldsymbol{Q}$ 可以为矩阵, 或者为常数.

(3) 当 $\boldsymbol{A}(t)$ 在区间 $[a,b]$ 上连续时, 对任意的 $t\in(a,b)$ 有

$$\frac{\mathrm{d}}{\mathrm{d}t}\left(\int_a^t \boldsymbol{A}(\tau)\mathrm{d}\tau\right)=\boldsymbol{A}(t);$$

(4) 当 $\boldsymbol{A}(t)$ 在区间 $[a,b]$ 上连续可导时, 有

$$\int_a^b \boldsymbol{A}'(t)\mathrm{d}t=\boldsymbol{A}(b)-\boldsymbol{A}(a).$$

例 1 求矩阵函数

$$\boldsymbol{A}(t)=\begin{bmatrix} e^t & \cos t & 2 \\ 0 & 1 & t^2 \\ 2t & 0 & \sin 2t \end{bmatrix}$$

的积分 $\int_0^1 \boldsymbol{A}(t)\mathrm{d}t$.

解 由矩阵积分定义有

$$\int_0^1 \boldsymbol{A}(t)\mathrm{d}t=\begin{bmatrix} \int_0^1 e^t\mathrm{d}t & \int_0^1 \cos t\mathrm{d}t & \int_0^1 2\mathrm{d}t \\ 0 & \int_0^1 1\mathrm{d}t & \int_0^1 t^2\mathrm{d}t \\ \int_0^1 2t\mathrm{d}t & 0 & \int_0^1 \sin 2t\mathrm{d}t \end{bmatrix}$$

$$=\begin{bmatrix} e-1 & \sin 1 & 2 \\ 0 & 1 & \dfrac{1}{3} \\ 1 & 0 & \dfrac{1}{2}(1-\cos 2) \end{bmatrix}.$$

例 2 设矩阵 $\boldsymbol{A}=\begin{bmatrix} 2 & 0 & 2 \\ 0 & 2 & 3 \\ 0 & 0 & 2 \end{bmatrix}$, 求函数 $f(\boldsymbol{A})=e^{\boldsymbol{A}t}$ 在区间 $[a,b]$ 上的积分 $\int_a^b f(\boldsymbol{A})\mathrm{d}t$.

解 首先, 求 $e^{\boldsymbol{A}t}$ 的表示形式. 矩阵 $\boldsymbol{A}$ 的 Jordan 分解为 $\boldsymbol{A}=\boldsymbol{TJT}^{-1}$, 且

$$\boldsymbol{J}=\begin{bmatrix}2&0&0\\0&2&1\\0&0&2\end{bmatrix},\quad \boldsymbol{T}=\begin{bmatrix}1&2&0\\0&3&0\\0&0&1\end{bmatrix}.$$

故有

$$f(\boldsymbol{A})=\boldsymbol{T}\begin{bmatrix}f(2)&0&0\\0&f(2)&f'(2)\\0&0&f(2)\end{bmatrix}\boldsymbol{T}^{-1}.$$

将 $f(\boldsymbol{A})=e^{\boldsymbol{A}t}$ 代入上式得

$$e^{\boldsymbol{A}t}=\boldsymbol{T}\begin{bmatrix}e^{2t}&0&0\\0&e^{2t}&te^{2t}\\0&0&e^{2t}\end{bmatrix}\boldsymbol{T}^{-1}=\begin{bmatrix}e^{2t}&0&2te^{2t}\\0&e^{2t}&3te^{2t}\\0&0&e^{2t}\end{bmatrix}.$$

因此

$$\int_a^b f(\boldsymbol{A})\mathrm{d}t=\int_a^b e^{\boldsymbol{A}t}\mathrm{d}t=\begin{bmatrix}\int_a^b e^{2t}\mathrm{d}t&0&\int_a^b 2te^{2t}\mathrm{d}t\\0&\int_a^b e^{2t}\mathrm{d}t&\int_a^b 3te^{2t}\mathrm{d}t\\0&0&\int_a^b e^{2t}\mathrm{d}t\end{bmatrix}$$

$$=\begin{bmatrix}\frac{1}{2}(e^{2b}-e^{2a})&0&\left(b-\frac{1}{2}\right)e^{2b}-\left(a-\frac{1}{2}\right)e^{2a}\\0&\frac{1}{2}(e^{2b}-e^{2a})&\frac{3}{2}\left(b-\frac{1}{2}\right)e^{2b}-\frac{3}{2}\left(a-\frac{1}{2}\right)e^{2a}\\0&0&\frac{1}{2}(e^{2b}-e^{2a})\end{bmatrix}.$$

例 2 按照矩阵积分定义, 计算了指数函数 $e^{\boldsymbol{A}t}$ 在区间 $[a,b]$ 上的积分. 但在高等数学中, 指数函数的积分 $\int e^{at}\mathrm{d}t=\frac{1}{a}e^{at}(a\neq 0)$ 形式是否仍然存在呢? 下面换一种方法来计算函数 $e^{\boldsymbol{A}t}$ 的积分. 由矩阵函数的定义有

$$e^{\boldsymbol{A}t}=\sum_{k=0}^{+\infty}\frac{(\boldsymbol{A}t)^k}{k!}=\boldsymbol{E}+\boldsymbol{A}t+\frac{1}{2!}\boldsymbol{A}^2t^2+\frac{1}{3!}\boldsymbol{A}^3t^3+\cdots+\frac{1}{n!}\boldsymbol{A}^nt^n+\cdots,$$

则有

$$\begin{aligned}\int e^{\boldsymbol{A}t}\mathrm{d}t &= \int \boldsymbol{E}\mathrm{d}t + \int \boldsymbol{A}t\mathrm{d}t + \frac{1}{2!}\int \boldsymbol{A}^2t^2\mathrm{d}t + \frac{1}{3!}\int \boldsymbol{A}^3t^3\mathrm{d}t + \cdots \\ &\quad + \frac{1}{n!}\int \boldsymbol{A}^nt^n\mathrm{d}t + \cdots \\ &= \boldsymbol{E}t + \frac{1}{2}\boldsymbol{A}t^2 + \frac{1}{2!}\frac{1}{3}\boldsymbol{A}^2t^3 + \frac{1}{3!}\frac{1}{4}\boldsymbol{A}^3t^4 + \cdots + \frac{1}{n!}\frac{1}{n+1}\boldsymbol{A}^nt^{n+1} + \cdots \\ &= \boldsymbol{E}t + \frac{1}{2!}\boldsymbol{A}t^2 + \frac{1}{3!}\boldsymbol{A}^2t^3 + \frac{1}{4!}\boldsymbol{A}^3t^4 + \cdots + \frac{1}{(n+1)!}\boldsymbol{A}^nt^{n+1} + \cdots .\end{aligned}$$

此时, 若将 $\int e^{\boldsymbol{A}t}\mathrm{d}t$ 的展开式每一项都乘以一个 $\boldsymbol{A}$ 便是 $e^{\boldsymbol{A}t}$ 的展开形式. 因此, 可以总结出如下定理.

定理 2 对于任意的方阵 $\boldsymbol{A} \in \mathbb{C}^{n\times n}$,

$$\int_a^b \boldsymbol{A}e^{\boldsymbol{A}t}\mathrm{d}t = e^{\boldsymbol{A}b} - e^{\boldsymbol{A}a}.$$

特别地, 若 $\boldsymbol{A}$ 可逆, 则

$$\int_a^b e^{\boldsymbol{A}t}\mathrm{d}t = \boldsymbol{A}^{-1}(e^{\boldsymbol{A}b} - e^{\boldsymbol{A}a}).$$

同样地, 不难得出对 $\sin \boldsymbol{A}t$ 和 $\cos \boldsymbol{A}t$ 也有

$$\int_a^b \boldsymbol{A}\sin \boldsymbol{A}t\mathrm{d}t = \cos \boldsymbol{A}a - \cos \boldsymbol{A}b,$$

$$\int_a^b \boldsymbol{A}\cos \boldsymbol{A}t\mathrm{d}t = \sin \boldsymbol{A}b - \sin \boldsymbol{A}a,$$

且若 $\boldsymbol{A}$ 可逆, 则

$$\int_a^b \sin \boldsymbol{A}t\mathrm{d}t = \boldsymbol{A}^{-1}(\cos \boldsymbol{A}a - \cos \boldsymbol{A}b),$$

$$\int_a^b \cos \boldsymbol{A}t\mathrm{d}t = \boldsymbol{A}^{-1}(\sin \boldsymbol{A}b - \sin \boldsymbol{A}a).$$

6.4 矩阵微分方程的求解

一阶线性常系数微分方程组的求解及解的性质研究, 是当代科学和工程的基础, 在预测和控制领域中都有重要的应用. 本节将介绍矩阵函数及矩阵微积分的

一些应用.

设一阶常系数微分方程组具有如下形式

$$\begin{cases} \dfrac{\mathrm{d}x_1(t)}{\mathrm{d}t} = a_{11}x_1(t) + a_{12}x_2(t) + \cdots + a_{1n}x_n(t) + b_1(t), \\ \dfrac{\mathrm{d}x_2(t)}{\mathrm{d}t} = a_{21}x_1(t) + a_{22}x_2(t) + \cdots + a_{2n}x_n(t) + b_2(t), \\ \qquad \cdots\cdots \\ \dfrac{\mathrm{d}x_n(t)}{\mathrm{d}t} = a_{n1}x_1(t) + a_{n2}x_2(t) + \cdots + a_{nn}x_n(t) + b_n(t). \end{cases}$$

一般地, 在数学或工程技术中, 经常要研究其满足初始条件

$$x_i(0) = c_i \quad (i = 1, 2, \cdots, n)$$

的解. 为了简化问题表达, 引入矩阵微分, 上述方程组的初值问题可表示为

$$\begin{cases} \dfrac{\mathrm{d}\boldsymbol{X}(t)}{\mathrm{d}t} = \boldsymbol{A}\boldsymbol{X}(t) + \boldsymbol{B}(t), \\ \boldsymbol{X}(t_0) = \boldsymbol{C}, \end{cases}$$

其中

$$\boldsymbol{A} = \begin{bmatrix} a_{11} & a_{12} & \cdots & a_{1n} \\ a_{21} & a_{22} & \cdots & a_{2n} \\ \vdots & \vdots & & \vdots \\ a_{n1} & a_{n2} & \cdots & a_{nn} \end{bmatrix}, \quad \boldsymbol{X}(t) = \begin{bmatrix} x_1(t) \\ x_2(t) \\ \vdots \\ x_n(t) \end{bmatrix},$$

$$\boldsymbol{B}(t) = \begin{bmatrix} b_1(t) \\ b_2(t) \\ \vdots \\ b_n(t) \end{bmatrix}, \quad \boldsymbol{C} = \begin{bmatrix} c_1 \\ c_2 \\ \vdots \\ c_n \end{bmatrix},$$

将一阶常系数微分方程组变形为一个矩阵微分方程, 从表示形式上来看很简洁了, 且其求解可以借助矩阵函数来实现.

定理 1 设矩阵 $\boldsymbol{A} \in \mathbb{C}^{n\times n}, \boldsymbol{B}(t) \in \mathbb{C}^{n\times 1}, \boldsymbol{X}(t) \in \mathbb{C}^{n\times 1}, \boldsymbol{C} \in \mathbb{C}^{n\times 1}$, 则如下微分方程

$$\begin{cases} \dfrac{\mathrm{d}\boldsymbol{X}(t)}{\mathrm{d}t} = \boldsymbol{A}\boldsymbol{X}(t) + \boldsymbol{B}(t), \\ \boldsymbol{X}(t_0) = \boldsymbol{C} \end{cases}$$

的解为

$$\boldsymbol{X}(t)=e^{\boldsymbol{A}t}\boldsymbol{C}+e^{\boldsymbol{A}t}\int_{t_0}^{t}e^{-\boldsymbol{A}s}\boldsymbol{B}(s)\mathrm{d}s.$$

证明 对微分方程作变换, 令 $\boldsymbol{Y}(t)=e^{-\boldsymbol{A}t}\boldsymbol{X}(t)$, 则有

$$\frac{\mathrm{d}\boldsymbol{Y}(t)}{\mathrm{d}t}=-\boldsymbol{A}e^{-\boldsymbol{A}t}\boldsymbol{X}(t)+e^{-\boldsymbol{A}t}\frac{\mathrm{d}\boldsymbol{X}(t)}{\mathrm{d}t}.$$

将 $\dfrac{\mathrm{d}\boldsymbol{X}(t)}{\mathrm{d}t}=\boldsymbol{A}\boldsymbol{X}(t)+\boldsymbol{B}(t)$ 代入上式得

$$\frac{\mathrm{d}\boldsymbol{Y}(t)}{\mathrm{d}t}=e^{-\boldsymbol{A}t}\boldsymbol{B}(t),$$

在区间 $[t_0,t]$ 上积分得

$$\boldsymbol{Y}(t)\Bigg|_{t_0}^{t}=\int_{t_0}^{t}e^{-\boldsymbol{A}t}\boldsymbol{B}(s)\mathrm{d}s.$$

将 $\boldsymbol{Y}(t)=e^{-\boldsymbol{A}t}\boldsymbol{X}(t)$ 代入上式得

$$e^{-\boldsymbol{A}t}\boldsymbol{X}(t)-e^{-\boldsymbol{A}t_0}\boldsymbol{X}(t_0)=\int_{t_0}^{t}e^{-\boldsymbol{A}s}\boldsymbol{B}(s)\mathrm{d}s,$$

整理后有

$$\boldsymbol{X}(t)=e^{\boldsymbol{A}(t-t_0)}\boldsymbol{C}+e^{\boldsymbol{A}t}\int_{t_0}^{t}e^{-\boldsymbol{A}s}\boldsymbol{B}(s)\mathrm{d}s. \qquad \square$$

定理 2 设矩阵 $\boldsymbol{A}\in\mathbb{C}^{n\times n},\boldsymbol{X}(t)\in\mathbb{C}^{n\times 1},\boldsymbol{C}\in\mathbb{C}^{n\times 1}$, 则微分方程

$$\begin{cases}\dfrac{\mathrm{d}\boldsymbol{X}(t)}{\mathrm{d}t}=\boldsymbol{A}\boldsymbol{X}(t),\\ \boldsymbol{X}(t_0)=\boldsymbol{C}\end{cases}$$

有唯一解

$$\boldsymbol{X}(t)=e^{\boldsymbol{A}(t-t_0)}\boldsymbol{C}.$$

证明 首先, 验证 $\boldsymbol{X}(t)=e^{\boldsymbol{A}(t-t_0)}\boldsymbol{C}$ 确为方程的解, 显然有 $\boldsymbol{X}(t_0)=e^{\boldsymbol{O}}\boldsymbol{C}=\boldsymbol{C}$ 满足初值条件, 再者有 $\dfrac{\mathrm{d}\boldsymbol{X}(t)}{\mathrm{d}t}=\boldsymbol{A}e^{\boldsymbol{A}(t-t_0)}\boldsymbol{C}=\boldsymbol{A}\boldsymbol{X}(t)$ 满足微分方程.

其次, 证明解的唯一性, 即证明方程组的解具有 $\boldsymbol{X}(t)=e^{\boldsymbol{A}(t-t_0)}\boldsymbol{C}$ 的形式. 设 $\boldsymbol{X}(t)=\begin{bmatrix} x_1(t) & x_2(t) & \cdots & x_n(t)\end{bmatrix}^{\mathrm{T}}$, 则将 $x_i(t)(i=1,2,\cdots,n)$ 在 t_0 展开为泰勒 (Taylor) 级数有

$$x_i(t)=x_i(t_0)+x_i'(t_0)(t-t_0)+\frac{1}{2!}x_i''(t_0)(t-t_0)^2+\cdots+\frac{1}{n!}x_i^{(n)}(t_0)(t-t_0)^n+\cdots,$$

则显然有

$$\begin{aligned}\boldsymbol{X}(t)=&\boldsymbol{X}(t_0)+(t-t_0)\left.\frac{\mathrm{d}\boldsymbol{X}(t)}{\mathrm{d}t}\right|_{t=t_0}+\frac{1}{2!}(t-t_0)^2\left.\frac{\mathrm{d}^2\boldsymbol{X}(t)}{\mathrm{d}t^2}\right|_{t=t_0}+\cdots\\&+\frac{1}{n!}(t-t_0)^n\left.\frac{\mathrm{d}^n\boldsymbol{X}(t)}{\mathrm{d}t^n}\right|_{t=t_0}+\cdots,\end{aligned}$$

再由 $\dfrac{\mathrm{d}\boldsymbol{X}(t)}{\mathrm{d}t}=\boldsymbol{A}\boldsymbol{X}(t)$ 易得

$$\left.\frac{\mathrm{d}\boldsymbol{X}(t)}{\mathrm{d}t}\right|_{t=t_0}=\boldsymbol{A}\boldsymbol{C},\left.\frac{\mathrm{d}^2\boldsymbol{X}(t)}{\mathrm{d}t^2}\right|_{t=t_0}=\boldsymbol{A}^2\boldsymbol{C},\cdots,\left.\frac{\mathrm{d}^n\boldsymbol{X}(t)}{\mathrm{d}t^n}\right|_{t=t_0}=\boldsymbol{A}^n\boldsymbol{C},\cdots,$$

代入 $\boldsymbol{X}(t)$ 的展开式中有

$$\begin{aligned}\boldsymbol{X}(t)&=\boldsymbol{C}+(t-t_0)\boldsymbol{A}\boldsymbol{C}+\frac{1}{2!}(t-t_0)^2\boldsymbol{A}^2\boldsymbol{C}+\cdots+\frac{1}{n!}(t-t_0)^n\boldsymbol{A}^n\boldsymbol{C}+\cdots\\&=\left(\boldsymbol{E}+(t-t_0)\boldsymbol{A}+\frac{1}{2!}(t-t_0)^2\boldsymbol{A}^2+\cdots+\frac{1}{n!}(t-t_0)^n\boldsymbol{A}^n+\cdots\right)\boldsymbol{C}\\&=e^{\boldsymbol{A}(t-t_0)}\boldsymbol{C}.\end{aligned}$$

因此, 上述微分方程的解一定具有 $\boldsymbol{X}(t)=e^{\boldsymbol{A}(t-t_0)}\boldsymbol{C}$ 的形式. □

注　在高等数学中已经知道, 微分方程 $\dfrac{\mathrm{d}x(t)}{\mathrm{d}t}=ax(t)$ 满足条件 $x(0)=c$ 的解是 $x(t)=ce^{at}$, 这里 a 是常数. 因此定理 2 可以理解为此结论的推广.

定义 1　设矩阵 $\boldsymbol{A}\in\mathbb{C}^{n\times n},\boldsymbol{X}(t)\in\mathbb{C}^{n\times 1},\boldsymbol{C}\in\mathbb{C}^{n\times 1}$, 如果对任意的初始时刻 t_0 和初值 $\boldsymbol{C}$, 微分方程

$$\begin{cases}\dfrac{\mathrm{d}\boldsymbol{X}(t)}{\mathrm{d}t}=\boldsymbol{A}\boldsymbol{X}(t),\\ \boldsymbol{X}(t_0)=\boldsymbol{C}\end{cases}$$

的解 $\boldsymbol{X}(t)$ 满足 $\lim\limits_{t\to\infty}\boldsymbol{X}(t)=\boldsymbol{O}$, 则称微分方程 $\dfrac{\mathrm{d}\boldsymbol{X}(t)}{\mathrm{d}t}=\boldsymbol{A}\boldsymbol{X}(t)$ 的解是渐近稳定的. 微分方程解的渐近稳定性是系统与控制理论的基本问题.

定理 3 对任意的初始时刻 t_0 和初值 $\boldsymbol{C}$, 微分方程

$$\begin{cases} \dfrac{\mathrm{d}\boldsymbol{X}(t)}{\mathrm{d}t} = \boldsymbol{A}\boldsymbol{X}(t), \\ \boldsymbol{X}(t_0) = \boldsymbol{C} \end{cases}$$

的解 $\boldsymbol{X}(t)$ 渐近稳定充分必要条件是系数矩阵 $\boldsymbol{A}$ 的特征值都具有负实部.

证明 充分性: 已知矩阵 $\boldsymbol{A}$ 的特征值都具有负实部, 求证微分方程的解 $\boldsymbol{X}(t)$ 渐近稳定. 由定理 2 可知微分方程的解为

$$\boldsymbol{X}(t) = e^{\boldsymbol{A}(t-t_0)}\boldsymbol{C},$$

其中 $\boldsymbol{A} \in \mathbb{C}^{n\times n}$. 若设函数 $f(x) = e^{x(t-t_0)}$, 则必存在可逆矩阵 $\boldsymbol{P}$ 满足 $\boldsymbol{A} = \boldsymbol{P}\boldsymbol{J}\boldsymbol{P}^{-1}$, 显然 $f(x)$ 在 $\boldsymbol{A}$ 的谱上有定义, 则有 $f(\boldsymbol{A})$ 的 Jordan 表示为

$$f(\boldsymbol{A}) = \boldsymbol{P}f(\boldsymbol{J})\boldsymbol{P}^{-1} = \boldsymbol{P}\mathrm{diag}(f(\boldsymbol{J}_1), f(\boldsymbol{J}_2), \cdots, f(\boldsymbol{J}_r))\boldsymbol{P}^{-1},$$

其中

$$f(\boldsymbol{J}_i) = \begin{bmatrix} f(\lambda_i) & f'(\lambda_i) & \frac{1}{2!}f''(\lambda_i) & \cdots & \cdots & \frac{1}{(d_i-1)!}f^{(d_i-1)}(\lambda_i) \\ & f(\lambda_i) & & & & \frac{1}{(d_i-2)!}f^{(d_i-2)}(\lambda_i) \\ & & \ddots & \ddots & \ddots & \vdots \\ & & & \ddots & \ddots & \frac{1}{2!}f''(\lambda_i) \\ & & & & \ddots & f'(\lambda_i) \\ & & & & & f(\lambda_i) \end{bmatrix}_{d_i\times d_i}.$$

若设 $\lambda_i = \alpha_i + \mathrm{i}\beta_i(\alpha_i < 0)$, 则显然有

$$\begin{aligned} f(\lambda_i) &= e^{\lambda_i(t-t_0)} = e^{\alpha_i(t-t_0)}e^{\mathrm{i}\beta_i(t-t_0)} \\ &= e^{\alpha_i(t-t_0)}[\cos(\beta_i t - \beta_i t_0) + \mathrm{i}\sin(\beta_i t - \beta_i t_0)]. \end{aligned}$$

由 $\alpha_i < 0$ 得 $\lim\limits_{t\to\infty} f(\lambda_i) = 0$. 因为 $f'(x) = (t-t_0)e^{x(t-t_0)} = (t-t_0)f(x)$, 同理有 $f''(x) = (t-t_0)^2 f(x)$, $\cdots$, $f^{(d_i-1)}(x) = (t-t_0)^{(d_i-1)}f(x)$, 则显然有

$$\lim_{t\to\infty} f^{(m)}(\lambda_i) = 0, \quad m = 1, 2, \cdots, d_i - 1,$$

从而

$$\lim_{t\to\infty} f(\boldsymbol{J}_i)=\boldsymbol{O},\quad i=1,2,\cdots,r,$$

故得证 $\lim\limits_{t\to\infty} f(\boldsymbol{A})=\boldsymbol{O}$, 即 $\lim\limits_{t\to\infty} e^{\boldsymbol{A}(t-t_0)}=\boldsymbol{O}$, 又由于 $\boldsymbol{C}\in\mathbb{C}^{n\times 1}$ 为初始常量, 故有 $\lim\limits_{t\to\infty} e^{\boldsymbol{A}(t-t_0)}\boldsymbol{C}=\lim\limits_{t\to\infty}\boldsymbol{X}(t)=\boldsymbol{0}$, 充分性证得微分方程的解 $\boldsymbol{X}(t)$ 为渐近稳定的.

必要性: 已知微分方程的解 $\boldsymbol{X}(t)$ 为渐近稳定的, 即对任意的初始时刻 t_0 和初值 $\boldsymbol{C}$ 都有 $\lim\limits_{t\to\infty}\boldsymbol{X}(t)=\boldsymbol{0}$, 往证矩阵 $\boldsymbol{A}$ 的特征值都具有负实部.

假设矩阵 $\boldsymbol{A}$ 有一个特征值

$$\lambda_1=\alpha_1+\mathrm{i}\beta_1\quad(\alpha_1\geqslant 0),$$

并设 $\boldsymbol{x}_1$ 是特征值 λ_1 所对应的特征向量, 即有 $\boldsymbol{A}\boldsymbol{x}_1=\lambda_1\boldsymbol{x}_1$. 则若对微分方程 $\dfrac{\mathrm{d}\boldsymbol{X}(t)}{\mathrm{d}t}=\boldsymbol{A}\boldsymbol{X}(t)$ 选取初值 $\boldsymbol{C}=\boldsymbol{x}_1$, 由本节定理 2 有微分方程的解为

$$\boldsymbol{X}(t)=e^{\boldsymbol{A}(t-t_0)}\boldsymbol{x}_1.$$

又由 $\boldsymbol{A}\boldsymbol{x}_1=\lambda_1\boldsymbol{x}_1$, 有 $e^{\boldsymbol{A}(t-t_0)}\boldsymbol{x}_1=e^{\lambda_1(t-t_0)}\boldsymbol{x}_1$, 即 $\boldsymbol{x}_1$ 是矩阵 $e^{\boldsymbol{A}(t-t_0)}$ 的关于特征值 $e^{\lambda_1(t-t_0)}$ 的特征向量. 故有

$$\begin{aligned}\boldsymbol{X}(t)&=e^{\lambda_1(t-t_0)}\boldsymbol{x}_1=e^{\alpha_1(t-t_0)}e^{\mathrm{i}\beta_1(t-t_0)}\boldsymbol{x}_1\\&=e^{\alpha_1(t-t_0)}[\cos(\beta_1 t-\beta_1 t_0)+\mathrm{i}\sin(\beta_1 t-\beta_1 t_0)]\boldsymbol{x}_1.\end{aligned}$$

由于 $\alpha_1\geqslant 0$, 所以当 $t\to+\infty$ 时, $\boldsymbol{X}(t)$ 不收敛, 与题设矛盾, 故假设不成立. □

在求解一阶线性变系数微分方程时, 也需要利用到矩阵函数, 但相对较复杂, 本章将不做讨论.

例 1 求解非齐次线性方程组

$$\begin{cases}\dfrac{\mathrm{d}\boldsymbol{X}(t)}{\mathrm{d}t}=\boldsymbol{A}\boldsymbol{X}(t)+\boldsymbol{B}(t),\\ \boldsymbol{X}(0)=\boldsymbol{C},\end{cases}$$

其中

$$\boldsymbol{A}=\begin{bmatrix}3&-1&1\\2&0&-1\\1&-1&2\end{bmatrix},\quad \boldsymbol{C}=\begin{bmatrix}1\\1\\1\end{bmatrix},\quad \boldsymbol{B}(t)=\begin{bmatrix}0\\0\\e^{2t}\end{bmatrix}.$$

解 由本节定理 1 知线性方程组的解具有如下形式

$$\boldsymbol{X}(t)=e^{\boldsymbol{A}t}\boldsymbol{C}+e^{\boldsymbol{A}t}\int_0^t e^{-\boldsymbol{A}t}\boldsymbol{B}(t)\mathrm{d}t.$$

首先求 $e^{\boldsymbol{A}t}$. 由于矩阵 $\boldsymbol{A}$ 的特征多项式为 $|\lambda\boldsymbol{E}-\boldsymbol{A}|=\lambda(\lambda-2)(\lambda-3)$, 故有 $\boldsymbol{A}$ 的 Jordan 标准形及相似矩阵分别为

$$\boldsymbol{J}=\begin{bmatrix}0&0&0\\0&2&0\\0&0&3\end{bmatrix},\quad \boldsymbol{P}=\begin{bmatrix}1&1&2\\5&1&1\\2&0&1\end{bmatrix}.$$

因而有

$$\begin{aligned}e^{\boldsymbol{A}t}\boldsymbol{C}&=\boldsymbol{P}\begin{bmatrix}1&0&0\\0&e^{2t}&0\\0&0&e^{3t}\end{bmatrix}\boldsymbol{P}^{-1}\boldsymbol{C}\\&=\begin{bmatrix}1&1&2\\5&1&1\\2&0&1\end{bmatrix}\begin{bmatrix}1&0&0\\0&e^{2t}&0\\0&0&e^{3t}\end{bmatrix}\left(-\frac{1}{6}\right)\begin{bmatrix}1&-1&-1\\-3&-3&9\\-2&2&-4\end{bmatrix}\begin{bmatrix}1\\1\\1\end{bmatrix}\\&=-\frac{1}{6}\begin{bmatrix}-1+3e^{2t}-8e^{3t}\\-5+3e^{2t}-4e^{3t}\\-2-4e^{3t}\end{bmatrix}.\end{aligned}$$

下面计算积分 $e^{\boldsymbol{A}t}\int_0^t e^{-\boldsymbol{A}t}\boldsymbol{B}(t)\mathrm{d}t$, 简单变形有 $e^{\boldsymbol{A}t}\int_0^t e^{-\boldsymbol{A}t}\boldsymbol{B}(t)\mathrm{d}t=\int_0^t e^{\boldsymbol{A}(t-s)}$ $\cdot\boldsymbol{B}(s)\mathrm{d}s$, 直接计算得

$$e^{\boldsymbol{A}(t-s)}\boldsymbol{B}(s)=-\frac{1}{6}\begin{bmatrix}-e^{2s}+9e^{2t}-8e^{3t-s}\\-5e^{2s}+9e^{2t}-4e^{3t-s}\\-2e^{2s}-4e^{3t-s}\end{bmatrix},$$

$$\int_0^t e^{\boldsymbol{A}(t-s)}\boldsymbol{B}(s)\mathrm{d}s=-\frac{1}{6}\begin{bmatrix}\dfrac{1}{2}+\left(9t+\dfrac{15}{2}\right)e^{2t}-8e^{3t}\\\dfrac{5}{2}+\left(9t+\dfrac{3}{2}\right)e^{2t}-4e^{3t}\\1+3e^{2t}-4e^{3t}\end{bmatrix}.$$

因此方程组的解为

$$\boldsymbol{X}(t)=e^{\boldsymbol{A}t}C+e^{\boldsymbol{A}t}\int_0^t e^{-\boldsymbol{A}t}B(t)\mathrm{d}t=-\frac{1}{6}\begin{bmatrix}-\dfrac{1}{2}+\left(9t+\dfrac{21}{2}\right)e^{2t}-16e^{3t}\\ -\dfrac{5}{2}+\left(9t+\dfrac{9}{2}\right)e^{2t}-8e^{3t}\\ -1+3e^{2t}-8e^{3t}\end{bmatrix}.$$

习 题 6

1. 证明: 当 $\boldsymbol{a}\in\mathbb{F}^m$, $\boldsymbol{b}\in\mathbb{F}^n$ 时, 有 $\boldsymbol{b}\boldsymbol{a}^{\mathrm{T}}=\boldsymbol{a}^{\mathrm{T}}\otimes\boldsymbol{b}=\boldsymbol{b}\otimes\boldsymbol{a}^{\mathrm{T}}$.

2. 证明: 当 $\boldsymbol{A}=[\boldsymbol{a}_1,\boldsymbol{a}_2,\cdots,\boldsymbol{a}_n]\in\mathbb{F}^{m\times n}$ 时, 有 $\boldsymbol{A}=\sum\limits_{j=1}^{n}(\boldsymbol{a}_j\otimes\boldsymbol{e}_j^{\mathrm{T}})$, $\boldsymbol{A}^{\mathrm{T}}=\sum\limits_{j=1}^{n}(\boldsymbol{a}_j^{\mathrm{T}}\otimes\boldsymbol{e}_j)$, 其中 $\boldsymbol{e}_j$ 为第 j 个分量为 1, 其余为 0 的 $\mathbb{F}^n$ 中向量 $(j=1,2,\cdots,m)$.

3. 若 $||\boldsymbol{x}||_2=||\boldsymbol{y}||_2=1$, $\boldsymbol{x}\in\mathbb{F}^m,\boldsymbol{y}\in\mathbb{F}^n$, 证明 $||\boldsymbol{x}\otimes\boldsymbol{y}||_2=1$.

4. 设 $\boldsymbol{A}\in\mathbb{C}^{m\times m}$, $\boldsymbol{B}\in\mathbb{C}^{n\times n}$, $\boldsymbol{x}\in\mathbb{C}^m$, $\boldsymbol{y}\in\mathbb{C}^n$, 且 $\boldsymbol{A}\boldsymbol{x}=\lambda\boldsymbol{x}$, $\boldsymbol{B}\boldsymbol{y}=\mu\boldsymbol{y}$, 证明 $(\boldsymbol{A}\otimes\boldsymbol{B})(\boldsymbol{x}\otimes\boldsymbol{y})=\lambda\mu(\boldsymbol{x}\otimes\boldsymbol{y})$.

5. 当 $\boldsymbol{A}^{-1}$ 存在时, 证明: $\boldsymbol{A}^{-1}$ 对 $\boldsymbol{B}\in\mathbb{C}^{p\times q}$ 的导数为 $\dfrac{\mathrm{d}\boldsymbol{A}^{-1}}{\mathrm{d}\boldsymbol{B}}=-(\boldsymbol{E}_p\otimes\boldsymbol{A}^{-1})\dfrac{\mathrm{d}\boldsymbol{A}}{\mathrm{d}\boldsymbol{B}}(\boldsymbol{E}_q\otimes\boldsymbol{A}^{-1})$, 其中 $\boldsymbol{A}\in\mathbb{C}^{n\times n}$ 为 $\boldsymbol{B}$ 的矩阵值函数.

6. 设 $\boldsymbol{A}\in\mathbb{C}^{n\times n}$ 为常数矩阵, $\boldsymbol{a}\in\mathbb{C}^n$ 为常数向量, $\boldsymbol{x}\in\mathbb{C}^n$ 为 n 元变量, 求

(1) $\dfrac{\mathrm{d}(\boldsymbol{x}-\boldsymbol{a})^{\mathrm{T}}\boldsymbol{A}(\boldsymbol{x}-\boldsymbol{a})}{\mathrm{d}\boldsymbol{x}^{\mathrm{T}}}$;　　(2) $\dfrac{\mathrm{d}\sin(\boldsymbol{x}^{\mathrm{T}}\boldsymbol{A}\boldsymbol{x})}{\mathrm{d}\boldsymbol{x}}$.

7. 设 $\boldsymbol{A}=(a_{ij})\in\mathbb{R}^{n\times m}$ 为矩阵型变量, $\boldsymbol{B}=(b_{ij})\in\mathbb{R}^{n\times n}$ 为给定的常数矩阵, 求 $f(\boldsymbol{A})=\mathrm{tr}(\boldsymbol{A}^{\mathrm{T}}\boldsymbol{B}\boldsymbol{A})$ 对 $\boldsymbol{A}$ 的导数.

8. 设矩阵 $\boldsymbol{J}=\begin{bmatrix}0&1&\\&0&1\\&&0\end{bmatrix}$, 试求 $\displaystyle\int_0^t e^{\boldsymbol{J}s}\mathrm{d}s$.

9. 求解常系数线性齐次微分方程组

$$\begin{cases}\dfrac{\mathrm{d}\boldsymbol{X}(t)}{\mathrm{d}t}=\boldsymbol{A}\boldsymbol{X}(t),\\ \boldsymbol{X}(0)=\boldsymbol{C},\end{cases}$$

其中

$$\boldsymbol{A}=\begin{bmatrix}2&2&-1\\-1&-1&1\\-1&-2&2\end{bmatrix},\quad \boldsymbol{C}=\begin{bmatrix}1\\1\\1\end{bmatrix}.$$

10. 求解如下初值问题

$$\begin{cases} \dfrac{\mathrm{d}x_1(t)}{\mathrm{d}t} = -x_1(t) - 2x_2(t) + 6x_3(t) + 1, \\ \dfrac{\mathrm{d}x_2(t)}{\mathrm{d}t} = -x_1(t) + 3x_3(t), \\ \dfrac{\mathrm{d}x_3(t)}{\mathrm{d}t} = -x_1(t) - x_2(t) + 4x_3(t) + 1, \\ x_1(0) = 1, x_2(0) = 0, x_3(0) = 1. \end{cases}$$

符 号 说 明

符号	含义
$\forall$	对任意的 (所有的)
$\exists$	存在
$\exists!$	存在唯一的
D_f	映射 f 的定义域
R_f	映射 f 的值域
$f \circ g$	f 与 g 的乘积映射 (或 g 与 f 的复合映射)
I_X	集合 X 上的单位映射 (也称恒等映射)
f^{-1}	f 的逆映射
$\mathbb{Q}$	有理数域
$\mathbb{R}$	实数域
$\mathbb{C}$	复数域
$\mathbb{Z}$	整数集合
$\|\boldsymbol{A}\|$ 或 $\det \boldsymbol{A}$	方阵 $\boldsymbol{A}$ 的行列式
$\overline{\boldsymbol{A}}$	$\boldsymbol{A}$ 的共轭矩阵
$\boldsymbol{A}^{\mathrm{T}}$	$\boldsymbol{A}$ 的转置矩阵
$\boldsymbol{A}^{\mathrm{H}}$	$\boldsymbol{A}$ 的 Hermite 变换矩阵，也称 $\boldsymbol{A}$ 的共轭转置矩阵
$\|\boldsymbol{\alpha}\|$	$\boldsymbol{\alpha}$ 的长度或模
$\boldsymbol{A}^*$ 或 $\mathrm{adj}\boldsymbol{A}$	$\boldsymbol{A}$ 的伴随矩阵
$\langle \boldsymbol{X}, \boldsymbol{Y} \rangle$	向量 $\boldsymbol{X}$ 与 $\boldsymbol{Y}$ 的夹角
$\|\lambda \boldsymbol{E} - \boldsymbol{A}\|$	矩阵 $\boldsymbol{A}$ 的特征多项式
$V(\mathbb{F})$	数域 $\mathbb{F}$ 上的线性空间
$\mathbb{F}^n$	数域 $\mathbb{F}$ 上 n 维数组向量，按通常的加法和数乘构成的线性空间
$\mathbb{R}^n$	实数域上 n 维数组向量，按通常的加法和数乘构成的线性空间
$\mathbb{C}^n$	复数域上 n 维数组向量，按通常的加法和数乘构成的线性空间
$\mathbb{F}[x]$	数域 $\mathbb{F}$ 上全体一元多项式，按通常的加法和数乘构成的线性空间
$\mathbb{F}[x]_n$	数域 $\mathbb{F}$ 上次数小于 n 的一元多项式，再添上零多项式构成的线性空间
$\mathbb{F}^{m\times n}$	数域 $\mathbb{F}$ 上全部 m 行 n 列矩阵，按通常的加法和数乘构成的线性空间
$C[a,b]$	区间 $[a,b]$ 上的全体实连续函数，按通常的加法和数乘运算构成的线性空间
θ	线性空间中的零元素
$\{\boldsymbol{\alpha}_1, \boldsymbol{\alpha}_2, \cdots, \boldsymbol{\alpha}_m\}$	由向量 $\boldsymbol{\alpha}_1, \boldsymbol{\alpha}_2, \cdots, \boldsymbol{\alpha}_m$ 构成的向量组

$[\boldsymbol{\alpha}_1,\boldsymbol{\alpha}_2,\cdots,\boldsymbol{\alpha}_m]$	由 $\boldsymbol{\alpha}_1,\boldsymbol{\alpha}_2,\cdots,\boldsymbol{\alpha}_m$ 作为列向量构成的矩阵
$\mathrm{rank}\boldsymbol{A}$	向量组 $\boldsymbol{A}$ 的秩
$\dim V$	线性空间 V 的维数
E_{ij}	第 i 行第 j 列元素为 1，其余元素均为 0 的矩阵
$L[\boldsymbol{\alpha}_1,\boldsymbol{\alpha}_2,\cdots,\boldsymbol{\alpha}_n]$ 或 $\mathrm{span}[\boldsymbol{\alpha}_1,\boldsymbol{\alpha}_2,\cdots,\boldsymbol{\alpha}_n]$	由向量 $\boldsymbol{\alpha}_1,\boldsymbol{\alpha}_2,\cdots,\boldsymbol{\alpha}_n$ 张成的子空间，即由向量 $\boldsymbol{\alpha}_1,\boldsymbol{\alpha}_2,\cdots,\boldsymbol{\alpha}_n$ 的全部线性组合构成的线性空间
$R(\boldsymbol{A})$	矩阵 $\boldsymbol{A}$ 的值域
$N(\boldsymbol{A})$	矩阵 $\boldsymbol{A}$ 的核空间
V_λ	矩阵 $\boldsymbol{A}$ 属于特征值 λ 的特征子空间
$V_1\cap V_2$	子空间 V_1 与 V_2 的交空间
V_1+V_2	子空间 V_1 与 V_2 的和空间
$V_1\oplus V_2$	子空间 V_1 与 V_2 的直和
$\bigcap_{i=1}^{s} V_i$	子空间 $V_1,V_2,\cdots,V_s$ 的交空间
$\sum_{i=1}^{s} V_i$	子空间 $V_1,V_2,\cdots,V_s$ 的和空间
$(\boldsymbol{x},\boldsymbol{y})$	向量 $\boldsymbol{x}$ 与 $\boldsymbol{y}$ 的内积
$\overline{x}$	复数 x 的共轭复数
$\mathrm{tr}\boldsymbol{A}$	方阵 $\boldsymbol{A}$ 的迹, 即方阵 $\boldsymbol{A}$ 主对角线元素之和
$\Vert\boldsymbol{x}\Vert$	向量 $\boldsymbol{x}$ 的模 (或范数)
$d(\boldsymbol{x},\boldsymbol{y})$ 或 $\Vert\boldsymbol{x}-\boldsymbol{y}\Vert$	向量 $\boldsymbol{x}$ 与 $\boldsymbol{y}$ 的距离
$\boldsymbol{x}\perp\boldsymbol{y}$	向量 $\boldsymbol{x}$ 与 $\boldsymbol{y}$ 正交
δ_{ij}	当 $i=j$ 时，$\delta_{ij}=1$；当 $i\neq j$ 时，$\delta_{ij}=0$
$W^\perp$	子空间 W 的正交补空间
$T(V)$ 或 $R(T)$ 或 $\mathrm{Im}(T)$	定义在 V 上线性变换 T 的值域
T_θ	零映射、零变换
$N(T)$ 或 $\mathrm{Ker}(T)$	线性映射 (线性变换) T 的核子空间或化零子空间
σ-子空间	线性变换 σ 的不变子空间
$\mathrm{diag}[a_1,a_2,\cdots,a_s]$	由 $a_1,a_2,\cdots,a_s$ 为主对角线元素的对角矩阵
$\mathrm{diag}[\boldsymbol{A}_1,\boldsymbol{A}_2,\cdots,\boldsymbol{A}_s]$	由方阵 $\boldsymbol{A}_1,\boldsymbol{A}_2,\cdots,\boldsymbol{A}_s$ 为主对角线上的子块的准对角矩阵
P_L	V 到 L 的正交投影
$\mathrm{U}^{n\times n}$	全体 n 阶酉矩阵构成的线性空间
$\mathbb{F}_r^{m\times n}$	数域 $\mathbb{F}$ 上，全体秩为 r 的 $m\times n$ 矩阵构成的集合
i	虚数单位 $\sqrt{-1}$
m_i	特征值 λ_i 的代数重复度
a_i	特征值 λ_i 的几何重复度
Hermite-阵	Hermite 阵
$\boldsymbol{A}>0$	矩阵 $\boldsymbol{A}$ 为正定阵
$\boldsymbol{A}\geqslant 0$	矩阵 $\boldsymbol{A}$ 为半正定阵

$\boldsymbol{A} < 0$	矩阵 $\boldsymbol{A}$ 为负定阵
$\boldsymbol{A} \leqslant 0$	矩阵 $\boldsymbol{A}$ 为半负定阵
$\boldsymbol{A} > \boldsymbol{B}$	矩阵 $\boldsymbol{A}-\boldsymbol{B}$ 为正定阵
$\boldsymbol{A} \geqslant \boldsymbol{B}$	矩阵 $\boldsymbol{A}-\boldsymbol{B}$ 为半正定阵
$D_k(\lambda)$	λ 矩阵的 k 阶行列式因子
$r_i \leftrightarrow r_j(c_i \leftrightarrow c_j)$	交换矩阵或 λ 矩阵的 i, j 两行 (列)
$kr_i(kc_i)$	矩阵或 λ 矩阵第 i 行 (列) 乘非零数 k
$r_i + \varphi(\lambda)r_j$	将 λ 矩阵第 j 行的 $\varphi(\lambda)$ 倍加到第 i 行上
$c_i + \varphi(\lambda)c_j$	将 λ 矩阵第 j 列的 $\varphi(\lambda)$ 倍加到第 i 列上
$f(x) \mid g(x)$	$f(x)$ 整除 $g(x)$
$d_i(\lambda)$	$\boldsymbol{A}(\lambda)$ 的第 i 个不变因子
$\mathrm{U}_r^{n\times r}$	全体列满秩 $n \times r$ 次酉阵构成的集合
$\mathrm{U}_r^{r\times n}$	全体行满秩 $r \times n$ 次酉阵构成的集合
$\Vert\boldsymbol{x}\Vert_1$	向量 $\boldsymbol{x}$ 的 1-范数
$\Vert\boldsymbol{x}\Vert_2$	向量 $\boldsymbol{x}$ 的 2-范数
$\Vert\boldsymbol{x}\Vert_\infty$	向量 $\boldsymbol{x}$ 的 ∞-范数
$\Vert\boldsymbol{x}\Vert_p$	向量 $\boldsymbol{x}$ 的 p-范数
$\Vert\boldsymbol{A}\Vert_{m_1}$	矩阵 $\boldsymbol{A}$ 的 m_1-范数
$\Vert\boldsymbol{A}\Vert_{m_2}$	矩阵 $\boldsymbol{A}$ 的 m_2-范数
$\Vert\boldsymbol{A}\Vert_{m_\infty}$	矩阵 $\boldsymbol{A}$ 的 m_∞-范数
$\Vert\boldsymbol{A}\Vert_1$	矩阵 $\boldsymbol{A}$ 的 1-范数或列和范数
$\Vert\boldsymbol{A}\Vert_\infty$	矩阵 $\boldsymbol{A}$ 的 ∞-范数或行和范数
$\Vert\boldsymbol{A}\Vert_2$	矩阵 $\boldsymbol{A}$ 的 2-范数或谱范数
$\rho(\boldsymbol{A})$	矩阵 $\boldsymbol{A}$ 的谱半径
$\lim\limits_{k\to\infty} \boldsymbol{A}_k$	当 k 趋向无穷时, 矩阵序列 $\{\boldsymbol{A}_k\}$ 的极限
$\sum\limits_{k=1}^{+\infty} \boldsymbol{A}_k$	矩阵级数 $\boldsymbol{A}_1 + \boldsymbol{A}_2 + \cdots + \boldsymbol{A}_n + \cdots$
$e^{\boldsymbol{A}}$	$e^{\boldsymbol{A}} = \sum\limits_{k=0}^{+\infty} \frac{\boldsymbol{A}^k}{k!} = \boldsymbol{E}_n + \frac{\boldsymbol{A}}{1!} + \frac{\boldsymbol{A}^2}{2!} + \cdots + \frac{\boldsymbol{A}^k}{k!} + \cdots$
$\sin \boldsymbol{A}$	$\sin \boldsymbol{A} = \sum\limits_{k=0}^{+\infty} (-1)^k \frac{\boldsymbol{A}^{2k+1}}{(2k+1)!} = \boldsymbol{A} - \frac{\boldsymbol{A}^3}{3!} + \frac{\boldsymbol{A}^5}{5!} - \cdots + (-1)^k \frac{\boldsymbol{A}^{2k+1}}{(2k+1)!} + \cdots$
$\cos \boldsymbol{A}$	$\cos \boldsymbol{A} = \sum\limits_{k=0}^{+\infty} (-1)^k \frac{\boldsymbol{A}^{2k}}{(2k)!} = \boldsymbol{E}_n - \frac{\boldsymbol{A}^2}{2!} + \frac{\boldsymbol{A}^4}{4!} - \cdots + (-1)^k \frac{\boldsymbol{A}^{2k}}{(2k)!} + \cdots$

$\ln(\boldsymbol{E}+\boldsymbol{A})$	$\ln(\boldsymbol{E}+\boldsymbol{A})=\sum\limits_{k=0}^{+\infty}\dfrac{(-1)^k}{k+1}\boldsymbol{A}^{k+1}\quad(\rho(\boldsymbol{A})<1)$
$m_{\boldsymbol{A}}(x)$	方阵 $\boldsymbol{A}$ 的最小多项式
$\mathrm{lcm}[f_1(x),\ f_2(x),\ \cdots,\ f_m(x)]$	多项式 $f_1(x),\ f_2(x),\ \cdots,\ f_m(x)$ 的最小公倍式
$\boldsymbol{A}\otimes\boldsymbol{B}$	矩阵 $\boldsymbol{A}$ 与 $\boldsymbol{B}$ 的 Kronecker 积, 或 $\boldsymbol{A}$ 与 $\boldsymbol{B}$ 的直积
$\dfrac{\mathrm{d}\boldsymbol{A}(t)}{\mathrm{d}t}$ 或 $\boldsymbol{A}'(t)$	关于变量 t 的函数矩阵 $\boldsymbol{A}(t)$ 的导数
$\dfrac{\mathrm{d}f}{\mathrm{d}\boldsymbol{X}}$	数量值函数 $f(\boldsymbol{X})$ 关于矩阵变量 $\boldsymbol{X}$ 的导数
$\dfrac{\mathrm{d}\boldsymbol{F}}{\mathrm{d}\boldsymbol{X}}$	矩阵值函数 $\boldsymbol{F}(\boldsymbol{X})$ 关于矩阵变量 $\boldsymbol{X}$ 的导数
∇	Hamilton 算子矩阵 $\begin{bmatrix}\dfrac{\partial}{\partial x_{11}} & \cdots & \dfrac{\partial}{\partial x_{1n}}\\ \vdots & & \vdots\\ \dfrac{\partial}{\partial x_{m1}} & \cdots & \dfrac{\partial}{\partial x_{mn}}\end{bmatrix}$
$\lim\limits_{t\to t_0}\boldsymbol{A}(t)$	函数矩阵 $\boldsymbol{A}(t)$ 在 $t=t_0$ 处的极限
$\displaystyle\int_a^b\boldsymbol{A}(t)\mathrm{d}t$	函数矩阵 $\boldsymbol{A}(t)$ 在 $[a,b]$ 上的积分

名 词 索 引

名词	含义
数域	$\mathbb{F}$ 是复数集的非空子集, 其中 $0 \in \mathbb{F}$, $1 \in \mathbb{F}$, 如果 $\mathbb{F}$ 中任意两个数的和、差、积、商 (除数不为 0) 仍是 $\mathbb{F}$ 中的数, 则称 $\mathbb{F}$ 为数域
共轭矩阵	称 $\overline{\boldsymbol{A}} = [\overline{a_{ij}}]_{m\times n}$ 为 $\boldsymbol{A}$ 的共轭矩阵
Hermite 变换矩阵 (或共轭矩阵)	$\boldsymbol{A}^{\mathrm{H}} = \left(\overline{\boldsymbol{A}}\right)^{\mathrm{T}} = \overline{\boldsymbol{A}^{\mathrm{T}}}$ 为 $\boldsymbol{A}$ 的 Hermite 变换矩阵
Hermite 阵	$\boldsymbol{A}^{\mathrm{H}} = \boldsymbol{A}$ 的方阵 $\boldsymbol{A}$ 称为 Hermite 阵
斜 Hermite 阵 (或反 Hermite 阵)	$\boldsymbol{A}^{\mathrm{H}} = -\boldsymbol{A}$ 的方阵 $\boldsymbol{A}$ 称为斜 Hermite 阵
酉矩阵	满足 $\boldsymbol{A}^{\mathrm{H}}\boldsymbol{A} = \boldsymbol{E}$ 的复方阵 $\boldsymbol{A}$ 称为酉矩阵
合同	存在可逆阵 $\boldsymbol{P}$, 使得 $\boldsymbol{B} = \boldsymbol{P}^{\mathrm{H}}\boldsymbol{A}\boldsymbol{P}$ 成立, 则称 $\boldsymbol{A}$ 与 $\boldsymbol{B}$ 合同
相似	存在可逆阵 $\boldsymbol{P}$, 使得 $\boldsymbol{B} = \boldsymbol{P}^{-1}\boldsymbol{A}\boldsymbol{P}$ 成立, 则称 $\boldsymbol{A}$ 与 $\boldsymbol{B}$ 相似
酉相似	存在酉矩阵 $\boldsymbol{P}$, 使得 $\boldsymbol{B} = \boldsymbol{P}^{-1}\boldsymbol{A}\boldsymbol{P} = \boldsymbol{P}^{\mathrm{T}}\boldsymbol{A}\boldsymbol{P}$ 成立, 则称 $\boldsymbol{A}$ 与 $\boldsymbol{B}$ 酉相似
特征矩阵	$\lambda\boldsymbol{E} - \boldsymbol{A}$ 为矩阵 $\boldsymbol{A}$ 的特征矩阵
谱	矩阵 $\boldsymbol{A}$ 的所有特征值
单纯矩阵	若方阵 $\boldsymbol{A}$ 能与对角阵相似, 称方阵 $\boldsymbol{A}$ 为单纯矩阵
正规矩阵	方阵 $\boldsymbol{A}$ 满足 $\boldsymbol{A}\boldsymbol{A}^{\mathrm{H}} = \boldsymbol{A}^{\mathrm{H}}\boldsymbol{A}$, 则称 $\boldsymbol{A}$ 为正规矩阵
基底	在线性空间 V 中个数最多的线性无关的向量, 称为 V 的一组基底 (简称基)
维数	在线性空间 V 中个数最多的线性无关的向量的个数称为 V 的维数
坐标	线性空间 V 中任一向量由基线性表示的系数构成的列向量称为向量在基下的坐标
过渡矩阵	设 $\boldsymbol{\alpha}_1, \boldsymbol{\alpha}_2, \cdots, \boldsymbol{\alpha}_n$ 和 $\boldsymbol{\beta}_1, \boldsymbol{\beta}_2, \cdots, \boldsymbol{\beta}_n$ 为 V 的两组基, 若 $$[\boldsymbol{\beta}_1, \boldsymbol{\beta}_2, \cdots, \boldsymbol{\beta}_n] = [\boldsymbol{\alpha}_1, \boldsymbol{\alpha}_2, \cdots, \boldsymbol{\alpha}_n]\boldsymbol{K},$$ 称矩阵 $\boldsymbol{K}$ 为由基 $\boldsymbol{\alpha}_1, \boldsymbol{\alpha}_2, \cdots, \boldsymbol{\alpha}_n$ 到基 $\boldsymbol{\beta}_1, \boldsymbol{\beta}_2, \cdots, \boldsymbol{\beta}_n$ 的过渡矩阵
坐标变换公式	设 $\boldsymbol{K}$ 为由基 $\boldsymbol{\alpha}_1, \boldsymbol{\alpha}_2, \cdots, \boldsymbol{\alpha}_n$ 到基 $\boldsymbol{\beta}_1, \boldsymbol{\beta}_2, \cdots, \boldsymbol{\beta}_n$ 的过渡矩阵, V 中的向量 $\boldsymbol{\gamma}$ 在基 $\boldsymbol{\alpha}_1, \boldsymbol{\alpha}_2, \cdots, \boldsymbol{\alpha}_n$ 下的坐标为 $\boldsymbol{X}$, 在基 $\boldsymbol{\beta}_1, \boldsymbol{\beta}_2, \cdots, \boldsymbol{\beta}_n$ 下的坐标为 $\boldsymbol{Y}$, 则有 $\boldsymbol{X} = \boldsymbol{K}\boldsymbol{Y}$ 成立. 这个结论称为坐标变换公式

线性子空间 (简称子空间)	设 V 为数域, W 是数域 $\mathbb{F}$ 上的线性空间 V 的非空子集, 若 W 对 V 上的加法和数乘运算仍构成数域 $\mathbb{F}$ 上的线性空间, 则称 W 是 V 的线性子空间, 简称子空间
由向量组 $\boldsymbol{\alpha}_1,\boldsymbol{\alpha}_2,\cdots,\boldsymbol{\alpha}_n$ 生成的子空间 (或由向量 $\boldsymbol{\alpha}_1,\boldsymbol{\alpha}_2,\cdots,\boldsymbol{\alpha}_n$ 张成的子空间)	向量 $\boldsymbol{\alpha}_1,\boldsymbol{\alpha}_2,\cdots,\boldsymbol{\alpha}_n$ 的所有线性组合构成的子空间
矩阵 $\boldsymbol{A}$ 的值域 (或矩阵 $\boldsymbol{A}$ 的列空间)	称子空间 $R(\boldsymbol{A})=\{\boldsymbol{y}\,\vert\,\boldsymbol{y}=\boldsymbol{A}\boldsymbol{x},\boldsymbol{x}\in\mathbb{F}^n\}$ 为矩阵 $\boldsymbol{A}$ 的值域
矩阵 $\boldsymbol{A}$ 的核空间 (矩阵 $\boldsymbol{A}$ 的化零子空间)	称子空间 $N(\boldsymbol{A})=\{\boldsymbol{x}\,\vert\,\boldsymbol{A}\boldsymbol{x}=\boldsymbol{0},\boldsymbol{x}\in\mathbb{F}^n\}$ 为矩阵 $\boldsymbol{A}$ 的核空间
矩阵 $\boldsymbol{A}$ 的特征子空间	称子空间 $V_\lambda=\{\boldsymbol{x}\,\vert\,\boldsymbol{A}\boldsymbol{x}=\lambda\boldsymbol{x},\boldsymbol{x}\in\mathbb{F}^n\}$ 为矩阵 $\boldsymbol{A}$ 的相对于特征值 λ 的特征子空间
交子空间	称子空间 $V_1\cap V_2=\{x\vert\, x\in V_1,x\in V_2\}$ 为子空间 V_1 和 V_2 的交子空间
和子空间	称子空间 $V_1+V_2=\{x+y\,\vert x\in V_1,y\in V_2\}$ 为子空间 V_1 和 V_2 的和子空间
直和	V_1,V_2 是线性空间 V 的子空间, 若 V_1+V_2 中向量 $\boldsymbol{\alpha}$ 的分解式 $\boldsymbol{\alpha}=\boldsymbol{\alpha}_1+\boldsymbol{\alpha}_2$ ($\boldsymbol{\alpha}_1\in V_1$, $\boldsymbol{\alpha}_2\in V_2$) 是唯一的, 就称 V_1+V_2 的和为直和
度量矩阵	内积在基下的矩阵, 称为度量矩阵
正交	$(\boldsymbol{x},\boldsymbol{y})=0$, 则称向量 $\boldsymbol{x}$ 与 $\boldsymbol{y}$ 正交
正交向量组	$(\boldsymbol{\alpha}_i,\boldsymbol{\alpha}_j)=\begin{cases}0, & i\neq j,\\ >0, & i=j,\end{cases}$ $i,j=1,2,\cdots,n$, 则称 $\boldsymbol{\alpha}_1,\boldsymbol{\alpha}_2,\cdots,\boldsymbol{\alpha}_n$ 是正交向量组
标准正交向量组	$(\boldsymbol{\alpha}_i,\boldsymbol{\alpha}_j)=\begin{cases}0, & i\neq j,\\ 1, & i=j,\end{cases}$ $i,j=1,2,\cdots,n$, 则称 $\boldsymbol{\alpha}_1,\boldsymbol{\alpha}_2,\cdots,\boldsymbol{\alpha}_n$ 是标准正交向量组
标准正交基	设 $\boldsymbol{\varepsilon}_1,\boldsymbol{\varepsilon}_2,\cdots,\boldsymbol{\varepsilon}_n$ 是酉 (欧氏) 空间的一组基, 且是标准正交向量组, 则称 $\boldsymbol{\varepsilon}_1,\boldsymbol{\varepsilon}_2,\cdots,\boldsymbol{\varepsilon}_n$ 为酉 (欧氏) 空间的标准正交基
单位上三角阵	对角线元素都是 1 的上三角阵
线上三角阵	对角线元素都是正数的上三角阵
向量 $\boldsymbol{x}$ 与子空间 W 正交	W 是酉 (欧氏) 空间 V 的子空间, $\boldsymbol{x}\in V$, 如果 $\forall\boldsymbol{y}\in W$ 均有 $\boldsymbol{x}\perp\boldsymbol{y}$, 则称向量 $\boldsymbol{x}$ 与子空间 W 正交
子空间 W_1 与 W_2 正交	W_1,W_2 都是酉 (欧氏) 空间 V 的子空间, 如果 $\forall\boldsymbol{x}\in W_1$, 均有 $\boldsymbol{x}\perp W_2$, 则称子空间 W_1 与 W_2 正交
正交补	W_1,W_2 都是酉 (欧氏) 空间 V 的子空间, 如果 $W_1\perp W_2$ 且 $V=W_1\oplus W_2$, 则称 W_2 是 W_1 的正交补

线性映射	T 为线性空间 V 到 V_1 上的映射, 如果对 $\forall x, y \in V$ 和 $\forall \lambda \in F$, T 满足 (1)$T(x+y)=T(x)+T(y)$；(2)$T(\lambda x)=\lambda T(x)$, 则称映射 T 为由 V 到 V_1 上的线性映射
线性映射 T 的值域	称 $R(T)=\{T(x) \mid \forall x \in V\}$ 为线性映射 T 的值域
线性映射 T 的核子空间或化零子空间	称 $N(T)=\{x \mid T(x)=\theta, x \in V_1\}$ 为线性映射 T 的核子空间
线性映射 T 的秩	$R(T)$ 的维数称为线性映射 T 的秩
线性映射 T 的零度	$N(T)$ 的维数称为线性映射 T 的零度
不变子空间 (σ-子空间)	如果 W 中的向量在线性变换 σ 下的像仍在 W 中, 则称 W 是 σ 的不变子空间
酉 (正交) 变换	对 $\forall x, y \in V$, 均有 $(T(x), T(y))=(x, y)$, 则称线性变换 T 是酉 (欧氏) 空间 V 的酉 (正交) 变换
正交投影	对酉 (欧氏) 空间 $V=L \oplus M$ 且 $L \perp M$, T 是 V 的变换, 若对 $\forall x \in V, x=x_1+x_2$, $x_1 \in L, x_2 \in M$, 有 $T(x)=x_1$, 则称 T 是 V 到 L 的正交投影
代数重复度	$\boldsymbol{A}$ 的特征方程 $\lvert\lambda \boldsymbol{E}-\boldsymbol{A}\rvert=0$ 中 λ_i 的重根数 m_i 称为 λ_i 的代数重复度
几何重复度	矩阵 $\boldsymbol{A}$ 的特征子空间 V_{λ_i} 的维数 a_i 称为 λ_i 的几何重复度
正定	对任意的 $\boldsymbol{x} \neq \boldsymbol{0}$, $\boldsymbol{x}^{\mathrm{H}} \boldsymbol{A} \boldsymbol{x}>0$, 则称 $f(\boldsymbol{x})=\boldsymbol{x}^{\mathrm{H}} \boldsymbol{A} \boldsymbol{x}$ 为正定的, 也称相对应的 Hermite 阵 $\boldsymbol{A}$ 是正定的
半正定	对任意的 $\boldsymbol{x} \neq \boldsymbol{0}$, $\boldsymbol{x}^{\mathrm{H}} \boldsymbol{A} \boldsymbol{x} \geqslant 0$, 则称 $f(\boldsymbol{x})=\boldsymbol{x}^{\mathrm{H}} \boldsymbol{A} \boldsymbol{x}$ 为正定的, 也称相对应的 Hermite 阵 $\boldsymbol{A}$ 是半正定的
负定	对任意的 $\boldsymbol{x} \neq \boldsymbol{0}$, $\boldsymbol{x}^{\mathrm{H}} \boldsymbol{A} \boldsymbol{x}<0$, 则称 $f(\boldsymbol{x})=\boldsymbol{x}^{\mathrm{H}} \boldsymbol{A} \boldsymbol{x}$ 为负定的, 也称相对应的 Hermite 阵 $\boldsymbol{A}$ 是负定的
半负定	对任意的 $\boldsymbol{x} \neq \boldsymbol{0}$, $\boldsymbol{x}^{\mathrm{H}} \boldsymbol{A} \boldsymbol{x} \leqslant 0$, 则称 $f(\boldsymbol{x})=\boldsymbol{x}^{\mathrm{H}} \boldsymbol{A} \boldsymbol{x}$ 为负定的, 也称相对应的 Hermite 阵 $\boldsymbol{A}$ 是半负定的
广义特征值	$\boldsymbol{A}, \boldsymbol{B}$ 均为 n 阶 Hermite 阵, 且 $\boldsymbol{B}$ 是正定的, 如果存在 $\lambda \in \mathbb{C}$, $\boldsymbol{x} \in \mathbb{C}^n$ 且 $\boldsymbol{x} \neq \boldsymbol{0}$, 使得 $\boldsymbol{A} \boldsymbol{x}=\lambda \boldsymbol{B} \boldsymbol{x}$, 则称 λ 为 $\boldsymbol{A}$ 相对于 $\boldsymbol{B}$ 的广义特征值, 称 $\boldsymbol{x}$ 为对应于广义特征值 λ 的广义特征向量
广义特征向量	$\boldsymbol{A}, \boldsymbol{B}$ 均为 n 阶 Hermite 阵, 且 $\boldsymbol{B}$ 是正定的, 如果存在 $\lambda \in \mathbb{C}$, $\boldsymbol{x} \in \mathbb{C}^n$ 且 $\boldsymbol{x} \neq \boldsymbol{0}$, 使得 $\boldsymbol{A} \boldsymbol{x}=\lambda \boldsymbol{B} \boldsymbol{x}$, 则称 $\boldsymbol{x}$ 为对应于广义特征值 λ 的广义特征向量
行列式因子	$\boldsymbol{A}(\lambda)$ 的全部 k 阶子式的首一最大公因子称为 $\boldsymbol{A}(\lambda)$ 的 k 阶行列式因子
不变因子	称 $d_k(\lambda)=\dfrac{D_k(\lambda)}{D_{k-1}(\lambda)}(k=1,2,\cdots,r)$ 为 $\boldsymbol{A}(\lambda)$ 的不变因子
初等因子	把矩阵 $\boldsymbol{A}$ 的每个次数大于零的不变因子分解成互不相同的一次因式幂次的乘积, 所有这些一次因式幂次 (相同的必须按照出现的次数计算) 称为矩阵 $\boldsymbol{A}$ 的初等因子
Crout 分解	$\boldsymbol{A} \in \mathbb{C}_n^{n \times n}, \boldsymbol{A}=\boldsymbol{L}\tilde{\boldsymbol{U}}$ 称为 Crout 分解, 其中 $\boldsymbol{L}$ 为下三角矩阵, $\tilde{\boldsymbol{U}}$ 为单位上三角矩阵

Doolittle 分解	$\boldsymbol{A}\in\mathbb{C}_n^{n\times n}, \boldsymbol{A}=\tilde{\boldsymbol{L}}\boldsymbol{U}$ 称为 Doolittle 分解, 其中 $\tilde{\boldsymbol{L}}$ 为单位下三角矩阵, $\boldsymbol{U}$ 为上三角矩阵
满秩分解	$\boldsymbol{A}\in\mathbb{C}_r^{m\times n}$, 若存在秩为 r 的矩阵 $\boldsymbol{B}\in\mathbb{C}_r^{m\times r}, \boldsymbol{C}\in\mathbb{C}_r^{r\times n}$, 使 $\boldsymbol{A}=\boldsymbol{B}\boldsymbol{C}$, 则称 $\boldsymbol{A}=\boldsymbol{B}\boldsymbol{C}$ 为矩阵 $\boldsymbol{A}$ 的满秩分解
次酉阵	$\boldsymbol{A}\in\mathbb{C}_r^{n\times r}$, 若 $\boldsymbol{A}^{\mathrm{H}}\boldsymbol{A}=\boldsymbol{E}_r(\boldsymbol{A}\boldsymbol{A}^{\mathrm{H}}=\boldsymbol{E}_r)$, 则称 $\boldsymbol{A}$ 为次酉阵
正奇异值	λ_i 是 $\boldsymbol{A}^{\mathrm{H}}\boldsymbol{A}(\boldsymbol{A}\boldsymbol{A}^{\mathrm{H}})$ 的非零特征值, 则称 $\sigma_i=\sqrt{\lambda_i}$ 为 $\boldsymbol{A}$ 的正奇异值
酉等价	存在 $\boldsymbol{S}\in\mathrm{U}^{m\times m}, \boldsymbol{T}\in\mathrm{U}^{n\times n}$, 使得 $\boldsymbol{A}=\boldsymbol{S}\boldsymbol{B}\boldsymbol{T}$, 则称 $\boldsymbol{A}$ 与 $\boldsymbol{B}$ 酉等价
向量范数	对于线性空间 V 中任意一个向量 $\boldsymbol{x}$, 都有一个实数 $\Vert\boldsymbol{x}\Vert$ 与之对应, 且满足正定性、齐次性和三角不等式, 则称 $\Vert\cdot\Vert$ 为线性空间 V 上的向量范数
向量 1-范数	$\Vert\boldsymbol{x}\Vert_1=\sum\limits_{i=1}^{n}\vert x_i\vert=\vert x_1\vert+\vert x_2\vert+\cdots+\vert x_n\vert$
向量 2-范数	$\Vert\boldsymbol{x}\Vert_2=\left(\sum\limits_{i=1}^{n}\vert x_i\vert^2\right)^{\frac{1}{2}}=\sqrt{\vert x_1\vert^2+\vert x_2\vert^2+\cdots+\vert x_n\vert^2}$
向量 ∞-范数	$\Vert\boldsymbol{x}\Vert_\infty=\max\limits_{i}\vert x_i\vert$
向量 p-范数	$\Vert\boldsymbol{x}\Vert_p=\left(\sum\limits_{i=1}^{n}\vert x_i\vert^p\right)^{\frac{1}{p}}\quad(p\geqslant 1)$
向量范数等价	对于任意两种向量范数, 存在常数 $m>0, M>0$, 满足 $m\Vert\boldsymbol{x}\Vert_{\boldsymbol{\beta}}\leqslant\Vert\boldsymbol{x}\Vert_{\boldsymbol{\alpha}}\leqslant M\Vert\boldsymbol{x}\Vert_{\boldsymbol{\beta}}$, 则称 $V(F)$ 的两个向量范数 $\Vert\cdot\Vert_{\boldsymbol{\alpha}}$ 与 $\Vert\cdot\Vert_{\boldsymbol{\beta}}$ 等价
矩阵范数	对于 $\mathbb{F}^{n\times n}$ 中任意一个矩阵 $\boldsymbol{A}$, 都有一个实数 $\Vert\boldsymbol{A}\Vert$ 与之对应, 且满足正定性、齐次性、三角不等式、相容性, 则称 $\Vert\cdot\Vert$ 为线性空间 $\mathbb{F}^{n\times n}$ 上的矩阵范数
矩阵 m_1-范数	$\Vert\boldsymbol{A}\Vert_{m_1}=\sum\limits_{i=1}^{n}\sum\limits_{j=1}^{n}\vert a_{ij}\vert$
矩阵 m_2-范数	$\Vert\boldsymbol{A}\Vert_{m_2}=\left(\sum\limits_{i=1}^{n}\sum\limits_{j=1}^{n}\vert a_{ij}\vert^2\right)^{\frac{1}{2}}$
矩阵 m_∞-范数	$\Vert\boldsymbol{A}\Vert_{m_\infty}=n\cdot\max\limits_{i,j}\vert a_{ij}\vert$
F-范数	方阵 $\boldsymbol{A}=(a_{ij})_{n\times n}\in\mathbb{C}^{n\times n}$ 的 m_2-范数又被称为弗罗贝尼乌斯 (Frobenious) 范数, 简称 F-范数
矩阵范数等价	对于任意两个矩阵范数, 如果存在两个正数 d_1, d_2, 使得 $d_1\Vert\boldsymbol{A}\Vert_{\boldsymbol{\beta}}\leqslant\Vert\boldsymbol{A}\Vert_{\boldsymbol{\alpha}}\leqslant d_2\Vert\boldsymbol{A}\Vert_{\boldsymbol{\beta}}$ 成立, 则称范数 $\Vert\cdot\Vert_{\boldsymbol{\alpha}}$ 与 $\Vert\cdot\Vert_{\boldsymbol{\beta}}$ 等价
方阵范数 $\Vert\cdot\Vert_{\boldsymbol{\beta}}$ 与向量范数 $\Vert\cdot\Vert_{\boldsymbol{\alpha}}$ 是相容的	$\Vert\cdot\Vert_{\boldsymbol{\alpha}}$ 是向量范数, $\Vert\cdot\Vert_{\boldsymbol{\beta}}$ 是方阵范数, 如果对 $\forall\boldsymbol{x}\in\mathbb{C}^n, \forall\boldsymbol{A}\in\mathbb{C}^{n\times n}$, 满足 $\Vert\boldsymbol{A}\boldsymbol{x}\Vert_{\boldsymbol{\alpha}}\leqslant\Vert\boldsymbol{A}\Vert_{\boldsymbol{\beta}}\Vert\boldsymbol{x}\Vert_{\boldsymbol{\alpha}}$, 则称方阵范数 $\Vert\cdot\Vert_{\boldsymbol{\beta}}$ 与向量范数 $\Vert\cdot\Vert_{\boldsymbol{\alpha}}$ 是相容的

矩阵 $\boldsymbol{A}$ 的迹　　矩阵 $\boldsymbol{A}$ 对角线元素的和

矩阵 1-范数或列和范数　　$\|\boldsymbol{A}\|_1 = \max\limits_{1 \leqslant j \leqslant n} \sum\limits_{i=1}^{n} |a_{ij}|$

矩阵 ∞-范数或行和范数　　$\|\boldsymbol{A}\|_\infty = \max\limits_{1 \leqslant i \leqslant n} \sum\limits_{j=1}^{n} |a_{ij}|$

矩阵 2-范数或谱范数　　$\|\boldsymbol{A}\|_2 = \sqrt{\lambda_M}$,　λ_M 是 $\boldsymbol{A}^{\mathrm{H}}\boldsymbol{A}$ 的最大的特征值

谱半径　　$\rho(\boldsymbol{A}) = \max\{|\ \lambda\ |:\ \lambda$ 是 $\boldsymbol{A}$ 的特征值$\}$

矩阵序列 $\{\boldsymbol{A}_k\}$ 收敛于 $\boldsymbol{A}$　　设有矩阵序列 $\{\boldsymbol{A}_k = (a_{ij}^{(k)})_{n\times n}\}$, 若 $\lim\limits_{k\to\infty} a_{ij}^{(k)} = a_{ij}$, $i, j = 1, 2, \cdots, n$, 则 $\lim\limits_{k\to\infty} \boldsymbol{A}_k = \boldsymbol{A} = (a_{ij})_{n\times n}$

矩阵序列有界　　存在正数 M, 使得对任意的 k 都有 $\|\boldsymbol{A}_k\| \leqslant M$, 则称矩阵序列 $\{\boldsymbol{A}_k\}$ 有界

矩阵级数　　矩阵序列无穷项的和

矩阵级数收敛　　若矩阵级数的部分和构成的矩阵序列收敛到 $\boldsymbol{S}$, 则称矩阵级数收敛, 且收敛到 $\boldsymbol{S}$

矩阵级数绝对收敛　　若 $\sum\limits_{k=1}^{+\infty} ||\boldsymbol{A}_k|| = ||\boldsymbol{A}_1|| + ||\boldsymbol{A}_2|| + \cdots + ||\boldsymbol{A}_k|| + \cdots$ 收敛, 则称矩阵级数 $\sum\limits_{k=1}^{+\infty} \boldsymbol{A}_k$ 绝对收敛

方阵 $\boldsymbol{A}$ 的幂级数　　$\boldsymbol{A} \in \mathbb{C}^{n\times n}, \sum\limits_{k=0}^{+\infty} c_k \boldsymbol{A}^k = c_0\boldsymbol{E} + c_1\boldsymbol{A} + c_2\boldsymbol{A}^2 + \cdots + c_k\boldsymbol{A}^k + \cdots$

化零多项式　　$\boldsymbol{A} \in \mathbb{C}^{n\times n}$, $p(x)$ 为复多项式, 若 $p(\boldsymbol{A}) = \boldsymbol{O}$, 则称 $p(x)$ 是矩阵 $\boldsymbol{A}$ 的化零多项式

最小多项式　　在 $\boldsymbol{A}$ 的所有化零多项式中, 次数最低的首一多项式称为 $\boldsymbol{A}$ 的最小多项式

矩阵函数　　若矩阵幂级数 $\sum\limits_{k=0}^{+\infty} a_k \boldsymbol{A}^k$ 收敛, 则称其和为矩阵函数

Kronecker 积 (或直积)　　矩阵 $\boldsymbol{A} = (a_{ij})_{m\times n} \in \mathbb{C}^{m\times n}$, $\boldsymbol{B} = (b_{ij})_{p\times q} \in \mathbb{C}^{p\times q}$, 则称如下分块矩阵

$$\boldsymbol{A} \otimes \boldsymbol{B} = \begin{bmatrix} a_{11}\boldsymbol{B} & a_{12}\boldsymbol{B} & \cdots & a_{1n}\boldsymbol{B} \\ a_{21}\boldsymbol{B} & a_{22}\boldsymbol{B} & \cdots & a_{2n}\boldsymbol{B} \\ \vdots & \vdots & & \vdots \\ a_{m1}\boldsymbol{B} & a_{m2}\boldsymbol{B} & \cdots & a_{mn}\boldsymbol{B} \end{bmatrix} \in \mathbb{C}^{mp\times nq}$$

为矩阵 $\boldsymbol{A}$ 与 $\boldsymbol{B}$ 的 Kronecker 积或 $\boldsymbol{A}$ 与 $\boldsymbol{B}$ 的直积

函数矩阵 $\boldsymbol{A}(t)$ 关于　　设 $\boldsymbol{A}(t) = (a_{ij})_{m\times n}$, 则 $\dfrac{\mathrm{d}\boldsymbol{A}(t)}{\mathrm{d}t} = \left(\dfrac{\mathrm{d}a_{ij}(t)}{\mathrm{d}t}\right)_{m\times n}$ 称为函数矩阵